# 自然资源开发利用与管理

## ——基于流域可持续发展的研究视角


崔延松　张　云
卢　妍　张　飞　张春梅　著

黄河水利出版社

·郑州·

## 内 容 简 介

本书以流域可持续发展为研究背景，以自然资源稀缺为研究视点，以流域资源开发利用、环境保护、和谐流域建设为研究主线，在构建自然资源开发利用与管理体系的基础上，立足我国自然资源开发利用与管理的实际，从理论基础、管理导向和应用评价的视角，探讨了流域尺度下自然资源开发利用与管理在宏观、微观方面的诸多理论与现实问题。

本书可作为高等院校相关专业高年级本科生、研究生的实用教材、拓展教本，或科研院所相近方向研究人员的参考书，也是从事流域管理、资源规划、环境保护等方面在职人员继续教育的实用读本。


**图书在版编目(CIP)数据**

自然资源开发利用与管理：基于流域可持续发展的研究视角/崔延松等著．—郑州：黄河水利出版社，2012.8

ISBN 978-7-5509-0327-2

Ⅰ.①自… Ⅱ.①崔… Ⅲ.①自然资源-资源开发-研究②自然资源-资源利用-研究③自然资源-资源管理-研究 Ⅳ.①X37

中国版本图书馆CIP数据核字(2012)第191868号

出 版 社：黄河水利出版社

地址：河南省郑州市顺河路黄委会综合楼14层　　邮政编码：450003

发行单位：黄河水利出版社

发行部电话：0371-66026940、66020550、66028024、66022620(传真)

E-mail：hhslcbs@126.com

承印单位：郑州海华印务有限公司

开本：787 mm×1 092 mm　1/16

印张：17.5

字数：520千字　　印数：1—1 000

版次：2012年8月第1版　　印次：2012年8月第1次印刷

定价：58.00元

# 前　言

## （代序）

这是一本创新论著。

这是一项集体智慧和努力的科研成果。

这是一本体例结构、研究内容都需要继续完善的著作。

作为作者之一，也受其他作者的委托，写此前言，并代为序，目的有二：一是回顾一下写作过程，介绍论著主要特点；二是客观地分析一下不足，既就教于读者，也为进一步完善作些引导。

撰写此书，前后酝酿、写作竟有四年之久！

2008 年初，为加强学校学科建设，我们围绕“人口、资源与环境经济学”方向，整合了适合本科生培养的课程群，内容包括自然灾害机理与减灾、水土资源开发与配置、环境保护与管制、资源与人口地理等几个学科方向，整合后的课程群侧重于应用性教学，同时兼顾本科生继续学习的要求。“基于流域可持续发展的研究视角的自然资源开发利用与管理”就是在这一背景下立意、选题撰写而成的研究方向的内容之一。

由于研究平台较低，学科组成人员专业背景相差大，加之校科研政策的限制和经费支撑的不足，按既定目标开展工作，难度确实很大。在研究过程中，或面对困难，知难而退；或迫于责任，踌躇而行；或急于求成，执于编辑之劳；或囿于失败的苦痛，而罔然纠结着。但可喜的是，几位作者依靠坚守责任、勇于担当、恪守诚信的学研精神，终将此书写就而付梓。

四年之期，奉致读者的这本书有以下主要特点：

一是体现学科前沿，以论著体例统筹章节内容。自然资源学是资源环境学科的理论基础之一。以自然资源学导向的学科前沿呈复杂的因果系统结构，既有多因素导向的不确定性表征，也有自然资源分布的区域差异性表征，还有行政政策的多元博弈性表征等。对这些表征作出前沿性探索，显然，我们是力不从心的。该书只是截取了自然资源开发利用这个断面，就这个断面反映的问题，对流域这个尺度，作些论著式的体例安排，为后续研究做些基础工作。

二是拓展学科内容，以流域尺度为研究着点。紧扣学科前沿，反映学科前沿，乃至驾驭学科前沿，我们虽力不所能，但我们从丰富、拓展学科内容的视角，进行有益的探索，却是心仪且能够坚持的愿望。几位作者可谓不辱使命，着眼于流域，以自然资源开发利用产生的诸多问题为导向，紧扣自然资源经济稀缺和功能思辨这一具有战略性特点的问题而融入流域范畴，从管理创新的视角多维度、多层次地展开论述，体现了拓展学科内容的要求。

三是兼顾教本要求，以基本理论和管理实践为研究导向。高等教育应用型人才培养模式的建立，要求教材体系建设必须紧扣社会实践，力求理论结合实践进行课堂教学。实现这一目标的根本途径是，要求教师教有学，学有研，研有果，并传授于学生。为此，几位作者例行探索，学研结合，谋求实效，而不过分追求内容的统一、形式的完整，以截取要点理论来直击应用分析，以体现教本的可读、可用功效。同时，为满足学生拓展学习和教师学研提升的需要，在每一章后紧扣实际应用列写了“问题讨论”等系列内容。

四是去繁就简，以便于阅读和思考为基调。正如前述，自然资源开发利用与管理导向的问题呈复杂的因果关系，不确定性、区域差异性、政策博弈性等特征明显，形成的研究成果是繁杂而有争议的。为处理好这一层面的问题，我们采取了去繁就简的原则，以截取要点理论为叙述主线，以应用性分析突出前瞻性导向，而将系统的繁杂问题在每一章后以“阅读链接”的形式给出，借以协调“问题讨论”的拓展要求。

该书共分 12 章，按传统研究的章节体系展开。

第 1 章自然资源的经济稀缺与功能思辨，主要从自然资源开发利用与管理的属性出发，分析了自然资源的经济稀缺和功能特性。其主要不足是对和谐发展与稀缺挑战未能展开论述。

第 2 章流域自然资源开发利用与管理，主要结合流域特征，分析了流域资源管理内涵、存在的问题，结合流域资源管理的特点，分析了流域资源管理的内容，并就国外典型流域资源管理的实践作了借鉴性的讨论。其主要不足是对流域尺度下的自然资源开发利用的融入性论述显得肤浅。

第 3 章流域自然资源开发利用的规划战略，主要结合流域自然资源规划的类型，分析了流域资源规划战略转变的主要方向，以及战略转变的实施步骤。其主要不足是规划的具体方法及其应用涉及的内容未能进一步深化。

第 4 章流域自然资源开发利用的系统决策，主要从流域自然资源开发利用系统观、决策与评价、决策方法与过程三个方面，分析了实施流域自然资源综合开发利用的具体策略和主要的理论方法。其主要不足是对系统论基础理论未作具体介绍。

第 5 章流域自然资源开发利用的生态补偿，首先从流域生态系统和生态过程的理论视野，分析了流域生态价值评估的主要方法和实际意义，并结合流域资源管理的实践，探析了流域生态保护的目的和具体方向，作为理论与实践结合的分析延伸，对流域生态补偿特征、方向、补偿机制的构建和政策导向作了讨论。其主要不足是对生态补偿的财政机制未能涉及。

第 6 章流域自然资源开发利用的经济学创新，主要从流域自然资源权属管理、市场管理、价格管理三个方向进行了论述，并结合基本理论和应用方向，阐述了流域自然资源开发利用的经济学创新方向和政策选择。其主要不足是未能从供给与需求的视角作出宏观性的描述。

第 7 章流域自然资源开发利用的政策学创新，主要从发展观与资源观、管理内容、制度构建三个方向的创新作了应对性的分析，结论性地提出发展观与资源观创新是基础，管理内容创新是条件，制度创新是目的。其主要不足是对流域自然资源开发利用的政策实施环节的协调分析不够。

上述第 1 章到第 7 章的论述是本书的总论部分，力图从流域自然资源开发利用的宏观管理的理论视角，阐述在流域尺度下实施自然资源开发利用管理的理论依据和政策导向的结果。

第 8 章流域土地资源开发利用管理，主要从流域土地资源管理内涵、管理实践、土地资源优化配置的视角，讨论了流域稀缺的土地资源利用的实践方向。其主要不足是未能对最严格的土地资源管理制度作背景性的分析。

第9章流域水资源开发利用管理，主要从流域水资源特点出发，以管理的实践创新为导向，通过对流域水资源开发利用深层次问题的分析，从流域水资源供需平衡的管理导向出发，全方位、多视角地探讨了流域水灾害防治对策和应对预案。其主要不足是未能系统分析流域水资源协调利用的约束机制。

第10章流域生物资源开发利用管理，主要立足流域生物资源的内涵和具体功能，重点对流域森林资源、湿地资源、气候资源和流域自然保护区建设等方面作了讨论，为流域生态环境综合整治理清了主线。其主要不足是偏重于基础理论的阐述。

第11章三角洲地区自然资源开发利用管理，主要立足我国三角洲地区独特的地理特性和丰富的资源类型，针对不同类型资源的开发利用，提出了三角洲地区河口资源结构整合形式和优化配置的主要途径。其主要不足是缺乏典型三角洲地区的资源综合利用案例分析。

第12章流域与区域自然资源管理政策比较，主要从区域管理政策问题域、流域管理政策实践与探索、流域与区域相结合管理展望三个方面作了统筹讨论，从政策调控的视角作了可操作性探讨。其主要不足是对流域与区域的地理特点缺乏比较分析。

上述第8章到第12章的论述是本书的分论，主要就流域自然资源开发利用的主要类型、三角洲地区自然资源特点、自然资源流域与区域相结合管理等作了分析讨论，从另一侧面分析了流域自然资源实施综合管理的必然性和积极作用。

本书在流域可持续发展视角下，针对自然资源管理的理论体系进行了见地性的创新，表现在认识职能上，注重自然资源理论的科学性，在导向职能上，注重和谐流域建设的前瞻性，在实践职能上，注重流域自然资源开发利用的指导性。

本书撰写人员及撰写分工如下：崔延松研究员撰写了第4章、第6章、第9章、第12章，并负责撰写大纲、统稿和全部篇章的审修工作；张云副院长撰写了第1章、第11章，并负责撰写资料的收集与大纲的审修工作；卢妍博士撰写了第5章、第10章，并负责排版与文字校对工作；张飞博士撰写了第7章、第8章，并协助进行了部分文稿的审修工作；张春梅博士撰写了第2章、第3章，并协助进行了部分文字的校对工作。

本书在写作过程中，我们参考了大量的文献，对此尽可能一一加以注明，但由于文献较多，难免疏漏，在此谨向被遗漏的作者表示歉意，并向所有参考文献的作者和知识产权单位表示衷心的感谢！

特别感谢淮阴师范学院徐洪文博士、张瑞虎博士、曹玉华硕士，河海大学赵敏教授、黄亚丽硕士对本书写作给予的重要帮助和进行的力所能及的工作！

非常感谢读者朋友在百忙中阅读此书，如果本书能对您有所裨益，作者将不胜荣幸。由于作者阅历以及知识面的限制，书中定有疏漏之处，恳请读者批评指正！联系邮箱：bear2008.ok@163.com。

**崔延松**

2012年初夏于江苏淮安

# 目　录

# 第1章　自然资源的经济稀缺与功能思辨

## 1.1　自然资源开发利用与管理

### 1.1.1　自然资源的概念

#### 1.1.1.1　资源的概念

资源一词英文为resource,它由前缀re和source两部分组成,前缀表示“再”的意思,source表示来源。中文资源中的“资”就是“有用”、“有价值”的东西,即一切生产资料、生活资料;“源”就是“来源”。因此,我国《辞海》把资源解释为“资财的来源”,即一切对人类生产和生活有用的物质与非物质要素都可以称为资源。

从广义上讲,资源包括自然资源、资本资源、社会资源、信息资源等,“广义的资源不是一个单数,而是一个多元复合概念,一切有利用价值的自然、经济、社会条件都可称为资源”。从狭义上讲,资源仅指自然资源。所以,人们有时会把资源作为自然资源的代名词。

#### 1.1.1.2　自然资源的概念

由于研究领域和研究角度存在着差别,所以对自然资源概念的理解多种多样,至今尚无严格明确的公认定义。这里选取几种有代表性的定义:

地理学家金梅曼(Zimmermann)的定义:1951年他在《世界资源与产业》一书中指出,无论是整个环境,还是其某些部分,只要它们能(或被认为能)满足人类的需要,就是自然资源。他解释道:譬如煤,如果人们不需要它,或者没有能力利用它,那么它就不是自然资源。该定义主要强调自然资源的有用性。

联合国环境规划署(UNEP)的定义:1972年,联合国环境规划署指出,所谓自然资源,是指一定时空条件下能够产生经济价值以提高人类当前和未来福利的自然环境因素的总称。该定义较为抽象和概括,强调了人类后代的利益,具有一定的可持续发展思想。

《大英百科全书》的定义:自然资源是人类可以利用的自然生成物,以及形成这些成分源泉的环境功能。前者如土地、水、大气、岩石、矿物、生物及其群集的森林、草场、矿藏、陆地、海洋等,后者如太阳能、地球物理的环境功能(气象、海洋现象、水文地理现象)、生态学的环境功能(植物的光合作用、生物的食物链、微生物的腐蚀分解作用等)、地球化学的循环功能(地热现象、化石燃料、非金属矿物生成作用等)。该定义强调了自然资源的环境功能。

资源经济学家阿兰·兰德尔(Alan Randll)的定义:自然资源是由人发现的、有用途和有价值的物质,“自然状态的或未加工过的资源可被输入生产过程,变成有价值的物质,或者也可以直接进入消费过程给人们以舒适而产生价值”。他认为,没有被发现或发现了但不知其用途的物质,以及与需求相比因数量太大而没有价值的物质不是资源。该定义主要强调自然资源的动态性。

《辞海》的定义:自然资源指天然存在(不包括人类加工制造的原材料)并有利用价值的

自然物,如土地、矿藏、水资源、生物、气候、海洋等,是生产的原料来源和布局场所。该定义强调了自然资源的天然性,并指出空间(场所)是自然资源。

地理学家蔡运龙的定义为:自然资源是人类能够从自然界获取以满足其主要欲望的任何天然生成物及作用于其上的人类活动结果,或可认为自然资源是人类社会生活中来自自然界的初始投入。

上述这些定义各有侧重,但大都涵盖如下的含义:

第一,自然资源是大自然的天然生成物。地球表面、土壤肥力、地壳矿藏、水、野生动植物等,都是自然生成物。自然资源与资本资源、人力资源的本质区别在于其天然性,但现代的自然资源已或多或少地被打上了人类劳动的印记。

第二,任何自然物之所以成为自然资源,必须有两个基本前提:人类的需要和人类的开发利用能力,否则自然物只是“中性材料”,而不能作为人类社会生活的“初始投入”。

第三,自然资源的概念和范畴是随着人类社会和科学技术的发展而不断变化的,或者说人类对自然资源的认识,以及自然资源开发利用的范围、规模、种类和数量,都是不断变化的。同时还应指出,当代人对自然资源已不再是一味索取,而是逐渐发展出保护、治理、抚育、更新等新观念。

第四,自然资源与自然环境是两个截然不同的概念,但具体对象和范围又往往是同一客体,自然环境指人类周围所有的客观自然存在物,自然资源则是从人类需要的角度,来认识和理解这些要素存在的价值,因此有人把自然资源和自然环境比喻为一枚硬币的两面,或者说自然资源是自然环境透过社会经济这个棱镜的折射。

### 1.1.2 自然资源的特点

#### 1.1.2.1 有限性

有限性是自然资源最本质的特征,指在一定时间和空间内,自然资源可供人类开发和利用的数量是有限的。任何自然资源都是相对于人类需要而言的,而人类的需要实际上是无限的,因此任何自然资源都是有限的,并不是取之不尽、用之不竭的。

自然资源的有限性突出表现在不可再生自然资源上,如任何一种矿物自然资源的形成不仅需要特定的地质条件,还必须经过千百万年甚至上亿年漫长的物理、化学、生物的作用过程,因此相对于人类而言是不可再生的,消耗一点就少一点。可再生自然资源同样具有有限性特征,如动物、植物,由于受自身遗传因素的制约,其再生能力也是有限的,过度利用将会破坏其稳定的结构而使其丧失再生能力,成为不可再生自然资源。

自然资源的有限性要求人们在开发利用自然资源时必须坚持节约、集约利用的原则,将开发利用数量保持在一个适度的水平上,绝不能只顾眼前利益,掠夺式开发自然资源,甚至肆意破坏自然资源。

#### 1.1.2.2 整体性

整体性是指各类自然资源之间不是孤立存在的,而是相互联系、相互作用、相互依赖、相互制约的有机整体,而且在区域之间也是相互联系、相互结合的有机整体。这种相互依存关系,决定着自然资源是一个具有内在联系且发挥着系统功能的整体,人类对其中任一部分的改变都会给其他部分带来直接或间接的影响。例如,森林资源除经济效益外,还具有涵养水分、保持水土等生态效益，如果森林资源遭到破坏，不仅会导致河流含沙量的增加，引起洪水泛滥，而且会使土壤肥力下降。土壤肥力下降，又进一步促使植被退化，甚至沙漠化，从而使动物和微生物大量减少。相反，如果在沙漠地区通过种草、种树慢慢恢复茂密的植被，水土将得到保持，动物和微生物将集结繁衍，土壤肥力将会逐步提高，从而促进植被进一步优化及各种生物进入良性循环。

自然资源的整体性要求必须对自然资源进行合理规划及综合研究和综合开发，即在开发利用自然资源时，必须从系统整体出发，统筹规划，合理安排，不能只考虑某一要素，而忽视其他要素；或者只考虑局部地区的开发利用，而忽视整个地区的综合开发利用。

#### 1.1.2.3 区域性

区域性是指自然资源分布的不均衡，无论在数量上或质量上都有其明显的地域差异。气候、水、土地、生物资源、矿产资源等各种自然资源，由于受太阳辐射、大气环流、水分循环、地质构造和地表形态结构等因素的影响，其分布受到地带性规律的制约，在宏观尺度上表现出明显的地带性特点。自然资源种类特性、数量多寡、质量优劣都具有明显的区域差异。这种差异又制约着经济的布局、规模和发展。例如，矿产资源状况（矿产种类、数量、质量、结构等）对采矿业、冶炼业、机械制造业、石油化工业等都会有显著影响，而生物资源状况（种类、品种、数量、质量）对种植业、养殖业和轻工业、纺织工业等有很大的制约作用。

自然资源的区域性要求人们在开发利用自然资源时应因地制宜，在对当地自然资源分布、数量、质量等情况进行全面调查评价的基础上妥善安排各业生产，这样才能使自然资源的开发利用和保护兼有经济效益、环境效益和社会效益。

#### 1.1.2.4 多用性

多用性是指任何一种自然资源都同时具有两种或两种以上的功能或用途。例如，一块土地既可以种植作物，又可以营造林木，还可以用于工业、交通、旅游以及改善居民生活环境等。

自然资源的多用性，要求人们在开发利用自然资源时应遵循经济效益、社会效益和生态效益相统一的原则，综合分析不同使用方式和目的所带来的利益及付出的成本，进行科学合理的开发，以确保有限的自然资源发挥最大的效用。

#### 1.1.2.5 动态性

动态性是指自然资源的内涵、外延都是相对于时间和经济技术水平而言的，不同时代、不同生产力水平、不同认识能力，自然资源的内涵和外延也不同。一方面，随着人类技术的进步，许多原来没有价值的物质变成自然资源，如石油，在 19 世纪前人类还未掌握开采和利用其技术条件时，它只能是一种普通物质，而现在石油却是一种宝贵的自然资源；另一方面，原来是很有价值的自然资源可能会变成没有太大价值的物质，如某些作为染料用的植物，在染料化工业发展起来以前曾是很宝贵的资源，但现在已无太大价值。总体而言，随着科学技术的迅猛发展，人类对资源开发利用的深度和广度不断提高，自然资源的内涵和外延都在扩大，如表 1-1 所示。

自然资源的动态性要求人们在开发利用自然资源时应随时掌握其动态变化情况，采取相应的运作措施，保证系统的正常运转。

表 1-1　自然资源种类的变化

| 社会阶段 | 文化时期 | 人类技术水平 | 新增的自然资源种类 |
|---|---|---|---|
| 采集和狩猎社会 | 旧石器时代 | 粗制石器、钻木取火 | 燧石、树木、渔、兽、果 |
| | 新石器时代 | 精制石器、刀耕火种 | 栽培植物、驯化动物 |
| 农业社会 | 青铜器时代 | 青铜斧、犁、冶铜技术、轮轴机械、灌溉技术、木结构建筑 | 铜、锡矿石、耕地、木材、水流 |
| | 铁器时代 | 铁斧、犁、刀、冶铁技术、齿轮传动机械、石结构建筑、水磨 | 铁、铅、金、银、汞、石料、水力 |
| | 中世纪 | 风车、航海 | 风能、海洋水产 |
| | 文艺复兴期 | 爆破技术 | 硝石(炸药与肥料) |
| 工业时代 | 产业革命期 | 蒸汽机 | 煤的大量使用 |
| | 殖民时期 | 火车、轮船、电力、炼钢、汽车、内燃机 | 石油 |
| | 20 世纪初期 | 飞机、化肥 | 铝、磷、钾 |
| | 20 世纪中期 | 人造纤维技术、原子技术 | 稀有元素、放射性元素;石油和煤不仅作为能源,也作为原料 |
| | 20 世纪 50 年代后 | 空间技术、电子技术、生物技术等 | 更多的稀有金属、半导体元素、遗传基因 |

**注:**转引自蔡运龙编著的《自然资源学原理》(第 2 版),科学出版社,第 107 页。

### 1.1.3　自然资源开发利用的途径

自然资源是人类社会生存和发展的基础,人类发展的历史是一部不断探寻、开发、利用及保护自然资源来满足自身需要的历史。在人类社会发展的各个历史时期,受思想观念和科学技术等影响,自然资源开发利用途径及结果有所不同。

在农业社会之前,虽然人类开始与自然界分离,但仍属于"自然界中的人",人类通过适应自然来求得生存、得以进化。采集和狩猎几乎是当时人类所有的生产活动。当时的人类已具有初步的天气预报、找水等常识,开始用石头与动物骨头制作和使用原始工具,从自然环境中获取食物和其他资源。但由于人口不多,又四处迁徙,且用以改变环境的力量仅仅是自身肌肉的能量,自然资源开发利用的环境影响很小且是局部性的。即使后来学会使用火,人类开发利用自然资源的活动对环境影响仍然很小。总体来讲,在这个阶段中,人类对大自然只有初步的认识和了解,对大自然、对自然资源还处于一种视其为神的顶礼膜拜的状态,所利用的自然资源主要是一些可再生的生物资源。

随着人类采集野果和狩猎野兽数量的增多,人们开始尝试种植野果的种子和驯养未吃完的野兽。这样,农业逐渐从人类原有的采集和狩猎活动中分离出来,人类也由采集和狩猎社会过渡到农业社会。随着生产力的发展,人类社会又相继发生了三次社会大分工,出现了畜牧业、手工业和商业。此时,人类已从狩猎者和采集者那种"自然界中的人"变成了农民、牧民和城市居民这种开始"与自然对抗的人",人类也不再仅仅依靠自身肌肉的力量来改造自然界,还学会了利用畜力、水能等动力来改造自然界。

随着人类认识自然和利用自然能力的提高，人口日益增加，需要更多的食物，需要更多的木材做燃料和建筑材料。为此，人类开始大量砍伐森林，不顾地力耗竭去开垦土地，为争夺土地与水源发动战争，结果导致一些地方生态环境遭到严重破坏，甚至导致人类文明的丧失。

总体而言，这个时期虽然人类认识自然和利用自然的能力有所提高，人类利用自然资源活动对环境的影响有所增强，但人类从自然界索取自然资源的能力仍然较小，所获取的资源也较少，人类社会在总体上还处于以土地为核心资源的自然崇拜期。

18 世纪蒸汽机的发明促使人类进入工业社会，随后的第一次工业革命使得人类对资源利用的范围从地表深入到地下，以煤为代表的各种矿产资源的利用成为工业文明时代的核心资源。正如贝尔纳(I. D. Bernal)所说：廉价的煤作为新的万能燃料，廉价的铁作为新的万能材料，现在都最后取代了被粗劣使用的木材，这是 19 世纪工业的特征。

第二次工业革命的到来，特别是第二次世界大战后中东及南非地区巨大油田的发现，促使世界能源结构发生了巨大变化，将人类社会带进了"石油文明"的时代。就世界范围而言，1913 年石油在能源结构中仅占 5.2%，到 20 世纪 60 年代末已成为主要能源，石油在世界能源消耗中所占比例已从 1950 年的 28.9% 上升到 44.5%，在化工原料中所占比例则从 44% 上升到 90%。石油作为能源和化工原料被大量使用，生产出了合成纤维、大量廉价的化肥和农药，极大地提高了土地生产力，几乎导致了所有资源和农产品的过剩。由于煤炭、石油和天然气等不可再生资源的存量有限，20 世纪四五十年代，人类对资源的开发开始涉足太阳能、原子能、地热能、海洋能、风能与生物能等可再生资源领域。

总之，随着科学技术水平的提高，人类开发利用自然资源的深度、广度和速度达到了史无前例的地步。与此同时，人们逐渐形成一种错觉——人类的能力可以"战天斗地"，人类是自然的主人和占有者，自然界仅仅具有一种满足人类需要的"工具性价值"，而且是一个"取之不尽，用之不竭"的巨大的"公用仓库"。在这种思想指导下，大量自然资源被开发利用，世界经济得到快速发展，工业化、城市化的进程也大大加快。

随着世界经济持续高速发展以及人口数量迅速增加，人类对自然资源的需求与日俱增，自然资源供给不足的矛盾凸显，与此同时，人类在开发利用自然资源时向自然界排放的废弃物质日益增多，污染着环境。对此，人类对如何开发利用自然资源形成了以下三种观点：

第一，悲观论。《增长的极限》是这一观点的代表作。这种观点认为从自然资源角度看，地球增长存在极限。如果目前的人口和资本的快速增长模式继续下去，世界就会面临一场"灾难性的崩溃"，而避免这种前景的最好方法是限制增长，即"零增长"。

第二，乐观论。《没有极限的增长》是这一观点的代表作。这种观点认为科技进步可以使人类获得更多的自然资源，人类能力的发展是无限的，地球增长不存在极限。

第三，可持续利用论。这种观点强调在开发利用自然资源时不仅要考虑经济效益，还要考虑生态效益；不仅要考虑当代人的需要，还要考虑后代人的需要。

综观人类开发利用自然资源的历史，可以发现人类开发利用自然资源的途径有如下变化：

第一，从粗放掠夺利用向节约集约利用转变。在人类早期，由于人类对自然资源需求较少以及科学技术水平低下，人类只能粗放式利用自然资源。但随着经济发展、人口增加以及科学技术的进步，人类利用自然资源的能力大大提高，对自然资源的需求与日俱增，自然资源的稀缺性越来越高，人类利用自然资源方式逐渐向节约、集约式转变，以协调人类需求无限与自然资源有限之间的矛盾。

第二，越来越重视自然资源开发利用中的环境影响。人类早期比较注重自然资源利用的经济效益，很少甚至根本就没有考虑到自然资源开发利用对环境的影响。当然，那时人类开发利用自然资源活动对环境产生的影响也很小。但随着人类改造自然能力的提高，人类开发利用自然资源活动对生态环境的破坏越来越大，人们在开发利用自然资源时逐渐考虑环境因素，以致提出"自然资源可持续利用"的观点。

### 1.1.4　自然资源开发利用的管理方向

#### 1.1.4.1　自然资源综合管理

自然资源管理是一个系统工程，涉及众多领域。在以往的自然资源管理中，各个部门是"铁路警察，各管一段"，缺乏系统地考虑问题，其最终的结果是有利则争，无利则推，使自然资源开发利用短期化，可持续发展思想很难贯穿到实际工作中去。未来的自然资源管理则应站在可持续发展的高度来管理自然资源，将自然资源放在经济社会等大环境中去开发利用，所以其管理应该从单项管理向综合管理转变，以利于自然资源的合理利用和生态环境的保护，减少管理成本[1]。

所谓自然综合管理，是指以整体的自然资源为管理对象，以不同门类自然资源的共性为基础，以不同门类自然资源之间的相互关系为协调的纽带，利用一体化的运行机制，将不同门类的自然资源进行统一管理。自然资源的综合管理不仅仅是简单的机构合并，而是各自然资源管理机构之间的相互协调、相互牵制。机构合并后可以大幅度提高管理系统的整体运行效率，而不是一加一等于二的关系。自然资源综合管理的效果集中体现在制度效率的提高和交易成本的降低。

#### 1.1.4.2　自然资源资产化管理

所谓自然资源资产化管理，就是遵循自然资源的自然规律，按照自然资源生产的实际，从自然资源的开发利用到自然资源的生产和再生产，按照经济规律进行生产管理。自然资源资产化管理的目标，是建立一种高效、科学的资源运作与配置体制——现代自然资源经营制度和自然资源产权市场，使被消耗的自然资源得以再生和重建，存量的资源得以最有效配置，并最大限度地调动各方面对其投入，使自然资源开发与利用在高水平、高起点上得到和谐统一与相互促进，建立起持续、高产、高效、稳定发展的自然资源产业经营的运作体系。

#### 1.1.4.3　自然资源生态管理

人类对自然资源不合理的开发和利用会引起严重的生态环境问题，而生态环境问题的产生又反过来威胁人类对自然资源的持续利用，因此实行自然资源生态管理是自然资源管理的发展趋势。

所谓自然资源生态管理，是指按照自然资源利用的生态规律，以保持自然资源生态系统结构和功能的可持续性为目标，对自然资源利用行为进行调整、控制及引导的综合性活动。生态管理与传统的管理方式相比，主要有以下区别：

---

[1] 张海然. 当代国际自然资源管理趋势——资源管理在横向上逐步拓宽，走一条适度综合的道路，http://49tuan.btnews.com.cn/invite/list.asp? SelectID=949&ClassID=7。

(1)价值观和优先性不同。传统管理基本上是一种以自我为中心的用途性管理,它与工业文明相适应。生态管理强调不纯粹以人类为中心,不纯粹以经济产品或服务为目的,要求优先考虑生态系统的承载能力,它与后工业文明(或生态文明)相适应。

(2)时间跨度不同。传统管理往往只涉及单一项目的生命周期。生态管理则要求考虑项目及其所提供的产品或服务在全部生命周期中对环境的影响,以及该项目对生态系统更长远的影响或可能性影响预测。

(3)环境背景不同。传统管理往往只考虑到局域的小环境,而且不够深入。生态管理要求考虑更广阔和更深入的环境背景,物种多样性及生态系统的健康、持续性、服务功能等都在考虑之内。

(4)公众参与实质不同。传统管理在涉及环境问题时虽然要求公众参与,但公众是被动的象征性参与,不能体现公众的真实意愿。生态管理则强调在适当指导下,由公众来确定他们想要的情形(或共同的社会愿景),以公众的价值取向来确定生态管理工作的目标。

(5)绩效评价准则不同。传统管理以经济或财务指标为评价准则,对生态外部性考虑极少。生态管理则要求采用综合评价准则,注重经济、生态和社会指标的融合。

在发达国家,政府对资源的管理一般经历了数量管理、质量管理、生态管理三个阶段。我国资源管理还停留在数量管理或质量管理阶段。如对耕地资源的管理,现行政策主要关注的是耕地数量、质量、实现粮食安全等方面,而对耕地资源开发利用中的生态环境问题关注不够。这显然不利于生态环境保护,实际上最终也不利于保护耕地资源。

## 1.2 自然资源的经济稀缺

### 1.2.1 自然资源的有限性

尽管空间和时间是无限的,但人们在研究具体的事物或现象时,总是将其规定在特定的空间和时间范围内来考虑。以地球表层为例,其空间范围似乎是无限的,但人们在现有认识水平的基础上仍然将其上界确定至对流层层顶,下界为岩石圈上部。虽然这样确定的界限尚有争议,也必将随着现代科学技术的进步、人类对自然界认识水平的提高而有改变,但无论如何在一定的时段内人们总是可以相应地确定地球表层的空间范围。所以,地球表层空间是有限的,存在于其范围内的一切物质或现象,包括自然资源在内也都是有限的。

人类根据自然资源可被利用的特点,从经济学的观点将自然资源分为耗竭性的和非耗竭性的、再生性的和非再生性的、能重复利用的和不能重复利用的、恒定的和变动的等类型。即使是非耗竭性的恒定性资源,如太阳能、潮汐能、原子能、风能等,似乎是取之不尽、用之不竭的,但从某个时段或地区来考虑,所能提供的能量也是有限的。至于再生性资源,如土地、森林、牧场、野生动物、水产等,不仅其再生的能力是有限的,而且利用过度使其稳定的结构破坏后就会丧失其再生能力,成为非再生性资源。还有,宝石、黄金、铂等非再生的矿物资源,尽管是可以重复利用的,但在地壳中,其储量是有限的,也不可能永无止境地加以重复利用,因为在利用过程中必然会产生物质和能量的损耗。

由于自然资源的有限性,人类在开发利用自然资源时必须从长计议,珍惜一切自然资源,绝不能只顾眼前利益掠夺式开发资源,甚至肆意破坏资源。因此,人类必须重视自然资源的合理开发利用与保护,以维持人类对自然资源的持续利用,保护基本的生态过程和生命维持系统,以及保持遗传的多样性,为人类造福。

### 1.2.2 自然资源稀缺的问题域

#### 1.2.2.1 供给不足产生的问题域

自然资源的自然供给,是指实际存在于自然界中的各种自然资源的可得数量。地球上自然资源总数量是固定的,既非人力所能创造,也不会随价格和其他社会经济因素的变化而增减。人类生活在陆地上,但不是地球上所有的陆地都适合人类居住,只有能提供结构合理的自然资源的陆地,才适合人类居住。凡是适合人类居住的陆地必须具备下列条件之一或全部:①自然条件适宜人类生产生活和动植物生长;②有可利用的资源(如土壤、水、动植物、矿物等);③具有可通达性。因此,陆地的很大部分是人类不能居住而生存的,至少是按现有的生产能力无法作一般利用的,如永久冰封地、荒漠、极高山等。而目前世界人口已超过60亿人,土地的绝对稀缺已臻明显,全球性人口、资源、环境、粮食四大问题凸显其中。

就某一国家或某一区域而言,自然资源的自然供给一般也是固定的。由于土地的不可移动性,不可能从别处搬来土地以增加本国或区域的土地供给,所以无论就某一区域或全世界而言,多数自然资源的自然供给总是毫无弹性的供给。就某一种用途的自然资源而言,还存在自然限度的问题。例如,耕地只能是水热条件合适、有一定厚度的土层、坡度不太大的土地,种植橡胶的土地只能在热带,矿产地只能在有矿藏的地方,等等。此类专门用途的自然资源,其自然供给不会随价格和其他经济社会因素的变化而增加,也是无弹性可言的。相反,由于其他用途(如建筑)的挤占和自然毁损(如沙漠化和水土流失),此类供给还有减少的趋势,造成资源的自然耗竭。

自然资源的经济供给是指由于自然资源的多用性,其往往可以用于多种目的,可以作为多种用途的供给。于是各种资源利用之间经常互相竞争和相互替代,当某种用途的需求增加,该用途的收益提高时,原供它用的自然资源必有一部分会转作该种用途,使其资源的供给量增多,但不会超过其自然供给。这种在自然资源的自然供给范围内,某用途的资源供给随该用途收益的增加而增加的现象称自然资源的经济供给。

自然资源的经济供给是有弹性的供给,但供给弹性的大小除上述经济因素外,还取决于接近自然供给极限的程度而不同。在远离自然资源自然供给的极限时,自然资源经济供给的弹性较大,供给价格的轻微变化就会引起供给量的较大变化。随着供给量的增加,优等自然资源不断投入使用,所余自然资源的质量越来越差,开发新自然资源的成本越来越高,经济供给越来越接近自然供给极限。这样,供给弹性越来越小,即供给价格越来越高而供给量的增加越来越少。当达到自然资源自然供给的极限时,自然资源的经济供给也就毫无弹性了,这时供给价格即使有大幅度的提高,也不能增加供给量。

自然资源经济供给的弹性大小在不同利用上是有差异的,例如用做建筑的土地,因其所需数量相对较少,受自然条件的限制又不太严格,故经济供给的弹性较大;林业用地、牧业用地对自然条件的要求较低,经济供给的弹性也较大;而矿产地和某些特殊作物用地则受严格的自然条件限制,其经济供给的弹性就比较小。

在自然资源自然供给范围内,影响自然资源经济供给的因素是很多的,其中重要的有:

(1)对自然资源的需求。需求大,价格上升,促使供给增加;反之,需求小,价格下降,促使供给减少。

(2)自然资源的自然供给量。如上所述,自然资源的经济供给只能在自然供给限度内变动,这个规律从生产成本角度看就意味着:当适宜于某种用途的优等自然资源相继投入使用,余下等级较低的自然资源时,要增加自然资源的经济供给必将付出更多的边际成本。

(3)其他用途的竞争。自然资源具有多用性,当其他用途的供给价格提高使供给量增加时,对该用途的自然供给必有减少的趋势。这里必然包含着机会成本,即一种用途的自然供给价格也取决于将同样的自然资源用于另一种用途时的价值。

(4)科学技术的发展。当自然资源利用的科学技术发展到一定程度时,原不能利用的自然资源变得可以利用,或原来利用成本太高的自然资源可以降低利用成本,从而使自然资源的自然供给曲线右移,自然资源经济供给远离自然供给限制而增大了扩展的可能性。此外,科学技术的发展不断创造出可以取代自然资源产品的新材料,如化学纤维代替棉花,则该项产品会退出(或减少)资源利用,从而增加了其他用途的资源经济供给。

(5)自然资源利用的集约度。自然资源利用的集约度越强,自然资源的供给价格越高,自然资源利用率越高,自然资源经济供给也就随之增加。由于报酬递减律的作用,自然资源利用集约度不会无限制地增强,在经济效益方面,它应当符合生产要素合理投入的原理,即资源利用的集约度应使边际收益等于边际成本。这时的集约度在土地利用上称精耕边际。

(6)交通条件的改善。这使原来由于通达性不够而未投入使用的自然资源易于接近,或降低了运输成本,因而增加了自然资源的经济供给。

(7)政府政策与公众舆论。政府通过法律、法规、规划以及有区别的税收、投资、信贷和价格政策,可以促进或抑制自然资源的经济供给。公众舆论往往是促使政府采取有关政策的动因,它本身也起着促进或抑制某些用途的经济供给的作用。

#### 1.2.2.2 需求失衡产生的问题域

自然资源的需求有自然和经济两种角度的概念解释。自然资源需求的自然概念是指人们对自然资源的需要(或欲望);自然资源需求的经济概念则是指人们对自然资源的需要和满足这种需要的能力,也称自然资源的有效需求。

人们对自然资源的需要与生存的需要关系最为密切,人们需要自然资源来提供维持衣食住行的资料和生产、生活空间;自然资源的需要与心理的需要也不无关系,例如,人们需要自然资源来保障未来的生活,需要娱乐、休闲的地方和设施,需要土地所象征的权利,需要土地所有权或使用权所带来的安全感、稳定感和社会威望,等等。

从需要(而不是满足需要的能力)来看,人的欲望通常被认为是无穷的,这些欲望一个接一个地产生,前一种需要一旦得到满足甚至只部分得到满足,就会产生后一种需要。对自然资源的需要也是如此。就人类总的需要而言,人口在不断增加,人们还总想得到更多更好的食品和其他生活资料,希望有更充足的住房,更好的教育、娱乐、交通设施,因而对自然资源的需要有无限扩大的趋势。就个别生产者而言,总希望尽可能多地占有自然资源来弥补其他生产要素(资金、劳动、管理)的不足。因此,自然资源的需要具有无穷大的弹性,即在一定供给价格水平下,总希望自然资源越多越好。

人类对自然资源的需要程度随时代和地区而有所不同,决定这种需要程度的大小有以下几个基本因素:

(1)人口及其生活水平。人口数量越多,对自然资源的需要越多,人口年龄构成、职业构成和性别构成对消费结构、产业结构和住房产数等有一定影响,从而影响到自然资源的需求。社会物质文明越发达,人们对食物的要求越精,对住房的要求越高,对能源的需要越多,对娱乐和社会文化设施的需要也越多,因而对自然资源的需求越大。

(2)自然资源本身的品质。品质恶劣到毫无利用价值的自然资源,自然无人需要。自然特性和区位条件更优良的自然资源,利用价值高,人们对它的需求就越大。

(3)技术进步。在人类采集和渔猎时代,人们不懂耕作,虽有肥沃的耕地也无人需求;但随着耕作技术的产生和进步,农业不断发展,人们对耕地的需求也就越来越大。蒸汽机的发明导致工业革命,于是对煤和其他矿产资源的需求骤然增加,并激发了城市的增加和扩展。随着钢铁、石油的冶炼和加工技术的进步,对铁矿、油矿的需求也越来越大。技术进步也可减少对某些自然资源的需求,例如合成染料的发展减少了对种植靛青(蓝色天然染料)和茜草(红色天然染料)用地的需求,拖拉机等农业机械的发展减少了对维持畜力所需的饲料地的需求,等等。

(4)产业发展。第二、三产业的发展增加了对城镇用地、工矿用地、交通用地等的需求。另外,产业发展还可增强国家或地区的外贸能力,进口粮食、木材、矿产等资源产品,从而减少对本地区耕地、森林、矿产的需求。

自然资源的有效需求。满足需要的能力是有限的,无能力满足的需要是一种无效需求,供求分析主要研究有支付力的需要,即有效需求。自然资源的有效需求一般随价格的上升而减少,随价格的下降而增加,这与一般商品的需求规律相同。此外,影响自然资源有效需求的因素还有:

(1)自然资源的经济供给。经济供给充分,供给价格将下降,有效需求将增加;反之,供给价格将上升,有效需求将减少。

(2)自然资源的需要。自然资源的有效需求显然以自然资源的需要为前提,若无需要,再大的支付能力也不能构成有效需求。如上所述,自然资源的需要与地区人口和产业发展有关,因此自然资源的有效需求联系着区域经济、社会发展战略。

(3)需要者的支付能力。当这种能力提高时,自然资源的有效需求一般会增加;反之,则减少。

(4)自然资源与其他生产要素的比价。按照经济学原理,生产者必须将他的支付能力合理地分配给各个生产要素。因此,生产者对各个生产要素的有效需求将遵循均等边际原则,使支付能力的分配在每一种生产要素上所获得的边际报酬大致相等,从而各生产要素所获得的总报酬才能达到最高。所以,自然资源价格相对于其他生产要素价格越低,对自然资源的有效需求就会越多;这种比价越高,则对自然资源的有效需求就会越少。

(5)自然资源产品与其他产品的比价。如上所述,消费者应当遵循均等边际原则,消费者将购买力合理地分配于衣、食、住、行等各个方面。因此,自然资源产品无论是作为生产要素还是作为消费物资,当它的比价过低时,需求就会增加,从而导致生产初级产品的自然资源的有效需求增加;反之,若初级产品比价过高,则需求相对减少,从而导致生产它的自然资源的有效需求减少。同理,各种初级产品之间比价的高低,也会导致对某种资源的有效需求的增减。例如,我国近年来将大量耕地改做果园、鱼池等,就是因为果品和鱼的价格相对于粮食价格过高。

(6)自然资源利用集约度。以土地为例,当土地利用尚未达到精耕边际时,增强集约度比开辟利用新土地更为有利,这时土地的有效需求一般不会增加。当土地利用已达到或超过精耕边际时,再增加集约度就使边际成本大于边际收入,对生产者是得不偿失的,这时应开辟利用质量较低的边际土地,致使土地的有效需求增加。

### 1.2.3 自然资源的稀缺利用与冲突

自然资源的稀缺和冲突已成为当代全球性问题。尽管目前自然资源消耗和废物产生的规模已经十分庞大,但许多欠发达国家和发展中国家的人口增长趋势仍然迅猛,工业化和经济发展仍未实现,他们需要努力从工业化和经济发展中获取利益。农业和工业发展的压力高速消耗地球上的资源,排挤着其他物种,使它们濒临灭绝;同时,也明显地侵蚀我们这个星球的土壤、森林、水域,降低了地球的承载能力,改变了地球大气的质量。未来世界人口将继续增加,经济活动将继续发展,这些压力有增无减。全人类即将长期面临资源稀缺、环境退化、人口激增和发展受阻的挑战。

#### 1.2.3.1 自然资源稀缺利用

反观20世纪,人类消耗大量资源,快速积累财富,高速发展经济。在短短100年间,全球GDP增长了21倍,人类所创造的财富超过了以往历史时期的总和。与此同时,地球资源消耗的速度和数量迅猛增长,石油的年消费量由20世纪初的2 043万t增加到35亿t,增长了171倍,钢、铜和铝的消费量,由1900年的2 780万t、49.5万t和6 800 t分别增加到2005年的9.4亿t、1 600余万t和2 654万t,分别增长了33倍、32倍和3 903倍。世界经济高速发展和人口快速增长,快速的工业化、城市化,庞大的人口数量和不断提高的生活水平,极大地消耗着地球资源,巨大的人类活动营力不断地改变着亿万年形成的自然环境的面貌,数千年来人与自然相互协调的关系被打破。

21世纪,人类步入信息社会,以知识经济为特征的新经济增长方式初见端倪。目前,不足世界人口15%的发达国家仍然消耗着世界60%以上的能源和50%以上的矿产资源。随着超过世界人口85%的发展中国家走向工业化,矿产资源消费的速率和数量不可能降低。虽然随着科学技术的发展和应用,以及经济社会发展途径的改变,21世纪的工业化经济增长方式将更为丰富,工业化进程将更快,资源的利用效率会更高。但占世界人口4/5的正在进行着或即将陆续步入工业化发展阶段的发展中国家,持续更大量、更快速地消耗矿产资源将难以避免。事实上,人类目前使用的95%以上的能源、80%以上的工业原材料和70%以上的农业生产资料仍然来自于矿产资源。矿产资源作为人类赖以生存和发展的物质基础的地位一直没有改变。

全球化石能源探明剩余储量大约折合8 100亿t油当量,其中石油、天然气和煤炭的比例为17:17:66。据预测,未来25年全球累计化石能源需求总量约为2 600亿t油当量。与之比较,全球化石能源的资源总量相对充足。若从目前世界化石能源消费结构来看,未来25年,石油、天然气和煤炭的需求总量分别为1 100亿t、70万亿$m^3$和1 400余亿t,与目前世界石油探明剩余可采储量1 400余亿t和天然气探明剩余储量150万亿$m^3$以及煤炭9 800亿t探明剩余储量比较,全球石油资源供需形势不容乐观。尽管天然气资源供需形势稍好,现有探明剩余储量也仅能维持40年左右。煤炭资源相对充足。如果石油和天然气储量增幅不大,新能源和能源技术缺少突破,煤炭的清洁利用将成为未来保证能源持续供应的重要途径。

预计未来主要非燃料矿物的需求量和消费量每年增加3%～5%。据储量寿命指数测算，当前世界探明储量可供开采的年限，铝是224年，铅、汞是22年，镍是65年，锡、锌是21年，铁是167年（世界资源研究所等，1999）。很多主要矿物资源不久即将面临枯竭的危险，尤其是全球铜资源供需形势不容乐观。2000～2025年，预计全球铜累计需求将超过5亿t，即便考虑40%的回收再利用率，25年间3亿t的需求量与3.4亿t的探明可采储量几乎相当。尽管资源保证程度较高的铝对铜具有很强的替代能力，但是铜资源紧缺的形势仍将十分严峻（王建安等，2002）。

#### 1.2.3.2　自然资源利用与冲突

1）需求持续增长与供给限制的冲突

全球对于许多关键资源的需求正在以无法持续的速率增加，这在相当程度上是由于人口的激增。仅在过去的50年里，世界人口增加了30多亿人，从1950年的26亿人跃升到1999年的60多亿人。但是，人口增加仅仅部分解释了需求爆炸的原因；同样重要的是，工业化向全球越来越多的地区扩展和世界范围内个人财富的稳步增长，导致对能源、私人汽车、建筑材料、家用电器和其他资源密集型商品的巨大需求。例如，全世界私人汽车的拥有量从1950年的大约5 300万辆，剧升到2005年的约8.4亿辆。全球对于许多基本商品的需求增长速度超过了人口的增长速度。或许计算机和其他的高技术的发展将取代低效率、高资源消耗的系统。例如，由于光纤电缆的采用，电信系统的铜使用量已大大减少，而光缆来自廉价又丰富的硅。然而，计算机的出现实际上并未导致资源消耗总量的下降，反倒是上升。因为技术创新使个人财富大大增加，这又反过来导致个人消耗的巨大增加。

世界人口正在以每年大约8 000万人的速度扩张，以此速度，世界人口到2020年将接近80亿人。此外，预期全球人均收入在未来几十年中将以每年大约2%的速度增加，即接近人口增长速度的2倍。因此，未来全球基本资源的需求仍将继续增长。

如上所述，全世界资源的供应已面临短缺，在这一背景下，国家之间为了取得生死攸关的资源供给就可能发生冲突；而在国内，因为可供分配的资源有限，也会发生冲突，结果将不可避免地加剧对紧缺资源的争夺。

2）自然资源争端

许多重要资源的主要来源地或储藏地由两个或更多的国家所共有，或者是位于有争议的边界地区或近海经济专属区。一般来说，各国都宁愿依靠完全处于自己国境内的资源来满足其需求。但随着这些资源的逐渐枯竭，政府自然会设法最大限度地谋取有争议地区的和近海的储藏，从而与邻国发生冲突的危险随之增加。这种冲突即使发生在所涉及的国家相互之间比较友好的情况下，也具有潜在的破坏性；而如果这种冲突发生在已经敌对的国家之间，就像在非洲和中东的许多地区那样，则对重要资源的争夺很可能是爆炸性的。

自然资源争端可能源于某一跨国界资源的分配。如果两个国家跨在一个大型储油盆地上，并且其中之一抽取与石油总供给量不成比例的较多石油份额，那么，另一个国家的石油资源就受到侵害，由此引发冲突。事实上，这就是20世纪80年代后期伊拉克和科威特关系的一个主要促动因素。伊拉克声称科威特正在从两国共享的鲁迈拉油田抽取超过其应有份额的石油，因此妨碍它从1980～1988年的两伊战争中恢复过来。沙特阿拉伯和也门在鲁卜哈利沙漠的边界不清，为争夺双方共享的石油资源也发生过冲突。这种冲突归因于对能源或矿产资源蕴藏丰富的近海地区权利主张有争议。《联合国海洋法公约》[1]允许临海国家有主张最多200 nmile的近海专属经济区的权利,在此专属经济区内享有唯一的开发海洋生物和海底资源储藏的权利。这一制度可在开放型广阔海域上推行,但如果几个国家与一个内陆海(例如里海)相邻,或相邻于一个相对狭小的海域,则会引起摩擦。各国要求的海上专属经济区往往会交错重叠,引起对于近海边界划分的争端。

自然资源争端还可能产生于对重要资源运输必经通道的权利之争。全世界消耗的石油中,有很大比例通过波斯湾船运到欧、美各国和日本。这些船只必须通过一些狭窄的既定海域,例如,霍尔木兹海峡、马六甲海峡和红海。所以,主要进口国一贯对抗当地国家的封锁和限制。此外,对于重要物资运输安全的担心,也表现为石油和天然气管道,尤其是穿越反复发生混乱地区的那些管道。

3)"文明的冲突"与"资源战争"

冷战结束后,关于国际地缘政治,全球文明冲突论曾经风靡一时。亨廷顿(Huntington)[2]认为,各个国家将在忠于某一种特定宗教或"文明"的社会——基督教的西方、东正教的斯拉夫集团、伊斯兰世界等的基础上,制定它们的安全政策,因为"文明之间的冲突将是现代世界中冲突演化的最后阶段"。但更值得注意的事实是,某些国家狂热追求资源而置任何对"文明"的忠诚于不顾。例如,美国已经和里海地区的三个穆斯林国家(阿塞拜疆、土耳其和土库曼斯坦)结盟,与两个基督教占压倒优势的国家(亚美尼亚和俄罗斯)对垒。在其他地区也可以看到类似的模式,资源的利益战胜了种族和宗教的从属关系。

对于世界上几乎所有的国家来说,追逐或保护重要资源已经成为国家安全中的重要特征,资源问题在世界上许多军事力量的组织、部署和使用上起重要作用。尽管争夺资源并不一定就是所有国际关系核心的"压倒性因素",但随着世界上意识形态冲突的消失,也促成了资源问题的中心化,因而追逐和保护紧缺资源被视为国家首要的安全功能之一。全世界范围内需求的迅速膨胀,资源稀缺的日益显著,以及资源所有权和控制权的争夺,构成了资源冲突的三个因素,其中每一个都可能在国际地缘政治中引入新的紧张。前两个因素将不可避免地强化国家之间为取得关键性资源的争夺,第三个因素将制造出新的摩擦和冲突。此外,每一个因素又将增加其他两个因素的不稳定倾向。随着资源消耗的增加,稀缺将会更加迅速到来,政府则将受到越来越大的压力,不惜一切代价解决问题;反过来,又将增强国家对有争议资源的争夺和控制,由此增加了冲突的危机。

在大多数情况下,这些冲突并不一定需要诉诸武力,冲突涉及的国家会通过谈判解决冲突,全球的市场力量也会鼓励妥协。因为妥协的好处一般总是大大高于战争的可能代价,所以只要能够从资源的馅饼上保证分到合理的一块,多数国家都会从最高要求上做些退让。然而,谈判和市场力量并非万验灵药,在某些情况下,那些有利害关系的资源对于国家的生存或经济利益如此重要,以至于妥协是不可能的。同时,全球市场力

[1] 联合国海洋法公约(United Nations Convention on the Law of the Sea)指联合国曾召开的三次海洋法会议,以及1982年第三次会议所决议的海洋法公约(LOS)。在中文语境中,"海洋法公约"一般是指1982年的决议条文。此公约对内水、领海、临接海域、大陆架、专属经济区(亦称"排他性经济海域",简称EEZ)、公海等重要概念做了界定,对当前全球各处的领海主权争端、海上天然资源管理、污染处理等具有重要的指导和裁决作用。

[2] 当代颇有争议的美国保守派政治学家。他以《文明冲突论》闻名于世,认为21世纪国际政治角力的核心单位不是国家,而是文明。亨廷顿早年亦是文武关系研究(Civil – Military Relations)的奠基者。

量也有增加冲突的可能性，如果所争夺的资源价值如此之大，那么卷入冲突的当事者就不大可能放弃。另外，在许多发展中国家，贫富差别越来越大，这又使内部资源冲突和争夺的危险性进一步增加。

人类历史一直就以一连串的资源战争为特点，这种战争可追溯到最早的农业文明时代。第二次世界大战以后，因为美、苏之间政治和意识形态竞争的紧迫性，对资源的争夺相形见绌。但在当今，它又以新的严重程度浮现出来。鉴于国家安全政策对经济活力的重视程度日渐增加，世界范围内资源需求的上升，资源稀缺的日益明显，资源所有权的争端频频发生，则对生死攸关的资源的冲突和争夺会越来越剧烈。当然，资源争夺并不是21世纪唯一的冲突根源，其他的因素（如种族敌对、经济不公正、政治竞争等）也会周期性地引发争端。

## 1.3 自然资源的功能思辨

### 1.3.1 物质需求的生产功能

人类社会的发展是以自然资源消费量增长为基础的，社会的进步与发展通常是以人类生活水平的提高来衡量的，而生活水平的提高又必须以在发展社会生产力的基础上向自然界索取更多的自然资源来保证。

物质资料是社会财富的最基本的形式。经济发展都是以物质资料为载体，最终以物质资料的增长来实现的。资源开发利用是物质生产的一部分，同时又是物质生产过程的最初环节，它对自然物进行有目的的物质变换，源源不断地把各种必需的原材料注入经济系统，为社会再生产的物质补偿提供来源。在原始社会，人类采用粗制石器、树枝来从事狩猎、捕鱼、采集果实等活动，直接从自然环境中获取人类生活所必需的物质资料。在人类学会火的使用后，精制石器出现，人类进入刀耕火种、栽种作物和驯养野生动物的新石器时代，从这一时期开始，人类才有了真正意义上的对自然资源的开发利用。随着冶炼技术的发明和耕种技术的提高，人类就有可能开发利用矿石和发展农业，并砍伐森林来营造房屋和用做燃料，大部分自然资源成为社会生产劳动的主要对象。中世纪时期，水利灌溉、航海贸易的发展、风力资源的利用成为社会进步的重要动力。随着蒸汽机的发明、电力的使用，产业结构发生了空前的变化，现代工业的发展促使人类社会开采大量的化石燃料，而核能、海洋资源、宇宙物质的开发利用已经成为当代社会发展与进步的标志。

自然资源的开发利用是社会生存发展首要的物质条件。“我们首先应当确定人类生存的第一个前提，也就是一切历史的第一个前提。这个前提是，人们为了能够创造历史，必然能够生活。但是为了生活，首先就需要吃、喝、穿、住以及其他一些东西。因此，第一个历史活动就是生产满足这些需要的资料，即生产物质生活本身。”而资源是人类赖以生存发展的必需物质条件，资源开发是物质资料生产过程中原材料的唯一来源。人类的衣、食、住、行所需无一不取自大自然，人类自诞生之初就在自觉或不自觉地利用自然资源为自己的生存发展服务。栽种农作物离不开土地，养殖水产离不开水域，发展畜牧业离不开草地，现代化的大工业生产需要矿产和能源。一个国家或地区所拥有的资源的种类、质量和数量、地区分布、开发条件等，对该国或该区域的经济发展和繁荣都有着重大的作用。

### 1.3.2 生态环境的维护功能

#### 1.3.2.1 利用生态系统的自净能力消除环境污染

生态系统的能量流动和物质循环始终在不断地进行着，自然因素和人为活动经常给生态系统带来各种因素的冲击。但是，在正常情况下，生态系统自身可以保持相对稳定的平衡状态。这种生态系统之所以能保持平衡，主要是依靠生态系统的自净能力。

利用生态系统的自净能力消除环境污染，是目前国内外广泛应用的一种手段，如利用绿色植物净化大气污染，就是一个非常成功的例子。二氧化碳是大气中的主要温室气体，随着经济发展，各种化石燃料大量开采和燃烧，使大气中的二氧化碳浓度逐年上升，加剧了温室效应。为了控制全球变暖，世界各国除采用工程手段进行固碳外，一个更经济的方法就是利用植物净化的能力，减弱大气中的二氧化碳。植物在太阳光的作用下，通过光合作用吸收二氧化碳，放出氧气。研究表明，1 $m^2$ 的草坪 1 h 可以吸收二氧化碳 1.58 g，1 $hm^2$ 针叶林一天可消耗二氧化碳 1 t。用植物还可以净化大气中的氟、二氧化硫等有害气体，以及铅、镉等重金属。研究表明，1 $hm^2$ 柳杉林每年可吸收二氧化硫 720 kg。植物的滤尘作用也非常明显，特别是树林，对粉尘的阻挡、过滤和吸收有很好的效果。每公顷云杉林每年可滤尘 36.4 t。

利用生物净化污水，也是城市污水和工业废水处理中一个非常重要和常用的手段，此方法称为生物化学法。生物化学法是利用生态系统中的分解者——微生物，将工业废水和城市生活污水中的有机物分解成二氧化碳、水及其他无机盐等无害的物质，从而达到处理废水的目的。

为了提高废水处理速度和处理效果，在生物化学处理废水过程中，一般需要对微生物进行培养，使废水中的微生物浓度和数量大大高于平时一般的状态，这就是人为地提高分解者的数量，以达到快速、高效分解的目的。

#### 1.3.2.2 生物监测与生物评价

环境质量的监测一般采用化学方法和仪器方法，监测速度较快，对单因子污染物的监测准确率也高。但是，环境污染对生物的影响和危害是综合性的、长时间的，采用化学方法和仪器方法监测污染对生物的影响是不能反映实际情况的。采用生物监测则可以弥补这个缺陷。

生物监测实际上就是利用生物对环境中污染物质的反应，即利用生物在各种污染环境下所发出的各种信息，来判断环境污染状况的一种手段。由于生物较长时期地经受环境中各种污染物质的影响和危害，因此它们不仅可以反映环境中各种污染物质的综合影响，而且也能反映环境污染的历史状况，这种反映要比化学方法和仪器方法的监测更加接近实际。

目前，国内外已广泛利用生物监测方法监测大气和水体环境，并对其环境质量进行评价。

利用生物对大气污染进行监测和评价，比较普遍的方法是利用植物叶片受污染后的伤害症状。不同的污染物质引起植物伤害的症状是不同的。如二氧化硫可使叶片边缘或叶脉之间出现白色烟斑或坏死组织。氟化物可使叶片边缘或叶尖出现浅褐色或褐红色的坏死部分。利用这些受害症状可以判断污染物质的种类，进行定性分析。同时，也可根据受害程度的轻重、受害面积的大小，判断污染的轻重，进行定量分析。此外，还可以根据叶片中污染物质的含量、叶片解剖构造的变化、生理机能的改变、叶片和新梢生长量、年轮等，来监测大气污染。利用地衣和苔藓做成植物监测器,定时定点地对大气污染进行监测。

水体污染也可以利用水生生物进行监测和评价,污水生物体系法就是比较普遍的方法之一。由于各种生物对污染的忍耐力是不同的,在污染程度不同的水体中,就会出现某些不同的生物种群,根据各个水域中生物种群的组成,就可以判断水体的污染程度。用指示生物种类和数量判断水体污染,也是一种切实可行的方法。

### 1.3.3 社会价值实现的文化功能

人类通过文化的思索来看待其周围世界,这样才把自然界转化为自然资源。价值观、人类社会、经济行为、科学技术等融合在一起构成文化。文化中的各种因素显然有极大的差别,它们的融合物也在不同时期和不同地方大异其趣。在人类的文化思索中,由于感知输入和判断输出之间存在一系列模糊的因素,它们取决于经验、想象、幻想和其他源于理性和非理性思索的无形事物。因此,对资源—环境的感应及其心理转换,乃至决策和行动,反作用于资源—环境的影响变化。人类活动的能力在很大程度上取决于所掌握的有效技术,但在这个驱动力的后面,还隐藏着上述各种因素。一般而言,技术的使用受人类价值观、信仰、伦理、环境感知等因素的支配,人类常常按照他们头脑中关于世界的认识,而不是从客观"科学"信息的眼光来行动。在很多情况下,一定时代的思想意识大气候可以决定某种科学知识的使用或误用。在自然资源利用中,人对自然的态度(即生态伦理)起着重要的作用。

生态伦理是随着当代资源、环境问题出现而兴起的,但其渊源却可以追溯到历史上的人地关系思想。

#### 1.3.3.1 生态伦理学

生态伦理学,又称环境伦理学或环境哲学,它从生态道德关系的角度承担协调人与自然关系的任务。以往的哲学或伦理学主要是人类社会的哲学或伦理学,但关于自然界生态的哲学和伦理学几乎是空白。生态伦理学提倡对自然界生态系统、动植物物种的关注,并以人与自然协同进化作为该学科确立的出发点和最终目的。因此,生态伦理学需要把价值、权利和利益的概念扩大到非人类自然界及其过程,不但要承认人的价值、权利和利益,而且要承认自然界的内在价值、权利和利益,也就是在人与自然的生存和发展层次上,承认自然与人类的平等关系,以及承认当代人与未来人在共享基本生态资源方面的平等关系。这就需要引入一系列新的伦理范畴,如生态意识、生态道德、生态利益和生态价值等。

生态伦理学实质上改变了以往哲学和伦理学只关心人类,只对人类尽义务和职责的状况,并作为与社会伦理学既相联系又相区别的独立学科,把动物、植物和其他自然界以及未来人类纳入道德考虑的范围,提出对动物、植物、其他自然界以及未来人类尽义务和责任的问题。生态伦理学的创立,可以说是一场哲学观念的革命。

#### 1.3.3.2 人地和谐论与人类发展

生态伦理学不是以人的利益为唯一的尺度,它重视人类利益,但它以人与自然的和谐发展为尺度,因此人地和谐与人类发展是生态伦理学的出发点和归宿。

人地和谐论的基本观点包括环境整体主义、地球共同体、生命系统观等基本思维。

环境整体主义。它是生态学的整体性观点在环境问题上的应用。按照整体主义观点,事物是有机整体,虽然有其特定的组成部分及构成,但不是组成部分的机械总和,其组成部分的特征不能对整体作出说明,也就是说,整体大于组成部分之和。

人与自然构成有机统一整体，其中各种因素相互联系、相互作用、相互依赖，表现了它的和谐性、有序性和生动性等特征。依据这种观点，大地伦理学把人与自然共同体作为道德对象的范围，人只是其中普通一员，从而提出人与自然关系的道德原则和行为规范，把人与自然协调发展作为道德目标。因而，生态系统整体性观点，既是大地伦理学的方法论基础，又是它的科学基础，在这个意义上，大地伦理学是环境整体主义的道德哲学。

环境整体主义主要有价值论和道义论。价值论整体主义认为，对整个生态系统有贡献是价值的一个来源。道义论整体主义认为，道德义务和道德立场是从作为生物共同体一分子中获得的，对整个自然系统的义务是道德义务的一个方面，人对之尽道德义务的对象只能是整体。

地球共同体。人类作为地球共同体的一个成员，生活在自然之中，要关心自然，热爱自然，尊重自然，只有这样才能发挥人类自身的创造性。因此，地球共同体观点认为要建立新的伦理学原则，一方面，应当承认人类利益，用全人类道德原则，即人道主义原则处理人与人之间的关系，在全人类利益原则的基础上，谋求世界各国人民的共同繁荣；另一方面，应当承认地球生命的生存权利，尊重生命和自然界，用人与自然相统一的价值观念来处理人与自然的关系，谋求人与自然的共同繁荣。马克思认为，共产主义的人道主义最高理想是人与自然的融合。他认为："共产主义，作为未完成的人道主义，等于人道主义；而作为完成了的人道主义，等于自然主义。它是人和自然之间、人和人之间的矛盾的真正解决，是存在和本质、对象化和自我确证、自由和必然、个体和类之间的斗争的真正解决。"其实质为，首要理想是世界经济系统与全球自然生态系统的和谐与共同进化。

生命系统观。生命创造并维持地球表面适于生物生存，而不仅是地球环境决定生命存在。盖娅（Gaia）[1]假说指出："生物圈作为适应的调节系统能够自动维持地球平衡状态。"地球是一个超级生命系统，在这里，不仅环境决定生物，而且生物决定环境，或者说，生物与环境的相互联系、相互作用决定地球的进化方式。人类社会只是盖娅系统的一部分，它不能脱离这个系统而孤立地存在，而且地球上的所有现象都不是孤立存在的，所有问题的解决都必须在整体的层次上进行。生命系统观认为，地球是一个巨大的活的有机体，而不是一台机器，我们应当谦恭地对地球生命表示尊重。

环境的问题就是发展的问题。大地伦理倡导所有有机体的权利，以积极乐观主义的态度来观察和对待当代全球环境问题，促进人类的发展。大地伦理与人类发展的关系，可以从文明的角度得到广义的理解，不论何种阶段、何种内容、何种形式的文明，既见诸人与人之间的交往，也见诸人与自然之间的交往，有助于这种交往的观念、意识、行为的伦理思想和实践，都是发展的内容，是文明命题的应有之义。

大地伦理与当代人类发展在根本观念上具有明晰的契合性，或者说它们共享几个相联系的一致观念。人地和谐论引致发展观的变革包括以下思维：

一是把人与自然的关系置于人与人的关系之上。发展问题涉及人类社会的两大类关系问题，其一是人类社会内部关系，即人与人的关系问题；其二是人类社会与自然的关系，即人与自然的关系问题。从发生学上看，自然是人类的母亲；从整体观上看，人类社会是大自然的一个组成都分。由此就决定了自然界是人类生存和发展的前提，人类社会必须依赖于、适

---

[1] 希腊神话中的大地之神，是众神之母，所有神灵中德高望重的显赫之神。

应于自然界，它本身才能获得相对的独立性，才能存在和发展。大地伦理认为只有人才能协调人与自然的关系，这是因为：

(1)人类活动影响所及的范围在广漠无边的自然界中虽是微不足道的，但人类实践会变革自然。按马克思的说法，通过工业形成的自然界“是真正的、人类学的自然界”。

(2)人类可以运用自己高度发达的理性思维来指挥自己的肉体器官，使用各种工具和工具系统，对自然过程进行调节，使自然界中的实物、能量和信息实现不同的比例和组合，从而满足人类各种不同的需要。

(3)在人与自然的矛盾之中，人是具有自觉能动性的方面，而自然界不具备这种人所特有的自觉能动性。正是由于这个特点，人类在人与自然的矛盾中才处于支配的、主导的地位。

(4)人类调节人与自然关系的努力受制于人与人的关系，调节人与人的关系，使之摆脱各种形式的剥削关系、压迫关系、专制政治、阶级对立、战争和暴力以及霸权地位，人类才有能力、有办法和有保障解决全球性问题。所以，人类调节人与自然关系的问题，也是一个全球性的伦理问题。

二是把长远利益置于眼前利益之上。把人类引向困境的诸多问题多半都是由人们自己急功近利的活动造成的。“刀耕火种”可以暂时给人带来好收成，但却会造成长久性的水土流失；“肥水快流”可以大大提高当年的总产量，却会造成资源的浪费，加快不可再生资源的枯竭……几乎在任何一种具体事情的处理上，都存在一个是否愿意和是否能够牺牲局部利益而有益于长远整体利益的问题。当代人类发展的伦理抉择，不是不要眼前利益，而是要在考虑长远根本利益的前提下使两者统一起来。

三是把全球问题置于局部问题之上。涉及地球、人类利益问题，就是要承认人类确实有共同的东西、共同的利害。全球问题的发生，不仅是由于人类影响自然的能力已达到全球性的水平，人类整体已有自掘坟墓把自己消灭多次的能力，而且是由于世界的经济、政治、文化发展到今天，地球上各个地区、各个民族、各个国家之间的利益形成了一个相互联系、相互依赖的整体。全球性问题的解决在观念层要发展一种新的价值观，破除和超越特定地区、阶级、民族的狭隘局限和种种偏见，立足于全球和全人类立场加以认识、解决全球性问题。

四是从高速增长的社会过渡到可持续发展的社会。生产力的高速发展与市场的激烈竞争形成的社会，就必然成为高速走向毁灭的社会，这是不以人们意志为转移的。为使社会可持续发展，人类必须确立持续发展的目标，并在持续发展的基础上建设高度文明的社会。这样一个社会既不同于极端乐观派实际上所要维持的经济高速增长的社会，又不同于极端悲观派所要返回的前工业文明社会。如果这种模式有客观根据且经过努力可以实现的话，就为全球问题的解决确定了一个标准。人类社会的一切活动都应按照这个标准重新加以衡量，作出新的价值评估，并作出相应的取舍，这也就为人们树立了一个坚定的信念，在毁灭性的灾难到来之前就作好一切必要的准备，完成从快速增长社会向持续发展社会的转变。

从快速增长社会向持续发展社会的过渡，作为社会发展的目标提出来，同前述三个根本性的观念结合在一起，构成大地伦理与人类发展相一致的基本指导思想。将它们付诸实践，从各个方面实现这个过渡，促进人类发展，从理论与实践的结合上解决人类所面临的急迫问题。

从生态伦理学看，发展总要遵循一定的原则。由一系列涵盖伦理学的主要原则“指标”，经过一定组合，可以构成多层级道德体系。显然，公正层是最基本的道德层级，其基本含义是“不得伤害别的主体”，或者说“己所不欲，勿施于人”。基于对可持续发展的理解，把传统的个人公正、社会公正的范畴扩大到人与自然关系的领域，公正范畴就可以作为大地伦理原则范式的基础内涵。所以，从一般伦理原理和实践需要相结合的角度，大地伦理原则的内涵可细分出如下基本原则：

(1)善待自然的基本原则。在尊重与善待自然方面，人类应该做到：尊重地球上一切生命物种，尊重自然生态的和谐与稳定，顺应自然生活。其中，顺应自然生活是最为重要的，只有这样，人类才能过上一种有利于环境保护和生态平衡的生活。为顺应自然生活，人类必须遵循最小伤害性原则、比例性原则、公正性原则、分配公平原则。

①最小伤害性原则。最小伤害性原则从保护生态价值与生态资源出发，要求我们在人类利益与生态利益发生冲突时，尽量将对自然生态的伤害减小到最低限度；要求我们在利用各种动物资源时，不要逾越动物原来的自然法则，尽量不要给动物带来过度的痛苦；要求我们在改变自然生态环境时要慎重行事。

②比例性原则。比例性原则要求在人类利益与野生动植物利益发生冲突时，对基本利益的考虑应重于非基本利益的考虑，从这一原则出发，人类的许多非基本利益应让位于野生动植物的基本利益；要求人类不应为了追求过度消费而损害自然生态的基本利益。

③公正性原则。当人类的基本利益与自然或生物的基本利益相冲突时，我们应当遵循公正性原则。这一原则要求我们要与自然或生物共享资源；要求我们在自然资源的利用上尽可能地实行功能替代，用一种资源代替另一种更为宝贵的资源。

人类的发展势必给生态环境和动植物带来干扰、影响，甚至很大危害。这就要求人类应对它们进行适度的补偿，特别是对濒危物种生态领地的补偿。

(2)规范人类行为的基本原则。为了削弱人类活动对自然环境的不良影响，应当协调人类社会内部的关系。因此，就需要对人类社会内部的各种关系进行规范。这种规范应遵循正义、公正、权利平等和合作原则。

在以经济增长取代社会发展的观念影响下，工业的畸形发展，导致严重的环境污染与环境退化。这种不顾公众环境利益的行为是不道德的、非正义的。非正义的行为理当受到舆论等的谴责。

①正义原则。正义原则要求任何个人或集团的一切行为不要因导致环境问题而使得其他人或集团受到不良的影响。

某些单位或个人的不合理的经济行为或其他行为导致环境的污染与破坏，这不仅严重地侵犯了公众的利益，而且对于那些为避免破坏环境而采取环保措施的企业来说是不公正的。

②公正原则。公正原则要求我们在治理环境污染与破坏以及处理环境纠纷时要维持公道，即要求致污企业承担责任并赔偿环境污染所带来的损失。

③权利平等原则。权利平等原则是指各种主体在使用资源与环境上具有平等的权利。富裕发达的国家或地区不应当利用自己的技术优势和经济优势，通过不平等的方式掠夺贫困国家的资源，从而达到更多地占有和使用资源的目的，否则将会加大国家或地区之间的贫富差异。

④合作原则。生态危机和环境灾害的全球性，要求我们在处理解决生态环境问题时，不

同的国家或地区之间要进行合作。现实世界普遍存在的富国向穷国输出“污染”,从而达到本国环境优化的行为是不道德的,也是不科学的。

(3)关注未来的基本原则。在处理当代人与未来人的基本利益时,为了实现可持续发展,当代人应当遵循责任原则、节约原则和慎行原则。

①责任原则。环境理论观强调环境不仅是当代人的,也是未来人的,未来人与当代人具有同等的环境使用权。所以,当代人对未来人能否拥有与当代人基本相同或更好的环境条件,具有重要的责任。

②节约原则。为了未来人能够拥有可以满足其基本利益的资源,当代人应当对资源(不可再生资源和再生资源)的开发利用采取节约的原则。在生产上,当代人应通过改进或改革生产工艺等途径提高资源的利用率;在生活上,当代人应节俭简朴,防止铺张浪费,尽可能地使用环保产品。这一原则本质上是道义的,但在现实社会,必须经济化或法制化才可以实行。

③慎行原则。人类活动的生态响应往往具有明显的滞后性,当代人不合理行为的负效应在未来人的生存中凸显出来。因此,当代人应遵循慎行原则,为了贯彻慎行原则,要有相应的科学支撑手段,对各种工程应当进行事前评价。

#### 1.3.3.3 资源—环境感知

任何资源环境问题的解决首先是人的问题,人的正确的环境感知对建立可持续发展的自然资源观,积极回应政府环境政策至关重要。

环境感知有广义与狭义之分。广义的环境感知是指个体周围的环境在其头脑中形成的印象,以及这种印象被修改的过程。狭义的环境感知仅指环境质量在个体头脑中形成的印象。尽管环境感知有广义和狭义之分,但从环境心理学角度来看,它们只是感知对象的差异,而感知心理过程则是一致的。

心理学中将环境区分为物理环境(或地域环境)和心理环境(或行为环境)。物理环境是客观的、不以人的意志而转移的。心理环境则是指物理环境在个体头脑中形成的印象。简单地讲,环境感知过程就是感知主体在物理环境的刺激下收集信息,并对这些信息进行处理,在大脑中形成心理环境,从而根据它来指导、评价自己的外在行为。因此,环境感知过程可以分为三个阶段:获取信息阶段、处理信息阶段和指导行为阶段。

环境感知具有如下特性:

环境感知的不精确性。感知论者认为,人不可能准确地接受环境印象,因此人所做的决策是根据一定程度歪曲的现实印象。物理环境提供了大量的、复杂的信息。任何一个感知个体均无法将所有的环境信息全部准确地接收到。原因之一是,环境感知门槛使人们忽视一些细微的环境信息。既然环境感知是以个体感觉器官对环境刺激的有效回应为先决条件的,那么在生理上无论哪一种感觉器官,都存在一个最低环境刺激强度,以便感官能够接收到这一刺激。低于这个强度,就无从讨论环境感知了。这个环境刺激的最低值就称为环境感知门槛。环境感知门槛首先受人体器官生理机能的制约,其次受个体后天培养的接受信息习惯或倾向的影响。如果某一个体在环境方面受到的教育较多,那么该个体与另一个生理条件基本一样的个体相比,他对环境信息的刺激就敏感一些,其环境感知门槛就相对较低。原因之二是,个体还要对环境信息进行处理、加工,在这个阶段,一些环境信息会被较为真实地转变为心理环境的一部分,还有一些环境信息则会被扭曲或过滤掉。因此,感知的特性之一是,其具有不精确性。

环境感知的空间层次性。环境感知的空间层次性有两重含义:其一,每个人的不同感知器官(眼、耳、鼻、手、舌等)收集环境信息的空间距离是有层次性的,距离被感知的物理环境越远,所能利用上的感觉器官就越少。当然,在感知不同环境事物时,感官的空间感知顺序会有一些变化。其二,人的某项感觉器官距离某一特定物理环境的空间距离越短,收集到丰富的、确切的环境信息的可能性就越大。其三,人群差别。近几年来,国内外对环境行为的研究大多集中在不同人群的差别上。1993 年一个国际社会调查项目组在美国、英国、日本、德国、荷兰、西班牙、以色列、澳大利亚等国家调查了人们对环境成本的支付意愿,发现在不同年龄、社会地位、受教育程度的人群间存在很大的差别。

环境感知的文化集团性。尽管个体间环境感知千差万别,造成差别的因素也是多种多样的,但是后天对个体的塑造使得环境感知主体具有集团性。在集团内部,个体间的感知差异相对集团间的感知差异要小得多。因此,也有的学者认为,在观察人与环境的关系时,应考虑三个系统,即社会系统、个体系统和环境系统。人们可以根据每一个体在社会中的政治、经济角色以及受教育程度等标准划分出多种集团。同一集团内的个体,由于具有相似的利益视角或关注领域,因此在环境感知过程中会有一些相似性,而在各类集团中同一文化集团内部的个体环境感知差异性相对较小。

人类只有通过认知环境,才能从中获得指导行为的方法。环境感知是人们环境行为的心理基础,准确的环境感知是导致合理环境行为,形成可持续发展的自然资源观的前提。

据此,我们应从以下几个方面共同努力:

首先,提高公众的受教育程度,这将有利于环境感知敏感性的提高,使更多的人们建立起环境预警、资源预警概念。在目前人们既定的受教育水平下,资源环境宣传教育的重点应放在受教育程度较低的人群上,尤其是中小学生。帕莫(Palmell)等在分析了英国环境教育者的行为后发现,儿童时期的个人阅历对资源环境教育的认识和重视起很大的作用。美国的情形也相似。实际上,对于绝大多数人而言,儿童时期的资源环境教育对一生的影响都是至关重要的。

其次,环境感知的空间层次性告诉我们,大多数人由于没有或较少接触到自然资源的纳污体,如河流、郊区垃圾场周围等,因此对资源环境状况的感知极其不准确。为了让人们意识到这些,应以各种媒体形式让人们了解到他们看不到、闻不到、接触不到、尝不到的资源环境状况。正确的资源环境感知引导对建立公民资源环境意识是必要的。

最后,就具体的某个地方而言,在进行资源环境保护宣传和教育时,要了解当地公众的环境感知特点,这样才能有的放矢,有效促进资源环境意识的提高。

### 1.3.4 国体存在的安全功能

自然资源是战略性资源，关系国体的存在和国家的安全。自然资源对经济发展和国家安全具有极其重要的影响。资源安全问题，主要是战略性资源的安全问题,如石油和一些战略性矿产。20 世纪 70 年代的两次石油危机，给发达国家的经济造成了巨大的冲击，这使得此后发达国家的资源战略，把保障资源的安全稳定供应作为主要目标之一，即在维护经济繁荣、保护国家经济利益的前提下，使国家能够稳定可靠地获得海外低廉的能源、矿物原料供应，减少初级产品贸易振荡产生的风险和国际市场价格波动对国内经济带来的不良影响。从总体上来讲，资源安全战略实施较为成功的大多是西方发达国家。

#### 1.3.4.1 主要大国资源安全战略

(1)美国。美国在20世纪30年代以前主要依靠自身的资源发展经济,1900~1929年,美国生产的矿产品占其消费量的96%。随着经济发展对资源品种、数量需求的扩大,美国对国际市场的依赖程度越来越大,从1964年起,美国购买外国原料的数量开始超过出口的数量,到1977年,在现代经济必需的非动力原料中,进口比重超过50%的达18种,而在1950年,只有铝、锰、镍、锡4种矿产。美国从主要依靠自身资源发展经济到主要依靠进口资源发展经济的转变,一方面是因自然资源的品种和数量已不能满足经济发展的需要,另一方面也有保护本国资源和资源安全方面的考虑。

美国矿物原料委员会认为:对于我们没有足够数量的矿产品,明智的国家政策应赞成自由地利用外国资源,以保护我们自己的资源,如果不顾资源的多寡,一味强调利用本国资源,有些矿产不久就要枯竭,从而使得美国在战争时期则要危险地依赖他国。

美国资源战略的重点是保证经济发展所需资源的安全供应,减少资源供应可能的中断或价格剧烈波动,特别是石油供应中断或价格波动对国内经济的冲击。为此,美国在维持战略石油储备,加强与国际能源机构的协调,稳定国内原油生产的同时,在世界上坚持石油进口来源的多样化,减少对中东石油的依赖,并加强在主要资源产地和主要资源运输线上的军事存在,如增加对中东、中亚的军事影响,以及加强对从中东到美国的太平洋、大西洋海上运输线的保护。

在里海和中亚积极开展的一系列工作,是美国寻求中东以外石油供应的重要体现。早在苏联刚刚解体时,美国就瞄准了中亚地区。中亚五国地处欧亚交会处的地缘优势和仅次于中东的油气资源蕴藏量,引起了美国的关注,并在1991年就介入中亚的石油开采。目前,美国有十余个跨国石油公司在中亚从事石油勘探、开采、加工等方面的工作。1997年7月,美国参议院外交委员会通过决议,宣布中亚和外高加索是美国的重要利益地区,目的就是确保美国21世纪稳定中东、挺进里海、控制中亚的能源战略目标的实现。

(2)俄罗斯。保障资源安全供应,特别是战时资源的安全供应是苏联资源安全战略的最重要的内容。苏联在第二次世界大战后总结战胜德国法西斯的经验时,把苏联建在乌拉尔山区的军工厂和战时物资及时供应作为重要经验之一,使得以后的资源战略带有明显的军事色彩,使资源安全战略偏离了正常的经济轨道,片面强调最大限度的自给自足。苏联自给自足的资源政策,虽然保证了资源的安全供应,但却为此付出了惨痛的代价。为了不依赖进口,而往往不考虑成本,在矿产开发和投资上,安全、政治和外交目标占主导地位。

苏联资源战略之所以与众不同,是与自身的资源特点和国际环境分不开的。由于苏联资源储量丰富,品种也很齐全,这就为其实行自给自足的政策提供了物质基础;在社会主义计划经济体制下,自然资源的无偿使用和不注重经济效益,为这种战略的实施提供了制度上的保证;苏联在很长一段时期内,始终遭到资本主义国家的资源、贸易封锁,外部环境也迫使其不得不走自给自足这条道路。

苏联解体后,俄罗斯对内外政策进行了重要的调整,对资源战略也进行了相应的调整。俄罗斯在改革初期,将石油、天然气工业作为国家经济的命脉,严格限制外国投资进入该领域。这就限制了外国投资者对石油、天然气工业的投资。由于缺少资金,勘探规模减小,开采条件恶化,作为经济支柱的石油、天然气工业面临危机。俄罗斯认识到,如不引进外资加快能源工业的发展，不仅能源工业缺乏进一步发展的潜力，而且国家经济危机也难以克服。如果能源工业进一步萎缩，那才是资源和经济的双重不安全。对俄罗斯来说，能源安全的重点是能源开发建设的投资有保障，能源出口有稳定的市场和价格。为确保能源安全，俄罗斯从国家对外经济和地缘政治利益出发，对不同地域采取不同战略，对独立国家联合体（简称独联体）国家是发展和深化一体化进程，近年来更多的是参与独联体多边和双边能源合作，考虑新独立国家的利益，把能源合作建立在彼此利益平衡的基础上。在欧洲，继续保持对东欧和东南欧国家的能源出口。在南亚、东北亚，继续扩大与上述国家的合作，寻求新的能源出口市场，并把东北亚作为俄罗斯地区性能源外交优先考虑的方向和重要的国体安全支撑。

（3）日本。日本除少数几种矿产有一定储量外，几乎缺乏现代工业生产所需的全部矿物原料，因而日本对资源供应安全问题十分重视。日本在 1968 年就开始启动建立石油储备计划，但此前由于还未经历石油危机的惨痛教训，石油储备只是象征性的。第一次石油危机冲击给日本经济打击很大。

在认识到石油危机的巨大危害后，日本政府制定了新的资源安全对策，着手发展核电、地热等新能源，并建立了庞大的石油储备体系。目前，日本民间和政府石油储备总和，可满足全日本近半年的消费。同时，日本花大力气用于节能降耗和产业结构的调整。20 世纪 80 年代初，日本为了改变资源特别是能源供应不稳定对经济发展的影响，大力推行“科学技术立国”战略，大力发展对能源原材料消耗小、技术密集、附加值高的高技术产业，从而逐步减少传统原料的进口。

此外，日本还对资源海外运输线的安全高度重视，把它看做是日本的生命线。为此，对海军（海上自卫队）建设十分重视，形成了一支实力雄厚的海上军事力量。

日本是资源高度依赖海外供应的国家，资源稳定、安全的供给成为日本历届政府关注的重要问题。日本从 1972 年建立石油储备体系，1995 年政府和民间石油储备合计相当于全国 157 d 的石油消费量。日本不仅进行能源储备，而且将一些用量不大的战略性资源，如镍、铬、钨、钴、钼、锰、钒、钯、锑、铂和 17 种稀土元素列为储备物种，并进行国际性储备采购。

（4）法国。法国能源资源较为贫乏，每年的矿物燃料总消费量大约为 24 亿 t 油当量，而国内商业性一次能源的产量（煤、石油和天然气）仅为 0.08 亿 t 油当量，而且产量还在迅速下降，加上法国水能资源的开发程度已达 95%，法国常规能源的开发潜力已基本发挥完毕。法国 20 世纪 60 年代初能源的自给率超过 50%，70 年代初降低到 22%。为了改变这种情况，法国加大了核电发展的步伐，80 年代后期以来能源的自给率一直保持在 50% 以上。

法国为了减少能源对外依赖程度，根据 20 世纪 50 年代以来国际核电发展的趋势和法国核原料资源相对丰富的特点，在 50 年代末开始建设核电站。现在法国核电站的数量和核电在电力构成中的比重均居世界的第二位。

法国发展以核电为主的能源战略主要是基于以下原因：一是法国的铀矿资源相对于常规能源来说较为丰富，加上单位电力核资源消耗量要少得多，原料供应受外界影响的可能性较小，而且法国还控制加蓬和尼日尔等国的铀矿开采权，与西方核原料大国加拿大和澳大利亚的合作也很有成效；二是法国在核电技术上具有优势，其快速中子反应堆技术处于世界领先水平，而且法国在核电设备、核电站设计、核废料处理技术方面的技术世界领先。核电运行成本上也具有优势，法国核电成本仅为煤电成本的 65%，油电成本的 32%。这使得法国核能安全体系具有稳定的国家安全支撑性。

此外，资源供应的多渠道，也是法国应对能源安全的重要措施之一，如法国的天然气供应就有 4 个渠道，分别来自北海、荷兰、俄罗斯和阿尔及利亚等国。

#### 1.3.4.2 国外资源安全战略及其导向

通过对主要大国为保障资源安全供应所采取了一系列的重要举措，可以看出他们有许多共同之处，归纳起来，主要有以下几个方面：

(1)建立战略资源储备。西方主要石油消费大国，在第一次石油危机之后开始重视石油储备。目前，国际石油储备的主体是西方发达国家。经济合作与发展组织(OECD)作为西方石油消费大国，战略石油储备都很充足。

(2)建立国际协调机制，共同抗击风险。第一次石油危机的打击，使西方国家认识到单个国家抗御风险的能力毕竟有限，必须依靠消费国的共同努力，才能有效地抵御风险。

阿拉伯国家的联合禁运和提价，同样给了西方国家以启示，消费国也可以通过联合，共同抗击国际市场的动荡和突发事件造成的供应中断。于是在美国的倡议下，1974 年 11 月，西方 16 个工业国家组织成立了国际能源机构(IEA)，希望用集体的力量抵御石油风险。该组织规定在紧急情况下，各成员国共同分享石油储备，各国可以得到最低限度的石油供应。为此，各成员国，特别是对中东石油依赖程度较高的日本和西欧各国，都增加了石油的库存量。

(3)实行进口来源多元化，分散风险。世界两次石油危机后，使得大多数石油消费国意识到，对中东地区石油过分的依赖具有极大的风险。美国把中东作为政治、军事不稳定地区，尽管美国在中东的影响力很大，但美国还是在减少对中东地区资源的依赖程度，把油气供应地分散到世界各地，以保证资源的安全供应。

日本也把进口来源的多样化作为分散风险的重要战略之一。日本从中东进口石油的比重一直较高，20 世纪 90 年代中期以后，随着中国和东南亚国家对日本石油出口能力的下降，日本对海湾地区的石油依赖进一步增强，这一现象使日本政府十分担忧。为此，近年来，日本对中亚、俄罗斯和非洲等石油产地的投资力度加大，力争扩大能源进口渠道，避免对中东石油的过分依赖。

乌克兰的能源约有 60%(2000 年)从俄罗斯进口，这使得乌克兰感觉能源安全供应没有可靠的保障。基于此考虑，乌克兰从 2004 年后陆续从土库曼斯坦、乌兹别克斯坦、哈萨克斯坦输入天然气，虽然从上述国家进口仍然要经过俄罗斯的管道，但至少解决了进口来源多元化的问题。建立不通过俄罗斯的天然气管道并增加供气渠道成为乌克兰长期的能源战略目标。

(4)调整经济结构，节约能源。在保持稳定进口来源的同时，调整经济结构，节约能源，也是西方国家资源安全战略的重要一环。经济结构调整的主要做法是，减少能耗高的产业发展，将其关闭或者转移到发展中国家，把经济发展的重点转移到能耗小，资金、技术密集的产业上，并大力发展服务业和高新技术产业，以有保证对国体稳定和国家安全。

#### 1.3.4.3 资源现实问题反映的某些假象

一种观念认为：当强大的经济利益集团直接受到资源稀缺、枯竭和冲突的影响时，全球经济和政治系统都会利用它们的适应机制去消除压力，以便确保经济增长和资本积累的持续存在。事实上，这是为现实存在的某些假象所迷惑。原因在于：

第一，自然资源稀缺是发达国家经济持续发展的障碍。20 世纪 60 年代晚期、70 年代早期爆发的对资源稀缺的恐惧，已经印证了发达国家不会放弃本国的既得利益而兼顾其他国家的发展。他们总是希望不断扩大经济活动、减少环境和计划限制，如此等等，借以维持本国的安全。

第二，发达国家的经济体制（无论是混合的、市场的，还是计划的）都与生俱来地存在某种适应机制，能弥补维持增长进程和资本积累所必需的某种特定资源产品的短缺。替代的潜力，以它所有的形式，包括再生、资源保护、新材料供给的开发和生产性输出的变换，使得资源的开发过程具有较高的动态性。事实表明，正是这些活跃在创新组合中的适应机制，使得发达国家的资源供应系统变得更加强壮，以加强对世界性资源的掠夺，这对资源输出国而言是不安全的。

第三，发达国家的经济增长对资源输出国构成了现实的安全威胁。石油输出国组织的行动清楚地表明，地缘政治引发的稀缺能够对发达国家的经济产生严重的干扰，从而进一步使相互关联的全球经济系统产生震荡。虽然发达国家的技术创新，使得在非传统资源供给部门进行商业开发和投资多元化成为可能，但这些都在空间上超越生产领域，仅仅有助于减轻发达国家对资源需求的地缘短缺的脆弱性，很少有迹象表明，有某种重要的、普遍的权力能够消除资源输出国的安全威胁。

#### 1.3.4.4 资源稀缺背后的问题表现

第一，国际资源贸易和分配公平是难以实现的。经济发展进程的总趋势是生产的商品越来越复杂。这意味着初级产品价格在最终产品中的份额必须降低到相当程度。因此，除非资源输出国能改变他们作为初级矿产品输出国的角色，他们对产品总价值的贡献必然下降，他们的相对收入也随之下降。企图以提高出口价格和增加生产国资源“地租”的方式，并不能改变他们在资源贸易中所扮演的角色，国家安全始终面临挑战。

因此，通过资源贸易来纠正全球不公平的可能几乎微乎其微，国际社会的改革可能会在全球范围建立一些重要的资源公平制度，但不要指望发达国家会给你带来繁荣，也不要认为你能通过勒索而获得。如果资源输出国要实现富有，首先必须实现国体安全。

第二，欠发达国家可更新资源将更为稀缺。诸如水、森林、生物、土地等自然资源，具有较强的流动性，从绝对的物质观意义上看并不一定稀缺。但由于欠发达国家缺乏必要的开发利用与保护投入，面临的稀缺将更为严峻。

就我国而言，由于土壤侵蚀在过去的 20 年里失去大约 30% 的耕地，由于森林被毁坏，大约 5 亿人在一年中至少有 3 ~5 个月遭受洪涝的困扰。虽然表面上在政治秩序改变与解决可更新资源稀缺问题之间没有直接联系，但重新调整社会关系以适应人民群众需要，在时间尺度上明确资源开发利用的优先权，无疑，这是一项重要的国家安全战略。

**阅读链接**


[1] 刘胤汉. 自然资源学导论[M]. 西安：陕西人民教育出版社，1988.

[2] 彭岳鹏. 建构可持续发展的生态伦理——关于人与自然协调统一问题的思考[J]. 法制与社会，2008(9).

[3] 彭建，周尚意. 公众环境感知与建立环境意识[J]. 人文地理，2001(6).

[4] 曹孟勤. 人性与自然：生态伦理哲学基础反思[M]. 南京：南京师范大学出版社，2004.

[5] 海热提·吐尔逊. 新疆能源资源及其合理开发利用问题[J]. 干旱区资源与环境,1989(1).
[6] 成金华. 对我国能源问题的建议[J]. 资源开发与市场,1992(2).
[7] 马艳萍. 我国耕地资源集约利用状况分析[J]. 科技创新导报,2011(17).
[8] 陈砺,李翠锦. 新疆兵团耕地资源可持续利用分析[J]. 石河子大学学报:哲学社会科学版,2010(3).
[9] 一鹤. 欧洲共同体的能源简况[J]. 世界知识,1979(17).
[10] 王琪生,宋凤兰. 试论西北区能源资源开发利用的战略设想[J]. 西北师范大学学报:自然科学版,1985(2).
[11] 董元华,杨林章. 长江三角洲耕地资源态势与保护对策[J]. 长江流域资源与环境,1998(2).
[12] 熊筱红. 我国能源资源的可持续利用[J]. 经济经纬,2002(4).

**问题讨论**

1. 自然资源稀缺的直接原因是人口增长引致的需求增加。结合区域发展的实际,引致自然资源稀缺还有哪些因素?这些因素呈现什么样的因果关系?与社会制度存在哪些不确定的影响?

2. 环境问题就是发展问题,发展问题又可归于资源约束。如何理解环境与发展的关系?资源是如何约束发展的?资源、环境与发展如何实现统一?

3. 自然资源供给关系国体安全。试结合自然资源分布,阐述我国面临的南海争端与我国的基本立场。结合地缘政治,以石油为例,评价主要发达国家对全球石油的控制与具体政策。

## 参考文献

[1] 林爱文. 资源环境与可持续发展[M]. 武汉:武汉大学出版社,2005.
[2] 张帆,李东. 环境与自然资源经济学[M]. 上海:上海人民出版社,2007.
[3] 潘玉君,段勇,武友德. 可持续发展下环境伦理与原则[J]. 中国人口资源环境,2002,12(5):36-38.
[4] 蔡运龙. 自然资源学原理[M]. 北京:科学出版社,2004.
[5] 任佐文. 从伦理角度谈自然资源与环境感知[J]. 经济师,2008(4).
[6] 谢高地. 自然资源总论[M]. 北京:高等教育出版社,2009.
[7] 于连生. 自然资源价值论及其应用[M]. 北京:化学工业出版社,2004.
[8] I S David. Use value, exchange value and resources scarcity[J]. Energy Policy, 1999.
[9] Jayasuriya R T. Measurement of the scarcity of soil in agriculture[J]. Resources Policy,2003.
[10] 王礼茂. 世界主要大国的资源安全战略[J]. 资源科学,2002(5).
[11] 刘光辉,张福生. 资源与财富大国[M]. 太原:山西经济出版社,1996.
[12] 王景平. 论自然资源的含义与特征[J]. 德州学院学报,2001(7).
[13] 曲向荣. 环境学概论[M]. 北京:北京大学出版社,2009.
[14] 刘胤汉. 自然资源学导论[M]. 西安:陕西人民教育出版社,1988.
[15] 张二勋,秦耀辰. 20世纪资源观述评[J]. 史学月刊,2002(12).
[16] 刘丽,张新安. 当代国自然资源管理大趋势[J]. 河南国土资源,2003(11).
[17] 倪东生. 如何实现资源资产化管理[J]. 中国流通经济,2000(5).
[18] 赵晓帅,牛钰. 当前社会实行生态管理的探讨[J]. 中国环境管理干部学院学报,2008(4).

# 第2章　流域自然资源开发利用与管理

流域是一个从源头到河口的天然集水单元,流域资源管理就是将流域的上中下游、左岸与右岸、干支流、水量与水质、地表水与地下水、治理开发与保护等作为一个完整的系统,立足资源与环境的统一,运用行政、法律、经济、技术和教育等手段,按流域进行资源的统一协调管理。流域资源管理是一个极其复杂的系统工程,实行流域综合管理是当前世界各国治理资源与环境问题的普遍趋势。

## 2.1　流域自然资源管理内涵

流域资源管理,从广义上讲是把流域作为一个生态系统,把社会发展对水土资源的需要以及开发对生态环境的影响和由此产生的后效联系在一起,对流域进行整体的、系统的管理和利用;从狭义上讲是对流域内的水资源进行整体的管理。流域资源管理要根据流域资源的特征,以及流域资源利用现状,应对挑战,妥善处理相关问题,完善和建立适应的、高效的可持续发展规划。

### 2.1.1　流域的特征

#### 2.1.1.1　流域自然地理特征

1)流域的几何特征

流域面积。流域面积指流域分水线与河口断面之间所包围的面积,又称集水面积或受水面积。流域面积的大小及其形状对河川径流有直接的影响,降落在该面积上的雨水沿着坡面汇入河道,经河道汇集至出口断面流出。求解流域面积,一般是先根据地形图定出流域分水线,然后用求积仪或其他方法量算。流域面积可量算至河口的任一断面,如水库坝址、水文断面或支流汇入处。对于内陆河流,其下游进入沙漠地区而消失,流域面积则应计算到该河水消失之处。

流域长度。流域长度为流域从河源到河口的几何中心轴长,通常是用干流的长度表示的。

流域平均宽度。流域平均宽度为流域面积与流域长度的比值,比值越小,流域越狭长。

流域平均高程。流域平均高程为从地形图上量出流域内的每相邻两等高线间的面积与相应两等高线的平均高程的乘积的总和与流域总面积的比值。

流域平均坡度。流域平均坡度为每相邻两等高线间的平均地面坡度与相应两等高线间面积的乘积的总和与流域面积的比值。流域平均坡度的大小,是说明流域汇流快慢、水能蕴藏状况和侵蚀条件的指标之一。

分水线延长系数。分水线延长系数为流域分水线的实际长度与同面积的周长的比值,比值越大,流域形状越不规则。

流域完整系数。流域完整系数为流域平均宽度与流域长度的比值,若比值小,则流域呈长方形，流域汇流历时较长，洪水过程一般较平缓。

流域不对称系数。流域不对称系数为左右岸流域面积与全流域面积之比。

2）流域自然特征

流域模数。流域模数为河流某一断面以上流域单位面积上的来水量。来水量采用年来水总量时，则称为年径流量模数；来水量采用洪峰流量时，则称为洪峰流量模数。

侵蚀模数。侵蚀模数为河流某一断面以上流域单位面积上的来沙量，可以是一年的输沙总量，也可以是一次洪水过程的输沙总量。

植被度。植被度为流域内植物覆盖的总面积与流域面积的比值。植被度的大小可影响流域的产流、汇流和水土流失情况，也是生态环境的重要指标。

湖泊率。湖泊率为流域内湖泊、水库水面总面积与流域面积的比值。

沼泽率。沼泽率为流域内沼泽、湿地面积与流域面积的比值。

湖泊率、沼泽率均反映流域径流调蓄能力的大小。

#### 2.1.1.2 流域水文气象特征

流域平均年降水量。流域平均年降水量是用雨量站所测的年降水量数据绘成降水量等值线，用求算流域平均高程的类似方法计算，或用雨量站在流域内控制面积的权重求其加权平均值，亦称为泰森多边形法。

流域平均年蒸发量。流域平均年蒸发量是用绘制的蒸发量等值线进行量算的。

流域干旱指数。流域干旱指数为流域平均年水面蒸发能力与流域平均年降水量的比值。比值大于1，说明年蒸发能力超过年降水量，流域干旱程度大；比值小于1，则说明该流域气候湿润。

流域地下水资源量。流域地下水资源量表示流域范围内地下水的含量。

流域地表水资源量。流域地表水资源量表示流域范围内的地表水资源量，包括河川径流量、湖泊需水量等。

流域水资源总量。流域水资源总量为流域地下水资源量与流域地表水资源量的总和扣除地表水与地下水重复量的指标。

此外，流域水文气象特征还包括地理位置、气候属性、气流方向、气温、日照、土壤类型及分布。

#### 2.1.1.3 流域经济社会特征

流域是一种特殊类型的区域，流域具有区域的一般属性（如客观性、地域性、综合性、系统性等），同时又具有一些特殊的属性。

整体性和关联性。流域是整体性极强、关联性很高的区域，流域内不仅各种自然要素之间联系极为密切，而且上中下游、干支流、各地区间的相互制约和相互影响也很显著。上游过度开垦土地、乱砍滥伐，破坏植被，造成水土流失，不仅使当地农林牧业、生态环境遭到破坏，还会使中下游河道淤积抬高，导致洪水泛滥，威胁中下游安全。同样，在水资源缺乏地区，如果上游筑坝修水库，过量取水，也会危及中下游的灌溉、工业及城镇生活用水，并且会对生态环境造成严重影响，可谓“牵一发而动全身”。因此，流域内的任何局部活动都必须考虑流域的整体利益，考虑对全流域所带来的影响和后果。

区段性和差异性。流域，特别是大流域，往往地域跨度大，构成巨大的横向纬度带和纵向经度带。上中下游和干支流在自然条件、自然资源、地理位置、经济技术基础和历史背景等方面均有不同甚至差异很大，表现出流域的区段性、差异性和复杂性。比如，欧洲的莱茵河跨越了欧洲的12个国家，而我国的长江流域、黄河流域横贯我国东西，跨越东、中、西三大地带，长江流域流经18个省、自治区、直辖市，黄河流域跨9个省、自治区，从上游到下游，自然条件、经济基础、文化背景、经济发展等均有极大的差异。

层次性和网络性。流域是一个多层次的网络系统，由多级干支流组成。一个流域可以划分为许多小流域，小流域还可以划分为更小的子流域，直到最小的支流或小溪，由此形成小流域生态经济系统、各支流生态经济系统、上中下游生态经济系统、全流域生态经济系统等。从产业看，流域生态经济系统又可分为工业、农业、交通运输、城市等子系统，构成一个庞大的网络系统。

开放性与耗散性。流域是一种开放性的耗散结构系统，内部子系统间的协同配合，同时系统内外进行大量的人、财、物、信息交换，具有很大的协同力，形成一个耗散性的经济系统。

应当指出，流域既是一个复杂的大系统，又是从属于国民经济巨型系统的子系统。因此，要把流域资源开发与环境治理看成是国家经济社会发展总战略中的一个组成部分，在流域开发规划和治理上要符合全国国土整治规划的总体要求和宏观布局，这是协调流域内部、流域与区域、流域与国家整体关系的关键。

### 2.1.2　流域自然资源的类型

资源是社会物质财富的源泉，是社会生产过程中不可缺少的物质要素，是人类生存的自然基础。流域资源就是天然存在于流域内，可以直接用于人类社会生产和生活的物质，分为流域土地资源、森林资源、水资源、气候资源、生物资源、矿物资源以及以山水自然风光为主的旅游资源等。

流域资源是流域自然环境的重要组成部分，流域内人类的生产、生活都离不开流域资源，流域资源为工农业生产提供了基础、原料、动力，是经济建设不可缺少的物质保证。流域资源的类型有多种划分方法。

按其在地球上存在的层位，流域资源可划分为流域地表资源和流域地下资源。前者指分布于地球表面及空间的土地、地表水、生物和气候等资源，后者指埋藏在地下的矿产、地热和地下水等资源。

按其在人类生产和生活中的用途，流域资源可分为劳动资料性流域资源和生活资料性流域资源。前者指作为劳动对象或用于生产的矿藏、树木、土地、水力、风力等资源，后者指作为人们直接生活资料的鱼类、野生动物、天然植物性食物等资源。

按其利用限度，流域资源可分为再生资源和非再生资源。前者指可以在一定程度上循环利用且可以更新的水体、气候、生物等资源，亦称为非耗竭性资源；后者指储量有限且不可更新的矿产等资源，亦称为耗竭性资源。

按其数量及质量的稳定程度，流域资源可分为恒定资源和亚恒定资源。前者指数量和质量在较长时期内基本稳定的气候等资源，后者指数量和质量经常变化的土地、矿产等资源。

### 2.1.3　流域自然资源利用现状

中国的快速经济增长带来了包括水问题在内的各种流域资源环境的挑战。目前，资源、环境和生态问题已经成为中国长期发展的主要瓶颈，其中流域资源利用问题是主要挑战之一。过去各种局部性和区域性的流域资源利用问题，很多已经发展成为全流域性问题，且相互影响、彼此叠加，使流域资源问题越来越多样化和复杂化。当代中国流域资源利用问题主要表现在以下几个方面。

#### 2.1.3.1 流域水污染严重

污染已经成为许多流域越来越突出的问题。根据《2009年中国环境状况公报》数据，中国七大水系的408个地表水监测断面中，28%为Ⅴ类水质，26%为丧失使用功能的劣Ⅴ类水质；90%流经城市的河段受到污染，80%以上的东部和西南地区湖泊存在不同程度的富营养化问题。与水有关的污染事故频繁发生，近两年平均每2～3 d一起。从流域角度来看，中国的水污染呈现从城市到乡村、从东部到西部、从下游到上游、从地表到地下、从干流到支流扩展的趋势。

总体来看，水环境恶化趋势仍在继续发展，污染治理的速度赶不上污染增加的速度，许多水体的污染负荷早已超过水环境容量。根据《2009年中国环境状况公报》数据，七大水系水质状况由好及差依次排序为：珠江、长江、黄河、松花江、辽河、淮河和海河，其中黄河、淮河、松花江和海河的水质近年来总体趋向恶化。由于农业过量施用化肥和农药等，使面源污染在很多流域和地区已超过点源污染成为主要水污染源，导致江河湖泊和近海水域富营养化程度进一步加重。同时，也需要指出，粮食生产、养殖业生产和畜牧业生产所产生的污染，特别是氮、磷等营养物质，既造成了水体污染，又是引起中国近年来湖泊富营养化频发的主要污染物。在一些流域和区域，如长江、珠江三角洲和环渤海地区，已经出现大气、水体、土壤污染相互影响的格局，对食品安全和人体健康构成严重威胁。

#### 2.1.3.2 流域水资源短缺问题

水资源短缺是中国特别是北方流域的突出问题。中国目前人均水资源量仅约2 150 $m^3$，不足世界人均占有量的1/40。主要的北方流域，如海河、淮河和黄河流域的人均水资源占有量仅有350～750 $m^3$，属于严重缺水地区。由于大部分江河水系和城市地下含水层均受到不同程度的污染，严重的水质恶化进一步加剧了水资源短缺，即使是南方很多水量充沛的流域，也由于水污染而面临缺水之虞。

#### 2.1.3.3 流域水生态问题

流域水生态问题随着水资源的过度开发、水污染加剧和水利设施管理不善而日益凸显，并呈现“局部改善、整体退化”的局面。黄河的水资源开发利用量已超过可利用量的100%，海河用水耗水量也已超过可利用量的98%，淮河和西北诸河耗水量占可利用量的比重也高达70%～80%以上。河流过度开发，严重挤占了流域生态用水，造成水质恶化、地下水超采、下游河道输沙入海水量不断减少，甚至河流断流，引起植被枯死、土地荒漠化等生态问题。

大量的流域水利工程建设，又使得河流系统不断渠道化、破碎化，造成污染物净化能力、水生生物的生产能力等不断下降。例如，长江流域众多珍稀的水生生物数量锐减，天然捕捞产量急剧下降。1954年，长江流域天然捕捞产量为42.7万t，近年产量仅10万t左右。目前，中国还在大量建设新的水利工程，特别是西南河流流域的水能开发工程，水利工程建设与生态保护的矛盾还会进一步加剧。

以上三类问题，是中国面临的最突出的流域性资源利用问题，具有跨地区、跨部门性质，依靠传统的地区和部门相互割裂的管理模式无法应对这些问题。流域性问题需要全流域的集体行动,需要引入流域综合管理的理念和方法来解决。

### 2.1.4 流域自然资源管理特点

从传统社会到现代社会,随着经济的发展和对资源环境问题的日益关注,中国在流域资源管理方面积累了一定的经验和教训,流域资源管理也形成了以下一些特点。

#### 2.1.4.1 依法管理

有效的流域管理必须有法可依。实施流域综合管理需要建立健全流域管理的相关法规,明确流域管理的利益相关方之间的权利与义务关系,明确流域机构职责与权力,明确各种流域管理制度和激励机制。由于各个流域存在差异,在行政法规和规章的基础上,重要江河、流域可以考虑制定适应于本流域特点的专门法规或规章。

#### 2.1.4.2 集权与分权相结合

流域决策过程要体现民主性和协商性,通过建立民主协商机制,调动各行政区参与流域管理的积极性。同时,流域规划、标准制定、监测等方面权力要集中,流域管理机构在决策实施过程中要有权威性和协调能力,在流域综合管理框架下,赋予省级政府在大江大河一级支流和境内河流更大的管理权,实现集权与分权的制衡。

#### 2.1.4.3 行政手段与经济手段相结合

在市场经济条件下,流域管理机构要转变职能,从主要兴建、运营水利工程转向提供公共物品和公共服务。政府公共投资的重点转向水污染综合防治、生态系统的恢复与重建、水资源保护等方面,强化政府在环境保护中的作用。要建立市场友好的管理机制,完善流域资源的有偿使用制度,改革水价形成机制,解除水务市场的垄断管制。同时,也要发挥行政手段的作用,并与经济手段相结合,提高各类手段的综合效用。

#### 2.1.4.4 资源开发与环境保护相协调

流域资源的开发与环境保护既相互联系又存在矛盾。过去在流域资源开发中,重视资源的经济功能,忽视河流的生态功能,造成资源不合理开发与河流功能的退化。因此,在流域综合管理中,应兼顾流域资源的经济功能和生态功能,实现流域经济、社会、环境的协调发展。例如,需要贯彻落实污染者付费的原则,以便能够有足够的资金控制污染,使处理后的水能够达到排放标准或符合再用要求,并有助于维持和恢复水体的环境功能。

#### 2.1.4.5 广泛参与和公平原则

在流域管理的政策与规划等制定和实施过程中,要建立制度化的参与机制,确保利益相关方的广泛参与,要建立各种补偿机制,保障贫困地区和弱势群体的利益。

#### 2.1.4.6 实现信息公开与决策透明

在流域管理的决策过程中逐步实现公开与透明。建立强制性的信息共享制度和信息发布制度,实现各部门和各地区管理信息的互联互通,及时、准确和全面地向全社会发布各种信息。实施流域综合管理需要一个长期的过程,因此除前面提到的基本原则外,还要遵循“统筹设计、因地制宜、试点先行、分步推进”的可操作性原则,系统、渐进地开展流域综合管理的各项工作。

## 2.2 流域自然资源管理问题

实行流域综合管理是当前世界各国治理水问题的普遍趋势,也是解决我国日益严峻的流域性资源环境问题的重要途径。当前,我国在流域资源管理各个方面存在的诸多问题,不仅使流域综合规划实施困难,而且诱发一系列新的问题,都直接影响和干扰着国民经济的可持续发展,亟待改革。

## 2.2.1 问题的主要表现

### 2.2.1.1 缺乏公众参与机制

流域管理的传统规划是从工程的角度出发的,而且大部分规划者不是来自流域地区,流域地区的居民往往被忽视,结果导致许多在这一背景下制定的流域管理规划的失败。实际上,人们一旦作为流域资源合法的使用者,他们就将有助于问题的解决而不是成为问题的一部分,公众参与有关资源问题的立法和管理过程将提高资源管理的效率与效果。由于我国流域管理更多的是政府主导型的行为,长期以来,我国流域管理模式基本秉承了以政府主导或政府授权主导为主的管理方式。无论是现行的流域管理机构,还是流域内各省、市、县水行政主管部门,对流域、区域的水事活动管理均以政府行为的方式出现,致使区域与区域间、行业与行业间以及行业与区域间的各类利益冲突直接转化为各级政府间的行政行为冲突,不利于各类矛盾的客观解决和流域的统筹协调发展。从总体上说,目前我国流域既缺乏在统一的流域管理法律规范下的依法管理机制,又缺乏由政府机构、民间机构、学术团体、利益群体等共同参加的民主协商机制,其结果是流域内诸类矛盾既难以在学术层面上科学解决,也难以在政府间的协商中得到最优解决,致使流域的整体利益很难得到保证。

### 2.2.1.2 城市化发展对流域的胁迫

"遍地开花"式的城市饮用水源地保护已成为制约流域经济发展的主要因素。必须看到的是,随着流域内核心城市的持续发展,流域干流和主要支流受人类活动的干扰程度将日益严重,其开发利用程度加大。工业、生活、禽畜养殖对原有的水源地造成潜在威胁,使水源地保护范围日趋萎缩或水源地性质改变。受潮汐的影响,下游污染物可以通过涨潮对上游吸水点造成影响。从流域水质来看,尽管流域整体水质保持稳定,但城市的局部水质仍有恶化的趋势。

### 2.2.1.3 工程性缺水普遍存在

从供水工程来看,流域的水源工程,仍以水利供水工程为主。但流域内的水利工程,大都已运行了三四十年,工程设施已呈现老化,且不少工程兴建时设计标准偏低,工程配套设施不全,工程质量未达要求,未能达到设计供水能力,甚至存在安全隐患,需要限制运用。因此,水利工程的达标任务繁重,必须对现有的水利工程日趋老化的现象作好除险加固、续建配套工作,以便达到设计供水要求。乡镇、农村自来水设备简陋,规模普遍偏小,输配水管网不配套,制水不规范,难以满足用水数量和质量的要求。

### 2.2.1.4 植被结构脆弱

流域土壤、小气候、水文等自然因素的变化和人为扰动对流域内植被的种类组成、群落结构及多样性等起着非常重要的影响:一方面促进生态植被的正向演替,向着有利于人类的生态经济方向发展;另一方面也可能逆向演替,植被退化,造成水土流失,加剧荒漠化的发生。流域是一个连续体,这一特性决定了流域内植被群落和生态过程的连续进化。由于河岸带土壤肥沃,邻近水源,生产力较高,一直是人类改造和利用的重点区域,故而流域内植被破坏严重。植被通过根系固定土壤颗粒,保持水土,一旦破坏,会使整个流域内的生态系统遭到破坏且很难恢复。

## 2.2.2 问题产生的原因

### 2.2.2.1 立法间缺乏协调和配合

中国在水资源保护立法、水污染防治立法、水土保持立法、农业林业立法、自然保护立法等与流域管理相关的立法过程之间的协调和配合不够。一些规定在各类立法中重复甚至互相冲突,有关利益相关方责任和义务等方面的规定不够清晰,协调机制不健全。此种情况的出现主要是因为立法中部门的痕迹太重,立法时针对部门利益的冲突解决没有做出有效的制度安排。

立法间缺乏配合的例子很多,以监测为例,《中华人民共和国水污染防治法》第十八条规定:地面水体的水环境质量状况由环保部门组织监测;重要江河流域的水资源保护机构,负责监测其所在流域的省界水体的水环境质量状况,并向国家水利部门、环境保护部门和流域水资源保护机构报告。但根据新《中华人民共和国水法》第三十二条的规定:县级以上地方人民政府水行政主管部门和流域管理机构应当对水功能区的水质状况进行监测。从以上的法律规定可以看出,现行法律规定环保部门、水行政主管部门和流域管理机构都可以对地面水体的水环境质量进行监测。这种三重监测不仅容易引起环保行政部门和流域管理机构的冲突,而且会造成监测人力、物力、仪器设备和监测费用的浪费。

流域总量控制与另一个法律间缺乏配合的例子。根据《中华人民共和国水污染防治法》第十七条:环境保护部门负责确定排污总量、组织水环境功能区划。但根据《中华人民共和国水法》第三十二条:水利部门或者流域管理机构负责核定水体的纳污能力、提出水域的限制排污总量意见、组织水功能区划。这样很容易产生水环境功能区划和水功能区划、水体纳污能力和排污总量、水域的限制排污总量和实际排污总量之间的脱钩和不协调现象。

### 2.2.2.2 缺乏跨部门、跨行政区综合管理的规定

现行的许多法律法规虽然都有对水资源的开发实行统一规划、统筹兼顾、综合利用的要求,但缺乏对跨行政区的江河湖泊综合开发利用的具体规定。一个流域涉及不同地区,各地区往往采取有利于自己的开发利用政策;不同的行业部门,也只从本部门需要出发来决定开发利用水资源,各部门之间缺乏统一的协调。许多措施往往在局部看来是有利的,但对整体来说却可能是有害的。

### 2.2.2.3 缺乏程序性立法,执法不严问题突出

目前,有关流域管理的国家立法和地方立法,绝大多数都是实体性立法,而很少是程序性立法。其结果是:实体性规定由于没有程序性的规定相配合,实体性规定难以执行,利益相关方的矛盾难以解决。

执法问题产生的原因有很多方面。除缺乏程序性立法外,地方保护主义是另一个重要原因。地方环保部门在财政经费以及人事任免上主要依附于地方政府。虽然有大量关于环境保护、企业排污、严格执法方面的规定,但“执行难”问题依然存在。例如,关于政府的责任,《中华人民共和国环境保护法》规定:地方各级政府应当对本辖区环境质量负责,并采取措施改善环境质量;对造成严重环境污染的单位,地方政府应限期治理,对逾期未完成治理任务的单位还应责令关停。显然,如果各地方政府及其主管部门都能严格履行其法定环境监管职责,排污单位也都能自觉履行其环境守法义务,污染纠纷必然会大大减少。可事实并

非如此。

现行的国家和地方法律法规中建立了一些水资源和水环境管理制度，但还远远不够，特别是一些重要的管理制度存在着缺失的现象。这些制度包括：上下游之间的经济补偿制度，水使用权和排污权的交易制度，水信息（包括污染信息）的公开和通报制度，突发事故的预警和应急机制，污染损害的认定和评估制度，污染损害保险制度，下游地区要求上游地区采取措施的法律机制等。

#### 2.2.2.4 流域固有属性使得流域管理面临创新难度

我国水资源分布不均，南北相差悬殊，年内差异较大，对水资源的开发利用造成不利的影响，而我国各流域面积大，跨度长，如长江流域、黄河流域等从我国西部到东部，涉及我国东、中、西部若干个省（自治区、直辖市），各行政区域的自然条件不同，经济发展水平不一，利益追求差异大，存在的制约因素和问题也各不相同，但各行政区域又因自然河流而紧密联系、相互影响。水的流动性、流域性的自然属性使得处于同一流域的各行政区域的用水、排污、防洪等必须统筹兼顾、综合治理和管理，统一协调，紧密联系。因此，管理的重点和难点就不可能统一，既要考虑流域的整体性，又要考虑各区段的差异性，这势必对流域管理提出更高的要求，也增加了流域管理的创新难度。

#### 2.2.2.5 流域管理体制不能适应水资源统一管理的要求

我国现行的流域管理体制是在计划经济体制下主要为了治理、开发而产生的，不是法定的管理机构，因而在我国江河流域治理开发达到一定程度的情况下需要转向以流域管理为主的时候，这种体制和流域管理机构就难以适应流域水资源统一管理的要求。

首先，流域管理机构的地位、作用和权限有待进一步明确。现行水法对我国水资源管理体制作出了明确的规定，特别是对流域管理与区域管理制度和流域管理机构有了专门的规定，对流域管理机构的职责和权限也予以明确，流域管理机构的法律地位得到确认。按照《中华人民共和国水法》的规定，我国水资源管理实行“流域管理与区域管理相结合”的管理制度，也明确了“流域范围内的区域规划应当服从流域规划”的条款，但是，在相应的制度安排上缺乏流域管理与区域管理之间的协调和统一。没有明确规定区域管理服从流域管理，就使得在区域管理与流域管理出现矛盾的情况下难以依法管理和协调，区域规划的制定与执行服从流域规划难以得到保证。在水资源的开发利用和管理的制度安排上，强调的是地方各级人民政府和水行政主管部门的职责，而对流域管理机构在流域水资源统一管理和统一调度的规定上还过于笼统。由于我国还是发展中国家，因此各级政府普遍把财政收入最大化以及相应的区域经济发展作为最主要的目标，这一方面鼓励地方政府努力促进当地经济的发展，另一方面也会导致地方保护主义。在流域管理与区域管理出现矛盾时，流域管理机构的协调就难以有效、有力。

其次，现行的流域管理机构是国务院水行政主管部门的派出机构。流域管理机构在新《中华人民共和国水法》中虽然被赋予了法律地位、明确了职权，但都是粗线条的、原则性的，难以具体操作，且其在各流域水资源统一管理和监督上的监控权、执行权都有限，对流域宏观决策、流域管理政策法规的制定缺乏流域内各地区和用水户的民主参与以及对水资源的各种需求的协调。另外，流域管理对区域管理缺乏有效的协商、监督、制约机制，有关部门和地区没有参与流域的管理，各流域管理机构难以发挥有效的协调和仲裁作用。目前，一些流域成立了各有关地方政府领导参加的防汛指挥机构和流域水资源保护领导机构，做出了有益的探索。

再次，现行的流域管理机构缺乏有效的调控手段。目前，流域管理机构无论是在水资源开发和流域治理项目的审批、工程投入方面，还是在资源的调配、监督管理方面，都没有有效的手段来保证流域规划的实现，以至于流域内的一些关键工程久议不决。

最后，现行的流域管理机构内部职能部门以行政事业性质的部门为主，经营性企业为数不多，因而流域管理经费不足，缺乏良性运行机制，步履维艰。

#### 2.2.2.6 流域管理法律法规不健全

我国与流域管理有关的法律法规主要有水法、防洪法、水污染防治法、河道管理条例等，这些法律法规已授予流域管理机构流域水资源管理权限，包括保护、防洪、河道管理、水土保持、水工程管理等权限，但各项法律法规规定的管理体制存在一定差别，涉及流域管理的内容也不全面，相互间也缺乏协调性，导致执行中出现体制上的冲突，形成一事多部门重复管理或无人管理的现象，制约了流域管理和统一管理的实施。例如，有关水土保持工作，新《中华人民共和国水法》规定按《中华人民共和国水土保持法》执行，但《中华人民共和国水土保持法》尚未提到流域管理机构的职责，如不尽快修订《中华人民共和国水土保持法》，流域管理机构在水土保持方面的流域水行政职责将会受到很大影响。

虽然新《中华人民共和国水法》明确了改革的目标，但是体制改革必然涉及利益的调整、观念的改变，与国家政治体制改革也密切相关，这就使得流域管理机构及区域水行政主管部门在水资源管理过程中面临很多问题。现有水法规体系仍不健全且针对性较弱，水资源管理制度尤其是与流域水资源统一管理相关的具体制度尚未完善，不足以或不能为流域水资源统一管理提供具体全面的依据与基础。流域管理机构难以具体操作，需要一系列配套的法律法规和流域管理制度的研究制定。流域管理机构和地方水行政主管部门及其他有关部门对水资源主权、事权的认识和理解上不同，意见难以统一，这都需要在更高的法律、制度、管理层面上进行衔接、协调和沟通。

#### 2.2.2.7 缺乏明确的产业政策

水利是国民经济的基础产业，水资源的开发工程是国民经济的基础设施，不仅投入大、周期长，而且其运行还要承担防洪等一些公益性任务，水价、电价由国家管理，不能完全按照经济规律办事。国外政府采取的措施是：一方面给予大量无偿投入，另一方面又给予一系列的优惠政策。如美国联邦政府经营的水电建设，其社会性经营的借款年利率最高达 16% ~ 17%，而当时，国营水电工程贷款年利率仅为 7% 多一点；德国和日本银行年利率一般为 3% ~5%，日本对水电建设采取长期低息贷款的方法，对中小水电建设还实行补贴。而我国在过去的 10 年中，水电建设由拨款改为贷款后，贷款利率高，还本期短，小水电贷款利率在 8 年间由2.16% 提高到 19.6%。目前，我国小水电工程的贷款利率高达13%，还本期为 3 年因此经常出现建得起、还不起的状况。

由于产业政策不明确，以及体制不协调等，水资源综合利用工程难以建设，一些水电工程片面追求发电效益，没有留够防洪库容，给防洪调度带来很大困难。

### 2.2.3 改革的主要目标导向

#### 2.2.3.1 赋予流域管理机构完整的管理职能

现行流域管理机构在我国水资源开发利用和环境保护中发挥了重要的作用，并已从工程管理向资源管理转变，但仍不能满足经济社会发展的需要。赋予其更多的管理职能，完善流域综合管理体制，发挥其在流域资源开发利用和环境保护中的宏观调控职能应是流域管理机构今后改革的方向。具体来讲，一是在水资源管理的基础上，赋予其环境保护立法、执法、监督和管理权，流域资源环境、产业发展与规划权等，由其统一协调和决策流域范围内各项管理事务。二是成立流域管理委员会和专家委员会，其组成应包含中央有关部委、流域内各地方政府职能部门、相关企业以及专家等，对涉及流域管理的一切重大事项和政策都应由流域管理委员会通过民主表决的办法来决定，统筹协调流域管理、区域管理和行业管理的矛盾和冲突。三是在流域管理委员会下设流域管理局或类似机构，作为管理执行机构，并重点开展以下工作：强化综合管理，变单纯的开发利用管理为开发与保护并重管理，将流域资源、生态与环境保护纳入流域综合管理的优先目标；加强流域立法，制定完备的流域法律法规体系，使流域管理与市场经济相适应，增强流域管理的权威性；强化流域综合规划工作，明确流域管理事务的目标和重点任务，以综合规划指导各项事务管理工作；探寻合作解决流域发展与保护的具体途径，切实完善社会公众和利益相关方共同参与机制。

#### 2.2.3.2 建立有效的流域资源开发利用机制

在实施可持续发展战略、走新型工业化和建立和谐社会的新形势下，流域内资源环境压力将更加严峻，建立有效的流域资源开发利用与环境保护和治理的运行机制显得尤为必要。结合实际，有效的资源开发利用与环境保护和治理的运行机制应充分发挥经济、法律和行政手段在资源开发利用与环境保护和治理中的独特作用，将节约资源、保护环境由过去的政府行为，转变为一种在利益机制驱动下的市场行为和企业行为，真正使环境保护和治理污染成为社会公众自觉参与的行动。

为此，资源开发利用与环境保护和治理的运行机制应包括：以排污权交易制度建设为重点，形成以市场为主导的企业化、市场化的污染治理机制；突出矿业权市场建设，形成“谁污染、谁治理，谁开发、谁保护，谁使用、谁付费”的开发利用机制和有利于资源节约、集约利用和环境保护的补偿机制；形成以资源环境合理开发利用和保护的资源环境法、民法和商法为保障，以流域法规为支撑的法律框架体系。当前，我国在资源开发利用与环境保护和治理的运行机制建设方面已取得了积极的进展，但体系性、时效性仍然存在着许多的不足，机制建设的任务仍然非常艰巨。

#### 2.2.3.3 充分利用资源环境管理工具的独特作用

为了提高政府对资源环境的管理水平，我国对一些污染比较严重地区的产业采取了流域限批的政策，有效地遏制了流域环境恶化的局面，流域限批等环境管理工具在资源环境管理方面发挥了积极的作用。随着改革开放的不断深入，特别是进入21世纪，在实施可持续发展战略，走新型工业化道路，全面建设小康社会的进程中，我国在提高资源环境管理水平方面进行了许多有益的探索，相应推出了矿业权交易制度及绿色认证制度、重大环境事故责任追究制度等，并开展了排污权交易及绿色GDP等试点工作，资源环境管理质量和水平有了显著的提高。当前，我国经济社会发展进入了一个新的时期，但资源环境问题仍然是制约我国可持续发展的主要障碍，因此积极探索和应用新的资源环境管理工具，着重解决经济社会发展过程中的新情况、新问题显得尤为重要。

#### 2.2.3.4 逐步推进公众参与制度

在中国推进公众参与流域管理，需要从各个层面着眼，循序渐进地开展行动。从国家层面来看，完善相关的法律制度非常关键。重点应在相关立法中加强对社团组织、公民等非政府主体参与流域管理的权益作出规定，出台具体的公众参与的程序性规定；从流域层面来看，宜积极推动流域机构改革，组建利益相关方参与的综合性流域管理机构，举办具有广泛参与性质的流域论坛。

积极推动环境公益诉讼。在流域管理领域，诉讼主体不应该有与案件有直接利害关系的限制，任何公民和社会团体都可以对不履行法定职责的流域管理机关或者污染、破坏流域生态环境的单位和个人提起诉讼。

在现有法律中增加公众参与的程序性规定。明确政府采取公告公示、意见征求与听证等行为的程序，特别是在听证制度中要明确信息披露、意见表达和政府回复的具体规定。

推进流域决策科学化、民主化。流域管理应公开决策过程，提高政策制定过程的开放度和信息透明度，建立公众参与、专家论证和政府决策相结合的决策咨询机制。

扩大公众知情权。推行政务公开，实行环境保护政策法规、项目审批、案件处理等政务公告公示制度。完善相关政府网站，公开发布环境质量、环境管理等信息，使公众可以更容易获得流域基本水文、主要用水、管理决策与规划执行相关的各种信息。

推动建立行政审批的全流域公告和听证制度。将用水许可、排污许可、工程许可等各种涉水行政审批程序纳入流域公告和公众参与环节，使跨部门、跨地区的其他利益相关者（如渔民、下游用水户、湿地管理部门等）有平等对话的机会，保护弱势群体与潜在受害者的权益。

开展利益相关方参与流域管理的能力建设。推动交流平台建设，例如论坛、俱乐部等，促进利益相关方参与；与相关教育和培训机构合作，开设流域管理课程，提高利益相关方的参与意识，增强其参与能力。

建立流域信息公开机制和平台。研究如何在流域层面落实政府信息公开，促进综合性的流域信息发布平台建设，如流域信息公开门户网站，促进各种流域信息及时发布，并作为公众交流和反馈意见的虚拟平台。

#### 2.2.3.5 加强“三位异体”的综合性流域机构管理

所谓“三位异体”的综合性流域机构管理，是指在决策、执行和监督机构“三位异体”的基础上，实现流域各涉水部门协同管理的流域管理模式。其中，决策、执行（管理与经营）、监督是水资源管理的三大要素，各有不同的性质和内涵。而协同管理是指各部门在实现其自身职能的同时，作为流域综合管理机构的成员，在水的分配调整、管理及自身利益的维护上通过协商、协议使全体成员协同一致的管理形态。

#### 2.2.3.6 推进流域水务一体化管理进程

在我国现有的管理体制下，流域管理虽有局限性，但仍有其存在和发展的必要。可以说，忽略或是替代流域管理是不具有现实可行性的，是不可能在整个流域范围内实现各部门的协同管理的。这就要求变革创新现有的流域管理体制，推行流域水务一体化管理，以实现流域的综合管理。

流域水务一体化管理就是在各行政区域内，由水行政主管部门对城乡防洪、排涝、蓄水、供水、用水、节水、污水处理及回用、地下水回灌等涉水事务进行综合管理。

## 2.3 流域自然资源管理内容

如何有效配置资源，从而实现可持续发展，这是流域资源综合管理的目标。流域综合管理是指，在流域尺度上，通过跨部门与跨行政区的协调管理，综合开发、利用和保护流域水、土、生物等资源，最大限度地适应自然规律，充分利用生态系统功能，实现流域的经济、社会和环境福利的最大化以及流域可持续发展。

### 2.3.1 流域自然资源综合管理内容

#### 2.3.1.1 流域综合管理对象广度和深度的确定

流域综合管理需要对流域中的水资源、土地资源、森林资源、生态环境和其他相关资源实行统一管理，而这些资源分属不同的行政区域。管理对象和权限的过分集中将影响地方政府的行政效率，阻碍地方经济发展，而如果流域的重要资源游离于流域综合管理的体系之外，就可能存在管理失效的风险，这就需要根据实际，合理地确定流域综合管理对象的广度和深度。流域当前所显示的问题，既有水资源的无序利用、水域污染、河湖淤积或占用而导致的水资源稀缺等直接因素，也有经济布局不合理，土地、矿产资源过度开发和不当种植、养殖等因素。因此，实行流域综合管理，应首先制定有约束力的流域保护和发展战略，流域各行政区各类综合规划和专业规划必须遵循的法律，在广度上涵盖对流域所有资源统一管理并规范各地的发展战略、产业布局和行政行为等。对必须以流域作为基本单元统筹管理才能发挥最大效用的，如水资源配置、水污染防治、水环境保护等，则应在深度上集中管理权限，由流域实行直接管理。

#### 2.3.1.2 合理调整流域和地方政府的管理职能

2002年10月1日颁布实施的新《中华人民共和国水法》把改革水资源管理体制作为重点，强化了水资源的统一管理，规定了水资源实行流域管理与行政区域管理相结合的管理体制，确立了流域管理机构在水资源统一管理方面的法律地位。但由于现行流域管理体制的不适应，加上事实上的管理职能基本上都集中在各行政区域，实际运行中行政区域和流域所表现出来的“强势”和“弱势”的不对称性没有从根本上改变，统一管理缺乏在操作层面上的体制基础。因此，实行流域综合管理，必然要求合理地调整流域和行政区域政府的管理职能，尤其是长期以来地方政府形成的行政管理体系需要根据流域综合管理的要求加以改革。从总体上说，流域综合管理能否顺利实现，取决于流域各行政区在两个方面的改革能否真正到位：一方面是改革区域发展战略的地域性，将区域经济社会发展置于全流域统筹谋划，改变现行各类战略规划的优先次序，将流域发展战略置于首位；另一方面是改革现行地方政府的全能性，对需要由流域集中权限进行统一管理的事项，各行政区政府应择出相应职能，并改变相关部门的隶属关系，如水利、环保、渔业等对解决流域问题至关重要，而地方设置又不利于流域问题统筹解决的部门，可直接作为流域机构的派出机构，对全流域而不是仅仅对地方负责。

#### 2.3.1.3 建立流域综合管理的财务功能和机制

流域管理必须有足够的资金支持，以满足水旱灾害防治、水资源配置、污染防治、环境保护、生态恢复及日常监测、监督和管理的需要。现行的流域机构基于作为水利部的派出机构的现实,主要依赖中央财政预算平衡自身的财务问题,其本身并无自觉解决流域问题和矛盾的财政能力,这在一定程度上也限制了流域机构作用的发挥。从总体上说,稳定和良好的财务功能和预算平衡机制是任何组织机构正常运作和发挥效能的基本要求。因此,在建立流域综合管理体系的过程中,应将流域机构的财务功能和机制建设作为管理体系建设的重要内容同步加以考虑。从现实情况看,流域管理机构不同于各级政府机构,它缺乏稳定增长的税收补充平衡机制。但流域机构拥有庞大的流域资产,又有中央和流域各级政府的财政支持,故建立良性的流域财务功能和机制有其客观的基础,而关键是需要在建立流域综合管理体系的过程中改革现行的流域资源收入分配方式,将流域水资源费、水污染防治费、水源水域占用费等纳入流域的收入体系,在此基础上按流域范围内各行政区的财政收入状况,明确地方财政的财务分担责任,逐步建立起自我平衡的流域财务机制。

### 2.3.2 流域自然资源分区管理内容

#### 2.3.2.1 税收政策

税收是财政收入的主要来源。从流域综合管理来看,相关的税收政策应以纠正外部性导致的市场失灵为目的,不论是开征独立的环境税,还是实行全面“绿化税制”,都应起到鼓励节约资源、提高资源利用效率、减少水污染物排放的生产和消费行为,刺激高耗水、高污染的行业改进其生产经营活动的作用。

#### 2.3.2.2 财政投融资

中央和各级地方政府用于流域综合管理的公共项目的财政投资(包括国债投资),可以从社会效益和社会成本的角度来评价和安排投资,避免非政府投资从私人成本和效益分析出发而导致的外部性,有利于提高流域国民经济的整体效益。财政投资并不意味着完全的无偿拨款。将财政融资的良好信誉与金融投资的高效运作有机结合起来的财政投融资,主要为具有“公共物品”性质的、需要政府给予扶持或保护的流域性基础性产业融资,也是发挥政府部门在流域综合管理中作用的最佳途径。

#### 2.3.2.3 转移支付

财政转移支付在协调流域地区间差异,调节上下游间、不同利益群体间的相互关系上可以发挥重要作用。可以结合合理的奖惩机制,制定依据流域综合绩效的转移支付划拨政策,对为流域资源、环境和生态保护作出贡献的地区加大转移支付,而对破坏流域生态环境、浪费资源的地区减少转移支付,进而影响地方政府的决策,改变地方政府不利于流域生态保护和上下游协调发展的行为方式。

#### 2.3.2.4 政府采购制度

通过优先采购生态环境好的、对水资源保护有利的产品或服务(如节水产品、环境标志产品等),有助于营造绿色消费市场,进而激励消费者和生产者改进其消费和生产经营方式。

#### 2.3.2.5 金融政策

国家和地方流域综合管理金融政策的设计,要结合财政投融资政策,为流域综合管理的公共项目投资筹集资金,并通过利率、债券、股票价格等信息,影响流域内投资、经营决策,优化流域内的生产、经营和消费结构及方式,使其有利于流域协调发展。如贷款可以从正、反两方面提供刺激作用:低息贷款、增加贷款和延长还贷期限可以鼓励排污单位加强资源的综合利用和污染治理;或采用高息贷款、减少贷款和不予贷款,来限制排污单位滥用资源和污染环境的行为。

#### 2.3.2.6 价格政策

在市场经济体制下,价格机制是减少污染环境行为、促进流域水污染防治、寻求流域资源合理配置和利用的手段与核心机制。流域综合管理的价格政策应该是一个包括污水处理定价、资源费、排污收费等在内的,以流域生态保护为目标的流域资源和生态服务定价体系,从而建立和完善流域资源有偿使用制度。价格政策的制定应反映流域资源和生态服务的真实社会和经济成本(包括环境退化和资源耗竭成本)。利用合理的价格政策,可以直接调节和控制生产者、消费者利用水资源和流域其他相关资源以及水污染物的排放行为,筹集流域资源保护和水污染治理所需要的资金,实现流域生态保护目标。

#### 2.3.2.7 产权政策

明晰环境产权是避免人们在消费环境公共物品时"搭便车"的行为,创建市场机制有效配置稀缺公共资源的创新途径。可交易的排污权和水权是我国正在摸索的基于明晰流域资源与环境产权的政策工具之一。

#### 2.3.2.8 奖惩机制

流域综合管理的奖励机制应结合其他经济政策,对于流域生态保护等服务的提供者可以通过财政转移支付、财政投融资等方式提供资助和补偿。流域综合管理的惩罚机制要依据相关法律中对法律责任的处罚与赔偿,作为经济制裁的手段,一方面以惩戒的方式强化市场各方的责任,另一方面由肇事者补偿已造成的经济损害。现行法律没有认可自然资源与环境的真实价值,不能有效保护公共资源,对违法者的处罚力度也缺乏威慑力,因而完善现行法律是实施其他经济手段的基础。总的来说,各种经济手段都可以为改善流域水资源、环境、生态状况服务。但值得注意的是,要发挥经济手段的作用还离不开与其他手段的紧密结合。如果经济政策的制定过程不能克服部门之间各自为政,缺乏统一的目标、协调的运作,不同的经济手段可能会相互抵触、牵制,降低政策的总体效率。为了促进流域综合管理,当务之急是分析这些经济手段之间的联系,研究如何协调现有可行的经济政策,设计目标一致、相互补充、协同作用的综合经济政策。

因此,通过制定超越部门利益的经济手段、改进现有政策工具、强化政策实施过程,可以提高流域资源利用、环境保护和生态恢复的资金配置和使用效率,改善流域相关法律、政策、规划的实施效果,实现流域可持续发展的目标。

### 2.3.3 流域自然资源分类管理内容

随着生产力水平的不断提高,资源的内涵逐渐从实物形态扩展到非实物形态。实物资源是自然资源的衍化形态,非实物资源是劳动力资源的衍化形态。非实物资源的利用是通过消耗劳动量,转移到直接服务的实物资源中去,从而增加实物资源的价值量。实物资源是指自然资源的全部及社会资源中以实物形态存在的部分资源,也叫有形资源。一切实体都归结为有形资产(源),包括动植物资源、植被景观资源、水及其景观、地理地貌及其景观等。这些资源拥有巨大的社会价值、经济价值和生态价值,是在自然、社会生态系统物质与能量的转换与循环中不断地实现着其价值的,无法用货币衡量。而按照法律法规,这些资源是要绝对保护的。

流域资源分类管理内容包括以下两个方面：

(1)对有形资源实行资源性管理。资源性管理是把资源仅仅作为一种物质，从物质形态上进行管理，是以行政手段和技术手段为主，由政府直接管理。这种管理方式着眼于社会经济的客观发展和公共利益的全面增长，因而对资源供求的总体平衡和长期均衡，对资源管理目标的实现有一定的作用。

(2)对无形资源实行资产化管理。资产化管理侧重于采用经济手段和法律手段进行间接管理，就是遵循资源的自然规律和经济规律，在资源的开发利用和再生产过程中，把无形资源作为资产，进行投入产出管理，建立起以产权约束为基础的新型管理体制。

# 2.4 流域自然资源管理导向

按流域实施资源管理是世界各国经过长期探索最终采取的有效方式。在流域资源可持续利用方向上，必须围绕实施路径，完善可持续利用保障体系，并作出指标安排，才能实现流域资源开发利用的有效管理。

## 2.4.1 可持续发展的资源问题

### 2.4.1.1 可持续发展的产生背景

可持续发展的思想源于环境保护。20 世纪中期，由环境污染所引起的工业和城市公害事件不断出现在一些发达国家，给世界各国敲响了警钟，推动了第一次全球环境保护浪潮，也推动了可持续发展理论的形成。1962 年，美国女生物学家莱切尔·卡逊(Rachel Carson)发表了一部引起轰动的环境科普著作——《寂静的春天》，作者描绘了一幅由于农药污染所造成的可怕景象，惊呼人们将会失去“春光明媚的春天”，在世界范围内引发了人类关于发展观念的争论。1972 年，一个以人口、资源、环境为主要内容，以探讨人类前途为中心议题的非正式国际著名学术团体——“罗马俱乐部”成立，随后发表了著名的研究报告——《增长的极限》，明确提出了“持续增长”和“合理的持久的均衡发展”的概念。同年，联合国在瑞典斯德哥尔摩召开了人类环境会议。其间，两位著名美国学者巴巴拉·沃德(Barbara Ward)和雷内·杜博斯(Rene Dubos)为此次会议所准备的享誉世界的报告——《只有一个地球》问世，号召人们珍惜、善待我们唯一的地球，把关于人类生存与环境的认识推向一个可持续发展的新境界。会议通过了著名的《人类环境宣言》，提出“只有一个地球”的口号，强调指出：当代世界各国决定采取行动时，必须更加审慎地考虑它们对环境的后果。

20 世纪 80 年代，一些全球性的环境问题逐步被认识(如全球变暖、臭氧层破坏、生物多样性消失等)，第二次全球环保浪潮随之掀起。可持续发展问题被列入世界各级公共组织的议事日程。1980 年，联合国向全世界发出呼吁：必须研究自然的、社会的、生态的、经济的，以及利用自然资源过程中的基本关系，确保全球可持续发展。1983 年 12 月，联合国任命挪威首相布伦特兰夫人为新成立的世界环境与发展委员会(WCEP)主席，并请她主持一个独立的特别委员会，探讨人类社会如何面对环境与发展问题的挑战。经过 4 年细致而艰苦的努力，该委员会于 1987 年提交了一份《我们共同的未来》的报告，即著名的《布伦特兰报告》。《布伦特兰报告》以大量充分的调查分析，阐述了可持续发展的基本概念、主要问题及行动方略，该报告经第 42 届联合国大会通过后，成为世界各国在环境保护和经济发展方面的纲领性文件。

1992 年 6 月,联合国召开了环境与发展"世界首脑会议",通过了《里约热内卢宣言》和《21 世纪议程》等重要文件,与会各国一致承诺,把走可持续发展的道路作为未来的长期公共发展战略。

2.4.1.2　**可持续发展的定义**

要理解"可持续发展",首先要理解什么是"可持续性"。目前,各界对"可持续性"概念有很多种定义。在此,列出其中较典型的 6 个概念:①可持续状态是效用或消费不随时间而下降;②可持续状态是自然资源得到管理,以维持未来的生产机会;③可持续状态是自然资本存量不随时间而下降;④可持续状态是自然资源得到管理,以维持资源服务的可持续产量;⑤可持续状态是满足生态系统在时间上的稳定性和弹性的最小条件;⑥可持续发展是能力和共识的构建。可见,可持续性是一个动态的概念,是资源、自然资本、能力等在时间上的相对均衡配置。

最有代表性的"可持续发展"定义概括为 4 种:

第一种是从自然属性定义可持续发展,即所谓的生态可持续性(Ecological Sustainability)。它主要是指自然资源及其开发利用程度间的平衡。其代表性定义有国际生态联合会(INTECOL)和国际生物科学联合会(IUBS)在 1991 年 11 月联合举行的关于可持续发展问题专题研讨会上所提出的"保护和加强环境系统的生产和更新能力",即可持续发展是不超越环境系统更新能力的发展;从自然属性定义的另一个代表是从生物圈概念出发,即认为可持续发展是寻求一种最佳的生态系统以支持生态的完整性和人类愿望的实现,使人类生存环境得以持续。

第二种着重以社会属性定义可持续发展。1991 年,在世界自然保护同盟(IN - CN)、联合国环境规划署(UNEP)和世界野生生物基金会(WWF)共同发表的《保护地球:可持续生存战略》中,将可持续发展定义为:在生存于不超出维持生态系统涵容能力的情况下,改善人类的生活品质。此外,该报告还提出了人类可持续生存的 9 条原则和人类可持续发展的价值观,以及 130 个行动方案。在 9 条原则中,一方面强调了人类的生产方式要与地球承载能力保持平衡,保护地球的生命力和生物多样性;另一方面也着重论述了可持续发展的最终落脚点是人类社会,即改善人类生活品质,创造美好生活环境,包括提高人类健康水平,改善人类生活质量,合理开发、利用自然资源,必须创造一个保障人们平等、自由、人权的发展环境等,这都充分体现了以人为本的理念。

在联合国世界环境与发展委员会的报告——《我们共同的未来》中,把可持续发展定义为"既满足当代人的需要,又不对后代人满足其需要的能力构成危害的发展",这一定义得到广泛的接受,并在 1992 年联合国环境与发展大会上取得共识。蒂坦伯格(Tietenberg)指出,可持续发展的核心在于公平性,使后代的经济福利至少不低于现代,即现代在利用环境资源时不使后代的生活标准低于现代。我国学者对这一定义作了如下补充,可持续发展是"不断提高人民群众生活质量和环境承载能力的、满足当代人需求又不损害子孙后代满足其需求能力的、满足一个地区或一个国家人群的需求又不损害别的地区或国家人群满足其需求能力的发展"。

第三种着重从经济属性定义可持续发展，认为可持续发展的核心是经济发展。这里的经济发展已经不是传统意义上的经济发展，而是不降低环境质量和不破坏世界自然资源基础的经济发展。这方面比较有代表性的是爱德华（Edward B. Barbier）、皮尔斯（Pearce）、沃福德（Warford）、科斯坦萨（Costanza）等学者的观点。爱德华在其著作《经济、自然资源不足和发展》中，把可持续发展定义为"在保持自然资源的质量及其所提供的服务的前提条件下，使经济发展的净利益增加到最大限度"。皮尔斯和沃福德在《世界无末日》一书中，提出了以经济学语言表达的可持续发展定义：当发展能够保证当代人的福利增加时，也不使后代人的福利减少。经济学家科斯坦萨等人则认为：可持续发展是能够无限期地持续下去而不会降低包括各种"自然资本"存量（量和质）在内的整个资本存量的消费数量。

第四种着重于从科技属性定义可持续发展。持有这种观点的学者认为：可持续发展就是转向更清洁、更有效的技术，尽可能接近"零排放"或"密闭式"的工艺方法，尽可能减少能源和其他自然资源的消耗。污染并不是工业活动不可避免的结果，而是技术水平差、效率低的表现。世界资源研究所（WRI）曾经将可持续发展定义为"可持续发展就是建立极少产生废料和污染的工艺或技术系统"。

还有的学者从三维结构复合系统定义可持续发展，认为可持续发展既不是单指经济发展或社会发展，也不是单指生态持续，而是指以人为中心的自然—经济—社会复合系统的可持续发展。

尽管以上各种定义的侧重点有所不同，但都离不开其根本出发点："为了解决人类不断增长的需求与自然有限供给能力之间的矛盾。"所以，可持续发展在很大程度上意味着以较少的资源消耗获得较大的产出，满足当代和后代人生存发展的需要，且这种资源消耗不能超过自然生态环境的更新能力。也就是说，人类发展必须遵循高效性与持续性原则。此外，可持续发展还要兼顾公平、共同的原则，人类发展必须顾及当代人的代内公平以及不同年代的代际之间的公平。同时，由于地球整体性和相互依存性，必须争取全球共同的配合行动，从而实现人类共同的可持续发展。

#### 2.4.1.3 可持续发展资源问题

无论从哪个角度来定义，可持续发展都与资源环境有着不可分割的联系。可持续发展资源问题成为流域资源管理的重要方面。

可持续发展具体包括：①可持续发展的核心是发展；②可持续发展的重要标志是资源的永续利用和良好的生态环境；③可持续发展是要求既考虑当前发展的需要，又考虑未来发展的需要，不以牺牲后代人的利益为代价来满足当代人利益的发展。

可持续发展的基本内涵是：①可持续发展不否定经济增长，尤其是穷国的经济增长，但需要重新审视如何推动和实现经济增长；②可持续发展以自然资源为基础，同环境承载能力相协调；③可持续发展以提高生活质量为目标，同社会进步相适应；④可持续发展承认并要求在产品和服务的价格中体现自然资源的价值。

首先，可持续发展应把消除贫困当做是实现可持续发展的一项首要条件；其次，可持续发展强调把环境保护作为发展进程的一个重要组成部分，作为衡量发展质量、发展水平和发展程度的客观标准之一；最后，可持续发展还应强调代际之间的机会均等。

资源是可持续发展的起点和条件,人口是总体可持续发展的关键,环境是可持续发展的终点和目标,经济发展和社会发展则是宏观可持续发展的途径与调节器。

### 2.4.2 流域资源可持续利用路径

#### 2.4.2.1 构建流域资源可持续利用模式

流域资源可持续利用模式就是能够保障流域资源可持续利用的具体思路和利用方式。好的模式可对流域资源利用起到示范作用、导向作用。构建流域资源可持续利用模式必须把握以下三个原则:一是应体现流域特点与自然禀赋方面的差异;二是应与流域国民经济和社会发展目标相结合,不能撇开经济社会发展孤立地谈流域资源可持续利用模式;三是应有一定的代表性和辐射面。

#### 2.4.2.2 增加林地,稳定湿地的生态安全战略

其主要内容包括:划分流域生态环境功能区,对流域湿地、自然保护区用地等实行特殊保护;全面推进天然林保护工程、重点地区防护林工程、野生动植物保护工程、湿地保护和自然保护区工程、防沙治沙工程、流域林业产业基地工程、生态移民工程、矿山生态修复工程等的建设。

#### 2.4.2.3 科学发展,建设重大项目用地保障战略

其主要内容包括:科学配置基础设施和其他重大建设项目用地;加强流域协作与分工,按照有所为、有所不为的原则找准各省辖市的产业定位及比较优势,着力发展各地的特色经济,在此基础上,以流域为单元优先安排各优势产业的资源利用;确定国家建设发展的空间组织形式或重点地区,流域资源对社会经济发展的保障水平等。

#### 2.4.2.4 循环利用的资源节约型战略

其主要内容包括:以流域为尺度,建立节约、集约的评价体系及驱动机制;制定流域内不同产业和不同门类合理的投资强度、用地定额标准等。

#### 2.4.2.5 建立市场准入制度

一是建立流域资源利用市场准入机制,明确市场竞争和市场交易规则,加强市场管理;二是建立流域资源公正、公平、公开的市场机制;三是建立健全流域资源市场中介服务机构。强化市场配置资源的基础性作用,减少人为的行政干预,通过市场调节流域资源的供求关系,实现流域资源的有效利用。

### 2.4.3 流域资源可持续利用保障体系

在流域资源可持续利用领域,由于经济的外部性存在,单靠市场机制无法实现对流域资源的优化配置,政府的干预必不可少。建立适宜的流域资源可持续利用保障体系,是实现流域资源可持续利用的基本保障。

#### 2.4.3.1 发挥政府职能,引导市场运作

在流域综合治理中,政府在充分发挥行政组织推动作用的同时,应积极发挥引导作用,通过研究、制定一些有利于聚集人力、财力和物力的政策,拓宽投资渠道,保护投资者合法权益,加快流域综合治理速度。一是要坚持"谁开发、谁保护"和"谁投资、谁经营、谁受益"的政策,鼓励农民提高治理水土流失的积极性。二是依法保护治理者的合法权益,推行治理成果允许继承、转让等政策。三是制定和完善补助、信贷、税收等优惠政策。如对参与治理者,

可实行低息、贴息贷款筹集治理资金；对新增治理面积，可在一定年限内免征或减征涉农的各种税收等。四是对地方和农民为改善生态环境而发展小水电、沼气等能源，建设水利设施，实施生态移民，调整生产结构，转变农牧业生产方式等方面，国家优先给予资金扶持和补助。通过这些优惠政策引入市场运行机制，吸引致富大户、经济能人、企事业单位踊跃投资进行开发性治理，其主要形式有承包治理、租赁治理、股份合作治理、拍卖“四荒”经营权治理等形式。

#### 2.4.3.2 法律体系

通过建立健全法律政策体系，保障流域统一管理与分级管理制度的实施，以法律的形式明确流域管理机构的地位、职责、权力、组织机构和区域关系，使流域管理的各个方面都有法可依。国外有专门的流域管理法规，如美国的《田纳西河流域管理法》、《下科罗拉多河管理法》，西班牙的《塔霍—赛古拉河联合用水法》，英国的《流域管理条例》等。也有大量的流域管理法规分散在各个有关的水法规中，如英国的《水法》、法国的《水法》、西班牙的《水法》等，均明确规定资源管理以流域为单元，按流域建立资源管理机构。

### 2.4.4 典型国家的流域管理经验与启示

资源的合理开发和充分利用，关系到人类发展的切身利益。以流域作为水文单元，按流域进行资源管理，典型国家已经积累了各具特色的流域管理经验，可为我国提供借鉴和启示。

#### 2.4.4.1 典型国家的流域管理经验

1）美国流域管理

美国田纳西河流域管理始于20世纪30年代，当时的田纳西河流域由于长期缺乏治理，是美国最贫穷落后的地区之一。为了对田纳西河流域内的自然资源进行全面的综合开发和管理，1933年美国国会通过了《田纳西河流域管理法》，依据该法成立了田纳西河流域管理局（简称TVA）。经过多年的实践，田纳西河流域的开发和管理取得了辉煌的成就，TVA的管理也因此成为流域管理的一个独特和成功的典范。

在田纳西河流域管理中，TVA法案起着关键作用，其主要内容包括：第一，TVA的职责，董事会人员组成、任免及年薪，下属机构的组建等。规定由TVA负责田纳西河流域防洪、发电、航运、灌溉、水利工程建设等综合开发和治理的任务。第二，TVA的权限，这是法案的主要内容。法案给予TVA高度的行政管理权力。TVA有权代表国家征购或出售田纳西河流域沿岸土地；有权研究、示范、推广各种高效肥料；有权生产、经营电力；有权对该局拥有的国家财产进行转让或租赁；有权发放债券，并由国家财政部无条件提供担保；有权将水库、大坝、水电站、航运设施等各项水工程以合同形式承包；有权修正或废除地方法规，并进行立法。第三，以法律形式协调TVA与其他机构和私人的关系。第四，限制和罚则。进一步规范TVA的行政、经营、管理制度和工作方法。TVA法案颁布后，进行了适时修改和补充，使涉及流域资源开发和管理的重大举措都得到了相应的法律支撑。根据TVA法案，TVA的管理由具有政府权力的机构——TVA董事会和具有咨询性质的机构——地区资源管理理事会实现。董事会由3个成员组成，行使TVA的一切权力。董事会成员由总统提名，国会任命，任期5年，直接向总统和国会负责。董事会下设一个由15名高级管理人员组成的执行委员会，其成员分别主管某一方面的业务。TVA的内设机构由董事会自主设置，这些内设机构曾根据业务需要进行过多次调整，如前期根据自然资源综合开发的需要，设置有农业、工程建设、自然资源开发保护等方面的机构；以后根据发展电力的需要，又增设了电力建设和经营等方面的机构。到目前为止，田纳西河流域已经在航运、防洪、发电、水质、娱乐和土地利用等六个方面实现了统一开发与管理。地区资源管理理事会是根据 TVA 法和联邦咨询委员会法建立的，目的是提供咨询性意见，促进地方参与流域管理。目前，理事会约有 20 名成员，包括流域内 7 个州的州长指派的代表，TVA 电力系统的代表，防洪、航运、游览和环境等受益方的代表，地方社区的代表。理事会成员的构成体现了较广泛的代表性。

2）英国流域管理

英国的《水法》、《流域管理条例》都是流域管理的依据。英国在 20 世纪 30 年代设立各河流流域局，负责排水、发电和防洪。40 年代后期改设各河河流局，增加了渔业、防污和水文测验等职责。自 60 年代起，英国开始改革流域资源管理体制，改河流局为河流水管理局，在英格兰和威尔士共设 29 个河流水管理局和 157 个地方水管理局。到 70 年代进一步对流域资源实行集中管理，把这些管理局合并为 10 个管理局，每个管理局对其管辖范围内地表水和地下水、供水和排水、水质和水量以及涉水资源实行统一管理。为增强管理的集中性，1973 年英国成立了国家涉水理事会，负责全国水资源的指导性工作，但在 1982 年该理事会被撤销，各河流水管理局的独立工作权限得到加强，各水管理局由政府环境部直接领导。在水管理局当中，泰晤士河水管理局规模最大、职能最全，该局统一负责流域管理和资源管理，包括水文站网业务、水情监测和预报、工业和城市供水、下水道和污水处理、水质控制、农田排水、防洪、水产养殖和水上旅游等涉水资源的开发利用。河流水管理局的财政收入主要来自水费和排污费的收取，以及农田排水、环境服务、旅游业等综合经营收入等，政府只在防洪工程方面拨款，且比例不大。由于经济独立，有较大自主权，水管理局在执行管理水资源职责时不受地方当局的干涉。英国的河流水管理局和美国的田纳西河流域管理局在业务范围上最大的不同在于，前者不经营河流上的发电和航运，也不经营业务之外的其他资源工业和企业，权限相对较小，属于较纯粹的水资源管理机构，对地方政府的分权程度较低，因此和地方当局的矛盾不突出，这也是这种水资源管理模式得以推广的原因。

3）日本流域管理

日本流域管理法律体系以《水资源开发促进法》为龙头，主要包括《水资源开发公团法》、《水源地域对策特别措施法》、《河川法》、《特定多目的大坝法》、《电源开发促进法》、《工业用水法》、《水道法》、《工业用水道事业法》、《工厂排水规制法》、《水质污浊防止法》等。日本的流域管理重视对水系的规划，这可以追溯到 20 世纪 50 年代初日本战后国土规划的起步阶段，当时美国田纳西河流域综合开发的成功经验对日本的影响很大，因而战后日本以重要河流流域为单位，从制定流域资源综合开发规划入手，综合考虑资源开发、国土整治、产业振兴、防灾减灾以及城市建设等多方面目标。

#### 2.4.4.2 典型国家流域管理的启示

国外流域资源管理的成功有很多共性经验，对我国流域资源管理富有深刻的启示。

1）法制建设是流域资源管理的基础和前提

流域资源管理的法律体系既包括流域管理的专门法规，也包括各种水法规中有关流域管理的条款。流域管理的专门法规，如美国的《田纳西河流域管理法》、日本的《河川法》、英国的《流域管理条例》等，均明确了流域机构的地位、职责及其与地方的关系；英国还通过相关的水法规赋予流域机构广泛的权力，如英国的《水法》和法国的《水法》，均明确规定按流域建立恰当的资源管理体制，对整个流域事务进行全面规划管理，使流域资源管理的各个方面都有法可依。典型国家的经验表明，只有将流域资源管理置于法制的基础之上，流域资源管理的各项措施才能得到切实的贯彻执行，从而实现流域综合管理的目标。

2）强有力的流域管理机构是流域资源管理的关键和保障

典型国家的流域机构拥有很大的行政管理权。一般设立流域管理董事会作为决策机构，由流域内各有关省级政府和其他相关行政部门负责人任委员，组成强大的流域管理机构，流域机构拥有国家赋予的广泛权力，执行国家在该流域的综合开发和统一管理任务，确保在流域经济发展的同时，资源和环境得到有效保护。

典型国家的流域管理机构拥有相当大的管理自主权。如美国田纳西河流域协定的一个明显的特征是，缔约方在一定程度上放松了各自的主权要求而赋予流域机构很大自主权。因为在联邦制国家中，各州成员都拥有主权。如果缔约各方都不放松主权要求，环境保护就难以实现。流域管理机构不仅是政府行政机构，往往还是经济实体。国家确立了流域机构的法人地位，流域机构成为国家在此流域资源的产权代表，不仅行使一般的行政管理职能，而且进行所有权管理，以独立法人身份承担民事责任。这在宏观上体现了国家的权力性和调控性，在微观上又具有流域资源管理的适应性。

3）统一管理是流域资源管理的要求和目标

流域资源管理是一项综合性很强的工作，典型国家都很重视统一管理，在各项有关的法律法规中都规定了专职机构和主管部门及其主要职责。因此，典型国家都设立了与流域资源管理有关的机构，以加强对全国范围内流域资源管理工作的统一领导。这些机构的性质有的是权力机构，有的是协调机构。如英国把全国划分为十大流域，按流域对资源进行统一管理。其他国家如澳大利亚、美国、法国等也非常重视流域管理。我国近年来对流域资源管理逐步重视，如通过流域水资源的统一管理和调度，对黄河的断流及黑河、塔里木河日益严重的生态环境恶化的遏制都发挥了重要作用，并已成为流域统一管理的典范，因而实行流域资源统一管理也是现代资源管理体制的重要发展。

**阅读链接**


[1] 秦志英. 重庆旱灾及防治对策研究[J]. 重庆教育学院学报，1999(12).

[2] Xin Dong, Pengfei Du, Qingyuan Tong, et al. Ecological Water Requirement Estimates for Typical Areas in the Huaihe Basin[J]. Tsinghua Science & Technology, 2008, 13(2).

[3] Qihao Weng. A Historical Perspective of River Basin Management in the Pearl River Delta of China[J]. Journal of Environmental Management, 2007, 85(4).

[4] 秦大河，等. 中国人口资源环境与可持续发展[M]. 北京：新华出版社，2002.

[5] Shi Zulin, Bi Liangliang. Trans-jurisdictional River Basin Water Pollution Management and Cooperation in China: Case Study of Jiangsu/Zhejiang Province in Comparative Global Context[J]. China Population, Resources and Environment, 2007, 17(3).

[6] 樊芷芸. 环境学概论[M]. 北京：中国纺织出版社，1997.

[7] 张帆. 环境与自然资源经济学[M]. 上海：上海人民出版社，1998.

[8] 何方. 生态资源观[J]. 经济林研究, 1992,10(1): 62-70.
[9] 曲格平. 中国人口与环境[M]. 北京:中国环境科学出版社, 1992.
[10] 刘胜祥. 植物资源学[M]. 武汉: 武汉出版社, 1994.
[11] 刘天齐. 环境保护概论[M]. 北京: 高等教育出版社, 1982.
[12] [俄]卢基扬契可夫,等. 自然资源利用经济与管理[M]. 梁光明,等译. 北京:中国经济出版社,2002.
[13] 朱连奇. 自然资源开发利用的理论与实践[M]. 北京:科学出版社,2004.
[14] 王庆礼. 略论自然资源的价值[J]. 中国人口资源与环境, 2001,11(2):25-28.
[15] 刘江梅. 中国自然资源的现状及可持续利用途径探讨[J]. 陕西教育学院学报, 2001,17(4):33-35.

**问题讨论**

1. 按流域实施资源管理是国际社会的基本共识。试结合我国流域的管理实际,阐述合理开发、综合保护自然资源所应采取的具体政策和基本导向。结合我国自然资源开发利用的实际,阐述主要的经验教训。

2. 人口、资源与环境协调的发展是可持续发展。在当今人类面临越来越严重的资源危机情况下,如何构建资源节约型社会,以更好地实现可持续发展?

3. 国内外按流域实施资源管理存在很多共性、成功经验。我国流域资源管理体制与国外流域资源管理体制相比,有哪些相同点和不同点?

## 参考文献

[1] 郑荣成,等. 朗文现代英汉双解词典[M]. 北京:现代出版社,1988.
[2] 曲福田,等. 中国水资源管理制度研究[J]. 南京农业大学学报:社会科学版,2001(2).
[3] 马克思. 资本论:第一卷[M]. 北京:人民出版社,1958.
[4] 马克思,恩格斯. 马克思恩格斯选集:第三卷[M]. 北京:人民出版社,1975.
[5] 张淑华. 浅谈水的管理体制改革[J]. 水利发展研究,2001(3).
[6] E Kang, L Lu, Z Xu. Vegetation and Carbon Sequestration and Their Relation to Water Resources in an Inland River Basin of Northwest China[J]. Journal of Environmental Management, 2007, 85(3).
[7] Francois Molle. River-basin Planning and Management[J]. The Social Life of a Concept Geoforum, 2009, 40(3).
[8] M S Magombeyi, D Rollin, B Lankford. The River Basin Game As a Tool for Collective Water Management at Community Level in South Africa[J]. Physics and Chemistry of the Earth, Parts A/B/C, 2008 (33):8-13.
[9] Nadia Manning, Mary Seely. Forum for Integrated Resource Management (FIRM) in Ephemeral Basins: Putting Communities at the Centre of the Basin Management Process[J]. Physics and Chemistry of the Earth, Parts A/B/C, 2005(30):11-16.
[10] 秦志英. 重庆旱灾及防治对策研究[J]. 重庆教育学院学报,1999(4):29-35。
[11] 秦大河,等. 中国人口资源环境与可持续发展[M]. 北京:新华出版社,2002.

# 第3章　流域自然资源开发利用的规划战略

流域资源规划管理是流域资源管理的一个基本的组成部分。科学的流域资源规划管理是流域资源管理成功的保障。流域资源规划管理是指从流域总体发展角度出发，立足流域资源开发利用的实际，以充分发挥流域内各种资源效用为目的，寻求综合效益最大化。

## 3.1　流域自然资源规划管理概述

流域资源规划管理是一个多目标、多层次且具有综合性、长期性和政策性的研究与技术开发工作。因此，一个完整的流域资源规划管理系统应从管理方法、管理数据库、管理目标和管理评价等方面着手进行。

### 3.1.1　流域资源规划管理方法

流域资源规划管理的方法很多，归纳起来有经验决策法、数理统计法和技术模拟法三大类型。

#### 3.1.1.1　经验决策法

在很长的一段时间内，由于受到技术和历史资料的限制，流域资源规划管理方法大都采取经验决策法。常用的经验决策法主要有历史回顾法和专家预测法，它们都是以定性分析为基础而构建的方法。

历史回顾法是指通过回顾历史上流域内的各种自然资源的数量、种类、开发利用情况、经济社会发展水平、自然环境状况以及历史上使用的管理资源的方法，总结经验和教训，以便为未来流域资源规划管理奠定良好的基础。

专家预测法是指基于专家的知识、经验和分析判断能力，在历史和现实有关资料综合分析的基础上，对未来流域资源变动趋势作出预见和判断的方法。专家预测法可以通过两种方式进行：一种方式是首先通过组织有关专家进行调查研究，然后座谈讨论，最后得出预测的结论；另一种方式是德尔菲法，由工作人员以函件形式向有关专家发出问题表，专家对问题表所列示的问题作出回答后再把函件寄回，工作人员进行归纳、整理和分析后，再将结果以函件形式发送给有关专家，如此反复几次。专家预测法主要应用于流域资源的不确定性决策。

#### 3.1.1.2　数理统计法

随着人类认识的提高和技术的进步，流域资源规划管理方法逐渐地从定性分析的经验决策法过渡到定量分析的数理统计法。常用的数理统计法主要有趋势分析法、线性规划法、整数规划法和离散规划法。

趋势分析法是流域资源规划管理中定量预测的主要方法，是指用发展的观点分析研究流域内各种资源在时间上的变动情况，揭示其增减变动的幅度及其开发利用的程度是否正常、合理的一种分析法。它从各个不同时期的综合比较中揭示资源开发利用的规律性并预测未来。它可以用来反映指标的发展变化动态,预计未来趋势。因此,运用趋势分析法有利于把握流域内资源开发利用的前景,提出建设性的意见和建议。

线性规划法是流域资源综合规划管理中常用的一种方法,是解决在各种资源相互关联的多变量约束条件下最优决策的方法。线性规划法一般采取三个步骤:第一步,建立目标函数;第二步,确定约束条件;第三步,求解各个待定参数的具体数值。在目标最大的前提下,根据各个待定参数的约束条件最终找出一组最佳的组合方案。

整数规划是线性规划的特殊部分。在线性规划问题中,有些最优解可能是分数或小数,但对于流域资源管理中的某些具体问题,常要求解是整数。为了满足整数的要求,初看起来似乎只要把已得的非整数解四舍五入化为整数就可以了,但实际上化整后的数不一定是可行解和最优解,所以应该有特殊的方法来求解整数规划。目前,比较成功又得到广泛应用的方法是分枝定界法和割平面法。

离散规划法是一个离散函数在一组线性约束条件下的最优化问题。流域资源规划管理中诸如经济与环境、工业与污染、有限资源的保护与利用等问题都与线性离散规划有关。例如,把离散规划的方法应用于流域内水污染总量控制方案研究之中,不仅对其方法的可靠性进行了验证,而且使总控方案更具有科学性和可行性。

#### 3.1.1.3 技术模拟法

进入 21 世纪,人类对自然界的认识和科学技术手段有了前所未有的发展。生态技术、系统工程、遥感技术、地理信息系统和数学模型在资源规划管理中使用越来越普遍。这些方法可统称为流域资源规划的技术模拟法。而本书介绍的技术模拟法主要有生态系统评价方法、系统工程方法、遥感和地理信息系统技术方法和数学模型方法。

生态系统评价方法是将生态影响距离、生态源及生态影响效应等概念引入到流域资源规划管理中,针对流域生态系统的定量分析方法。该方法原理简明、结果直观,为流域生态系统的科学规划管理提供了定量评价方法,对流域生态系统的建设与保护具有十分重要的意义。生态系统评价方法主要采用生态系统健康分析、生态足迹、生态系统承载力、生态位分析和生态经济学等多种方法,对流域资源生态可持续发展进行分析。

系统工程方法是指在对流域资源进行规划管理中,自始至终要贯彻系统思维,对系统中的关系进行分析,指出其关键利导因子和限制因子,最后进行整合和整体规划。

遥感和地理信息系统技术方法首先是使用中高分辨率卫星影像数据,结合万分之一电子地图,利用遥感解译分析技术,分析流域资源结构特征,包括土地资源、水资源、矿产资源、生物资源、气候资源和(或)河口资源等,进而得出规划依据;其次是利用 GIS 技术进行流域资源空间结构分析,并在 GIS 平台支持下开展规划工作;最后是利用软件工程技术遥感、GIS 与其他信息的集成,形成流域资源规划信息系统,为流域资源规划管理的数字化奠定基础。

数学模型方法是指通过建立数学模型,解决流域资源规划管理中的多目标、多方案、多结构所提出的复杂问题。采用数学模型方法能比较有效地掌握多方面的、大量的信息,并进行有效的整理,可以使流域资源规划建立在更加理论化、科学化的基础上,提高规划成果的质量和实用价值。按照功能和应用范畴,流域规划模型可分为流域结构功能分析模型、经济社会发展预测模型、决策分析模型等。

上述流域资源规划管理方法,各有其历史发展过程和适应性,当然也各有其局限性。经验决策法适用于经济不发达、各种自然资源利用尚少或者情况较为复杂只需或只能定性分析的地区。数理统计法能从量上对资源利用进行规划管理，以便正确地利用和管理流域资源，但是，流域的自然环境、经济社会发展情况和科学技术随时变化，从以往资源开发利用得出的规律未必适合流域现在和未来的资源利用。技术模拟法采用先进的技术和方法，能够使流域资源规划管理接近于流域资源真实情况，如果信息充分且便于处理的话，无疑这种方法是最好的方法。但是，由于人类对自然界的认识与自然界真实情况差距甚大，且有些处理技术上还不可行，所以影响了这种方法的有效性。当然，这种方法较前面的两种方法要优越得多，是未来流域资源规划管理使用的主导方法。

## 3.1.2 流域资源规划管理数据库

数据信息是流域资源规划管理的基础，在流域资源规划管理过程中，无论是经验决策法、数理统计法，还是技术模拟法，都需要数据和信息的支持，尤其是技术模拟法，需要大量的数据和信息。在管理过程中需要查阅包括地形图、总规划图、土地利用图和分区规划图等各类图文资料，但以往这些资料存放分散，查找费时、费力，且数据陈旧，不能及时反映流域资源开发利用的状况，从而不能给管理者提供深层次思考和决策的依据。因此，为了使管理者能够准确、及时地掌握这些资源的资料，有必要建立流域资源规划管理数据库。下面从数据库的构建、数据库信息系统的建立和数据库信息系统的应用三个方面来介绍流域资源规划管理数据库。

### 3.1.2.1 数据库的构建

流域资源规划管理的数据库建设是以 GIS 技术为核心，涉及数据库（DBMS）技术、网络技术以及系统集成等多方面技术。随着应用的不断深入，这些技术在流域资源规划管理中的应用将更加注重实用化和效用化。

流域资源规划管理数据库构建的思路是，首先按照国家及国际相关部门颁布的技术标准采集、整理、编辑流域资源规划管理有关的各类要素数据，对其进行标准化和规范化处理，进行数据分类分层和编码，然后根据数据结构模型和建库流程创建数据库。

流域资源规划管理数据库不仅能反映资源的属性特征，也能反映其空间特征，这就使该系统在功能上实现了空间地图数据与常规属性资料的统一管理，增加了系统的可视化功能。采用开放式数据管理方式，系统使用更加灵活，可以满足流域资源规划管理不同层次的管理需求。

### 3.1.2.2 数据库信息系统的建立

流域资源规划管理数据库信息系统是在空间数据库和属性数据库的基础上建立的。流域资源规划管理数据库信息系统可划分为一个核心系统和三个层次。核心系统是流域资源规划管理综合信息数据库，三个层次分别是流域资源规划管理空间信息系统主体层、技术支持层和流域空间信息系统分析模型管理层。流域资源规划管理空间信息系统主体层主要表现流域信息系统的要素构成及要素间的相互关系，它还可以划分为一些子系统，这些子系统可以根据需要再划分下一级的子系统。技术支持层中的各种功能模块，可以使用户直接操作系统中的任意数据平面，同时还可以不断完善主体层设计。此外，信息系统对各类数据的输入、编辑、更新、维护等通用管理功能也设置在这个层次。流域空间信息系统分析模型管理层是通过建立与各种流域规划管理模型的接口来完成信息系统和模型之间的数据传递，并可使模型的结果通过信息系统表现出来。

#### 3.1.2.3 数据库信息系统的应用

流域资源规划管理信息系统，是一个涉及流域自然地理、经济社会、环境生态和管理决策的庞大系统，又是一个呈空间分布和动态变化的系统。

流域资源规划管理信息系统的功能是为流域资源规划管理服务的，因此一方面要实现流域资源规划管理空间—属性数据的一体化操作，另一方面应具备完善的流域资源规划管理空间—属性数据的输入、管理和输出等基本功能，要为用户提供一系列适合于流域资源规划管理和决策分析要求的、能准确体现用户数据操作意图的、可供用户直接使用的应用性功能。

流域资源规划管理所需要的信息、资料和决策等都可由该信息系统的属性查询、逻辑查询、统计制图、流域管理、数据更新和整饰输出等功能模块来实现。例如，属性查询，即用户通过光标在一幅或多幅地图上选择自己关心的空间目标，来获取所关心的属性资料；逻辑查询，即直接输入属性查询的逻辑条件（单条件或多条件），来检索出符合查询条件的空间目标的空间分布状况和相关的属性资料；统计制图，即用户选取分析目标后，可将属性资料以柱状图、饼状图或百分比等统计图形的方式按其空间位置在地图上进行表现；整饰输出，即将上述查询检索、统计制图、模型计算分析的结果，经过整饰输出模块处理后，以用户能够理解和乐于接受的方式表达出来，一般可提供矢量制图、点阵绘图、符号标注、报表生成等功能。

### 3.1.3 流域资源规划管理目标

流域资源规划管理是促使流域资源合理使用的有效机制之一，其根本目的是通过规划的实施，实现流域内资源的合理利用，既能促进流域经济发展，又能保持流域良好的生态环境。

#### 3.1.3.1 规划目标

流域资源规划是流域资源管理的一种重要的手段和方法，针对资源短缺、生态恶化、污染严重等问题，作好流域内资源的合理配置，全面推进节约型社会建设，修复流域生态，改善流域环境，为流域经济社会可持续发展提供支撑和保障。流域资源规划管理的目标往往具有较强的概括性，能够较完整地涵盖流域未来的目标方向，同时，它又具有统揽全局的特点，能够正确地处理各种关系。规划目标主要包括：

（1）经济目标。充分利用一切可以调动的人、财、物资源，争取在战略制定和实施期间，取得较大的经济效益。

（2）社会目标。在经济发展的同时，尽最大的可能，兼顾社会公平。

（3）生态目标。在经济社会发展的同时，更要注意保护环境。

#### 3.1.3.2 规划内容

流域资源规划包括综合规划和专业规划。综合规划是指根据经济社会发展需要和各种资源开发利用现状编制的开发、利用、节约、保护各种资源的总体部署。专业规划是指土地资源、生物资源、矿产资源、水资源等规划。无论是综合规划还是专业规划，都包括流域资源利用现状分析、流域资源利用潜力分析、流域资源需求量预测、流域环境承载力分析和流域资源规划方案等方面的内容。

1)流域资源利用现状分析

流域资源利用现状分析是流域资源规划管理不可缺少的依据,是流域资源规划管理的基础。它是在对流域资源利用现状进行全面调查的基础上开展的,通过流域资源的数量、质量、结构与布局、利用程度、利用效果等要素分析,明确流域资源的整体优势和劣势,发现流域资源利用中的问题,进而指明流域资源的利用方向和管理重点,为科学合理的流域资源规划管理提供依据。

流域资源利用现状分析的内容包括各种资源数量和布局分析、资源利用结构分析、资源利用动态变化分析、资源利用开发程度分析和资源利用效益分析等。

2)流域资源利用潜力分析

流域资源利用潜力分析,是指在理顺流域资源利用程度、资源规划管理依据的基础上,作出内容的细分。它主要包括资源利用结构与布局调整的潜力分析、后备资源利用潜力分析和资源再开发潜力分析三个方面。其中,资源利用结构与布局调整的潜力分析主要通过研究全流域的各种自然资源结构优化来提高资源的潜力。在对流域后备资源(流域后备资源是指在现有的生产力水平下,流域内的资源未被统计在现有的资源中,而在将来有可能被开发利用的资源)利用潜力分析的过程中,通常对流域内后备资源进行科学的估测,确定其数量。在对流域资源再开发(流域资源再开发是指对已经开发利用的资源通过改造和增加投入,提高利用效率,最大限度地发挥资源的生产能力)潜力分析中,可以以各种资源都得到最佳利用时所达到的效益,来估算出流域资源再开发的潜力,为流域资源供给预测、资源利用结构和布局规划提供重要依据。

3)流域资源需求量预测

流域资源需求量预测可以分为土地资源需求量预测、水资源需求量预测、矿产资源需求量预测、生物资源需求量预测和气候资源需求量预测等。而在对流域资源需求量预测之前,首先要对影响各种资源需求量的相关因素进行分析预测。例如,对土地需求量的预测包括农业用地需求预测和建设用地需求预测。农业用地需求预测包括耕地预测、园地林地牧草地及水产预测、生态保护用地预测。建设用地需求量按利用类型可分为城乡居民点用地、工业用地、矿山用地、交通运输用地、水利用地及风景旅游用地等方面的用地需求。

4)流域环境承载力分析

流域环境承载力是指某一流域在一定时间、一定环境状态下,对人类经济活动支持能力的阈值。具体包括大气、水、土壤环境的承载力,自然资源供给类指标,社会条件支持类指标,污染承受力类指标。通过对流域环境承载力的测度、分析和研究,可以有效地利用流域资源,也可以避免流域资源过度利用。更重要的是,通过流域环境承载力分析,主动地对流域资源开发利用进行合理管理,可更好地配置流域资源,使其为国民经济生产需要服务。

5)流域资源规划方案

根据国民经济各部门发展的当前需要和长远需要,并结合流域内的实际情况,确定流域内各种资源开发利用的数量和时间先后顺序,制订出流域资源规划方案。在规划中要充分利用各种资源,并对其开发利用的后果作出评价。

#### 3.1.3.3 规划特点

流域资源规划是流域资源综合管理的有效手段之一。流域资源规划可以更好地为流域资源综合管理提出可持续发展方案。流域资源规划应具备时代性、约束性、创新性、可操作性和协调性等特点。

符合时代特征。准确反映流域面临的新形势、新变化、新要求,体现国家经济社会快速发展和科学发展的时代特征。

突出规划的约束功能。充分体现规划对流域资源开发利用的支撑、保护、约束和管理功能,突出规划的前瞻性、指导性和综合性。

创新性和可操作性强。既反映了现阶段新领域、新政策和新理念,力求创新,又在解决流域关键性问题上有所突破。

重视规划修编的协调工作。充分利用部际联席会议、各流域协调机制、专家技术协调三种协调方式,积极、主动地作好规划成果的协调,努力把主要问题解决在流域层面上。

### 3.1.4 流域资源规划管理评价

流域内复杂的现实状况和不确定的变化趋势以及人类对流域的认知有限,使流域资源规划受到流域内客观条件制约和规划者主观能动作用的影响,从而效果减弱。因此,流域资源规划管理要进行评价,以确定规划的科学性、经济性和可操作性。流域资源规划管理评价要本着可操作的具体原则,运用科学方法,对相关的内容作出事实的评判。

#### 3.1.4.1 评价原则

流域是一个相对完整的自然地理单元,它源源不断地向人类提供必需的物质和能量,以维持人类的生存和发展。流域资源规划管理是否合理,是流域资源是否合理利用的保障,而流域资源规划管理是否合理则要从整体优化、生态平衡和可持续发展等方面进行评价。如果符合这些原则,则规划是合理的;反之,则规划是不合理的或不可行的。

整体优化原则。流域资源规划管理从系统原理和方法出发,强调流域资源规划管理的整体性与综合性,从而使得流域资源规划管理的目标与流域系统的总体目标一致,追求流域资源规划管理的经济、社会、生态的整体效益最优。

生态平衡原则。重视水资源、土地资源、大气环境、人口容量、经济发展水平等各要素的综合平衡,合理规划流域人口、资源和环境、生态产业的空间结构和空间布局。

可持续发展原则。流域资源规划管理要遵循可持续发展原则,在规划中要突出可持续发展的核心思想:“在不危及后代发展需求的基础上,满足当代人的需要”,合理利用不可再生的自然资源,开发利用新型可再生循环资源,从而实现人与自然的和谐。

#### 3.1.4.2 评价内容

流域资源规划管理的评价内容包括经济、社会、生态环境和实践等几个方面。

(1)经济评价。内容包括经济增长速度、增长方式、投入产出比、投入结构的合理性、运行效果及其经济政策等。

(2)社会评价。内容包括人口、就业、社会文明、社会稳定和社会公平等。

(3)生态环境评价。内容包括环境生态平衡、生态环境变化趋势、生态环境政策调整与控制等。

(4)实践评价。内容包括规划阶段的划分及其时间安排上的合理性、经济可能性和实际可行程度等。

#### 3.1.4.3 评价方法

流域资源规划管理评价方法很多,归纳起来有两大类:一类是专项评价方法,另一类是综合评价方法。

1）专项评价方法

专项评价方法是指运用一定的考核方法、量化指标及评价标准对流域资源规划中的某一方面进行过程和结果的综合考核与评价。

2）综合评价方法

综合评价方法是指对流域资源规划中的各个方面进行综合考核和评价。第一是收集数据。第二是确定各个方面的权重和最大值。确定权重一般采用德尔菲法，即专家意见咨询法，在广泛吸收有关专家意见的基础上，通过综合分析，分别提出主题指标和群体指标的权重。最大值是指达到最优标准的取值，主要是参考国际通用的标准值，结合我国的实际情况后综合确定。第三是建立综合指数评价模型。第四是计算综合指数。第五是进行综合评价。

## 3.2　流域自然资源开发利用规划类型

流域资源规划类型多，内容繁杂，按照不同的划分标准可以划分为不同的类型。本节主要介绍流域资源信息管理规划、流域水土生态保持规划、流域环境与社会发展规划和流域洪水灾害防治规划等基本的流域资源规划。

### 3.2.1　流域资源信息管理规划

计算机和网络的使用使人类走进了“数字化”的时代。在新时代中，流域资源的管理亦需使用数字化和信息化管理，主要从信息数字化管理、数字流域和模型库建设系统三个方面着手。

#### 3.2.1.1　信息数字化管理

所谓信息数字化管理，就是将有关流域资源的一切信息都转换成数字，然后用计算机和通信技术进行传播和交流。有关流域资源的所有文字、声音和图像等各种信息被编码成一串串0和1二进制的数字，通过计算机和网络使信息的采集、传输、存储和再现以数字化的形式表现出来。流域资源信息数字化管理能将预期要做的事和要实现的目标，变成信息数字流，便于在任何时间和地点获得、共享并进行发布，它消除了地域和时间的差距，满足了更科学、更有效率的流域资源管理需求。

#### 3.2.1.2　数字流域

数字流域是数字地球在流域尺度上的一次实践性尝试。数字流域是把流域及与之相关的所有信息数字化，并用空间信息的形式组织成一个有机的整体，从而有效地从各个侧面反映整个流域的完整的、真实的情况，并满足对信息的各种调用要求。数字流域是从总体上综合研究流域内生态环境、经济发展和合理利用各种资源过程的观测和模拟的理想场所。

数字流域是综合运用遥感（RS）、地理信息系统（GIS）、全球定位系统（GPS）、网络技术、多媒体及虚拟现实等现代高新技术对全流域的地理环境、自然资源、生态环境、人文景观、社会和经济状态等各种信息进行采集和数字化管理，构建全流域综合信息平台和三维影像模型，为各级部门有效管理整个流域的经济建设，为宏观的资源利用与开发决策提供科学依据。

#### 3.2.1.3 模型库建设系统

模型库建设系统是在各种信息数据库和信息分析的基础上，根据不同的需要，建设不同的模型对各种信息进行分析处理，透视出流域的变化规律，实现流域资源开发利用的决策控制。流域模型库建设系统主要包括流域信息获取、流域信息处理和流域信息利用三方面的内容。

(1)流域信息获取。实现流域资源的科学管理，必须详析流域的自然环境状况和社会经济状况。自然环境状况主要包括流域的地质、地貌、土壤、气候、水文、植被等。社会经济状况主要包括人口及其分布、流域内各区域的经济发展水平、资源状况和资源的需求状况、工农业发展的水平、有利条件和限制性因子、流域内水利及水保设施等。流域信息采集方法主要有传统的采集方法和基于数字地球技术体系的现代观测方法。传统的采集方法主要有各种统计年鉴、历史文献记录、野外观测、调查访问等；基于数字地球技术体系的现代观测方法主要通过全球导航卫星系统(GNSS)、地理信息系统(GIS)、遥感(RS)等高科技手段获取所需要的流域数据，这些高新技术将逐步成为数字流域的主要数据源。此外，还可通过互联网，从其他相关部门获取资料，实现资源共享。

(2)流域信息处理。获取流域数据后，建立流域数据库对数据进行统一管理。流域信息的处理包括流域数据的存储、集成、分析和输出等几个环节。由于数据量巨大，信息的集成和共享是关键，所以流域信息的存储要遵循统一的元数据管理标准、统一管理及数据调用，依靠集成技术、互操作技术和分布式管理技术，才能达到理想的效果。信息分析主要利用完善的 GIS 技术，在变化规律分析、机理分析的基础上建立流域模型，模型建立后调用相应的数据来检验其精度，然后输出预报结果，供决策使用，这又必须依靠全球定位系统技术、虚拟现实技术等与数字地球相应的支撑技术。

(3)流域信息利用。流域信息利用主要包括决策和实施两个阶段。决策是建立在全面分析流域信息基础上的，综合考虑各方面的因素，根据所建立的决策模型和决策支持系统作出决策，并制订相应的实施措施，如水资源利用和协调措施、土地资源利用和协调措施、矿产资源利用和协调措施等。实施是对决策的执行，包括命令的下达、接收及采取相应的工程措施。从决策到实施的过程都要以高速网络技术、虚拟现实技术、分布式管理技术、互操作技术等为基础，才能发挥最优效益。

### 3.2.2 流域水土生态保持规划

流域水土生态保持规划是指在一定流域范围内，根据当地的自然经济条件、国民经济发展要求以及水土流失状况，尤其是根据防洪需要，结合生态建设和小流域治理，防治水土流失的战略规划。流域水土生态保持规划是合理利用和保护水土资源、改变流域面貌、发展流域经济的一项根本性措施，也是保证整个流域可持续发展的重要措施。流域水土生态保持规划一般是围绕水土生态保持规划等级、水土生态保持措施规划、水土生态保持综合效益分析和水土生态保持动态监测四个方面进行的。

#### 3.2.2.1 流域水土生态保持规划等级

流域水土生态保持规划分为两个等级：一个是大流域水土生态保持规划，另一个是小流域水土生态保持规划。大流域水土生态保持规划是以整个流域为单元所进行的水土生态保持规划。其基本任务是在综合考察的基础上划分出若干不同的水土流失类型区，然后依据国民经济发展要求及各个类型区的自然、社会、经济情况，分别确定当地的生产发展方向，进而确定各区的主要建设项目，并提出分期实施意见。小流域水土生态保持规划是以小流域为单元进行的水土保持规划。其基本任务是根据流域规划确定的方向和要求，结合小流域的条件，具体确定农林牧生产用地的比例和位置，布设各项治理工作所需的劳力、物资、经费和进度，制定技术经济指标，提出对各项措施的控制性要求等。

#### 3.2.2.2 流域水土生态保持措施规划

流域水土生态保持措施规划有很多细分，这里主要介绍森林的管理与保护措施规划、植树造林的生物措施规划、农田水土保持的工程措施规划和治理水土流失的工程规划等。

(1)森林的管理与保护措施规划。其主要内容包括：对流域内森林实行限额采伐，鼓励植树造林、封山育林，扩大森林覆盖面积；在流域内加强林业科技推广体系建设，实行科学管理和保护，作好森林病虫害防治工作，做到科技兴林；鼓励吸引外资造林、育林和开发利用森林资源；稳定和完善流域内森林资源管理体制，管理的基础设施建设和林业执法队伍建设。

(2)植树造林的生物措施规划。水土流失直接源于流域内森林砍伐，所以水土保持的首选方案是植树造林。流域内各级人民政府或相关部门应组织机关、团体、部队、学校以及企业、事业单位义务植树。植树造林应讲究科学，遵守造林技术规程，提高造林的成活率和保存率；在财政预算中安排一定比例的造林绿化专项经费，并根据国家有关规定，在财政、投资和信贷等方面给予政策优惠；组织、督促有关部门按国家规定提取育林费和更新改造资金，安排造林绿化资金，专门用于建设林木基地和营造林地。

(3)农田水土保持的工程措施规划。在流域内兴建水利工程，改造灌区渠系、疏通河道、整治圩区、建设农业园区和标准农田，使大部分农田初步形成具有能防、能排、能灌、能降等功能的综合体系，有效减少水土流失量。

(4)治理水土流失的工程规划。在流域水土流失治理过程中，要建立水土保持绿色产业经济示范基地，进行坡改梯、禁封治理、退耕还林、营造水保林等水保工程。

#### 3.2.2.3 流域水土生态保持综合效益分析

流域水土生态保持规划是一个包括农、林、牧、副、渔在内的综合规划，其效益涉及经济效益、社会效益和生态效益等诸多方面。流域水土生态保持规划要对包含以上效益在内的综合效益进行针对性的分析。

(1)经济效益分析。主要结合流域微地形的改变、地面覆盖的增加、改良土壤性质、河道护岸、渠系改造等减少流域内水源流失措施的界定，给合增加地面覆盖、减少土壤侵蚀、改良土壤性质以及河道护岸目标的考核，分析流域水土生态保持规划对经济发展的贡献率。

(2)社会效益分析。主要结合工程措施及植物措施的实施、流域水土流失的防治和治理、各种侵蚀带来的土壤不稳的减少、减轻洪涝灾害与财产安全保障、流域河网水质的改善等方面内容，分析流域水土生态保持规划对社会发展的贡献率。

(3)生态效益分析。主要结合各种水土保持措施的落实增加的流域绿化面积率、护岸渠系的生态改善、保土保水效果、植被吸收二氧化硫及一氧化碳等有害气体量等方面内容，分析流域水土生态保持规划对生态环境的价值量。

#### 3.2.2.4 流域水土生态保持动态监测

流域水土生态保持动态监测是流域水土生态保持规划的基础和评价手段。水土流失监测具体包括流域内河道淤积变化、水文气象要素、地面土壤侵蚀量变化监测、崩塌、水土流失成因、治理措施及治理效益监测区域内水土流失预防及治理的动态变化监测等。监测的方法有遥感监测、地面监测、调查监测、专项试验等,主要是通过定期实地观测、抽样调查、典型调查、相关资料分析、询问等方式来获取有关水土流失动态变化数据,运用地理信息系统、全球定位系统、遥感相结合的"3S"技术手段进行全面监测、定点分析、动态预报。

### 3.2.3 流域环境与社会发展规划

环境是指影响人类生产、生活的各种天然的以及人工改造过的自然因素的总和,包括大气、水、土地、矿产、生物、城市和乡村等。社会发展是指以经济建设为中心,政治建设、文化建设和社会建设相统一的发展,是物质文明、政治文明、精神文明和生态文明共同进步的发展,同时也是人类社会的全面发展。流域环境和社会发展相互影响、相互制约,实现流域可持续发展,必须重视流域环境与社会发展规划。流域环境与社会发展规划突出的重点内容是环境与社会发展关系、社会发展规划的劳动力问题和城乡互济规划模式等。

#### 3.2.3.1 环境与社会发展关系

环境与社会发展之间的关系,归根到底是人与自然的关系。在人类社会发展过程中,人与自然的关系从原始的天然和谐,到近代的征服与对抗,再到当代的自觉建立人与自然的和谐相处,是社会发展与环境保护这一矛盾运动和对立统一规律的客观反映。

环境问题产生于社会发展。人类活动或自然原因引起环境质量恶化或生态系统失调,给人类的生产和生活带来不利的影响或灾害,这就是环境问题。自工业革命以来,环境问题主要是由人类的不当活动造成的,人类在创造了前所未有的巨大物质财富的同时也付出了沉重的环境代价,生态破坏、环境污染对人类生存和发展构成了严重威胁。加强环境保护、解决污染问题、维护地球的生态平衡已成为刻不容缓的重大研究课题。

社会发展解决环境问题。科学技术是第一生产力,随着社会的发展,科学技术不断进步,既减少了资源、能源消耗,降低了成本和减轻了环境污染,又不断地扩大了"可利用资源的范围",以此弥补资源的短缺,提高废物资源化水平,消除环境污染。

环境与社会发展的对立统一关系。环境与社会发展是辩证的对立统一体,它们相互依存,密不可分。一方面,社会发展必须以特定的环境因素作为物质依托,任何社会发展行为都不可能在真空中进行;另一方面,保护和改善环境也需要社会发展为其提供足够的资金和先进的技术,否则,环境保护也不会有所作为。不仅如此,环境与发展还可以相互转化,即某些环境因素可以促进或阻滞社会发展,某些社会发展行为也可以优化或恶化自然环境。

综上所述,社会发展带来了环境问题,同时也提高了人类解决环境问题的能力。环境问题只有通过社会发展才能最终得到解决。但其前提是必须尊重客观规律,切实把握社会发展机遇,树立经济、人口、资源、环境协调发展的观念,坚持经济建设、城乡建设、环境建设同步规划、同步实施、同步发展,实现经济效益、社会效益、环境效益的统一。

#### 3.2.3.2 社会发展规划的劳动力问题

在人地关系中人既是生产者又是消费者。流域资源的很多规划都是从消费者这个角度进行考虑的,从生产者这个角度考虑得很少。社会发展规划必须处理好人作为生产者的劳动力问题。现在的劳动力市场出现两种截然相反而并存的现象:一方面是劳动力过剩,另一方面是劳动力短缺。

我国目前大部分地区还是处在劳动力过剩的状态,尤其是农业劳动力过剩问题突出。

劳动力过剩问题主要是以下三种形态交织共生的结果。

(1)劳动力绝对过剩。随着新技术的不断采用,劳动效率的提高,生产同样多的商品所需要的劳动力总人数或总劳动时间越来越少;又由于资源环境瓶颈和技术限制导致行业和产品品种的扩张受到限制,从而导致整个社会对就业岗位或总劳动时间需求的增加速度远远不如劳动效率的提高而对人力劳动排斥的速度快;最后一个原因就是我国自然新增就业总人数一直在持续增加。三方面原因形成了劳动力的绝对过剩。劳动力的绝对过剩往往表现为隐性失业。

(2)劳动力相对过剩。市场有效需求不足,生产萎缩,整个社会的就业岗位必然会相应地日益减少。

(3)劳动力结构性过剩。由技术进步、结构调整和无序竞争而引起的社会部分劳动力技能素质不能满足部分劳动岗位的个性化需要,或者部分劳动岗位不能满足部分劳动力的个性化需要,从而导致劳动力出现了供需脱节,由此表现出劳动力过剩。

#### 3.2.3.3 城乡互济规划模式

城乡互济规划模式是指流域内处于经济发展核心的城市和边缘地区的农村,打破相互封闭的壁垒,逐步实现生产要素在流域内合理流动和优化组合,促使生产力在城市和乡村之间合理分布,城乡社会经济紧密结合与协调发展,逐步缩小直至消灭城乡之间的基本差别,从而使整个流域融为一体。这就要求全面规划流域内的产业发展、城乡建设、经济发展和环境保护等方面内容,进而制定流域环境和社会发展规划,使流域内各种资源得以合理使用。

### 3.2.4 流域洪水灾害防治规划

洪水灾害是指洪水泛滥、暴雨积水和土壤水分过多对人类造成的灾害。洪水灾害威胁人类生命安全,造成社会财产损失,并对经济社会发展产生深远的不良影响。流域洪水灾害防治规划是防治洪水灾害的一项重要举措。在流域洪水灾害防治规划中要充分注意流域洪水灾害特征、防洪除涝工程措施和非工程措施相结合的问题。

洪水灾害治理工程主要有堤防工程、水库工程、护岸工程、除涝工程等,以达到防灾、减灾的目的。工程措施只能防御一定标准的洪水,并不能完全控制洪水。只有将工程措施与非工程措施有机地结合起来,才能有效地减免洪涝灾害。采取非工程措施既能提高水文预报的精度、缩短水文预报的时间和提高水文信息采集的效率,又能进行全流域统一调度管理,效果良好。非工程措施主要包括防洪调度指挥系统、水文预报设施建设、防洪前期基础工作、防洪有关政策法规的制定和执行、河道和分蓄洪区的管理、洪水预报警报以及各级行政首长负责的防汛指挥和抢险组织系统等。

#### 3.2.4.1 流域洪水灾害特征

流域洪水灾害主要是自然致灾的暴雨洪水、风暴潮、融冰融雪和冰凌洪水。衡量洪水灾害的标准通常用水灾的重现期($N$)或出现的频率($P$)来表示,一般划分为4级:一般水灾,5~10年一遇;较大水灾,10~20年一遇;大水灾,20~50年一遇;特大水灾,大于50年一遇。

#### 3.2.4.2 防洪除涝工程措施规划

防洪除涝工程规划主要有堤防工程、水库工程、护岸工程、除涝工程等专项规划,这里主要介绍水库调洪、临时分洪和涝水防治三个专项规划。

1）水库调洪专项规划

在流域内河流上修建水库，宣泄洪水的通道由原来的河槽断面缩小为溢洪道或泄水孔断面，导致水库要对洪水起调蓄作用，称做调洪水库。水库调洪专项规划考虑设计洪水位、正常蓄水位、防洪限制水位和水库预报调度等方面的问题。

设计洪水位，是水库在正常运用情况下，允许达到的最高水位，也是挡水建筑物稳定计算的主要依据。

正常蓄水位，是水库在正常运用情况下，为满足兴利要求，在开始供水时蓄到的高水位。它是确定水库的规模、效益和调节方式，也是闸门关闭时允许长期维持的最高蓄水位。

防洪限制水位，是在汛期时水库允许兴利蓄水的上限水位，也是水库在汛期预留所需防洪库容的下限水位。这一水位是根据防洪标准、工程现状以及汛期洪水特性而制定的。

水库预报调度，是根据已出现的降雨实时测报值所作出的洪水预报，以控制水库下汇流量的调度方式。

为了满足整个流域防洪要求的防洪调度，水库调洪专项规划通常包括固定泄洪调度、防洪补偿调度、防洪预报调度、防洪与兴利结合调度和水库群的防洪联合调度等防洪调度规划内容。

2）临时分洪专项规划

临时分洪专项规划是指在流域防洪设计中，在某些特定的地方预留泄洪通道，包括有闸门控制或临时扒口两类。当河道实际水位或流量即将超过防护区控制点的保证水位或安全泄量时，就要启用有闸门控制的分洪区，以保证重点堤段或防护区的安全。选择临时分洪区要以洪灾总损失最小为原则，优先选择淹没损失小、分洪效果较好的分洪区，按此顺序安排分洪区的使用。当分洪区全部蓄满后，如洪水仍然继续上涨，就需要打开下游泄洪闸（或扒口），采取“上吞下吐”的运用方式，分担超额洪水。

3）涝水防治专项规划

涝水防治专项规划是指逐步改变流域洼地易涝地区的生产生活条件，努力变对抗性为适应性的规划。涝水防治专项规划在工程措施规划上主要立足以下四个方面：

（1）充分利用现有排灌系统，做到既能排又能灌。在流域洼地分界处兴建必要的控制工程，防止汛期客水串流。

（2）开挖截岗沟，做到高水高排、低水低排，防止高水进入洼地。

（3）对易涝洼地，实行沟塘整治，结合产业结构调整，发展水产养殖或耐水植物种植。

（4）完善排涝系统，有效发挥沟河桥梁排灌设施和沟河拦蓄设施等的综合效益。

#### 3.2.4.3 防洪除涝非工程措施规划

防洪除涝非工程措施规划有很多细分方向，本书主要介绍防洪除涝信息系统、防洪除涝决策支持系统和洪涝灾害保险等规划内容。

1）防洪除涝信息系统规划内容

由于降雨具有突发性强、流速快、汇流时间短等特点，使得洪水预见期很短。为了及时有效地预防流域水灾，加强洪水预测、预报、预警等非工程措施建设极为重要，而这些都离不开完善的流域防洪除涝信息系统规划与建设。完善的流域防洪除涝信息系统能够及时发布准确的水情信息，为科学的防汛决策、调度指挥提供可靠的依据。我国流域防洪除涝信息系统建设已历经数十年的规划建设，初步构建起完善的流域减灾信息支持系统。如1998年汛期，长江水利委员会水文部门共发出水情预报电报3万多站次，降雨预报电报1 300多份，还多次发出了汛期简报、水情公报、重要水雨情报告等，其数量创历史纪录。同时，对几次大的暴雨洪水过程、转折性天气过程、长江中下游干流重要站进入控制水位的情况等均作出了较准确的预报，对长江8次洪峰作出了较为准确的预报，为提前部署抗洪抢险工作赢得了主动，这是与流域信息化规划分不开的。

2）防洪除涝决策支持系统规划内容

防洪除涝决策支持系统的完善与否，也是影响抗击流域洪水灾害的一个重要方面。在流域防洪除涝信息系统提供准确信息的基础上，有关部门能够及时认真地分析水灾实情，并作出进一步的预测，提早作出水灾级别的判断，及时作出全面部署，落实防汛工作的各项措施，是流域防洪除涝决策支持系统规划的重要内容。

现行的防洪除涝决策支持系统规划已经形成较为完善的行政职责制度，内容包括行政首长责任制、行政责任问责制、行政责任体系制及责任追究体系等。

3）洪涝灾害保险规划内容

洪涝灾害的善后施救与赔补工作，是抗击洪涝灾害的一个重要组成部分。长期以来，洪涝灾害的善后工作都属于社会救灾和社会救助范畴，由国家和地方政府来承担责任。随着保险业的发展，洪涝灾害保险规划逐渐形成。洪涝灾害保险是指利用社会力量分摊水灾害风险，并利用保险的自我发展和积累，开展水灾害后的施救与补偿，从而为国家财政分担一部分风险损失。洪涝灾害保险规划内容包括建立保险合同或契约，明确保险费率、保险期限、保险范围、赔付责任等内容。

洪涝灾害保险的险种涉及人身意外伤害险、财产损失险和农业保险等。人身意外伤害险和财产损失险这两项险种相对比较完善。而农业保险在我国才刚刚起步，原因：一是我国是农业大国，一旦发生洪涝灾害，保险公司的赔偿额巨大，保险公司因亏损而不愿提供这个险种；二是即使保险公司提供这个险种，保费比较高，农民也不愿参保。针对这一实际，一些特定区域在制定洪涝灾害保险规划时，尝试由政府对保险公司提供再保险，弥补农业保险带来的亏空，而保费一部分由农民负担，一部分由政府补贴。

## 3.3　流域自然资源开发利用的战略转变

流域资源规划管理战略是依据对流域中各种资源的数量和质量、经济社会发展及环境生态等诸因素的分析判断，科学预测资源的开发利用程度和先后顺序，而制定的具有统领性、全局性、合理利用流域资源的方针和政策。

流域资源规划管理最初是人类在漫长的防洪、供水的实践中形成的，后来又随着科学技术的发展而不断完善，其内容也在不断充实和变化。流域资源规划管理的开端是美国密西西比河流域委员会在1928年提出的密西西比河开发治理规划，随后在美国的田纳西河、密苏里河、俄亥俄河等得到相继应用，苏联的伏尔加河及其支流长马河，法国的罗讷河以及印度的大摩河等众多的流域资源规划相继完成。

流域开发治理规划在20世纪30年代前后引入我国，在这期间完成了《永定河治本计划》、《导淮工程计划》等流域规划。随后，我国又编制了《黄河综合利用规划技术经济报告》、《淮河流域规划（初稿）》、《海河流域规划（草案）》、《长江流域综合规划要点报告》等大江大河流域规划，不仅应用了前期的水利技术和成就，而且注意了综合治理和综合利用，是流域资源规划管理工作进一步发展的重要标志。

随着计算机与系统分析方法的广泛运用，以及众多国家出现的人口、资源与环境等问题，客观上要求流域规划从更广泛的方面研究和考虑问题，以适应社会的整体利益，进而规划思想和方法才有了更快的发展，从而出现了流域资源管理的战略性转变。

本节主要从战略转变的方向、战略转变的尺度、战略转变实施的步骤和战略转变遵循的原则等方面介绍新时期我国流域资源规划管理战略。

## 3.3.1 战略转变的方向

流域资源规划管理战略应从专项规划、单纯经济效益追求和立足当前发展向系统性规划、综合效益追求和可持续发展方向转变。

### 3.3.1.1 专项规划向系统性规划转变

以往的流域资源规划多以专项规划为主，例如，水资源开发利用规划、矿产资源开发利用规划、土地资源开发利用规划及环境治理和保护规划等。流域专项规划管理在一定范围内从理论上解决了流域内各种资源的合理开发利用问题，但是规划实施的实际效果大大低于其设想，原因就是部门之间专业规划的局限性及部门利益的驱使，致使规划违背自然规律，违背经济、生态与环境发展规律，造成失误。例如，近几年编制的流域环境规划，多数是就污染论污染，只是强调污染的末端治理，没有对资源的综合利用、开发方式、城市布局、产业结构、管理体制等影响作出整体安排，因而导致一系列环境问题未得到有效治理。

实践使人们认识到，流域是多种资源相互联系、相互影响而组成的统一体系，且各种资源的开发目标又是多样的，如水资源的开发目标就包括防洪、排涝、航运、生产和生活用水及环境景观等，因而流域资源规划管理必须统筹考虑、系统规划。流域资源规划不仅要考虑各种资源的个体开发目标，还要涉及流域内其他资源的利用，甚至对流域内国民经济发展目标和发展政策也需作出统一安排。

当然，对流域实行大系统综合规划，并不能代替专项规划和行业规划。流域的综合规划是专项规划、行业规划的基础，通过流域综合规划确定流域开发的总体部署，而专项规划和行业规划则是流域规划的细化、深入和继续。

### 3.3.1.2 单纯经济效益追求向综合效益追求转变

单纯经济效益追求，即单纯地追求经济增长，使得以往的流域资源规划都是以掠夺式开发利用方式为主，导致森林的乱砍滥伐，耕地的任意占用，铁、煤、石油等金属和非金属矿产资源的过度利用，过度放牧等。因此，产生了前所未有的困难与危机，如资源耗竭、环境污染、能源危机、水污染、空气污染、气候异常、地质灾害频发等，这些都是与单纯追求经济效益的资源利用规划相联系的。

综合效益是经济效益、社会效益和生态效益三者的统一。经济效益是指资源开发利用较资源没有开发利用所增加的各种物质财富，尤其是指可以用货币计量的财富的总称；社会效益是指资源开发利用对增加社会就业、增加社会收入、提高人类生活水平等社会福利方面所作各种贡献的总称；生态效益是指人们在资源开发利用过程中依据生态平衡规律，使自然界的生物系统对人类的生产和生活产生的有益影响，它关系到人类生存发展的根本利益和长远利益。经济效益、社会效益和生态效益之间是相互制约、互为因果的关系。单纯地追求经济效益会造成社会贫富差距过大和生态系统失去平衡，导致社会动荡和环境恶化；若单纯地追求社会效益或者生态效益又会使经济效率低下，导致人类的物质需求难以满足。因此，人们在资源开发利用活动中要力求做到既能获得较大的经济效益，又能获得良好的社会效益和生态效益的综合效益。

为了实现流域经济、社会、生态的综合效益，在流域资源规划管理过程中，其目标要由以往的着重强调经济发展逐步转移到实现以经济效益、社会效益和生态效益三者组成的综合效益方向，要明确以国土整治、社会发展、经济发展及环境保护等作为规划编制的依据，并强调根据技术、经济、社会、环境等方面的综合论证，从制度上和规范上保证社会效益、经济效益和生态效益的统一，以形成一套较完整的多目标规划的理论和方法。

#### 3.3.1.3 立足当前发展向可持续发展战略转变

可持续发展战略是指既满足当代人的需要，又不危及子孙后代的长远利益的一种发展。社会发展和资源可持续利用及环境问题是不可分割的统一整体，要谋求经济社会发展，就不可避免地要利用资源且对环境造成一定的影响，而资源的过度利用和环境的恶化又必然反过来制约社会的发展。实践证明，依靠大量消耗自然资源、以牺牲环境来换取当前经济社会发展的道路是不可行的，因此人们提出了可持续发展战略。

我国是拥有世界人口1/5的发展中国家，如何解决13.5亿人的生活，不仅关乎国人的生死存亡，也是关乎世界生存的大事。我国只有在资源合理利用和环境生态平衡的基础上，才能求得经济社会持续、稳定的发展。所以，政府和相关部门在做流域资源规划管理时立足点要从注重当前发展向可持续发展战略转变，要把实行资源节约放在首位，变高消耗型为低消耗型、变粗放经营为集约经营，提高资源的综合利用、重复利用率和回收率，变废为宝，变害为利，一物多用，尽可能延长其耗竭时间，实现资源消耗综合最优。

### 3.3.2 战略转变的尺度

人类社会的任何生活和生产活动都必须以一定的空间作为载体，而区域就是一种客观的空间地理存在。然而，由于人类生产、生活和管理活动的差异，区域又可作出不同角度的类型划分，一般有自然区域（流域）、文化区域、政治区域、经济区域、行政区域等细分。

为了使自然资源得到更充分合理的利用，且能够维持可持续发展水平，流域资源管理规划战略应从地理空间这个视角，逐步从行政区域向自然区域（流域）、经济区域转变。

#### 3.3.2.1 行政区域层面分析

行政区域指的是行政区行政中所指的“区域”，而行政区行政就是基于单位行政区域界限的刚性约束，民族国家或国家内部的地方政府对社会公共事务的管理是在一种切割、闭合和有界的状态下形成的政府治理形态。我国的行政区域的行政单位是：省（自治区、直辖市、特别行政区）、市（自治州）、县（县级市）、乡（镇）。我国现有23个省5个自治区4个直辖市2个特别行政区，即34个省级行政单位；地级行政单位共333个，其中地级市282个、地区18个、自治州30个、盟3个；县级行政单位共2 861个，其中845个市辖区、374个县级市、1 470个县、117个自治县、49个旗、3个自治旗、2个特区、1个林区；乡级行政单位共44 821个，其中66个区公所、20 500个镇、17 187个乡、1 168个民族村、5 516个街道、282个苏木和2个民族苏木[1]。

行政区划是生产力发展到一定阶段的产物,是随着地缘关系逐渐取代血缘关系而产生的一种上层建筑,是自国家出现以后按地缘关系进行分区分级的统治与管理形成的一种国家制度。我国的经济活动和自然资源的开发利用管理偏重于以行政区域为单元。应该说,在一定的发展阶段,以行政单位为边界进行区域经济活动是存在一定合理性的,但随着我国经济的不断发展,过分强调行政边界的做法已经开始限制区域经济活动的进一步发展。因为行政区行政存在诸多不合时宜甚至致命的缺失,比如僵化的行政区划管理导向、单一的治理主体、"金字塔"式的权力结构等,特别不适应21世纪全球化发展的步伐。在全球化的格局下,民族国家或地方政府诸多的传统"内部"问题与事务,变得越来越"外溢化"和无界化。

从本质上说,经济活动和要素流动不是以行政单位为边界的,它需要跨地区乃至在全球范围内流动,它在合适的区域会得到更快的发展。但以行政边界为主的经济活动有时会过于强调行政本位而排挤其他地区的发展,从而降低了经济活动效率,制约了经济要素的流动,限制了自然资源的合理利用。

因此,从某种意义上说,中国的经济发展在呼唤跨行政区域创新体系的出现。作为流域层面上的资源开发利用规划,在客观上已经跳出行政边界的限制,向跨行政区域方向转变,其关键是协调好与行政区域的衔接。

#### 3.3.2.2 自然区域层面分析

自然区域是依据地理环境的相似性所划分的一定范围区域,具有区域内一致性和区域间差异性的特征。在同一个自然区域内,地质、地貌、气候、水分、土壤、植被等自然要素的特征基本相同。自然区域是地理学家对自然环境进行的科学性的区划,但不同的学科与不同的地理观点,也会形成互有差异的自然区划方案。

在我国影响较大的自然区划方案是中国科学院中国自然地理编辑委员会撰写出版的《中国自然地理·总论》一书中所使用的区划方案,该方案将中国分成三个大自然区,即东部季风区、西北干旱区与青藏高寒区。这三大自然区又可进一步细分成7个自然地区和33个自然区。其中,东部季风区占全国陆地总面积的45%,总人口的95%,是中国最重要的农耕区。但东部季风区内部地理环境差异显著,可以划出三条东西向的分界线,从而将其划分为东北、华北、华中和华南等4个自然地区。西北干旱区依据其距海洋远近及由此而产生的水分、植被差异,由东向西基本上可分为2个自然地区,即内蒙古温带草原地区和西北温带暖温带荒漠地区,两者大致以贺兰山—六盘山线为界。青藏高寒区,地势及由此产生的各项自然因素呈现出垂直变化,且因其科学资料不够充分,暂只划1个自然地区,即青藏高原地区。

一方面,作为流域这一自然分区,多数学者将其归为自然区域的一个类型,但由于往往横跨多个自然分区,这就给流域资源规划带来制定上的实际困难;另一方面,水资源又是以流域形态存在着的,水资源是基础自然资源,是生态环境的重要控制要素,这些都决定着流域资源规划的地位和作用。

自然环境是人类活动的载体,要实现可持续发展,就应该遵循自然规律。只追求本行政区域经济利益,而忽略更大区域内的整体利益,必然导致恶性竞争、环境污染、生态失衡、气

[1] http://iask.sina.com.cn/b/9653945.

候异常、灾害频发等问题，人类即使获得了眼前的利益，也会为自己曾经的行为付出惨重的代价。事实上，人类现在已经在为以前的行为进行付费。所以，我国今后的经济活动和自然资源的开发利用管理要跳出行政区域管理的束缚，逐步形成尊重自然的区域发展格局。生产力布局应该充分考虑流域的资源禀赋、环境容量。在经济发达、环境容量有限、自然资源不足的地区实行优化开发，在发展潜力大、环境容量较为充裕、资源比较丰富的流域实行重点开发，在生态环境脆弱的流域和重要生态功能区实行限制开发，在自然保护区和具有特殊保护价值的流域实行禁止开发。

#### 3.3.2.3 经济区域层面分析

经济区域是人类经济活动所造就的、具有特定地域构成要素且不可无限分割的客观存在的经济社会综合体。经济区域划分既要遵循区域经济发展的一般规律，又要方便区域发展问题的研究和区域政策的分析。借鉴国际经验并结合中国的国情，我国经济区域的划分具有空间上相互毗邻、自然条件和资源禀赋结构相近、经济发展水平接近、社会结构相仿、保持行政区划的完整等特点。然而，由于关注的层次不同、考虑的侧重点有差异，目前中国的经济区域划分有多种方案，影响较大的有三大地带、四大区域和八大区域。

三大地带的划分是“七五”期间提出的，其中东部地带，包括北京、天津、河北、辽宁、上海、江苏、浙江、福建、山东、广东和海南等 11 个省（直辖市）；中部地带，包括山西、吉林、黑龙江、安徽、江西、河南、湖北、湖南等 8 个省；西部地带，包括重庆、四川、贵州、云南、西藏、陕西、甘肃、青海、宁夏、新疆、广西、内蒙古等 12 个省（自治区、直辖市）。

四大区域的划分方法主要有两种：一种是西部大开发时代提出的，在三大地带划分的基础上，将黑龙江、吉林、辽宁三个省单列组成第四大区域，形成东部、中部、西部、东北四大板块；另一种是依据目前全国经济发展的四大引擎，在我国形成的以香港、深圳、广州为核心的珠江三角洲，以上海为龙头的长江三角洲，以天津、北京为核心的环渤海经济圈，以武汉、重庆为核心的中部经济圈等四个大区域经济圈。

八大区域的划分是在“东、中、西、东北”四大板块基础上细分为八大综合经济区。其中东北地区包括辽宁、吉林、黑龙江三省，总面积 79 万 $km^2$，这一地区自然条件和资源禀赋结构相近，历史上相互联系比较紧密，目前面临着共同的问题，如资源枯竭问题、产业结构升级换代问题等；北部沿海地区包括北京、天津、河北、山东两市两省，总面积 37 万 $km^2$，这一地区地理位置优越，交通便利，科技教育文化事业发达，在对外开放中成绩显著；东部沿海地区包括上海、江苏、浙江一市两省，总面积 21 万 $km^2$，这一地区现代化起步早，历史上对外经济联系密切，在改革开放的许多领域先行一步，人力资源丰富，发展优势明显；南部沿海地区包括福建、广东、海南三省，总面积 33 万 $km^2$，这一地区面临港、澳、台，海外社会资源丰富，对外开放程度高；黄河中游地区包括陕西、山西、河南、内蒙古三省一区，总面积 160 万 $km^2$，这一地区自然资源尤其是煤炭和天然气资源丰富，地处内陆，战略地位重要，对外开放不足，结构调整任务艰巨；长江中游地区包括湖北、湖南、江西、安徽四省，总面积 68 万 $km^2$，这一地区农业生产条件优良，人口稠密，对外开放程度低，产业转型压力大；西南地区包括云南、贵州、四川、重庆、广西三省一市一区，总面积 134 万 $km^2$，这一地区地处偏远，土地贫瘠，贫困人口多，对南亚开放有着较好的条件；大西北地区包括甘肃、青海、宁夏、西藏、新疆两省三区，总面积 398 万 $km^2$，这一地区自然条件恶劣，地广人稀，市场狭小，向西开放有着一定的条件❶。

“七五”期间提出的东、中、西三大经济带划分的提法，经过多年的实践证明，这种划分方法显得过于粗略，不便于深入分析区域差别和制定区域政策，容易产生政策上的“大而统”和“一刀切”。东部、中部、西部、东北四大板块的划分，除东北板块内部差异性较小外，其他三大板块存在着粗略的因素。珠江三角洲、长江三角洲、环渤海经济圈和中部经济圈组成的四个大区域经济圈，形成了全国经济发展的中心，带动全国经济的发展，但是，这四大经济中心辐射的范围并不能覆盖全国，致使有些地方的经济发展出现空白。八大经济区域的划分是在总结以往实践经验的基础上构建的新的经济区划体系，该种划分方法合理界定了经济区域定位、功能及其发展方向，以便在国土规划、基础设施、生态建设、环境保护、生产力合理布局等方面的统筹协调，提升区域竞争力，促进区域经济协调发展，缩小地区差距。但目前该种划分方法还只是一个很简要的定位，并没有形成全面系统的区域阐述。

#### 3.3.2.4 流域层面分析

流域是分水岭所包围的地表水集水区域，水的流动性和循环性决定了水资源具有流域的自然特征，水的多功能性又决定了水资源的兴利除害、节约保护必须以流域为单元整体规划。而水资源在经济社会发展中的基础作用又决定了其他资源的开发利用要依据水资源状况而定。不同流域面临的洪涝灾害、干旱缺水、水环境恶化问题有所不同，且不同流域自然特征不同、经济社会发展水平不同和利益主体的价值取向不同。所以，水资源和其他各种资源的开发利用要统筹考虑，实行流域资源综合管理。

根据水系特点，我国主要分为七大流域，从北向南分别是松辽流域、海河流域、黄河流域、淮河流域、长江流域、太湖流域和珠江流域。

松辽流域是东北地区松花江和辽河流经的区域。其中松花江干流全长 939 km，流经哈尔滨、佳木斯，在同江附近注入黑龙江，分属内蒙古、吉林和黑龙江三个省（自治区），流域总面积 54.6 万 $km^2$。辽河干流长 516 km，源于河北省，流经内蒙古自治区、吉林省、辽宁省，注入渤海，流域总面积 21.9 万 $km^2$。流域内分布有三江平原和松嫩平原，土地肥沃，草原连片；流域内大小兴安岭山区森林茂密，为中国著名的林业基地；流域内煤炭、石油和铁矿资源丰富；流域内气候冬季严寒漫长，夏季温热多雨。流域自然灾害主要为洪涝和干旱，东涝西旱。

海河流域是中国华北地区海河流经的区域，海河流域习惯上包括海河和滦河两水系。海河流域范围包括北京市、天津市、山西省、山东省、河南省、辽宁省、河北省的大部分和内蒙古自治区的一部分，流域总面积 31.8 万 $km^2$。流域内山区多、平原少，平原区内缓岗与洼淀相间分布。

黄河流域是我国第二长河黄河流经的区域，包括青海、四川、甘肃、宁夏、内蒙古、陕西、山西、河南、山东等九个省（自治区），流域总面积是 752 443 $km^2$。黄河流经的主要是干旱半干旱和半湿润地区，虽为第二长河，但水量并不大。而流域内有大量的冲积平原，即著名的银川平原、河套平原、汾渭平原和华北平原，土壤肥沃，良田遍布，引洪灌溉，耗水甚大，导致水资源缺口较大。黄河水流以雨水补给为主，水量多集中在夏秋季，一般占全年径流总量的

---

❶ 该区域划分方案的主要参与者、国务院发展研究中心发展战略和区域经济研究部副研究员刘锋博士，国务院发展研究中心发布的《地区协调发展的战略和政策》报告，提出了新的综合经济区域划分。

70% ~80%，这种状况对农业生产尤为不利，春季农业需水迫切，黄河却处在低水期，到夏季则洪峰过高，易于泛滥成灾。从全流域看，上游地形平缓，暴雨量小；中游暴雨量大，支流流程短，比降大，黄土广布，植被少，无湖泊洼地调蓄，极易形成洪水，对下游造成威胁；下游河床宽坦，水流缓慢，泥沙淤积旺盛，使河床平均高出两岸地面，成为举世闻名的“地上河”，洪水灾害严重。

淮河流域是位于长江、黄河之间的淮河流经的区域，流域总面积27万$km^2$，其中淮河干流全长约1 000 km，发源于河南省桐柏山，由西向东流入洪泽湖，出洪泽湖后一支经高邮湖和邵伯湖在江苏省扬州市东南流入长江，最大泄洪能力为12 000 $m^3/s$，另一支经淮河入海水道（含苏北灌溉总渠）流入黄海，设计泄洪能力为3 027 $m^3/s$，在大洪水时经淮沭新河向新沂河相机分洪3 000 $m^3/s$。淮河流域的东北部为沂沭泗水系，原为发源于沂蒙山流入淮河的支流，后因黄河改道占夺徐州以下泗河和淮阴以下淮河河道，沂沭泗河则另找出路，东流入海。该流域人口密集、平原广阔、城市林立，但容易发生洪涝灾害。

长江流域是中国第一大河——长江流经的区域，流域涉及青、藏、川、滇、黔、鄂、湘、赣、皖、桂、甘、陕、豫、粤、浙、闽、苏、沪等18个省（自治区、直辖市）。长江干流长6 300 km，流域总面积180.7万$km^2$，较大支流有雅砻江、岷江、嘉陵江、乌江、湘江、沅江、汉江、赣江8条，流域面积均在80 000 $km^2$以上。上游多流经高山峡谷，坡陡流急，水力资源丰富。中游河道蜿蜒曲折，两岸地势低洼，是长江防洪形势最为严峻的一段。下游平原中湖泊星罗密布，主要的通江湖泊有洞庭湖、鄱阳湖、巢湖、太湖等四大淡水湖。该流域资源丰富，人口众多，是我国经济发展的中心区域。

太湖流域是长江最下游的以太湖为中心、以黄浦江为主要排水河道覆盖的水域。流域西抵天目山和茅山山脉，北滨长江口，东临东海，南濒杭州湾，总面积36 500 $km^2$。太湖流域属亚热带季风气候区，降水以春夏的梅雨和夏秋的台风雨为主，年均降水量约1 100 mm。流域平原中湖泊众多、水网密布、河道比降十分平缓，且受潮水顶托，泄水能力较小，极易形成洪涝灾害，往往造成生命和财产损失。流域内有上海市和江苏省苏州、无锡、常州三市及浙江省杭州、嘉兴、湖州三市，其中上海港是中国的最大港口，按单位国土面积的产值、财政收入和水运量等指标计，均居全国之冠，被经济界誉为中国的“金三角”。

珠江流域是珠江流经的区域，涵盖了中国的云南、贵州、广西、广东、湖南、江西6个省（自治区）及越南社会主义共和国的东北部，全流域面积45.37万$km^2$，其中中国境内面积44.21万$km^2$。珠江由西江、北江、东江及珠江三角洲诸河四个水系组成，西江是主流，全长2 214 km，发源于云南省境内的马雄山，在广东省珠海市的磨刀门注入南海。珠江流域地处亚热带，气候温和，水资源丰富，汛期降水强度大，汇流速度快，容易形成峰高量大、历时长的流域性洪水，对经济发达的珠江下游及三角洲造成严重威胁。枯水期也会连续三个月无雨或少雨，造成春旱或秋旱。珠江自云贵高原至南海之滨，干流总落差大，水能蕴藏量丰富，是中国水电开发建设基地之一。

### 3.3.3 战略转变实施的步骤

随着人类对自然界的认识和改造能力的增强，人类对自然界的索取也越来越多、越来越无度，最终导致资源耗竭、环境污染、生态失衡等一系列严重威胁人类生存的问题。为了避免事态更加严重，世界各国都在重视资源合理开发利用，其中最重要的方法就是事先进行资源利用规划。但是由于体制上的一些弊端,再加上出现了一些新的情况,原有的资源利用规划战略已经不适宜,当务之急乃是以流域为单元实施战略转变。

#### 3.3.3.1 战略转变实施目标

流域资源利用规划战略转变实施目标是从整个生态系统考虑问题,开展资源利用、经济社会发展和环境保护规划的研究与实践,制定协调经济发展、保护生态环境和资源合理利用的长期政策,实现流域资源的可持续利用和经济社会的可持续发展。具体来讲,战略转变实施目标包含以下两个方面:一是战略方向的转变,实现由专项规划向系统性规划、追求单纯经济效益向追求综合效益和立足当前发展向可持续发展的转变;二是战略尺度的转变,实现规划的尺度由行政区域向自然区域转变,实现由经济区域向流域的转变。

#### 3.3.3.2 战略转变实施意义

为了实现资源的合理使用,实现经济社会的可持续发展,针对以往的资源利用规划不适应现实发展的实际情况,实施按流域进行资源利用规划战略具有重要意义。

通过战略转变的实施,把各种资源的开发利用在流域层面当成一个整体,从而能够提高资源的利用效率、减少资源的使用数量、延长资源的使用时间和减少环境污染,实现包括经济效益、社会效益和生态效益在内的综合效益最优,同时也体现水土资源的基础地位。

通过战略转变的实施,将各个区域的资源开发利用紧密地连在一起,实现资源的自由流通,各个区域取长补短、优势互补,在流域尺度下实现资源的有效利用、社会的共同发展。

通过战略转变的实施,可以弥补以往资源利用过程中单纯追求经济效益的弊端,实现以水土资源为基础的综合利用效用最大。

#### 3.3.3.3 战略转变实施步骤

由于流域资源规划具有地域背景和政治地缘特点,流域资源利用规划战略转变必须分步实施,以求综合效果最优。

第一步是转变观念,坚持以可持续发展的思想为指导,以流域为单元,对资源利用的规划按照一个完整的体系来设计,以实现社会、经济和生态三重效益的统一。

第二步是成立流域资源利用规划部门,挑选一些有高度责任感及热爱资源利用规划这项工作、掌握资源利用规划原理和方法且具有克服困难和吃苦耐劳精神的领导和工作人员。

第三步是对流域内的资源种类和数量、经济发展水平、产业结构、资源的开发利用潜力及环境的承载力等进行分析评估和预测,在此基础上设计规划方案。

第四步是对设计出的不同方案进行评估,选择最佳方案和参照方案。

第五步是实施战略转变后的流域资源利用规划方案,在实施过程中要注意结合实际情况,并随时作出调整,以实现流域资源的合理利用。

### 3.3.4 战略转变遵循的原则

流域资源规划管理是一项复杂的系统工程,为了实现按流域进行资源利用规划的战略转变,应遵循以下原则:

(1)循序渐进原则。循序渐进是指流域资源利用规划要根据现实对自然资源的认知能力和利用能力,结合经济社会发展水平,按照由简单到复杂、由低级到高级、由直观到抽象循序进行,只有如此,才能取得良好的效果。

(2)实事求是原则。流域资源利用规划的战略转变要根据具体发展情况来制定,要根据流域内的人口、资源、环境、社会、经济和技术等情况而定,既不能好高骛远,也不能目光短浅,更不能根据主观愿望、理想和热情来确定转变思路,只有这样才能制订出思路清晰和切实可行的战略转变方案。

(3)系统性原则。流域资源利用规划要从整个系统出发,统筹兼顾,正确处理各种资源利用和环境之间的关系,正确处理各个部门之间的利益关系,正确处理流域内各个区域之间的利益关系,局部服从全局,全局照顾局部,最大限度地协调好各类矛盾,还要注意重点解决好影响全局的关键问题。

(4)动态原则。技术不断进步,认识不断拓展,市场引导的需求瞬息万变,新情况不断出现,因此制定流域资源利用规划战略时,必须充分考虑它的相对性和变动性。在规划战略转变实施中,应根据条件的变化和信息的反馈,适时地对战略转变措施做出相应的、必要的调整与修改。

(5)可持续发展原则。流域资源规划战略转变的实施,要利于流域内资源能够得到永续利用,各种资源开发利用不得超过可承受的开发量。要根据实际需要,以三个平衡(即资源的供需平衡、资源的投入产出平衡、经济社会和生态平衡)统领可持续发展全局。

**阅读链接**

[1] 周年生,等.流域环境管理规划方法与实践[M].北京:中国水利水电出版社,2000.

[2] Huang G H, Y L Xu, H C Guo. Integrated Environmental Planning for Sustainable Development in Lake Erhai Basin with a Diagnostic Study for Local Environmental Concerns[J]. United Nations Environment Programme, Nairobi, 1996.

[3] 苏青,等.流域内区域间取水权初始分配模型初探[J].河海大学学报,2003(5).

[4] 王学杰,等.基于GIS的矿产资源规划管理信息系统的数据库设计[J].资源·产业,2005(10).

[5] 杨爱平,等.从"行政区行政"到"区域公共管理"——政府治理形态嬗变的一种比较分析[J].江西社会科学,2004(11).

[6] 周智,喻元秀,熊际翎.乌江流域水环境污染现状及容量与对策[J].贵州师范大学学报:自然科学版,2004(4).

[7] 吴长振,房怀阳.珠海环境、资源、经济、社会可持续发展探讨[J].中山大学研究生学刊:自然科学版,1998(S1).

[8] 周汝鑫,朱晓青.黔中经济区生态环境变化趋势及其调控[J].贵州环保科技,1987(1).

[9] 周生贤.推进历史性转变 开创环保工作新局面——2006年8月25日在中宣部等六部委联合举办的形势报告会上的报告[J].时事报告,2006(10).

[10] 苏杨.从环境质量公报远瞩中国环境大势[J].群言,2005(10).

[11] 邹水兴.浅谈新农村建设中的环境保护——以江西省新干县为例[J].江西农业大学学报:社会科学版,2007(3).

[12] 张红,王绪龙.基于大气环境容量的山东省最优经济规模的测算[J].统计与决策,2008(12).

[13] 朱宗强,成官文,梁斌,等.柳州市大气环境质量及其环境容量测算初探[J].环

境监测管理与技术,2009(1).

## 问题讨论

1. 实施水土保持生态修复工程是改善生态环境、保障国家生态安全的基本政策。开展水土保持生态修复具有哪些经济基础和实践基础?水土保持生态修复应重点落实哪些措施?

2. 流域环境与社会发展规划的目的是在发展经济的同时保护环境,使经济与社会协调发展。在流域环境与社会发展规划过程中,应该怎样正确处理开发建设活动与环境保护之间的辩证关系?

3. 流域自然资源是国民经济与社会发展的重要物质基础。在我国流域自然资源利用与保护中,目前主要存在的问题有哪些?流域自然资源开发利用的战略决策有哪些?

## 参考文献


[1] 苏青,等. 流域内区域间取水权初始分配模型初探[J]. 河海大学学报,2003(5):347-350.

[2] 崔功豪,等. 区域分析与规划[M]. 北京:高等教育出版社,1999.

[3] 王万宾,等. 离散规划方法在水污染总量控制方案研究中的应用[J]. 平顶山工学院学报,1997(1).

[4] 陈平,等. 基于放射源理论的区域生态系统评价方法[J]. 生态环境,2007(4).

[5] 孙久文. 区域经济规划[M]. 北京:商务印书馆,2005.

[6] 朱朝枝. 农村发展规划[M]. 北京:中国农业出版社,2004.

[7] 周年生,等. 流域环境管理规划方法与实践[M]. 北京:中国水利水电出版社,2000.

[8] Huang G H, B W Baetz, G G Patry. A Grey Fuzzy Linear Programming (GFLP) Approach for Municipal Solid Waste Management Planning Under Uncertainty[J]. Civil Engineering Systems, 1993, 10: 123-146.

[9] Lee E S, R J Li. Fuzzy Multiple Objective Programming and Compromise Programming with Pareto Optimum[J]. Fuzzy Sets and Systems, 1993(53):275-288.

[10] Brady D J. The Watershed Protection Approach[J]. Water Science and Technology, 1996, 33(425): 17-21.

[11] Muller Felix, Hofmann-Kroll Regina, Wiggering Hubert. Indicating Ecosystem Integrity - theoretical Concepts and Environmental Requirements[J]. Ecological Modeling, 2000, 130(123):13-23.

[12] 王学杰,等. 基于GIS的矿产资源规划管理信息系统的数据库设计[J]. 资源·产业,2005(10): 43-46.

[13] 杨爱平,等. 从"行政区行政"到"区域公共管理"——政府治理形态嬗变的一种比较分析[J]. 江西社会科学,2004(11):23-31.

# 第4章　流域自然资源开发利用的系统决策

自然资源是人类生存和发展的物质基础，同时，人类对自然资源的开发利用也是生存和发展的物质保障。随着现代科技水平的提高，自然资源的过度开发利用，致使人口、资源与环境问题日益凸显。以流域为单元实施资源统筹开发与综合利用，是一个理论与实践的系统工程。

## 4.1　流域自然资源开发利用系统观

传统的资源利用主要是以经济利益为目的的无序竞争。流域资源的科学利用，必须树立包括价值观、环境观、经济观、制度观、层次观、辩证观、综合观在内的流域自然资源开发利用系统观。

### 4.1.1　价值实现系统观

价值观是人类在漫长的社会实践过程中形成的一种用来评价某一事物或行为的准则，它是通过人们的行为取向及对事物的态度反映出来的，它支配着人类的社会行为。在人类历史的长河中，有很长一段时间，人口数量少，自然资源充裕，自然资源被视做是可以取之不尽、用之不竭的物品，因此自然资源的开发利用是无偿的。由此导致的后果是，自然资源不被当做资产，自然资源无价，自然资源性产品低价，加剧了自然资源过快消耗，造成了自然资源的严重浪费和非持续开发利用，对人类生存和经济社会的健康发展构成了严重的威胁。人类的资源开发中有很多实例能说明这一问题，如人类最初认为耕地资源是无限的，就任意占用和破坏，且因争夺土地发生了很多战争。人们曾认为水资源是无尽的，然而目前世界上已全面发生水危机。人们现在多数情况下仍认为空气资源是无尽的，但实际上空气的污染已使空气变为不完全是人们所需要的空气。

事实上，自然资源本应是有价值的，只是在自然资源相对于社会需求比较充裕时，自然资源的价值没有体现出来。工业革命以后，像土地资源、水资源、矿产资源、生物资源等本来十分丰裕的自然资源，由于社会需求的迅速增长而变得日益稀缺，自然资源的价值性也日益凸显出来。

自然资源的价值包含使用价值和非使用价值。使用价值是指当某一自然资源被使用时，满足人们某种需要或偏好的能力。木材、药品、水果、休闲娱乐、绿化、水土保持、调节气候、营养循环等都是使用价值。非使用价值与人们是否使用它没有关系，是仅仅知道从这个资源存在的满意中获得的价值，比如，生物的多样性就是资源的非使用价值。

我国自然资源的利用一直受传统价值观念的影响，致使我国国民经济核算体系中未包括自然资源这一部分，这就导致了我国在自然资源的开发利用中，只是片面地追求经济利益的增长，而忽视自然资源过度开发利用而产生环境恶化的现实。

因此，要实现流域资源的可持续利用，必须树立自然资源有价的观念，将自然资源的价值提升到经济社会的相同层面上来加以认识和研究。

### 4.1.2 环境功能系统观

环境观是指人类在生产和生活过程中形成的一种对其赖以生存的自然环境以及人与自然环境相互关系的基本认识，它决定了人类对自然环境的态度并制约着人类的实践行为。随着人类文明史的发展，人类的环境观经历过几次重大转折。在生产不发达的古代时期，人类对自然世界的认识和改造能力甚小，故出现了以天命论、地理环境决定论为代表的环境观。在人类对自然界的认识和改造能力有了很大提高的近代工业发展时期，又出现了"征服自然"、"统治自然"的环境观。20 世纪 60 年代以来，在环境污染和生态破坏对人类的生存和社会的发展构成了严重威胁的工业大发展时期，又开始强调人类发展与环境演化必须保持协调、和谐的"人地协调"环境观。

在人口比较少的时候，人类与环境的矛盾不是非常强烈，即使人类为了生存破坏一点环境，环境的自身修复能力也可以使其恢复。但是，在人口激增的今天，再加上人们"征服自然"的能力大大增强和贪欲膨胀，人们盲目乐观地对自然界实施改造，为所欲为地开发利用自然资源，致使出现水土流失、荒漠化面积扩大、全球气候变暖、环境污染、生态恶化等一系列严重的环境问题，这些恶化的环境反过来又严重地威胁着人类的生存，造成了人地关系的恶性循环。

流域环境是自然资源（包括整合的人）赖以存在的第一环境，人类自古以来就在流域环境中繁衍生息。例如，古代中国的文明就起源于黄河流域，古代印度的文明就起源于印度河流域，古代埃及的文明就起源于尼罗河流域，古代巴比伦的文明就起源于幼发拉底河和底格里斯河流域，古代希腊的文明就起源于地中海流域。即使在人类进入海洋时代、太空时代的今天，流域环境仍然是人类的唯一依托。例如，像中国的黄河流域和长江流域在内的七大流域，以及世界其他国家的大河流域仍然是各国人口、城市、经济聚集的场所。因此，实现人类文明的持续发展，以流域为单元，开发利用自然资源时应本着"人地统一"的环境观。

### 4.1.3 持续利用经济观

经济观是指人类在长期社会实践过程中形成的有关经济生产活动效率的思想、认识和观念，它支配着人类的经济行为。在很长一段历史时期内，人们一谈起经济就是关于金融、财政、货币、税收、资本、利率等凌驾于自然、社会和政治之上的"纯经济"观。事实上，经济和经济观应当围绕"社会生产和再生产活动"为核心进行生产、分配和调整。

在现代化建设过程中，我国遇到了一个突出的瓶颈问题：人口增长、自然资源稀缺同经济发展的矛盾加剧。这一问题使我国的经济社会发展出现两个战略性的难题：一个是人均资源占有量低，同时生产和生活资料需求多、就业压力大；另一个是现有的生产方式粗放，资源消耗大。经济快速增长的需求与能源、水资源、土地资源不足的矛盾越来越尖锐，形势十分严峻。因此，全面建设小康社会，不能走过量消耗自然资源的老路，而必须立足于中国国情，树立和落实资源利用经济观，切实转变经济增长方式，走新型工业化道路，以自然资源的可持续开发利用来保证经济社会的可持续发展。

所谓的资源利用经济观，也就是用经济学的观点进行自然资源管理利用，通过价格机制、竞争机制等,使资源利用达到最高效率。首先,我国地区差别很大,发展不平衡,资源组合错位,地区之间的资源具有很强的互补性,所以在资源开发利用时,应以价格机制为指导,打破地区经济封锁,以实现资源优势互补,打破部门和产业资源子系统的经济封闭,以实现产业结构动态优化,从而合理配置资源。其次,通过竞争机制引导资源在利用过程中以提高利用效率或者改变传统资源的利用方式以减少资源的消耗,确保资源的优化配置。例如,以"减量、再用、循环"作为资源利用的行为准则,运用生态学规律把资源利用组织成一个"资源→产品→再生资源"的反馈式流程,做到生产和消费"污染排放最小化、废物资源化和无害化",以最小成本获得最大的经济效益和环境效益。

以发展的经济观统筹资源配置、优化资源配置,对流域内各种自然资源进行科学管理、综合保护、节约防污、生态生产、循环利用,是流域资源开发利用的主要导向。

### 4.1.4 制度保证系统观

人类社会的发展离不开制度的约束。制度是人们在社会实践过程中形成的一套处理人与人、人与物、物与物之间的各种关系的准则,并以法律的形式确定下来,用以指导并约束人类的实践行为。制度观的实质是指法律至上、依法治国的理念、意识与精神。

在很长一段时期内,我国的国有资源法律制度建设尚不健全,国有资源所有权在法律上得不到有效的确认和有力的保护,资源法律制度观念在人们的头脑中非常淡薄。在自然资源的综合利用和能源的节约使用等许多方面,由于无制度可依或执行不严,资源破坏和浪费严重,并由此产生了日趋突出的环境问题,也促使资源短缺趋向资源稀缺。

进入21世纪,我国市场经济体制日益完善,给资源的有效利用带来了新的契机,从而通过价格调整机制,实现资源的优化配置。但同时由于市场经济本身的自发性、滞后性和唯利性等局限,企业对以公共自然资源为主要内容的公共利益漠不关心。对于这种现象,必须借助于政府的适度干预,而政府干预必须依据法律和相关的地方法规、环保法律,用法律的手段来引导和约束企业及个人行为,这样才能使资源得到更合理、有效的开发利用。

流域资源利用管理制度的构建,是一个漫长而需要不断探索的过程,并贯穿于体制改革的始终。从资源制度化思维导向资源法制化管理同样是不断探索和创新的过程。

### 4.1.5 综合利用系统观

自然资源的综合利用是指以先进的科学技术,对自然资源各组成要素进行的多层次、多用途的开发利用。自然资源综合利用包括两个方面:一方面是天然资源(包括矿物资源、植物资源和动物资源等)的综合利用,另一方面是工艺生产丢弃的"三废"(废气、废液、废渣)及生产过程产生的余热、余压的综合利用。例如,矿产资源的综合利用主要是指在矿产资源开采过程中对共生、伴生矿进行综合开发与合理利用,对生产过程中产生的废渣、废水(液)、废气、余热、余压等进行回收和合理利用,对社会生产和消费过程中产生的各种废物进行回收和再生利用。

自然界的物质很少是纯净的单一体,有的是混合物,有的是化合物。在加工这些原料时,除产生主产品外,还需将副产品、下脚料等转化为有用之物。工业生产丢弃的"三废"、不合格产品以及使用之后废旧产品和生产过程中产生的余热、余压等也需再转化为有用之物。资源利用的综合观对规划流域资源综合利用意义重大。

## 4.2 流域自然资源开发利用决策与评价

地理决策是指涉及在地理区域空间或地理过程中以求达到最佳的人地关系,采用一定的科学方法和手段,从两个以上的方案中选择一个满意方案的分析判断过程。流域资源的合理利用涉及大量的地理决策问题。流域资源管理是以人与自然协调发展为导向,以经济、社会、人口、资源、环境相互协调发展为目标的。建立科学有效的流域资源管理评价体系意义重大。

### 4.2.1 流域自然资源评价体系构建基础

流域资源管理评价体系构建不仅要体现流域资源管理的指导思想、基本原则,还要从应用和可操作的角度优化构建方法。其核心是利用较为详细的流域资源水平量、速度量来反映流域的发展状态与变化趋势,从而建立起科学合理的多层次指标体系。

#### 4.2.1.1 构建评价体系的指导思想

流域资源可持续开发的核心是要求人与自然的发展相协调,表现为社会、经济、资源、环境的发展相互协调。指标体系必须体现这一主导思想。评价指标体系是一种政策导向,将影响到流域资源管理的思想和行为。同时,流域资源可持续开发系统评价指标体系的构建,又必须与转变经济增长方式相适应,与我国国民经济和社会发展战略相适应。

构建流域资源可持续开发系统评价指标体系的指导思想是:

(1)坚持发展是硬道理。邓小平关于发展是硬道理的理论是流域资源可持续开发系统评价指标体系设计的最基本指导思想。发展是可持续发展的核心,人口、资源与环境矛盾的解决最终还要靠发展。这里的发展既包括社会进步,也包括经济发展,是质与量的统一,经济发展要与社会进步相一致。

(2)坚持资源永续利用的思想。流域资源可持续开发必须强调资源空间分配的公平性,强调发展满足全体人员的需要,而不仅仅是一部分人或一个地区的需要。资源分配与利用既要考虑当代人的公平,又要考虑代际间的公平。资源永续利用是保障社会经济可持续发展的物质基础,可持续发展主要依赖于资源的永续性。

(3)坚持经济、社会发展与生态环境相协调的思想。生态环境是人类生存和社会发展的物质基础,社会进步是人类一致追求的崇高目标。流域资源可持续开发必须谋求经济社会发展与生态环境的协调并维持新的平衡,经济社会发展不能脱离、更不可超越资源与环境的承载能力。

(4)坚持资源分配和利用的社会公平思想。社会公正是可持续发展的社会保障,坚持每个公民能够被公平合理地对待,都有机会享受经济发展、环境利益和社会利益带来的好处。因此,构建流域资源可持续开发系统评价指标又必须体现社会公平的思想。

#### 4.2.1.2 评价指标体系的设计原则

科学合理的指标体系是系统评价的基础,也是引导流域资源系统发展方向的手段。因此,指标体系的建立必须遵循一定的原则,而不能是一组任意指标的简单堆砌。由于受学科领域、地缘差异和研究方法等多种因素的影响,对构建流域资源评价指标体系应遵循的原则尚未形成统一的认识。基于可持续发展内涵的广泛性和流域系统的复杂性,流域可持续发展评价指标体系的构建应遵循以下原则：

(1)系统科学性原则。评价指标体系必须全面反映流域可持续发展的各个方面,并使评价目标和评价指标有机联系起来,形成一个层次分明的整体。指标体系的建立应符合流域发展演化的客观规律,且能够反映可持续发展的科学内涵,力求避免不成熟研究的主观臆造。指标选取应符合统计规范,数据来源稳定。指标体系大小适宜,粗略而不失描述系统目标的主体本质特征,细致而不失建模和规划实施的可能性,达到内部逻辑清晰、合理。

(2)简明可行性原则。从资料获取和数据处理角度看,评价指标体系应力求简单、明了,要选择那些概括性强,所代表的信息量大,且容易获取的指标。在强调指标间有机联系的同时,应避免元素之间的交叉与重复,以降低信息的冗余度,指标体系要力求全面但不可包罗万象。指标体系最终供决策者使用,为政策制度和科学管理服务,因此要充分考虑数据取得和指标量化的难易程度,尽量利用、整合统计部门现有的技术资料,以利于指标体系的分析运用。

(3)动态引导性原则。流域可持续发展,既是一个目标,又是一个过程。因此,评价指标体系应充分反映流域系统动态变化的特点,体现流域系统的发展趋势。指标体系一方面能反映流域系统发展状态的空间布局,另一方面能在时间尺度上刻画流域可持续发展的能力强弱。为此,指标体系的建立要具有描述、监测、预警和评估功能,通过评价指标体系实现流域系统运行模式的选择和调控,从而引导流域管理目标的实现。

(4)标准通用性原则。流域指标体系的建立,应体现标准统一,克服由于指标体系混乱所带来的无法在同一基础上进行对比分析的混乱局面。指标选取的统一不仅有利于数据的收集和加工处理,而且也便于实际使用。建立权威性高、通用性强、可靠实用的流域评价指标体系,应成为这一研究方向的一个重要目标。

(5)灵活适应性原则。由于流域系统总是处于动态变化之中,因此指标体系必须随系统发展的演化作出适当调整,即指标体系应具备一定的可更新性。

此外,我国流域资源分布广泛,客观上存在不同的流域类型,评价指标体系应该随流域类型的变化作出必要的调整,从而使指标体系针对性强,评价结果具有较高的可信度。

#### 4.2.1.3 评价指标体系的构建方法

建立指标体系的目的是不仅要对流域可持续开发的总体水平进行衡量,还要为流域开发战略的制定和实施提供相关的数量依据,因此需要结合流域资源的水平量、速度量来反映流域的发展状态与变化趋势,从应用的角度建立多层次的指标体系。

1)指标体系的构建方法

指标体系的构建方法有综合法和分析法两类。综合法,是指对已存在的一些指标群按一定的标准进行聚类,使之体系化的一种构造方法。如对拟定的指标体系,作进一步的归纳整理、综合判断,从而形成一套综合性的指标体系。分析法,是指将度量对象和度量目标分解成若干部分(即子系统),并逐步细分(即形成各级子系统及功能模块),直到每一部分和侧面都可以用具体统计指标来描述、实现。就度量对象的划分而言,包括按对象的运动过程和对象的构成要素两种方式来分解,这两种分解标志通常是交叉的。就度量目标的划分而言,通常是将指标体系的度量目标划分成若干个子目标,然后每一个子目标都用若干个指标来反映。

2）指标体系的构建过程

用指标体系描述综合性的目标，基本目的在于寻求一组具有典型代表意义的，同时能全面反映综合目标多方面要求的特征指标，这些指标及其组合能够恰当地表达人们对该综合性目标的定量判断。指标体系这个基本目的，规定了进行指标体系研究的基本任务，即通过分析被描述对象的系统结构和要素，建立综合目标与系统结构及要素间的对应关系（一般称做准则），然后根据有关理论或实证分析去研究定量指标与准则及综合目标的相关程度，从而决定指标的选择与设置。

从方法论角度看，人类对复杂问题的观察和认识，通常难以一次性地洞悉问题的全部细节，而采用将问题或对象系统分解为多个层次，然后由粗到细、由表及里、从全局到局部逐步深入的所谓分层递阶方法。也就是说，为了建立与定量指标的联系，就必须将其逐渐分解为较为具体的目标或准则。这些准则从某一侧面反映了被描述对象的系统结构特征和综合目标对它的要求，尽管它们仍然是定性的，但相对而言，它们与定量指标间的相关关系更为直接和简单，因而更便于进行研究、判识。

在把总目标分解为具体的准则之后，下一步工作就是筛选与各准则相关的指标，对各准则，进而对总目标进行定量评价。在确定各准则所包含的具体指标时，关于准则与指标之间的相关关系，一般可能出现以下三种情况：

第一，准则的某一方面的数量水平可直接用统计指标加以定义，这种定义的根据是源于统计学的理论分析，其合理性已得到了实践的检验。例如，宏观经济运行效果可以用资金利税率等指标来描述。

第二，对定量指标与所要描述的准则之间的相关规律，已进行过实证研究，形成了较成熟的理论，因此可以用该指标来代表相应准则的某一方面的数量水平。例如，用生产函数法测定的科技进步贡献率可以定量地衡量科技进步对经济增长贡献的份额。

第三，人们对定量指标与准则间的相关关系只是一种经验上的判断，尚未建立精确的定量规律。这一般是由于该指标所涉及的因素较多，它们之间的关系较为复杂。在建立指标体系时，难点往往就在于对这类指标的分析和选取。从理论上讲，这类指标的选取必须基于对其与相关因素关系的定量统计分析（如运用主成分分析法）；但在实践上，由于相关因素的复杂多样，有些因素难以进行量化分析，人们一般采取经验方法（如调查、专家咨询等）与定量分析相结合的方法，选择指标的一些主要相关因素进行研究，分析这些因素与指标变化是否相关，并研究这些因素与准则的关系，从而确定是否将这一指标作为该准则的一个描述指标。

因此，评价指标体系的构建过程可以概述为：对流域资源可持续开发系统的总目标按资源、环境、经济、社会、智力支持五个子系统进行分解描述→确立相应的准则→筛选合适的指标→定量描述。其关键点是指标的设置和筛选。

3）指标设置和筛选的方法

流域资源可持续开发是其发展条件改善的结果，因而流域资源开发评价指标体系应包括流域发展的各项条件，它是由若干相互联系、相互补充、具有层次性和结构性的指标组成的有机系列。这些指标既有直接从原始数据而来的基本指标，用以反映子系统的特征，又有对基本指标的抽象和总结，用以说明子系统之间的联系及流域可持续发展作为一个整体所具有性质的综合指标，如各种“比”、“率”、“度”及“指数”等。在选择评价指标时，要特别注意选择那些具有重要控制意义、可受到管理措施直接或间接影响的指标,选择那些具有时间和空间动态特征的指标,选择那些显示变量间相互关系的指标和那些显示与外部环境有交换关系的开放系统特征的指标。

为此,需要采用频度统计法、理论分析法、专家咨询法等综合方法设置和筛选指标,以满足科学性和完备性原则。频度统计法是对目前有关可持续发展评价研究的报告、论文进行频度统计,选择那些使用频度较高的指标;理论分析法是对流域可持续发展的内涵、特征进行分析综合,选择那些重要的发展特征指标;专家咨询法是在初步提出评价指标的基础上,征询有关专家的意见,对指标进行调整。通过这样的过程建立的指标体系被称为一般指标体系。为使指标体系具有可操作性,需要进一步考虑被评价流域的自然环境特点和社会经济发展状况,考虑指标数据的可得性,并征询专家意见,得到具体指标体系。

### 4.2.2 流域资源管理评价方法

在流域资源管理综合评价中,评价方法的恰当选择对评价结果具有重要影响。本节立足流域资源循环能力、生态修复能力及质量状况评价三种方法的内涵和评价原则进行分析,以期为评价方法的选择提供参考。

#### 4.2.2.1 流域资源循环能力评价

1)资源循环的内涵

可循环资源是以多种形态存在,能相互转换,按一定规律周而复始循环的一类资源。例如,水资源就是这类可循环的自然资源。

自然界存在许许多多、大大小小的循环。人类生存需要吸入氧气而排出二氧化碳,森林和其他物质需要二氧化碳而在一定时间里排出氧气。人类饲养牲畜(如猪)为了吃肉,人类排出粪便可作为作物(如谷物)的肥料,谷物又可作为牲畜的饲料,这也是一种平衡。自然界中的动物还存在许多食物链,食物链中的某一环节被破坏了,就有可能使一些物种消亡。这些循环已经是人们所公认的了。那么,人类在大量使用自然矿石资源(如各种金属或非金属矿物),又大量产生各种废物(包括气、液、固体“废料”)过程中,如果我们不能逐步建立起一个循环系统,其结果只能如同自然界一些平衡被破坏一样,人类本身将遭受灭顶之灾。

所谓资源循环,是指人类在利用自然资源(如矿石)的过程中所产生的产物(不能认为是废物),可以而且应该作为资源加以利用。如此不断循环,以最大限度地减少自然资源的损失和对环境的破坏。过去常常将一些资源被利用之后的一些产物称为“废物”,其实这是一个错误的概念、错误的导向。这些产物应该是另一种资源,如果暂时还不能利用,那只说明科技和经济还没有发展到更高的阶段,正如100年之前人类只能处理高品位金属矿,而今天却在大量利用品位低得多的矿石。那些被称为“废物”的资源都将逐步得到利用。因此,将“变废为宝”改为“资源循环”更符合自然界的规律。其实,关于物质根本不能消灭,也不能重新创造,宇宙中物质的量始终保持不变的思想,早在公元前5世纪就为希腊哲学家提出,并为17、18世纪的许多唯物论的哲学家所采纳。俄国化学家罗蒙诺索夫在1756年进行了一次著名的实验,将铅、铁、铜等金属放在密封容器中锻烧,发现锻烧前后质量没有变化,从而得出参与化学反应的物质总量在反应前后都是相同的质量守恒定律。这为哲学上物质不灭原理提供了坚实的自然科学基础。

从化学的观点来看,自然资源被利用之后的产物是一种物质、一种资源。资源循环学,就是研究如何利用这些产物建立循环系统的学科。

2)流域资源的循环形式

单从资源分类而言,人们从不同的研究领域和研究角度,根据资源的不同特性,对资源提出了不同的分类,综合来看大致有两种:一种是单一划分法,如按特性分为物质和能量两大类;按资源的不同属性分为自然资源和社会资源;有的按功能分为能源和原材料两大类;按再生性分为再生与非再生两大类;按产业分为工业资源、农业资源、能源等。另一种是综合划分法,如按综合地理要素分为矿产资源(岩石圈)、土地资源(土圈)、水利资源(水圈)、生物资源(生物圈)和气候资源(大气圈)五大类;按综合资源特征划分,这些特征有可更新性(Renewability)、耗竭性(Exhaustibility)、可变性(Multability)、重复利用性(Reusability)和多用性(Multipurpose)。

西方资源经济学对自然资源进行的分类,多数是按照资源的循环利用状况和对国民经济各行业的贡献来划分的,如著名的资源经济学家汤姆·蒂坦伯格(Tom Tietenberg)的分类具有很大的实际应用价值。其主要类型有:一是耗竭的(Depletable)但不可循环的(Non-recyclable)资源,主要指煤炭、石油、天然气和铀矿等能源资源;二是可循环的(Recyclable)资源,主要指矿产、纸、玻璃等资源;三是可补给(Replenishable)但耗竭的(Depletable)资源,如水资源;四是可再生的(Reproducible)资源,主要指农业自然资源,包括土地资源和渔业资源;五是可储藏(Storable)和可更新(Renewable)的资源,如森林资源。

从上述分类情况看,并非所有的资源都是可以循环利用的。矿物燃料及矿产资源都是耗竭性资源,它包括两大部分:一类是可循环资源(有时也称可回收资源),是指在资源失去某种用途之后仍然可以恢复其质量的资源,如汽车报废之后,其废铜仍然可以循环利用;宝石、黄金、铂族金属等,虽然为非耗竭性金属,但却是能重复利用的;显然,金属矿产、纸、玻璃等是可循环利用资源,这些资源在适当的条件下可以循环利用它们的基本的物理性质或化学特性,但其利用程度取决于一定的技术经济条件。另一类是不可循环资源,如石油、天然气、煤炭和泥炭,当它们作为能源被利用时,一部分继续传递和做功,另一部分以热量的形式耗散,因而它们也是非再生性资源。这些资源在开发利用过程中从一种形式转化为另一种形式,在转化过程中虽不可循环利用但仍旧遵循能量守恒原理。

水是生命的重要资源。水在地球中构成了一个连续不断的水循环系统,并通过水文周期形成了水资源的更新补给。每年有大量的水进入水循环系统,但只有少量的循环水可供人类利用。从数量和质量上看,水既是可以补给的又是可以耗竭的资源。

水、森林、土地和渔业资源是组成地球生物圈的重要资源,也是发展农业生产的重要物质基础。就地球而言,整个生物圈资源具有明显的循环特征,它们相互联系、相互制约并构成统一的生态系统。这些资源的循环程度在一定意义上取决于人类社会对其合理利用的程度。如土壤中养分和森林中水分可以通过降水、地表水和地下水的循环和气候条件的变化得以不断地消耗和补充,因此合理开发利用就能使这些资源始终处于周而复始的良性循环状态;反之,就可能对上述资源施加不利的影响,导致资源的恶性循环,从而引起流域资源的生产性能下降或生态功能消失,进而影响流域经济社会的可持续发展。

3)流域资源的循环特征

流域资源的循环取决于其自身的循环特征。通常意义上的流域资源含义非常宽泛,这里涉及的流域资源仅指土地、水、矿产等自然资源和自然资源经人类加工后的产出物(包括产品和废弃物等副产品）等实体性资源。

流域资源具有多种特征，其中，多用性和循环性与流域资源的循环关系密切。多用性是指任何一种资源都有多种用途。如土地资源既可用于农业生产，也可用于工业发展和交通建设等；再如木材，既可用于制造家具，也可用于造纸。循环性是指任何资源都具有一定的循环特性，任何资源都不会成为废物无限期地积累在环境中，而总是处于特定和永久的循环之中。所不同的是，不同时期人们对其循环利用的认识和循环利用的程度受制于当时的科技发展水平。

流域资源的循环特征不外乎两种，即内敛式循环和外拓式循环。内敛式循环是指一种资源在其失去原有用途之后，仍可采取适当的技术手段恢复其基本物理或化学特性，从而实现资源的循环再用。外拓式循环是指一种资源在开发利用过程中，从一种形式转化为另一种形式，原有的物理或化学特性发生了不可逆转的变化，不可能再恢复其原有的特性和用途，需要采取适当的技术手段，对其利用过程中产生的废弃物进行梯级利用和资源化，从而实现资源的循环利用。

资源的多用性决定了任何资源在理论上都具有两种循环特征。所不同的是，在经济社会发展的不同历史阶段，依托于当时科技发展的实际水平，人们会更倾向于利用资源的某一种循环特征来实现其循环利用。比如，将铁矿石转化成铁利用了铁矿石的外拓式循环特征；而将废钢铁回收再利用转化为铁，则是利用了废钢铁资源的内敛式循环特征。

依托不同的循环特征，实现资源循环利用的方向、重点和目标各不相同。实现资源的内敛式循环，在很大程度上强调资源循环再生程度，重在采取合理的技术手段，最大程度地强调资源原有的物理或化学特性，恢复其用途，从而提高资源的综合回收率。实现资源的外拓式循环，在很大程度上强调资源回收利用程度，重在梯级资源化外拓式循环各阶段产生的废弃物等副产品，尽可能减少废弃物最终处置量，从而提高资源的综合利用效率。

依托不同循环特征实现资源循环利用的途径及其特点也各不相同。资源内敛式循环的实现过程，技术工艺相对简单，资源循环产业链相对较短，循环效益与技术工艺深度密切相关，因此需要结合资源循环特征，鼓励企业强化技术研发，提高技术精度，有效实现资源的内敛式循环。资源外拓式循环的实现过程，技术工艺相对复杂，并运用不同技术工艺的系统组合，资源循环产业链相对较长，循环效益与技术工艺的广度和深度都密切相关，因此需要结合资源循环特征，合理构建资源循环技术工艺组合，尽可能拓展资源循环链条，并根据资源分布状况和区域经济技术条件，引导产业适度聚集，形成相关产业的共生耦合集群，从而高效实现资源的外拓式循环。

不可否认的是，同一种资源，采取不同的技术工艺，依托不同循环特征实现其循环利用，资源综合利用效率和综合经济效益会大不相同。从建设资源节约型、环境友好型社会的根本要求出发，应根据经济社会发展的阶段性特征和科技发展水平等条件，对资源循环利用进行必要的技术经济比选，从而做到任何资源都能物尽其用和效益最大化。

4）*流域资源循环与资源配置*

社会经济的再生产过程，包括生产、流通、分配和消费，它不是在自我封闭的体系中进行的，而是与自然环境有着紧密的联系。流域资源的循环利用也体现了经济社会再生产过程的特征，具体表现为循环经济活动过程，它是由资源闭环流动来实现的。经济社会再生产的过程，就是不断地从自然界获取资源，同时又不断地把各种废弃物排入环境的过程。人类经济活动和环境之间的资源流动,说明经济社会的资源再生产过程只有既遵循客观经济规律又遵循资源科学规律才能顺利地进行。资源经济学就是研究合理调节人与自然之间的资源分配,使经济社会活动符合资源供求平衡和物质循环规律,这不仅能取得近期直接的经济效益,又能取得远期间接的经济效益,实现资源利用的最优配置。

土地、资金、能源等一切资源都有多种用途,如何提高资源配置效率,减少资源浪费,最大地满足人类的需求,这是经济学的任务。过去,人们关注资源配置效率,只注重资源生产的效率,不考虑资源消费的效率,导致资源出现巨大的浪费。如果经济学不考虑资源消费的效率,环境和资源的约束迟早会对人类施以报复。

从资源流动的方向看,传统工业社会的经济是一种单向资源流动的线性经济,即资源→产品→废物,线性经济的增长,依靠的是高强度地开采和消耗资源,同时也高强度地破坏了生态环境。循环经济是一种"促进人与自然的协调与和谐"的经济发展模式,它要求以资源"减量化(Reduce)、再利用(Reuse)、再循环(Recycle)"(简称"3R")为社会经济活动的行为准则,运用生态学规律把经济活动组织成一个资源→产品→再生资源的反馈式流程,实现低开采、高利用、低排放,以最大限度地利用进入系统的资源和能量,提高资源利用率,最大限度地减少废弃物的排放,提升资源利用的质量和效益[1]。

#### 4.2.2.2 流域自然资源修复能力评价

1)资源生态恢复与重建的概念

资源生态重建有时又称为资源生态恢复。资源生态恢复是恢复生态学研究的基本内容,其概念源于生态工程或生物技术,但由于研究的着眼点、研究角度以及退化生态系统的不同,对资源生态恢复的理解也有一定的差异,以至于出现了多种关于资源生态恢复的定义和说法。

资源生态恢复是指停止人为干扰,解除资源生态系统所承受的超负荷压力,依靠资源生态系统的自适应、自组织和调控能力,按资源生态系统自身演替规律,通过休养生息的漫长过程,逐步调整和优化系统内部与外界的物质、能量和信息的流动过程及时空秩序,使资源生态系统的结构、功能和生态学潜力尽快恢复到一定的乃至更高的水平。资源生态恢复不同于资源生态建设,资源生态建设是根据人类所期望的某些特点和需要,将资源生态系统的现有状态进行主动与人为的改造和建设,其结果是经过人类建设的资源生态系统将进一步降低人类不希望出现的某些自然特点,并进一步远离其初始状态。两者出发点不同、目的不同,因而存在着本质上的区别。

资源生态恢复完全可以依靠大自然的力量推进,但需要一个漫长的过程,在短期内不能发挥出良好的生态效益和经济效益。资源生态修复是在顺应自然规律的条件下,发挥自我修复能力,并采取科学合理的人工辅助措施。资源生态修复强调了大自然的循环再生能力,突出了人与自然和谐相处的理念。资源生态修复既有利于减少人力、财力、物力的投资,又能避免过多的人为干预给生态系统造成过大的负面影响。

资源生态恢复主要研究资源生态系统退化的原因、退化资源生态恢复与重建的技术与方法、资源生态学过程与机制,主要目的是通过改良和重建退化资源生态系统,恢复其生物学潜力。它主要致力于那些在自然灾害和人类活动压力下受到破坏的资源生态系统的恢复

---

[1] 科学发展观呼唤循环经济,Http://news.sohu.com/20040809/n221425930。

与重建，是最终检验资源生态学理论的判决性试验。其研究内容主要涉及两个方面：一是对资源生态系统退化与恢复的生态学过程，包括各类退化资源生态系统的成因和驱动力、退化过程、特点等的研究；二是通过资源生态工程技术对各种退化资源生态系统恢复与重建模式的试验示范研究，恢复受损资源生态系统到接近于它受干扰前的自然状态，即重建该系统干扰前的结构与功能有关的物理、化学和生物学特征。

资源生态恢复研究的目标是通过人工设计和恢复措施，在受干扰破坏的资源生态系统的基础上，恢复和重新建立一个具有自我恢复能力的健康的资源生态系统；同时，重建和恢复的资源生态系统在合理的人为调控下，既能为自然服务，长期维持在良性状态，又能为人类社会、经济服务，长期提供资源的可持续利用，即服务于包括人在内的整个自然界和人类社会。

资源生态重建是按照景观生态学原理，对退化的资源生态系统进行系统的规划设计，建设资源生态工程，加强资源生态系统管理，创建出一个和谐高效的可持续发展的环境，在宏观上设计出合理的景观格局，在微观上创造出合适的生态条件，把经济社会的持续发展建立在良好生态环境的基础上，实现人与自然的共生，它涵盖了复垦以外的社会、经济和环境的需要。

2）资源生态修复的进展

（1）国外资源生态修复研究进展。

资源生态修复研究作为一门应用性极强的科学，起源于受污染的生态环境治理和受损生态系统修复实践的陆续开展。环境污染和生态破坏自古有之，只不过在原始社会，人对自然的干扰程度在自然生态系统可承受范围之内，在干扰解除之后生态系统可以自行修复，无需专门进行修复。但是，这一情势在近代发生了巨大变化，随着世界人口数量急剧增长和工农业的快速发展，人类活动对环境生态的破坏达到了前所未有的程度。在许多地区，特别是人类活动的集中地区，人类对自然生态系统的干扰、破坏，已经达到不可逆的程度，单靠自然修复已经不可能修复到健康生态系统的水平了。为了修复和保护人类赖以生存的资源生态环境，必须采取人为的资源生态修复手段，结合和利用自然修复，才能实现受损资源生态系统的修复，这就促使了资源生态修复实践的开展和资源生态修复研究的开展。

国外进行生态修复研究，初始主要是围绕山地、草原、森林和野生生物等自然资源的一些管理性措施进行的。20 世纪初在进行的水土保持、森林伐后再植理论与方法等方面取得了一些成功的经验。欧洲、北美主要是针对各自面临的环境问题，进行生态修复的实践探索，主要是应用工程和生物措施，对水体、矿山、水土流失等生态问题进行一些修复和治理工作，取得了一定的效果。

20 世纪 70 年代，生态修复研究取得了较大的进步，其中对温带陆地、淡水生态系统的退化与修复关注较多。1975 年 3 月，在美国召开了首次“受损生态系统修复”的国际会议，会议就受损生态系统的修复、重建以及一些重要生态学问题进行了深入探讨，并在讨论生态修复过程、原理、概念、特征的基础上，提出了加速生态修复和重建的初步设想、规划与展望。至此，生态修复的理论与实践的结合才得到了更广泛的关注，从而为资源生态修复的产生奠定了基础。

20 世纪 80 年代以来，随着生态系统退化态势加剧，生态退化引发的环境问题日益增多，生态修复研究开始进行一些退化生态系统修复与重建的试验，在不同区域先后实施了一系列生态修复工程，并加强了对退化生态系统演化、退化与修复机制和修复方法与技术的研究,取得了一定的成绩。1985 年国际生态修复会成立,Abler 和 Jordan 提出生态修复学术语,1987 年 Jordan、Gilpin 和 Abler 主编出版《修复生态学——生态学研究的一种合成方法》一书,标志着生态修复研究作为一门学科而产生。

20 世纪 90 年代以来,生态修复研究以其极强的实践性、应用性吸引了生态学、地学、经济学、管理学、资源学、环境学等众多学科的学者参与,取得了较快发展,在理论构建和实践方面都有明显进展,相继召开和组织了相关的系列学术会议和活动,成立了生态修复相关学术机构,涌现出大量有关生态修复的学术论文和刊物,有关生态修复文集和专著也相继问世。这一时期,生态修复研究主要集中在以下三方面:一是退化资源生态系统机制研究,二是外来物种对退化生态系统的适应,三是生态环境的非稳定性机制。这一时期的生态修复研究呈现出如下特点:①研究对象多元化,包括森林、草地、灌丛、水体、资源等生态系统的生态退化与自然修复;②研究积累性好,综合性强;③生态修复研究的连续性强,特别注重受损自然生态学过程及其修复机制研究;④注重理论与试验研究。

国外以流域为单元的生态修复研究,从可检索的数据源系统看,这一方向的综合性理论研究还较为少见,但围绕流域单一资源利用的生态修复实践研究却十分活跃。国际著名的主要流域都有实践,特别是跨国河流的生态修复实践研究多以国与国的合作协议形式予以固定。

(2)国内资源生态修复研究进展。

我国是世界上生态系统退化类型最多且退化最严重的国家之一,也是较早开始生态重建实践和研究的国家之一。20 世纪 50 年代,我国就开始了退化环境的定位观测试验和综合整治工作,其后相关工作相继展开。如 50 年代末,华南地区在退化坡地上开展了荒山绿化、植被修复试验,70 年代开展"三北"防护林工程建设。这一时期的主要工作大都集中在摸清资源家底和进行资源质与量的评价上,并对有关退化生态系统修复进行了初步研究,实施了一些零散的小规模的修复试验。20 世纪 80 年代以来,特别是近些年来,资源破坏、生态退化、环境污染等问题日趋恶化,成为困扰我国经济社会持续发展的重要因素,引起了政府部门和相关学科专家的关注和重视。在此背景下,国家有关部委及地方政府在"七五"、"八五"期间分别从不同的视角进行了有关生态修复的研究和实践,开展了"生态环境综合整治与修复技术研究"、"主要类型生态系统结构、功能及提高生产力途径研究"、"亚热带退化生态系统的修复研究"、"北方草地主要类型优化生态模式研究"、"内蒙古典型草原草地退化原因、过程、防治途径及优化模式"等课题的研究。此外,我国还先后实施了长江中上游地区(包括岷江上游)防护林建设、水土流失治理、农牧交错区、风蚀水蚀交错区、干旱荒漠区、丘陵山地、干热河谷和湿地等生态脆弱及退化地区生态环境修复与重建工程、沿海防护林建设工程等。这些生态建设实践与工程的实施,在实践上已初步形成了我国的生态修复理论体系,创新了一系列生态修复技术和典型案例,为生态修复和环境治理积累了宝贵的经验。其典型的研究成果主要表现在:

一是针对生态系统退化的原因、程度、机制、诊断以及退化生态系统修复与重建的机制、模式、方法和技术方面做了大量的研究,对退化生态系统的定义、内容及生态修复理论进行了完善和提高,提出了一些具有指导意义的应用基础理论,进行了典型区域生态修复试验,取得了显著的生态效益、社会效益和经济效益,为自然资源的可持续利用和生态环境的改善发挥了重要作用。

二是围绕生态修复与重建先后发表了一系列有关生态系统退化和人工修复重建的论

文、报告和论著，如《中国退化生态系统研究》(1995)、《生态环境综合和修复技术研究》(1993,1995)、《热带亚热带退化生态系统植被修复生态学研究》(1996)、《修复生态学导论》(2001)和《环境污染与生态修复》(2003)、《湿地生态工程——湿地资源利用与保护的优化模式》(2003)、《生态修复工程技术》(2003)、《热带亚热带修复生态学研究与实践》(2003)等。

三是就研究范围和广度而言，我国的专家、学者面对中国生态退化的实际，结合我国的生态环境建设和保护，在森林、草地、农田、采矿废弃地、湿地等生态脆弱地区进行了一系列生态退化、演化和修复与重建研究，提出了适合中国国情的生态修复研究理论框架和方法体系，这是其他国家所不能比拟的，在某些领域已达到国际同类研究先进水平，在国际学术界也产生了一定的影响。其研究成果的主要特点表现在：

(1)注重生态修复试验与示范研究，试验实践重于基础理论研究。

(2)注重人工重建研究，相对忽视自然修复过程的研究。

(3)集中于研究砍伐破坏后的森林和放牧干扰下的草地生态系统退化后的生物途径修复，尤其是森林植被的人工重建研究。

(4)注重修复重建的快速性和短期性。

(5)注重修复过程中植物多样性和小气候变化研究，相对忽视动物、土壤生物(尤其是微生物)的研究。

(6)对修复重建的生态效益及评价研究较多，特别是人工林重建效益的研究，但缺乏对生态修复重建生态功能和结构的综合评价。

(7)近年来开始加强修复重建的生态学过程的研究。

(8)新技术应用还有待提高，研究定性和半定量居多，缺少系统的、连续的、动态的定量研究。

3)流域资源生态修复的主要目标

流域资源生态修复的目标是通过人工设计和恢复措施，在受干扰破坏的流域资源生态系统的基础上，恢复和重新建立一个具有自我恢复能力的健康的流域资源生态系统(包括自然生态系统、人工生态系统和半自然半人工生态系统)；同时，重建和恢复的流域资源生态系统在合理的人为调控下，既能为自然服务，长期维持在良性状态，又能为人类社会、经济服务，长期提供资源的可持续利用，即服务于包括人在内的整个自然界和人类社会。

具体目标：污染土壤的生态修复，污染水体的生态修复，污染大气的生态修复，生物多样性的恢复，健康生态过程的恢复，破坏资源的生态恢复，水土保持生态修复，森林生态恢复，湿地生态恢复，矿产资源生态恢复，草地资源生态修复等。

4)流域资源生态修复评价方法

流域资源生态修复是遵循生态学规律，主要依靠资源生态系统的自组织、自调节能力对流域资源生态系统本身进行修复，进行适当的人为引导，遏制流域资源生态系统的进一步退化，并使退化的流域资源生态系统尽快恢复原有的结构和功能。

流域资源生态修复评价指标体系。评价的标准和指标体系的确定是进行评价研究的关键。判断生态修复的5个标准是：可持续性(可自然更新)、不可入侵性、生产力、营养保持力和生物间相互作用。修复与否的指标体系应包括造林产量指标、生态指标和经济社会指标，这3个一级指标又各自包含一系列二级指标。

流域资源修复，是指流域资源系统的结构与功能修复到接近其受干扰以前的结构与功能。结构修复指标是流域资源的丰富度，功能修复指标包括初级生产力和次级生产力、食物网结构、在物种组成与生态系统过程中的反馈能力。反馈能力包括修复所期望的物种丰富度、管理群落结构状态的特征赋值、群落结构与功能间的连接等内容。

流域资源生态修复评价指标体系和方法虽然可从不同的角度测度生态修复，但系统性不够，而且可操作性差。目前，国内外在流域资源生态系统修复重建评价方面的研究范例较少，相比之下，各国学者更侧重于对流域资源生态系统健康评价的研究。尽管如此，对流域资源生态系统健康的研究还只是近十多年的事情，到目前为止，几乎对所有类型的流域资源生态系统都进行过健康评价的研究，但从生态系统健康的角度评价生态修复的研究成果还有待实践的检验。

流域资源生态健康评价。流域资源生态健康评价的关键在于，确定衡量偏离健康状态程度的合理指标。许多研究者通过定义主要要素、标准和方法以及建立综合性研究框架，对流域资源生态系统健康评价的三维模型和相关方法进行了有益探讨。从流域资源系统可持续性能力的角度描述流域资源系统状态的 3 个指标，具体包括活力（Vigor）、组织结构（Organization）和修复力（Resilience）。其中，活力表示流域资源生态系统的功能，可由生态系统的初级生产力或新陈代谢等直接测量出来；组织结构用多样性指数、网络分析获得的相互作用信息等参数表示；修复力也称抵抗力，是指系统在胁迫条件下维持其结构和功能的能力，可用模拟模型计算。

一些学者通过对海洋生态系统、农田生态系统和森林生态系统健康的研究，提出了一个评价流域资源生态系统健康的度量指标——多样性丰度关系。在健康的生态系统中，多样性丰度关系可以用对数正态分布表征。在系统受到胁迫的条件下，多样性丰度格局常常变化且不再表现为对数正态分布。一个流域资源的多样性和丰度分布如偏离对数正态分布越远，流域资源生态系统就越不健康。一些研究者还提出，对流域资源生态系统健康的客观评价仅依靠单一指标是不可靠的，而应该把多样性丰度的对数正态关系和其他测定胁迫的生态学指标结合起来。从已有的研究成果来看，这个度量指标仍有待进行更广泛和深入的检验，以确定其是否具有普遍价值。

在指标选取方面，不同的指标涉及流域资源生态系统健康的不同方面。充分评价流域资源生态系统的健康和完整性，必须同时选取多个指标，因为流域资源生态系统健康的评价范围非常广泛，它不仅包括生物物理问题，而且还包括经济社会和人等诸多方面。为了获取流域资源生态系统的所有特征，在评价生态系统现状及过程中，需要从多个角度来进行评价指标的选择。目前，被普遍认同的流域资源生态系统健康的标准有活力、修复力、自组织、生态系统服务功能的维持、管理选择、外部输入减少、对邻近系统的影响、人类健康影响等 8 个方面。它们分属于生物物理范畴、经济社会范畴、人类健康范畴以及一定的时间和空间范畴。这 8 个标准中最重要的是活力、修复力、自组织 3 个标准，这 3 个标准是描述流域资源生态系统状态的主要指标。

评价流域资源生态系统健康的方法主要有两种：指示物种法和指标体系法。指示物种法是采用一些指示类群（Indicator Taxa）来监测生态系统健康的方法。利用指示物种评价生态系统健康，主要是依据生态系统的关键物种、特有物种、指示物种、濒危物种、长寿命物种和环境敏感物种等物种的数量、生物量、生产力、结构指标、功能指标及其生理生态指标来描述生态系统的健康状况。指示物种评价比较适合于流域自然生态系统的健康评价。这种方法广泛用于流域大气污染、流域水生态系统健康、流域森林生态系统健康的评估,是目前流域生态系统健康研究常用的基本方法。尽管在流域生态系统健康监测与评价中都采用指示物种法,但是所采用的指示类群是否合适却一直受到质疑。而且由于流域环境变化灵敏度的差异,不同指示生物对于不同流域,乃至同一流域的不同区域尺度下的生态系统,其评价结果是有差异的。总的来说,这种方法应用于流域资源生态系统健康评价,仍然存在指示物种筛选标准不明确以及采用的类群不合适等一些问题。

流域资源生态系统的特征和属性是不断变化的,评估复杂系统的健康需要综合考虑多方面的因素,因此要选择合适的生态系统元素或过程作为指示物去测度健康状态并非易事。而指标体系法可以综合大量的复杂因素进行分析,采用层次分析法对流域资源生态系统多项指标进行综合评价,从生态系统结构、功能演替过程及生态系统服务功能等多角度度量流域资源生态系统健康。这种方法能客观地反映各影响因素或各指标对流域资源生态系统健康的影响程度,不仅可以进行生态系统不同尺度的健康评价转换,而且可以综合运用不同尺度信息的指标体系对流域资源生态系统健康进行评价。这种方法适合于任何类型的流域资源生态系统。

需要强调的是,采用流域资源生态系统健康评价方法来评价流域资源生态修复效果,在某种程度上也存在着局限性。流域资源生态系统健康针对自然的和受干扰的流域资源生态系统,主要研究外界胁迫下流域资源生态系统的反映情况,强调维持流域资源生态系统自身的进程及其为人类服务的功能。而流域资源修复生态仅针对干扰后形成的不健康的生态系统,主要强调人为促进流域资源生态系统修复,或利用流域资源生态工程将流域资源生态系统改变为另类符合人类需求的流域资源生态系统。因此,流域资源生态系统健康评价方法更适用于对自然修复的流域资源生态系统的评价,而人为促进修复的流域资源生态系统,往往影响因素更为复杂,尤其是人为的不确定因素的作用,使得其评价标准的确定更为复杂化,此时流域资源生态修复评价与流域资源生态系统健康评价共享同一个标准有可能不再合适,而标准的不同又可能导致指标体系的不同。因此,尽管对人为促进修复的流域资源生态系统的健康评价在某种程度上仍能反映该系统生态修复的状况,但却不能客观地反映流域资源生态修复的全部信息。

由此可见,流域资源生态修复评价并不等同于流域资源生态系统健康评价,更客观、更确切地评价流域资源生态系统修复状况,尤其是评价人为促进修复的流域资源生态系统修复的程度与状况,还需要建立专门的、能反映其修复特性的评价标准与指标体系。

流域资源生态安全评价。流域资源生态安全评价,一般是应用 Pressure-State-Response(简称"PSR")框架模型来建立评价指标体系。PSR 框架模型由三个基本模块组成,即压力(Pressure)模块、状态(State)模块、响应(Response)模块,依据这三个模块确定合适的评价指标体系,并建立评价模型。也有学者将 PSR 框架模型进行扩展,提出了区域生态安全评价指标体系概念框架,即驱动力-PSR 生态环境系统服务的概念框架,并据此建立了一套区域生态安全评价指标体系。此外,现有研究一般认为生态安全是生态风险的反函数,从生态风险的角度出发来考虑生态安全评价,但由于生态风险评价大多局限于分析污染物的影响,因此对于综合分析生态安全具有局限性。

流域资源生态安全评价具有不同于流域资源生态修复评价及流域资源生态健康评价的

突出特性,即流域资源生态安全评价结果具有先验性。但是,流域资源生态安全分析关注的焦点仍在于:流域资源生态系统的完整性和稳定性,流域资源生态系统健康与服务功能的可持续性,主要生态过程的连续性等。因此,尽管流域资源生态安全分析具有先验性,但就生态系统本身而言,健康与安全的评价标准与指标体系或许并不相同,流域资源生态安全依赖于流域资源生态系统健康,流域资源生态系统的健康水平决定了流域资源生态安全的程度。因此,流域资源生态安全分析与流域资源生态系统健康诊断之间存在互为映射的关系。而对于退化的流域资源生态系统,其安全程度只能在某种程度上间接反映流域资源生态修复的状况。因此,流域资源生态安全的评价方法虽不能完全应用于流域资源生态修复评价,但对流域资源生态修复评价具有重要的借鉴意义。

流域资源生态修复评价方法。随着生态修复实践的深入,多种评价方法也随之产生。流域资源生态修复评价的主要方法有模糊综合评价法、灰色评价法、PSR 框架模型法、主成分分析法、模糊评价法、层次分析法等。

(1)模糊综合评价法。模糊综合评价法常常要涉及多个因素或者多个指标。具体过程是:将评价目标看成是由多种因素组成的模糊集合(称为因素 U);再设定这些因素所能选取的评审等级,组成评价的模糊集合(称为评判集 V),分别求出各因素对各个评审等级的归属程度(称为模糊矩阵);然后根据各个因素在评价目标中的权重分配,通过计算(称为模糊矩阵合成),求出评价的定量解值。学者丁立仲等(2006)采用层次分析及模糊综合分析相结合的方法,建立了流域资源生态修复工程效益的综合评价指标体系,并用欧式距离模型结合模糊聚类分析法对流域资源生态修复工程效益进行了评估。从其提出的分析过程看,由于要采用 Delphi 法确定亚目标层的指标权重,因此意识因素还是较强的。

(2)灰色评价法。灰色系统理论在 20 世纪 90 年代得到了广泛的应用。学者王宏兴等(2003)首次将多目标灰色关联投影法运用于流域资源生态工程建设综合效益评价,丰富了迫切需要的流域资源生态修复综合效益评价方法。灰色评价法在于将抽象问题实体化、量化,充分利用已知信息,将灰色系统淡化、白化,使人们能够通过有限的信息,更为客观、真实地认识外部世界。灰色边界模型是用模糊数学的方法来处理环境分级中的边界问题,从而更合理地区分聚类元素在其聚类指标下的所属类别。学者邓聚龙(1985)以灰色系统理论为基础,提出了灰色边界模型,进而增强了聚类函数的边界模糊性,提高了分析方法的灵敏度,更充分、合理地运用了已知信息,使评价结果更为客观、准确。

(3)PSR(压力—状态—响应)框架模型法。PSR 框架模型在分析问题时具有非常清晰的因果关系,即人类活动对环境施加了一定的压力;由于这个缘故,环境状态发生了一定的变化;而人类社会应当对生态环境的变化做出反应,以修复生态环境质量或防止生态环境退化。而这三个环节正是决策和制订对策措施的全过程。学者杨一鹏等(2004)以遥感数据作为信息源,在 GIS 技术支持下建立了《松嫩平原西部湿地空间数据库》,以 PSR 框架模型为研究方法,建立了一套湿地生态环境系统评价指标体系。

(4)主成分分析法。主成分分析法(Principal Component Analysis,简称 PCA),是在保证信息损失尽可能少的前提下,经线性变换对指标进行"聚集",并舍弃小部分信息,从而使高维的指标数据得到最佳的简化。通过主成分分析,可以将众多的生态修复的环境效应的评价指标重新整合,剔除众多指标中的重复信息,这一过程不仅减少了生态修复评价的工作量,提高了评价效率,而且可以更加全面的评价流域资源生态修复的环境效应。

（5）模糊评价法。模糊评价分为单因子和多因子评价，通过对不同指标取不同权重，根据模糊集理论，每个指标的评价构成一个模糊子集，全部指标的综合评价组成模糊集的映射，即模糊关系。

（6）层次分析法。层次分析法可对多目标、多准则、多层次的复杂问题进行分析，通过建立层次分析模型构造判断矩阵、层次排序和诊断结果分析对效益进行评价。应用此方法评价流域资源生态修复综合效益，是在其基本原理的基础上，针对不同流域的自然资源、经济与社会条件、修复措施等，并基于研究时期内各项效益的实测、调查或计算结果的指标值，给出各自的评价得分值，然后参照评价等级划分标准，评价其修复水平的高低和系统建设的功能。

#### 4.2.2.3 流域自然资源质量状况评价

1）流域资源质量

资源是数量与质量的统一体，量与质的保证是资源发挥其生态、社会、经济等多种效益的基础。随着人们对资源质量重要性认识的不断提高，对资源多种效益中质量的作用意识不断增强，社会各界对提高资源质量的呼声越来越高，为此，国家启动了全国资源清查机制，第一次增加了反映资源质量、资源健康、生物多样性等指标和内容，以实现对资源和生态状况的综合评价。尽管资源质量的重要作用日益凸显，且越来越多地受到人们的关注，然而从文献资料来看，对资源质量的专门研究却相对较少，对资源质量的内涵及其变化缺乏足够的认识，对什么是资源质量、包含几方面的内容、如何来衡量等一系列基本问题尚未形成一致看法。而正确理解流域资源质量的内涵，对科学建立流域资源质量评价体系、全面准确地反映流域资源质量、改变片面追求数量而轻视质量的行为、提高流域资源可持续能力，具有现实意义。

质量（Quality）一词衍生于拉丁文名词 qualitas，意指什么性质（Whatkind）。质量的定义可理解为：实体满足规定或潜在需要的特性总和。由此，资源质量可理解为其所具有的固有特性能够满足规定或潜在需要的程度，也可商榷性地定义为：资源为人类提供的大量有形和无形物质的内在本质特性，以及这些特性可以发挥作用的能力及优劣程度。这样定义的原因在于，以往对资源质量的理解相对比较片面，衡量资源质量优劣的指标主要以产量为标准，仅仅体现在其提供资源等有形物质的经济效益的发挥上，而忽视了资源生态、社会经济等综合效益的有效发挥。

流域资源质量的内涵。随着经济社会的持续发展，流域资源可持续开发进程的加快，流域资源质量不仅日益受到学者、公众和社会的关注，而且其内涵也更加丰富。流域资源本身是一个复杂的生态系统，因此流域资源质量的内涵也应该从多个角度去理解和衡量。

从资源内涵可以理解，流域资源的质量不仅取决于其自身的特性，还取决于流域资源特性带来的生态环境、经济社会等一系列有形效益和无形效益。因此，流域资源质量内涵主要应涵盖生物学质量、社会经济学质量以及生态环境学质量三个方面。

流域资源的生物学质量。流域资源的生物学质量，主要是指在资源形成过程中，资源自身的特征和变化所具有的内在本质特性。它是资源独立于人类对资源产品和服务功能需求之外的内在质量，主要体现在资源自身特性方面的变化。流域资源生物学质量的高低是资源质量高低的基础，它直接影响着资源社会经济学和生态环境学质量的高低，与人类生活的许多方面都有着非常密切的关系。只有较高的流域资源生物学质量才可以为人类提供更多的有形价值和无形价值，才可以使流域资源在经济社会和生态环境方面的作用得以良好体现。因此，只有注重流域资源生物学质量，才可以使中国流域资源质量从根本上得以提高，从而使资源得以可持续利用。

流域资源的经济社会学质量。作为经济社会发展的物质基础，资源可以为人类提供大量资源等有形物质，此外，流域资源还可以为人类提供很多无形的产品，如资源具有满足人类身心健康和精神享受的功能，很多资源还具有美学价值。所以，流域资源经济社会学质量，主要是指流域资源为人类提供各种有形和无形价值的能力。流域资源经济社会学质量是资源质量的重中之重，只有提高流域资源经济社会学质量，流域资源才可以支撑经济社会的全方位发展。

流域资源的生态环境学质量。流域资源生态环境学质量，是指资源改善生态环境的能力，主要体现在环境保护等方面。流域资源生态环境学质量在资源维护生态系统平衡方面起着至关重要的作用，是影响生态环境优劣的关键因素。众所周知，资源可以改善生态环境，可以提供更好的生存环境，但是，大多数人只是认识到了资源所具有的这些重要作用，而对这些作用发挥过程中，资源质量的重要地位知之甚少，重视程度不够。流域资源生态环境学质量就是用来衡量流域资源生态环境效益发挥能力的质量指标。流域资源生态环境效益越高，说明资源生态环境学质量越高；反之，则说明资源生态环境学质量越低。因此，正确认识流域资源生态环境学质量，可以使资源生态环境效益作用程度进一步加强，从而有利于资源质量和环境效益的改善。

上述三个方面从不同角度反映了流域资源质量的内涵，它们之间的关系是相互联系、相互影响的。首先，流域资源生物学质量是基础。较高的流域资源生物学质量可以为流域资源经济社会学质量和流域资源生态环境学质量的提高奠定较好的物质基础，没有较高的流域资源生物学质量这个前提，流域资源经济社会学质量和流域资源生态环境学质量都将成为空中楼阁，亦没有任何现实意义。其次，流域资源经济社会学质量和流域资源生态环境学质量又会对流域资源生物学质量的提高起到促进作用。最后，流域资源质量内涵三个方面内容是一个有机统一体，缺一不可，从而构成了一个有机而完整的系统。

所以，流域资源质量是一个整体概念，涵盖了流域资源的生物学质量、经济社会学质量以及生态环境学质量三个方面。其中，每个方面都会影响到流域资源质量总体，只有三者之间的有机结合，才能最终达到流域资源的经济社会与生态环境效益最大化，流域资源经济社会、生态环境功能的最大化则是流域资源质量的最佳状态。

*2)流域资源受损及其危害*

流域资源质量决定着流域生态环境质量的优劣。流域资源受损及其危害主要体现在以下几方面：

水资源问题。就全球而言，淡水不足的陆地面积约占60%，约有20亿人口饮用水紧缺，10亿以上的人口饮用被污染的水。联合国环境署、开发署，世界银行和美国世界资源研究所在1996年“地球日”前夕联合发表《1996—1997年度世界资源报告》，告诫人们：淡水的消耗在过去半个世纪里增长了2倍。我国淡水资源总量为2.8万亿 $m^3$，相当于56个太湖的水量，而人均水资源量仅为1 856 $m^3$，仅相当于一个中型游泳池的水量，且Ⅲ类以上水质仅为48%左右，黄河、海河、淮河三大流域的水资源开发利用率都在85%以上，生态用水极其紧张，河道生态退化严重，华北平原地下水超采造成大面积漏斗不断扩大，入海口河流咸水倒灌明显。

森林资源问题。据有关专家估计,为了保证人类及其他生物正常生产和生活的需要,世界森林面积一般不应少于40亿$hm^2$。而1950~1975年,世界森林面积已从50亿$hm^2$缩减到26亿$hm^2$,平均每年有1 100多万$hm^2$的森林遭到破坏。现有森林面积仍在不断减少,并且已经造成水土流失、沙漠扩大、气候变异和物种灭绝等一系列严重后果。

植被破坏严重。我国的森林破坏很严重,同时,由于过度和不合理的利用,大量林地被侵占,在很大程度上抵消了植树造林的成效。随着人口的压力和对土地的掠夺式经营,毁林开荒等行为使森林覆盖率急剧下降。草原面临严重退化、沙化、碱化,加剧了草地水土流失和风沙危害。

荒漠化问题加剧。据联合国粮食及农业组织估计,全世界30%~80%的灌溉土地不同程度地受到盐碱化和水涝灾害的危害,因侵蚀而流失的土壤每年高达240亿t。我国土地荒漠化急剧发展,现在荒漠化面积已达到262万$km^2$,即国土的1/4成为荒漠化土地,而这些荒漠化土地多分布在西部地区,日趋严重的土地荒漠化现象使西部地区每年都要遭受沙尘暴的多次袭击,西部的沙尘暴肆虐了大半个中国,甚至越过黄海肆虐了日本、朝鲜等国。我国的耕地退化问题也十分突出。如原来土地肥沃的北大荒地带,土壤的有机质含量已从原来的5%~8%下降到1%~2%(理想值应不小于3%)。同时,由于农业生态系统失调,全国每年因灾害损毁的耕地约13.33万$hm^2$以上。

能源资源问题。我国资源丰富,矿产储量很大,但矿产资源多数为不可再生资源。多年来,资源意识淡薄,宏观管理滞后,开发利用技术落后,以及"有水快流,涸泽而渔"的掠夺式开发,导致了矿产资源破坏严重,资源消耗量大、利用率低等严重后果。据统计,1960年世界能源消耗为5.5亿t标准煤,到1980年增加到90亿t标准煤,增长了15.4倍,平均每年增加4 023万t。据《1996—1997年度世界资源报告》,由20世纪70年代中期到90年代中期约20年中,世界的能源消耗增长了50%;而到2020年,全球能源消耗还将比现在增长50%~100%。由此造成"温室效应"的二氧化碳等有害物的排放会增加45%~90%,将给环境带来灾难性的影响。

物种资源问题。据1986年世界资源研究所报告,目前世界上已经鉴定的物种有170多万种。在1990~2020年间,由森林砍伐引起的物种灭绝,预计将达到世界物种总量的5%~15%。随着世界农业、工业和医药业对生物物种应用的迅速增加,未来的20~30年间,地球总生物的25%将面临灭绝的危险。据统计,我国高等植物大约有4 600种处于濒危或受威胁状态,占高等植物的15%以上,近50年来约有200种高等植物灭绝,平均每年灭绝4种;野生动物中约有400种处于濒危或受威胁状态。我国许多动物严重濒危,脊椎动物受威胁的达433种,灭绝或可能灭绝的有14种,许多水域中经济价值高的物种和敏感物种逐步减少以致消失,如长江的三鲟、江豚、白暨豚等。帝雉是我国台湾省的一种特有珍禽,目前已濒临绝种,云豹也成了台湾稀有野生动物。云南省西双版纳由于长期肆意捕杀和毁灭森林,致使许多珍贵的野生动物面临灭绝的危险,如长臂猿、叶猴、鼠鹿、野象、野牛等。由于大面积的树林和竹林被破坏和开垦,动物失去栖息地,我国的大熊猫急剧减少,分布区急剧收缩,最后退到四川和陕甘地区的40余个县内,就连这狭小的立足之地也是朝不保夕。

生态环境恶化。目前,我国森林覆盖率不到16%,人均占有林地只有0.11 $hm^2$,大大低于世界平均水平的0.65 $hm^2$。长江上游多为山地,森林减少不仅使其吸纳水量的功能减弱,而且使地表大面积裸露。失去森林湿地保护的土壤在雨水的冲刷下大量流失,致使全国水土流失面积达 360 万 $km^2$,其中水蚀面积达 179 万 $km^2$。生态环境恶化,使黄河断流有增无减,1986～1998 年 12 年间,有 21 次出现断流,尤其是 20 世纪 90 年代,年年出现断流,且首次断流时间提前,断流时间和流距不断扩增。断流严重的 1997 年,山东利津站全年断流 13 次,累计 226 天,330 天无黄河水入海,断流起点上延到开封柳园口附近,全长达 704 km,占黄河下游长度的 90%,黄河中游各主要支流也相继出现断流。

水土流失严重。水土流失恶性发展使生态环境遭到破坏,最终造成土壤侵蚀,导致肥力减退、水分流失、土壤干旱、沟壑增多、蚕食耕地、淤积江河库塘、破坏交通、增加自然灾害、破坏生态等,使生态系统恶性循环。水土流失是全国性的重大问题。1997 年我国水土流失面积达 180 多万 $km^2$,约占国土面积的 1/5,其中西南和西北地区水土流失面积较大。黄土高原面积约 64 万 $km^2$,水土流失面积达 45 万 $km^2$,占黄土高原面积的 70%。

自然灾害频发。生态破坏不断加重,各类灾害也在不断升级。大气中的 $CO_2$ 和 CO 在强光照射下,进行氧化作用,并和水汽结合成酸雨,对森林和江河湖泊等生态系统造成严重破坏。更为严重的是,$CO_2$ 等废气导致"温室效应":高纬度降水增多,海平面上升;低纬度雨水减少,蒸发量增大,于是在一定的区域范围内,不是洪涝,就是干旱,这就是所谓的"厄尔尼诺－拉尼娜"现象。由于森林植被的严重破坏和大面积的陡坡开荒,部分地区失去蓄水保土、维持生态环境的功能,干旱和荒漠发展,河流径流量洪枯比例扩大,并引发旱涝和山地灾害。

3)流域资源预警机制

生态环境预警集中研究生态系统和环境质量逆化变化(即退化、恶化)的过程和规律,作出及时的警报和对策。因此,生态环境预警机制的构建应建立在区域生态环境质量动态评价的基础上,将主要生态环境质量问题总结归纳为各种评价指标,并确定其预警级别,进行单项评价指标评价和区域的综合评价,然后,有针对性地根据这些生态环境问题的产生特点、危害影响范围进行长期监测,建立预警方案,最终通过部门之间的协调合作,将各种损失降低到最小程度。生态环境预警对维护流域的社会稳定和经济发展具有重要的意义。

流域资源预警的概念。预警就是指对某一警素的现状和未来进行测度,预报不正常状态的时空范围和危害程度,提出防范措施。流域资源预警就是在全面准确地把握流域资源的运动状态和变化规律的基础上,对流域资源的现状和未来进行测度,预报不正常的时空范围和危害程度,及时提出防范措施。所谓运动状态,是指流域资源的总体及各个构成部分的数量特征;而变化规律则是指流域资源的总体及各影响因素之间的数量联系和运动方式。

流域资源预警系统是对特定区域范围内的资源现状和未来进行测度,预报不正常状态的时空范围和危害程度,对已有问题提出解决措施,对即将出现的问题则给出报警和调控系统。预警系统是流域资源可持续发展的技术支撑体系,它服务于流域资源的宏观管理,从属于流域资源宏观管理系统的反馈调控子系统。预警系统的发展历史已经很长,取得的成果相当丰硕,发挥的效益也为世人瞩目。从宏观经济调控到自然灾害管理,从部门专业领域到区域综合预警,预警系统的基础理论不断丰富,实用系统不断完善,应用领域不断拓展。但是,流域资源预警系统的理论探讨才刚刚开始,实践应用还没有展开。要将流域资源预警系统从理论研究转化为实际的研建行动,从学术讨论的层面上升到决策者的议事日程,就必须从根本上认识流域资源预警系统研建的必要性。

流域资源质量预警的意义。流域资源质量预警就是在全面准确地把握流域资源生态系统的运行状况和变化规律的基础上，对流域资源生态质量的现状和未来进行测度，预报不正常状态的时空范围和危险程度，提出防范措施。流域资源质量预警理论阐明了流域资源生态质量变化规律，为流域资源的可持续利用与管理提供参考依据。管理者利用预警的超前性，可以及时掌握流域资源生态质量的变化趋势，不至于在警情爆发的情况下才采取补救措施，从而改变了流域资源生态质量管理的滞后性。此外，流域资源生态系统极其复杂，应借用一定的理论和方法对流域资源生态质量进行全面的分析研究，把握流域资源生态质量变化规律，以此为基础进行科学的调控决策和生态质量预警，及时了解流域资源生态质量状况，进行科学管理，从而维持流域资源生态过程的连续性、流域资源生态系统结构的稳定性和功能的完整性。

流域资源生态质量预警的基本内容包括：

警义。警义即预警指标。选取预警指标时，既要结合我国不同流域资源的状况，同时也要考虑所选取指标的全面性、主导性、易变性、科学性和可操作性。多样性指标包括物种多样性和生境类型多样性。代表性指标是度量流域资源生态系统的生物区系、群落结构与所在地理省或某一生态地理区域整个生态系统相似程度的指标，生态系统的代表性状况需要全体物种加以反映。稀有性指标主要指流域资源物种或生境等在自然界的存在数量，从而判断其稀有程度。自然性指标主要由人类对流域资源的干扰程度来衡量。适宜性指标主要由野生生物所生存和繁衍的流域环境、水质条件和植被覆盖率等构成。生存威胁指标的稳定性指标反映了物种、群落、生态系统等对环境变化的内在敏感程度。人类威胁是指人类活动对流域内生物、土壤、景观等自然资源造成的危害情况，一般可分为直接威胁和间接威胁。

警情。警情是指在事物发展过程中出现的极不正常的情况，也就是已经出现或将来可能出现的问题。警情是预警的前提。如流域资源生态功能有较大幅度下降，就可认为出现了警情；流域资源生态系统遭受自然和人类活动的破坏，导致流域资源生态质量的下降，也可以认为出现了警情。流域资源生态质量警情主要是指生态功能和利用效益的降低，也包括对流域资源的盲目开垦和改造造成的流域资源削减、功能下降等。

警源。警源是指产生流域资源生态质量系统警情的根源或源头，可分为自然警源、外在警源和内在警源。自然警源是指各种可引发自然灾害，从而对流域资源生态质量造成破坏的自然因素，如洪涝、干旱、海水入侵等；外在警源是由流域资源生态系统外输入的警源，主要指在经济利益驱使下不合理地开发利用流域资源，导致流域资源被破坏和退化的人类活动，例如，过高的生产和生活资料价格会因人们的急功近利而加剧流域资源退化；内在警源则是流域资源生态系统自身的运行状况及机制，包括对流域资源的开发利用行为、流域资源管理行为、流域资源保护制度、流域资源产权制度等因素。如对流域资源产权的界定不清，会引发人们的一些短期行为。我国流域资源利用成本相对较低，一定程度上导致流域资源遭遇危机。

对警源加以区分，可使人们在进行流域资源生态质量预警过程中，对自然警源和内在警源进行预测，而对外在警源只能从宏观上加以把握，结合其发展规律，对预测结果做一个趋势上的修正。

警兆。警兆是指警情爆发之前的一种预兆，是警源过渡到警情的中间状态。流域资源生态质量系统警兆包括景气警兆和动向警兆。景气警兆一般以实物运动为基础，表示流域资源生态质量某一方面的景气程度。如流域资源生态系统中物种多样性程度、植被覆盖率、水质条件等均属景气警兆;流域资源生态系统内动植物资源的市场价格、人们的收入水平等并不直接表示流域资源生态质量景气程度的指标,均属动向警兆。景气警兆属于内生变量,是流域资源生态质量预警所能选取的指标;动向警兆属外生变量,与流域资源生态质量无直接关系,定性分析时可作为预测依据,定量分析时不作为预警指标。

警度。警度是衡量流域资源生态质量系统警情的大小程度,一般分为无警、轻警、中警、重警和巨警。不同指标的警度值域可能不一样,或者同样的值域、不同指标的警度也不一样。如对流域资源生态系统内的鱼类总量来说,减少幅度为 5% ~10% 的为轻警;而对于湿地总面积来说,则可能为中警乃至重警。

流域资源预警的方式主要有指标预警法、统计预警法和模型预警法。指标预警法具有简单、实用和快速的特点,是统计预警法和模型预警法的基础。在研建流域资源预警系统时,首先是设计指标预警系统,其次是分析统计预警系统,最后是建立模型预警系统。在这三套预警系统中,指标预警系统为基础,统计预警系统为重点,模型预警系统为补充。它们既相对独立,又相互配合。但不论采用哪种方式进行流域资源的预警研究,选择和确定预警指标都是预警研究的核心问题之一。流域资源预警指标的类型很多,从空间尺度上看,主要有宏观预警指标、中观预警指标和微观预警指标;从时间尺度上看,主要有长期预警指标、中期预警指标和短期预警指标;从预警指标的内涵上看,主要有警情指标、警源指标和警兆指标。

(1)预警指标的概念。

"指标"(Indicator)一词来源于拉丁文的 indicare,原意是揭示、指引、告白。指标通常是某一参数或某些参数导出的值。评价指标以比较简单的方式向人们提供评价对象的有关信息。警情指标、警源指标和警兆指标密切相关、三位一体。警情指标是预警研究的对象,是流域资源业已存在或潜伏着的问题;警情产生于警源,又必然产生警兆;根据警兆指标的变化状况,联系警兆的报警区间,参照警素的警限确定和警度划分,并结合未来情况作适度的修正,便可以预报警素的严重程度,即预报警度;根据警素的警度,联系警源指标,对症下药,采取相应的排警措施,以便实现有效的宏观调控。因此,流域资源预警系统要以警情指标为对象,以警源指标为依据,以警兆指标为主体。

警情指标。警情指标是流域资源预警系统研究对象的描述指标。所谓警情,就是事物发展过程中出现的异常情况,也就是流域资源业已存在或将来可能出现的各种各样的问题。比如,流域资源运行偏离了可持续发展轨道,就可以认为流域资源在发展过程中遇到了警情;又如,流域森林资源遭受森林火灾的危害或存在森林火灾的危险,也可以认为流域森林资源遇到了警情。用来描述和刻画警情的统计指标就称做警情指标。流域资源是由多层次的子系统和多方面的要素构成的复合系统,它在发展过程中会受到各种因素的干扰,既包括自然因素和人为因素,也包括内部因素和外在因素,致使流域资源在发展过程中出现各种各样的问题。警情指标就是流域资源问题空间的描述指标,也就是指警素。

警源指标。警源是指警情产生的根源,是流域资源发展过程中业已存在或潜伏着的"病灶"。用来描述和刻画警源的统计指标就称做警源指标。从警源的生成机制看,既有区域内部输入的警源,又有区域外部输入的警源。警源指标可以分为三类:一是来自流域资源自身因素的警源即自生警源指标;二是由流域资源外部输入的警源即外生警源指标,比如气象因子指标、地质因子指标、市场价格指标等；三是来自流域资源管理的警源即内生警源指标，比如防护投入强度、法规执行力度、资源管理效度等。从警源的可控程度看，警源指标也可以分为三类：一是强可控警源指标，比如管理上的问题和漏洞；二是弱可控警源指标，比如现有资源的状况等；三是不可控警源指标，比如气象因子、地质因子等。寻找警源既是分析警兆的基础，也是排除警患的前提。不同警素的警源指标各不相同，即使同一警素，在不同的时空范围内，警源指标也不相同。因此，我们必须针对具体的警素，寻根究底，顺藤摸瓜，直至找到问题的症结所在。

警兆指标。警兆是指警素发生异常变化导致警情爆发之前出现的先兆。用来描述和刻画警兆的统计指标就称做警兆指标。一般情况下，不同的警素对应着不同的警兆，相同的警素在特定的时空条件下也可能表现出不同的警兆。流域资源预警系统旨在为流域资源的宏观微调提供信息依据。它的特点在于预报，即以足够长的领先时间作出警报，以便有足够的时间酝酿调整措施和组织实施。要满足这一要求，首先必须建立起合理的警兆指标。警兆指标又称先导指标或先行指标，它是预警指标的主体，是唯一能够直接提供预警信号的一类预警指标。流域资源的预警指标在时间运行上可以划分为三种类型，即先行指标、同步指标和滞后指标。预警指标三种类型的具体划分标准因警素不同而各异。对于周期性波动比较明显的流域森林资源预警先行指标，划分的具体标准：一是各个特殊循环的峰值比基准循环的峰值先行至少在三个月以上，而且这种先行关系比较稳定，不规则现象较少；二是特殊循环与基准循环接近一一对应，且在最近的连续三次循环运动中，至少有两次特殊循环的峰值保持先行，而且先行时间在三个月以上；三是指标的经济性质与基准循环有着肯定的、比较明确的先行关系。确定同步指标和滞后指标的标准与先行指标确定的标准基本类似，但同步指标的特殊循环的峰值与基准循环的峰值的时差保持在正负三个月以内，而滞后指标的特殊循环的峰值比基准循环的峰值落后三个月以上。对于区域森林资源预警系统而言，重要的是如何确定先行指标即警兆指标。

（2）预警指标筛选的条件和原则。

流域资源预警系统成功的关键在于预警指标的确定，特别是警兆指标的确定，而警兆指标确定的关键主要有两个方面，即指标的选择和指标体系的确定。

预警指标筛选的条件。预警指标的选择本质地决定了流域资源预警能否成功。因此，一般需要从大量的统计指标中进行筛选，选取一组有代表性的先行指标。美国国家经济研究所从数百项统计指标中筛选了 72 个指标，其中 36 个指标对国民经济发展趋势有预测的作用，即先行指标，组成了一个综合先行指标即先行指标体系。随着时间的推移，个别先行指标不再具有预测作用，还需要适时用新的先行指标进行替换和调整。

预警指标要想发挥它应有的预警作用必须符合一定的条件。这些条件主要有：一是选择的指标必须能够确保正确地评价当前流域资源发展的状态，应该能描述和表现出任一时刻流域资源发展各个方面的现状，揭示历史上流域资源波动的原因。通过所选择的预警指标能够使调控流域资源状态的决策者，将这些指标综合起来，得出一个符合流域资源实际情况的结论。这样不仅能自然判断出流域资源形势的正常与异常，而且还能为未来流域资源发展进行预警创造条件。二是选择的指标必须能够准确地预测流域资源发展的趋势，能够描述和表现出任一时刻发展的各个方面的变化趋势，这是流域资源预警的重点。使用所选择的预警指标，通过趋势预测，揭示出使流域资源处于稳定增长态势的合理界线。三是选择的指标必须能够及时地反映流域资源的调控效果，这是流域资源预警的目的。因为流域资源预警的基本功能就是要敏感地反映流域资源的发展趋势，及其发展过程中的波动，通过改变流域资源系统的控制参数和变量，实现对流域资源系统进行宏观调控，使流域资源系统中出现的异常状态得到收敛和控制，从而使流域资源系统的变动能够在合理的置信区间内进行，而不脱离这一范围。

预警指标筛选的原则。预警指标要想完全符合上述条件实属不易，它必须从大量统计指标中精心筛选。统计指标是预警指标选择的基础，而监测指标是预警指标选择的重点。科学地选择预警指标，不仅有思想认识问题，也有技术上的难点。技术难点主要有：统与分的矛盾，即可比性与针对性的矛盾；繁与简的矛盾，即科学性与可行性的矛盾；虚与实的矛盾，即理论研究与实际应用的矛盾。要解决这些问题，在实际操作过程中要始终坚持以下预警指标筛选的原则：

①准确灵敏的原则。预警指标应能够准确灵敏地反映流域资源发展变化的主要方面。准确灵敏的原则体现在两个方面：一是预警时效的准确灵敏。预警指标主要用于流域资源的短期分析和预测，因此要求在及时准确地获得当前流域资源统计数据的基础上，预警指标能够迅速及时地提供预警信号，反映流域资源运行状态的变化过程。二是预警显示度的准确灵敏。预警指标既对流域资源运行变化强弱有灵敏的反映能力，又能准确地予以显示，清晰地反映出流域资源发展运行状态的平稳和均衡与否的程度。

②可靠充分的原则。可靠性是指预警指标数据的权威性和统计口径的一致性；充分性是指预警指标统计数据的样本数量足够大，也就是要求有较长的时间序列，以满足预测和不断调整的需要。可靠充分的原则是针对预警指标的统计数据而言的，只有根据可靠充分的统计数据，才能对流域资源进行时序分析，从而建立相应的动态预警模型，实现预警的目标。

③互相匹配的原则。互相匹配是指预警指标要与具体的警素相互匹配，也就是警素不同，预警指标也各不相同。互相匹配还指预警指标要与具体的预警方法相互匹配，也就是不同的预警方法要求不同的预警指标。

④宏观稳定的原则。流域资源预警系统重点解决的是流域资源重大的总体问题，即具有方向性和目标性的问题。这就要求预警指标具有某种宏观性，要求预警指标不仅从总量和结构上反映流域资源发展变化的过程，而且从协调的角度反映流域资源与其环境，即整个流域内的社会、经济和环境之间的关系；不仅反映流域资源的总体情况，而且反映它的各个环节。稳定性是指预警指标在流域资源的变化过程中，以相对稳定的先行、同步和滞后的时间发生变化，而不是表现出一时先行，一时滞后，一时同步，否则就很难找出其中的规律。

以上预警指标选择的若干原则，便于在筛选预警指标的过程中能很好地定性把握，但是在预警指标的综合、对比和选择过程中，这些原则通常不能同等看待，还需要通过加权确定其重要程度。

(3)预警指标体系构建的方法。

利用先行指标预警不能只选择某个预警指标，单个指标容易造成预警的失误。1929 年美国哈佛 ABC 曲线预警法采用单个指标进行经济预警失败了，原因是所选择的单个指标并不可靠，更重要的是，单个指标不能准确地反映预警对象。流域资源预警更是如此。流域资源警素的复杂性不是单个指标所能反映的，因此需要建立起流域资源预警指标体系，特别是警兆指标体系。

评价的起点往往是个别的评价指标,但评价的目的却主要是对评价对象总体特征和变化规律的把握。因此,从评价目的和要求来分析,对于任何一个评价对象,通常,也需要建立比较完整的评价指标体系。评价指标体系是建立在某些原则基础上的指标集合,是一个完整的有机整体,而不是一些指标的简单组合和堆积,因此需要借助一定的构建方法,但是无论在预警研究中,还是在评价活动中,很少有人注意指标体系构建的方法问题。流域资源预警指标体系构建的方法主要有两种:一种是结构模型解析法,另一种是对象属性解析法。在流域资源预警系统研究中,往往首先得到的是各种具体的统计指标,然后根据指标间隶属关系来确定其结构。对于大量指标,其结构是复杂的,因而凭直观经验难以确定其结构。为此,在构建预警指标体系时引入结构模型解析法。

结构模型解析法确定预警指标体系的思路非常清晰,但过程比较复杂,实际操作起来比较困难。正像结构化分析方法需要过渡到面向对象的分析方法一样。这里首次提出对象属性解析法,将预警指标体系的构建方法由结构模型解析法发展到对象属性解析法。对象属性解析法建立在对象及其属性、类属及其成员、整体及其部分这些早已熟悉的概念基础上。

Peter Coad 等人指出,人类在认识和理解现实世界的过程中普遍运用着三个构造法则:区分对象及其属性,区分整体对象及其组成部分,不同对象类的形成及其区分。对象属性解析法就是建立在这三个常用法则的基础上,把流域资源的警情、警源或警兆看做一个个对象,考察每个对象所具有的属性。当然,这样的属性很可能还是一个对象,即子对象,进一步对子对象的属性进行解析,最终得到的可度量属性便是具体的预警指标。对象属性解析法构建流域资源预警指标体系的优点在于:它不仅有利于预警指标之间的价值权衡,而且有利于在预警分析和实施时进行的组织、分工和合作,同时,也便于对预警对象和结果做深入分析,找出主要矛盾和问题的症结所在。

4)流域资源质量评价方法

流域资源质量决定了一个流域生态环境质量的优劣。流域资源质量评价是根据选定的指标体系和质量标准,运用恰当的方法评价流域资源质量的优劣、影响和作用关系。近年来,国内学者对流域资源质量的评价展开了深入广泛的研究,特别是对生态脆弱区的流域资源质量评价给予密切关注,但研究核心往往重在对某一流域资源情况的分析和评价,对于综合分析自然及社会生态资源质量,合理选取符合流域特点的评价方法、指标体系仍需进一步的研究论证和实践。

流域资源质量评价指标体系的构建包括以下内容:

(1)评价指标选择的依据。

流域资源质量评价指标的选取,应围绕评价指标是复合的流域资源生态系统这一本质特性来进行。根据流域资源的内涵选取相互独立且反映流域资源结构属性、生态环境要求的典型敏感指标,组成流域资源质量评价指标体系,同时指标选取还应遵循以下原则:

完整性原则。评价指标应能够反映流域资源质量的各个方面,全面又不重叠。流域资源评价指标体系,必须依据对流域资源质量所设定目标选取能够全面概括流域系统各部分的本质特征和现状的指标。

可操作性原则。指标体系选择应尽量简单明了、准确可靠,尽量利用现存数据和已有规范标准。评价指标应该在相对有限的时间和空间上为容易获取的指标。

重要性原则。指标应是诸领域的重要指标,是能够反映流域资源质量的现状及变化特征的主要指标。

独立性原则。某些指标间存在显著的相关性,反映的信息重复,故应择优保留。

评价性原则。指标均应为量化指标,并可用于不同流域资源之间的比较评价。

(2)评价指标体系的构建。

根据以上原则,确立流域资源质量评价指标体系。应用层次分析法设计了包括目标层、准则层和指标层三个层次的结构模型。整个指标体系根据评价因子分为系统结构、资源质量、资源状况、资源环境质量四个子系统。

上述评价指标质量标准,主要依据流域的特殊地理和生态条件以及国家相关质量标准制定。没有规范标准的,则参考专家意见,根据流域资源情况确定,提出实事求是的指标标准和努力目标。通常,流域资源质量分为五个等级:一级为总体资源质量很好,二级为总体资源质量较好,三级为总体资源质量一般,四级为总体资源质量较差,五级为总体资源质量差。

流域资源质量评价体系可根据区域特点加以比较,从而用适宜的方法进行评价。流域资源质量评价指标包括以下几种:

①气候资源评价。气候资源由地理位置所决定。由于干旱半干旱地区水资源十分短缺,降水量的多少对生态系统影响很大。

②生物多样性评价。生物多样性的丰富程度是影响流域资源可持续发展能力和潜力的重要因素。自然保护区所占比重,通常是用国家级、省级、县级的各类自然保护区(包括森林、野生动物及湿地)面积占保护区总面积的百分比计算的。

③土地资源评价。土地是一切生物赖以生存的基础。耕地是土地中可利用性最优的土地资源。

④水资源评价。水资源用地表水资源量和地下水资源量两个指标来衡量。

⑤植被评价。植被评价依据草地面积比、林地面积比和森林覆盖率三个指标来测定。草地、林地和森林对于调节区域气候、涵养水源、防止水土流失具有重要意义。因此,这三个指标对于一个地区的生态资源质量有明显的指示作用。

⑥矿产资源评价。矿产资源是生存环境的一部分,矿产资源环境经济评价是运用系统论的观点,对矿产资源的开发利用从资源、生态、环境等方面,对其费用和效益从经济学的角度加以分析。因此,其涉及的范围很广,不仅要考虑到投资人的收益和成本,更要考虑社会的收益和成本。

流域资源质量评价方法具体到某一地区时,流域资源质量评价可根据区域特点选用其中一种方法或几种方法,并加以比较,从而确定适宜的方法进行评价,并对流域资源质量的优劣进行排序,为流域经济开发和流域环境建设以及决策管理部门提供依据。流域资源质量评价方法包括:

①指数与综合指数法。指数与综合指数法在流域资源质量的现状评价中较为常用,适用于对流域资源质量评价中的单因素评价及多因素综合评价,方法相对比较简单。其特点是突出了流域资源质量评价的综合性、层次性、客观性和可比性,是较为常用的评价方法之一。但用此方法前必须建立合适的指标体系及评价标准,选取的指标一定要具有可比性。通过评价可将流域资源质量进行分级,以便对不同流域、不同时期的流域资源质量进行纵向和横向比较。该方法的缺点是:难以赋权与准确定量,并且对流域资源质量的描述仍停留在

静态上。

②德尔菲法。该方法的关键是组织具有学科代表性的权威专家对评价指标进行测定,以及对测定结果采用统计方法进行定量处理。在选择专家时,一定要选择有责任心的专家且人数要有保证。人数太少缺乏权威性,人数太多难以组织且评分不集中,一般以10~50人为宜。该方法的优点是,在选择评价指标时可将一些难以用数学模型定量化或收集的数据不足但又对流域资源质量评价非常重要的指标也考虑在内,最终根据评分来确定流域资源质量的排序。通过评价提出各种可供选择的方案,决策者可从中选出最优方案。德尔菲法的缺点是:在具体实施评价过程中可操作性相对较差,并存在人为因素的干扰,结果使评价指标定量化排序时其结果的可靠性降低。

③模糊综合评价法。在评价过程中往往存在一些不确定因素(如资料收集不充分或人们认识上的局限性等),导致评价结果的不确定性,使得评价结果失真。但采用模糊集合理论可提高评价结果的可靠性。该方法的关键是求模糊评判矩阵,其特点是用隶属度来刻画流域资源质量分级的界线,可用于流域资源质量的分级、划分流域资源质量的优劣、突出流域资源质量较差的区域等。

④层次分析法。层次分析法是一种简易的决策方法,其基本内容是:首先,将评估对象层次化,即将系统中所有因素按其地位和作用不同建立起递阶层次结构,各层次可分别定为目标层、系统分类层、分类层、因子层等。其次,确认各因素之间的隶属关系及相互影响,构成一个多层次的分析结构模型,对影响系统的因子作两两比较,根据它们之间的相对重要性,建立两两比较判断矩阵,通过求解检验等一系列过程,计算出构造矩阵与权重的积,把系统分析归结为最低层次元素对于最高层次元素的相对重要数值的确定或相对优劣次序的排列,使问题得到最终答案。

⑤灰色系统方法。灰色系统理论用颜色的深浅来表征信息的完备程度,把内部特征已知的信息系统称为白色系统,把完全未知的信息称为黑色系统。在流域资源质量评价中,有限的时空监测数据所能提供的信息是不完全和非确知的,是一个灰色系统。灰色系统理论包括灰色预测、灰色聚类、灰色关联分析、灰色决策、灰色控制等。

⑥判别分析法。判别分析的基本原理是把已知样本分成几类,确定出第 $i$ 类的判别函数 $f_i$,然后计算出未知样本归属于各已知类型的概率值。

⑦人工神经网络法。人工神经网络是20世纪80年代获得迅速发展的一门非线性科学。它力图模拟人脑的一些基本特性,如自适应性、自组织性和容错性能等,应用于模式识别、系统辨识等领域,取得了很好的效果。“反向传播”(B-P)模型是典型的人工神经网络模型,也是近年来用得最多的网络之一,B-P网络的学习过程由正向传播和反向传播过程组成。将其应用于流域资源质量评价,得到了可行和合理的结果。

流域资源是人类生存和发展的基础,其质量的好坏关系到社会、经济、生态可持续发展的问题。进行流域资源质量评价,要本着综合性与区域性相结合的原则。选定评价指标后,在选择具体的评价方法时,应体现评价的客观性、准确性,其评价结果要具有可比性和可操作性。

由于我国流域资源质量评价起步较晚,在此领域所做的工作还很少,研究还很薄弱,故有待深入研究,其主要问题体现在如下几个方面:

①方法介绍多,案例研究少。我国在流域资源质量评价方面的大部分工作是在20世纪

90年代以后开展的，到目前为止，多为介绍国外流域资源质量评价技术与管理方法，而研究实例报道少。有些专家采用描述因子法（少数依靠大众进行要素评价）开展了一些流域资源质量方面的评价研究，但多停留在定性研究阶段，对流域资源的定量评价涉及较少。至今还没有人将国外盛行的心理物理学方法应用到国内大面积的流域资源质量评价中。

②研究对象较单一，层次欠明确。绝大多数研究没有对评价对象的层次作出明确界定，而只是笼统地对流域资源质量进行评价，造成了目前流域资源质量评判相当模糊，导致研究结果难以指导流域资源的开发利用、经营管理以及流域资源利用规划等工作。

③评价因子的选择主观性较强，客观性不够。评价预测因子的选择一直是研究人员所关心的问题，如何准确选择预测因子是评价工作的一个难题。从目前的研究来看，在定性评价中（如描述因子法）选择评价因子时往往带有主观性强、定义模糊的评价因子，而在定量评价中，由于不同的研究目的（有的为了方便管理，有的为了适合于数量化等），在建模过程中预测因子的选择上也存在一些主观性，如以森林管理实践为选择依据的，则注重选择与可实际操作有关的预测因子，如林分年龄、胸径大小、林分密度、地被覆盖率、倒木数量等，对于这些因子是否能用来全面评价森林风景质量或景色美观尚难以定论。流域资源作为一个整体，其完善程度大小绝非一些相互独立的预测因子所能完全反映的，因为还与它们组合的好坏有关。因此，在预测因子选择上，不仅要注重单个因子所起的作用，同时对一些描述或定义较困难，但能反映因子组合好坏的因素也应给予重视。

④定性评价多，定量评价少。我国流域资源评价研究工作总的情况是，定性评价多，定量研究少。目前大多数都停留在定性描述、定量计分的阶段，评价结果几乎都是把评判对象区分为几个等级，无法说明哪些因素对流域资源质量有影响及其贡献率的大小。有些学者建立了流域资源质量要素与流域资源质量之间的经验模型，但多数是采用常规的线性模型来建立的，没有考虑针对评价主体是人，评价对象是流域资源，主客体均具有很明显的非线性因素的情况。根据人的思维和印象具有非线性的特点，应探讨有别于常规数理统计的非线性方法，来分析流域资源质量和影响因子的关系，建立流域资源质量要素与流域资源质量关系模型。一旦建立了有足够精度与可靠性的数学评价模型，只需直接测取有关流域资源质量因子就能估算出该流域的资源质量（质量度值大小），从而简化流域资源质量评价工作，为流域资源规划与管理工作提供依据。因此，今后流域资源质量的研究工作要注重模型化研究，发展一些实用性较强的模型，以提高研究成果的实用性。

⑤重评价技术研究，轻管理方法研究。迄今为止，对流域资源评价技术的研究多，而对其管理方法，如何建立管理体系方面研究少。流域资源管理系统急需建立一套适合流域资源的管理体系。今后应加强运用“3S”技术对流域资源的调查、规划、评价与管理方面的研究。RS技术的发展为流域资源的研究提供了良好的信息源，通过遥感图像处理系统软件，人们可以快速提取资源构成、覆盖率及类型、空间分布格局和健康状况等信息；而GIS技术的发展则为流域资源的管理提供了技术基础，运用GIS可以将计算机获得的各类信息进行存储、修改、输出，建立流域资源信息数据库，可以输出大量各类的专题地图，使风景信息的表达更加直观，而且可与各类其他信息进行叠加分析、景观格局分析和动态研究；GPS技术能及时准确地提供地面或空中目标的位置，可用于流域资源调查的导航和定位等方面。因此，今后应加强“3S”技术在流域资源管理中的应用研究，提高流域资源管理水平，为实现流域资源的可持续发展奠定基础。

已有研究从不同视角对流域资源质量评价体系进行了相关研究，对建立和不断完善我国流域资源质量评价体系、提高流域资源经营管理水平有着重要的理论和现实指导意义，为后续研究奠定了基础。但已有研究仍存在一些不足，鉴于此，流域资源质量的相关研究将会呈现出以下发展趋势：

①研究对象明晰化。现有研究使流域资源质量评价体系的建立缺乏一致性和权威性，为后续研究带来困难。随着认识角度、研究需求不同，流域资源质量表现形式也就不同。因此，对流域资源质量等基本概念的认识应更加全面、客观、清晰。进一步明确研究对象，从而使后续研究更具有针对性。

②森林资源质量专门研究不断增多。在已有文献检索中，大多数关于流域资源质量的研究都包含在流域资源总量研究中，且数量较少，对流域资源质量的专门研究更少。鉴于流域资源质量在我国生态环境建设、流域资源可持续发展和经济社会发展中的重要作用，以及我国在流域资源经营管理中存在的“重数量、轻质量”的弊端，加强流域资源质量监管已成为当务之急，且随着流域资源调查融入流域资源质量评价的指标构建中，今后流域资源质量的专门研究必将成为一个研究热点。

③全国性流域资源质量综合评价指标和标准体系的建立。已有研究对流域资源质量评价指标体系的确立较主观；流域资源质量监测和评价缺乏统一的评价标准，大多仅列出了一些指标，缺乏对流域资源质量整体状况评价的应用研究，难以对流域资源质量状况有一个更为理性、科学、系统的认识，未能为我国流域资源质量的有效监测和评价及流域资源质量的改善提供参考依据。全国性流域资源质量综合评价指标和标准体系的建立，对我国流域资源质量现状有一个更为理性、科学、系统的认识，为今后我国流域资源质量监测、评价提供了统一标准，为流域资源质量的改善提供了理论和技术应用支撑。

④定量方法的使用。已有文献对流域资源质量的综合定量评价研究较少，统计分析方法水平相对较低。对流域资源质量方面问题进行定量研究，建立使用更为简便、适用范围广、代表性更强的数理模型是今后的一个发展趋势。

## 4.3　流域开发利用决策方法与过程

流域资源开发利用决策是在充分认识资源的特性及资源开发条件的基础上，确定某一资源的开发利用目标，使用科学的决策方法，从而确定流域资源的开发利用方案并从中选择最优方案，然后实施最优方案并跟踪验证的一个完整过程。

### 4.3.1　流域自然资源开发利用的决策过程

流域资源开发利用决策过程是一个非常复杂的过程，必须按照一定的程序进行。根据实践经验总结，流域资源开发利用决策过程主要包含以下几个程序：

第一，论证项目的必要性。流域资源开发利用的目的有多种，有的是政治目的，有的是社会目的，还有的是生态目的，但更多的是经济目的，当然还有可能是以上目的的综合。但无论目的如何，都要经过一定的科学论证，证明这个自然资源开发利用项目是否必要。

第二，经济可行性确定。流域资源开发利用项目确立之后，收集和分析与自然资源开发利用项目有关的资料和数据,这是流域资源开发利用决策的基础。资料和数据包括要开发的这种资源的数量、质量、用途,资源的市场需求,开发所需的资金、设备、技术和劳动、开发后能取得的效益,以及开发利用中涉及的流域管理层次的方方面面。在收集到的资料和数据的基础之上,分析这个流域资源开发利用项目所需投资的成本和取得的效益,若效益大于成本,则流域资源开发利用项目在经济上是可行的;反之,则是不可行的。

第三,确定最佳方案。流域资源开发利用项目所取得的效益大于投资的成本,在经济上确定这个资源开发利用项目是可行的,但是,项目开发可以有多种方案,并且每一种方案所花费的成本和所取得的效益不同,且可能会有很大分歧。例如,有的方案是最佳的开发规模,但是开发周期较长,有的方案净效益最大,但是风险也最大,等等。在众多方案中,根据具体的目标及实际情况确定最佳的开发方案。

第四,项目实施。按照确定的最佳方案,进行实施。在实施中还会出现很多新情况,要及时的、正确的予以解决,以确保流域资源开发利用项目的顺利实施。

### 4.3.2 流域资源系统动态决策

流域资源系统是一个开放的动态复合系统,它涉及各种资源、生态环境、经济、社会等各个领域,其中某一领域的发展变化都会影响其他领域的发展变化,进而影响整个系统的安全演进。然而,伴随着人类发展而进行的大规模的、持续的自然资源开发利用,已经使得一些自然资源的供给出现困难的局面,亦使得这个系统的安全受到了威胁。为了使流域资源系统安全而保证正演变,需及时掌握资源系统的动态信息,并能够对各种资源的供需进行准确的预测。

#### 4.3.2.1 资源系统动态分析

流域资源系统中的子系统及组成因素是动态变化的,而这些因素之间、因素与资源系统之间及子系统之间具有复杂的非线性的相互作用和不同层次的反馈关系。许多学者试图用耗散结构理论解释资源系统的动态演化问题,基本思路是把资源系统看成一个开放的远离平衡态的热力学系统,认为系统的熵变来自系统内的熵产生($\mathrm{d}iS$)和系统外界环境的负熵流($\mathrm{d}eS$)两个部分,即 $\mathrm{d}S = \mathrm{d}iS + \mathrm{d}eS$,并把来自系统内的熵的变动率($\frac{\mathrm{d}iS}{\mathrm{d}t}$)等于系统外界环境的负熵流变动率($-\frac{\mathrm{d}eS}{\mathrm{d}t}$)作为资源系统平衡的判断依据,即当$\frac{\mathrm{d}iS}{\mathrm{d}t} = -\frac{\mathrm{d}eS}{\mathrm{d}t} \geqslant 0$,亦即$\frac{\mathrm{d}S}{\mathrm{d}t} = 0$时,资源系统是动态平衡的;当$\frac{\mathrm{d}iS}{\mathrm{d}t} > -\frac{\mathrm{d}eS}{\mathrm{d}t} \geqslant 0$,亦即$\frac{\mathrm{d}S}{\mathrm{d}t} > 0$时,资源系统将发生恶性循环;当$\frac{\mathrm{d}iS}{\mathrm{d}t} < -\frac{\mathrm{d}eS}{\mathrm{d}t} \geqslant 0$,亦即$\frac{\mathrm{d}S}{\mathrm{d}t} < 0$时,资源系统将发生良性循环。

这一方法虽然能解决资源系统内的一些问题,但却对系统内部的熵机制产生、系统外界环境的负熵流的产生和输出机制,以及系统对负熵流的响应机制缺乏深入的认识。另外,资源系统是一个巨开放的复杂系统,适用于一般热力学系统耗散结构理论,能否全面深入地揭示资源系统中复杂多样的非线性相互作用和反馈关系,还将有待于进一步探讨。所以,有关这方面的综合研究目前仍处于探索阶段,尚无成熟的理论与方法。

在资源系统动态分析中最常用的一个模型就是逻辑斯蒂增长模型(Logistic Growth

Model)[1],该模型主要研究某一个流域可更新资源的动态变化过程

$$\frac{dR}{dt} = F(R) - h(t)$$

式中,$R$ 表示流域资源蕴藏量;$F(R)$ 表示流域资源增长率;$t$ 表示时间;$h(t)$ 表示流域资源开采率;$\frac{dR}{dt}$ 表示流域资源动态变化率。

由上式可以看出,流域资源系统的变化方向和变化速度取决于 $F(R)$ 和 $h(t)$ 两个量。当 $F(R) > h(t)$ 时,资源蕴藏量将增加;当 $F(R) < h(t)$ 时,资源蕴藏量将减少;当 $F(R) = h(t)$ 时,资源蕴藏量将维持在一定的稳定水平上。

非可更新资源的蕴藏量是指已探明的但尚未开采的量,其动态过程符合逻辑斯蒂增长模型,但又明显地不同于逻辑斯蒂增长模型,故不能简单地用该式模拟。

#### 4.3.2.2 资源供需预测

1)资源供需预测概念及类型

所谓资源供需预测,是指人们利用已经掌握的知识和手段,对资源供需进行预先或事先的推测或估计。资源供需预测是流域资源利用规划管理的重要手段,是作为协调资源供需和编制资源利用规划的重要依据。流域资源供需预测主要包括土地资源供需预测、矿产资源供需预测、水资源供需预测和生物资源供需预测等。各种资源供需预测又包括多项供需预测,例如,土地资源供需预测包括农业用地和建设用地供需量预测。农业用地供需量预测具体包括耕地、园地、林地、牧草地和水产用地的供需量预测;建设用地供需量预测具体包括各类建设用地,如城乡居民点用地、独立工矿用地、交通运输用地、水利工程用地和特殊用地的供需量预测。

2)资源供需预测程序

资源供需预测研究必须遵循一定的工作程序。预测工作程序又随着预测的目的和所采用的预测方法的不同而有所区别,但一般来讲,可以按照下列工作程序进行:

(1)确定预测目的。在开展资源供需预测之前要根据社会供需、数据资料和创造性的思考,具体确定预测的目的、提出预测的方向。例如,土地供需预测的目的是对预测地域的未来土地利用结构比例、农用地和非农用地的规模作出预计和推测,以指导当前土地资源管理工作和控制未来的土地利用。

(2)制订预测计划。预测计划的内容应包括预测工作组织领导、收集资料的途径和方法、预测期限(近期1~2年,中期3~5年,远期5年以上)和预测范围(大流域、小流域)。其中,预测期限的长短对于资料的收集和预测方法的选择关系紧密。

(3)收集基础资料。基础资料的收集是做好预测工作的前提,要求收集与预测目的有关的大量背景资料,包括科学技术、经济生产和社会文化等方面的资料。预测基础资料包括纵向资料(如土地资源历年数据、历史演变和现状动态等)和横向资料(如土地资源供需预测的各项预测、流域内不同区域的土地资源供需等)。若资料不全,则可通过重点调查、典

---

[1] 逻辑斯蒂增长模型(Logistic Growth Model)又称自我抑制性方程。用植物群体中发病的普遍率或严重度表示病害数量($x$),将环境最大容纳量 $k$ 定为1(100%)。逻辑斯蒂模型的微分式是:$dx/dt = rx(1-x)$。式中,$r$ 为速率参数,来源于实际调查时观察到的症状明显的病害。范·德·普朗克(1963)将 $r$ 称做表观侵染速率(Apparent Infection Rate),该方程与指数模型的主要不同之处是,方程的右边增加了$(1-x)$修正因子,使模型包含自我抑制作用。

型调查和抽样调查方法给予补全。另外,还要收集国内外同类预测的研究成果。

(4)检验现有的资料。必须对已经收集来的资料进行分析检验。对资料的统计指标口径、指标核算方法、统计时间、价格的计算、计算单位等逐项进行复查,若发现有不一致的地方,作出及时的调整和统一,设法填缺补齐历史资料不全之处,以保证资料的连续性和完整性。此外,还需对现有的资料运用辩证唯物主义的基本原理进行科学的分析,在推理判断的基础上发现所预测现象的结构变化机制和内在规律。

(5)实施预测过程。根据预测目的、占有资料、精度要求和预测费用等各方面情况,选定合适的方法实施预测。

(6)分析预测误差。预测往往同事实不符而产生误差。预测误差的大小决定着预测的可靠性程度。若误差大,需分析误差产生的原因,进而改进预测方法和修改预测模型,使预测结果尽可能和现实接近。

3)资源供需预测方法

据不完全统计,世界上所采用的资源供需预测方法有150多种,其中常用的有15~20种,大致可以分为三类:

(1)定性预测。主要是根据预测对象的性质、特点、过去和现状的延续情况等,对流域资源进行数量化的分析,然后根据这些分析,对资源利用的未来发展趋势作出预测和判断。定性预测是依靠人们的主观判断来确定预测的结果。在定性预测方法中,常用的是因素分析法。例如,对城镇建设用地发展趋势分析时,就要依据城市人口增长、改善城镇环境的要求、城市职能综合化、城镇人居生活设施水平的提高等多项因素,参考过去和国内外类似因素的变化幅度,在此基础上推断未来的发展趋势。又如,对未来农业用地数量预测时,就要参考未来人口数、农产品远景需求量、农用地的非农业占用量、单位土地面积的生产力水平、可供开垦的土地资源数量等因素,在此基础上经过多次反复,直至资源量与需求量趋于平衡。

(2)定量预测。主要是通过建立数学模型和应用计算机运算,对资源利用进行定量分析,然后根据分析结果,对流域各种资源的利用趋势作出预测和判断。这种方法不直接依靠人们的主观判断,而主要依靠充分的历史资料,计算出未来资源利用可能出现的结果。因此,定量预测一般比定性预测精确。定量预测所用的方法,主要是各种数学模型。

(3)综合预测。由于任何一种预测方法都有一定的适用范围,都有一定的局限性,为了克服这些缺点,往往采用多种预测方法进行综合预测。综合预测主要是指两种以上方法的综合运用。它在大多数情况下,是定性方法和定量方法的综合,这种预测兼有定性预测和定量预测的长处,因此预测的精度和可靠性较高。

### 4.3.3 流域自然资源开发条件决策

流域资源开发条件随着时间和空间的变化而变化。流域资源开发条件的优劣直接影响着流域资源利用的地理决策,因此有必要了解流域资源的开发条件并对其进行评价。

#### 4.3.3.1 开发条件

流域资源开发条件主要从自然条件、经济社会条件和技术条件三个方面进行分析。

1)自然条件

流域资源开发的自然条件主要从地理位置(纬度、海陆位置等)、气候(热量、降水、光照等)、土地(地形、地势、土地类型等)、资源(能源、矿产等)、水文(水能、水资源)和生物资源等六个方面分析。

我国的七大流域大都位于温带和亚热带,热量和光照较充足,南方的热量和光照比北方更充足;七大流域大都是起源于中西部,最终和东部海域相接(太湖流域除外),处于东亚季风区内,夏季炎热多雨,水资源相对丰富,但是容易引起洪涝灾害及其衍生的地质灾害;流域内地形多样,有山地、丘陵、高原、盆地和平原等各种地形,大都是上游山地和高原较多,下游平原较多,但有一些地方各种地形相间,地形较复杂;流域内矿产资源和生物资源丰富。这是我国流域的整体自然特点。

2)经济社会条件

影响资源开发利用的经济社会条件包括范围很广,主要有资源开发利用的历史基础、流域内基础设施建设、国家政策、经营与管理体制、市场条件等。

(1)自然资源开发利用规划。流域面积广阔,情况复杂,不少资源的分布情况还不是十分清楚,数据也不太准确,缺乏充分的勘探来验证。通过流域资源普查,获得流域自然资源的种类、数量、质量及其地域分布规律等基础资料,进而分析流域自然资源存在的优势与不足,再从经济社会发展的需要出发,扬长避短地制定出流域资源开发利用规划,是合理开发自然资源的前提条件。

(2)自然资源开发政策。流域资源开发利用政策多是融入行政区域政策,缺乏流域资源综合管理的针对性,开发重点不突出,倾斜政策不到位,行政行为干预太强,弱化了流域的综合利用。细化政策导向,构建政策体系,完善层次约束,是流域资源综合开发的首要选择。

(3)能源、交通、通信等基础设施建设。流域自然资源开发利用离不开基础设施建设,完善的基础设施有利于资源的开发利用,而落后的基础设施则制约着资源的开发利用。流域内能源、交通、通信等基础设施建设具有分布不均衡的显性约束,直接影响流域资源的有效配置。

(4)市场完善性、流通顺畅与活跃程度。自然资源开发利用必须有广阔的市场作为保证,也就是根据市场需求确定自然资源开发项目。完善的市场体系、顺畅的物流体系和公平的市场竞争环境能够使流域资源开发利用获得比较高的经济利益。国际市场发达与否,也是事关流域资源开发利用效益的一个重要条件。

3)技术条件

技术是人类改变或控制客观环境的手段或活动。随着技术的不断进步,人们利用自然资源的广度和深度也在不断扩大,乃至可以变废为宝、变害为利。例如,地质勘探技术的提高发现了更多的地下矿藏,自然资源综合利用技术的发展可以提高自然资源的利用率并且可以回收利用废弃的物品,等等。技术越进步,人类利用自然资源的范围就越广泛,自然资源的经济价值就越能够得到体现。

#### 4.3.3.2 评价决策

评价是指按照明确目标测定对象的属性,并把这种属性变为客观定量的计值或主观效用的行为,即明确价值的过程,它是决策的基础。资源开发利用条件的评价决策是指在对资源开发条件进行评价的基础上进行科学的决策。

1)资源开发条件评价的目的

流域资源开发主要是指流域内煤、石油、天然气、金属、非金属等矿产资源的开发,流域水利水能资源的开发，以及流域森林资源的采伐、土地资源的开发等。

在流域资源开发条件的决策分析与评价阶段，应对开发条件予以评价，为资源开发建设规模、开发方案的设计和效益评价奠定基础。同时，资源开发利用要体现合理性，在国家对资源利用的统一规划下进行，满足可持续发展、环境保护和资源综合利用等方面的要求。

2）资源开发条件评价的基本要求

流域资源开发条件的评价应符合以下要求：

（1）符合国家可持续发展目标实现的要求。

流域资源合理开发利用要以实现国家可持续发展目标为前提，做到与国家的近期发展目标与远期发展目标相一致，做到局部利益服从国家的整体利益。只有这样，才能适应国民经济发展的需求。

（2）资源的开发利用要从全球化角度出发。

流域资源的开发利用要充分利用国际、国内两个市场，调剂余缺和品种，适当进口国内紧缺资源及其产品，积极出口国内优势资源及其产品，对国内稀缺资源和珍稀资源实行保护性开采，对重要战略资源建立必要的资源储备。

（3）资源开发利用必须立足综合利用。

在开展资源的综合利用中，坚持“因地制宜、鼓励利用、多种途径、讲求实效、重点突破、逐步推广”的方针，遵循资源综合利用与企业发展、污染防治相结合，经济效益与环境效益、社会效益相统一的原则。

（4）资源开发利用与生态环境相协调。

资源开发利用的目标应当使自然资源得到合理的永续利用，并使自然环境得到不断改善。如我国现有耕地中的一部分由于坡度太大，应考虑部分退耕，而在已有耕地上建立防护林则属于保护性质。同时，还要注意在大规模开发利用流域资源时，适当保护具有代表性的原始自然环境，如热带雨林、东北森林、内蒙古草原、新疆荒漠等，以便于观察此类资源开发利用后对资源环境的影响。

（5）资源开发利用要与节约并举。

我国技术比较落后，设备陈旧，管理不善，资金短缺，资源性产品价格偏低，资源管理体制和政策又不够健全，导致资源利用率不高，浪费极为严重。据估算，我国能源浪费每年至少在 1 000 万 t 标准煤以上。此外，水土资源的浪费也极为可观。因此，资源开发利用必须与节约并举。节约不仅有利于资源保护，而且比开发节省投资，周期短而见效快，应作为近期的重点。资源开发投资大、周期长、成本高，应作为中长期的发展重点。当然，开源与节约是互为依存的，开源是节约的前提，节约是开源的继续，要根据不同流域、不同资源、不同条件确定其开发利用的重点。

### 4.3.4 流域资源开发利用风险决策

风险评价是描述某一特定行为发生后的各种可能结果以及分析这些结果各自发生的概率大小。流域资源系统是一个复杂的系统，人类在开发利用资源时面对着诸多不确定因素，给开发利用流域资源活动带来了各种各样的风险，甚至是难以挽回的灾难性后果。流域资源开发利用的风险评价就是运用一定的方法、技术来分析流域资源系统，尽可能找出所有可能导致资源风险事件的风险因素，并能够对每一个可能发生的风险事件进行量化评价（估算出可能的风险收益和风险损失），为流域资源开发利用决策和管理提供科学依据。

#### 4.3.4.1 风险因素识别

所谓风险因素，就是指流域资源开发利用时所面临的各种不确定因素，这些不确定因素又有可能导致流域资源开发利用风险事件的发生。为了规避风险，在流域资源开发利用之前，资源开发利用人员必须尽可能地辨识所有的风险因素。流域资源开发利用是个复杂的工程，其面临的不确定因素来自自然、经济、社会多个环节，有的风险因素明显，有的却非常隐蔽，其风险因素的辨识难度也较大。目前，风险的主要识别方法有专家分析法、现场调查法、统计分析法和故障树分析法。

#### 4.3.4.2 风险评价

风险的性质可以定性为不可避免的风险和可以避免的风险。在识别出流域资源开发利用的风险因素之后，为了最终的风险处理和决策，必须首先判断可能发生的风险事件的性质，即判断其属于哪一类风险。例如，对于气候、地质等自然因素导致的洪涝、干旱、台风、地震等风险应判定为不可避免的风险，需要做的是如何减少和消除风险事件所带来的损失；而对于人为因素导致污染、过度利用、塌方等风险应判定为可以避免的风险，需要做的是尽可能避免此类风险的发生。对于风险的定性判断与分析有助于流域资源开发利用人员从宏观上把握风险的性质和危害程度，并且可以对资源开发利用风险的定量分析发挥指导作用。

流域资源开发利用风险一旦发生，可能会导致风险损失，也可能会带来风险收益。要弄清楚风险损益实情，必须对其进行定量分析。但是，正如风险定义中指出的那样，风险是指预期结果与实际结果相背离的程度及其可能性。风险事件只是依据一定的风险概率有可能发生，也有可能不发生。流域资源开发利用风险不是指一定发生或者一定不发生的事件，而是指可能发生或可能不发生的不确定事件，因此对风险的量化分析是一种不确定的模糊分析。从理论上而言，风险事件是一个条件概率事件，即是在一定的不确定因素诱导下依据一定概率发生的事件，风险系统损失的理论计算公式为

$$p(lost_k) = \sum_i \sum_m p(in_i)p(fist/in_i)p(lost_k/fist_m)$$

式中，$lost_k$ 为系统第 $k$ 阶水平的损失；$in_i$ 为第 $i$ 个顶事件；$fist_m$ 为第 $m$ 个底事件；$p$ 为相应的概率。

伴随着人们对风险认识的逐步深入以及对资源开发利用过程认识的深化，借助于不同的知识和技术，研究者先后提出了多种风险定量分析模型，如极值风险模型、概率风险模型、模糊数学风险模型、灰色随机风险模型和最大熵风险分析模型等，这些模型对于分析流域资源开发利用风险是有一定理论价值的。

#### 4.3.4.3 风险管理决策

在流域资源开发利用风险分析和风险评价工作完成之后，决策者面对的就是如何根据风险分析和评价的结果以应对风险事件。通常情况下，应对风险的方法主要包括避免风险、自留风险、分担风险和转移风险。任何一个资源系统面临的风险都是纷繁复杂的，而应对任何一种特定的风险都可以采用多种方法。为了以合理的代价达到风险管理的目标，必须在所有对策中选择最佳组合，这个过程就是资源风险管理决策。风险分析、风险评价等工作都是为风险决策提供必要的信息资料和决策依据，以帮助决策者能够作出科学、合理的风险管理决策。因此，资源风险管理决策就是在资源风险分析和风险评价的基础上，对各种风险管

理方法进行合理的选择和组合,制订此风险管理的总体方案并将方案付诸实施。

流域资源风险管理决策所使用的方法目前可分为硬决策和软决策两种。硬决策主要是借助于数学工具,通过建模的方式,利用参数反映流域资源系统的各种不确定因素,利用方程组模拟各种可能的资源风险事件的决策方案,通过数学求解寻找最佳的决策方案。软决策是“专家决策”的应用推广,通过所谓的“专家法”将心理学、社会学、行为科学和思维科学等各门科学的成就应用到具体决策问题中,常用的方法包括专家预测法、德尔菲法、模糊决策法、灰色决策法和人工智能法等,这些方法在流域资源开发利用决策层面中都得到不同程度的应用。

**阅读链接**


[1] Awasthi A, Uniyal S K, Rawat G S, et al. Forest Resource Avail Ability and Its Use by the Migratory Villages of Uttarkashi, Garhwal Himalaya(India)[J]. Forest Ecology and Management, 2003(174).

[2] 任宪友. 生态恢复研究进展与展望[J]. 世界科技研究与发展,2005(10).

[3] 慕金波,杨红红. 灰色理论在大气环境质量评价中的应用[J]. 环境科学技术,1992(1).

[4] 杨一鹏,蒋卫国,等. 基于 PSR 模型的松嫩平原西部湿地生态环境评价[J]. 生态环境,2004(4).

[5] Bruce Lankford, Thomas Beale. Equilibrium and Non-equilibrium Theories of Sustainable Water Resources Management: Dynamic River Basin and Irrigation Behavior in Tanzania[J]. Global Environmental Change, 2007, 17(2).

[6] Larry A. Swatuk, Moseki Motsholapheko. Communicating Integrated Water Resources Management: From Global Discourse to Local Practice —— Chronicling an Experience from the Boteti River Sub-basin, Botswana[J]. Physics and Chemistry of the Earth, Parts A/B/C, 2008(33):8-13.

[7] Joshi P K, Gairola S. Understanding Land Cover Dynamics in Garhwali Himalayas Using Geospatial Tools, A Case Study of Balkhila Sub Watershed[J]. Journal of the Indian Society of Remote Sensing, 2004,32(2).

[8] 刘艳红,黄硕琳,陈锦辉. 以生态系统为基础的国际河流流域的管理制度[J]. 水产学报, 2008(1).

[9] 李永,冯勇. 多目标决策中目标权重的确定法[J]. 甘肃工业大学学报, 2003(3).

[10] 王延红,郭莉莉. 水资源多目标决策评价模型及其应用[J]. 西北水资源与水工程, 2001(2).

[11] 王西琴. 水环境保护与经济发展决策模型的研究[J]. 自然资源学报,2001(3).

[12] 缪秋波,罗高荣. 相关状态下水电工程多目标决策风险分析系统模型[J]. 水电能源科学,1999(2).

[13] 李学全,李松仁,韩旭里. AHP 理论与方法研究:一致性检验与权重计算[J]. 系统工程学报,1997(2).

## 问题讨论

1. 流域自然资源评价是流域资源管理的基础。流域自然资源评价指标体系的指导思想、基本原则和构建方法有哪些？如何从流域资源循环能力、生态修复能力及质量状况三方面对流域资源管理进行评价？今后流域资源质量评价应从哪些方面进行改进？

2. 流域自然资源开发利用决策过程复杂，须遵循一定的程序进行。流域自然资源开发利用决策的过程有哪些？如何进行流域自然资源动态决策？如何进行流域自然资源开发条件决策？如何进行流域自然资源开发利用风险决策？

3. 流域自然资源多种多样，结合本章理论与案例，讨论如何进行流域自然资源的综合开发利用。

## 参考文献

[1] 张洪军，等. 生态规划——尺度、空间布局与可持续发展[M]. 北京：化学工业出版社，2007.
[2] 姜绍卿. 贫困地区经济发展概论[M]. 北京：中国环境科学出版社，1994.
[3] 陈晓剑，梁梁. 系统评价方法及应用[M]. 北京：中国科学技术大学出版社，1993.
[4] 王万茂，等. 土地利用规划学[M]. 北京：中国农业出版社，2002.
[5] 蔡运龙. 自然资源学原理[M]. 2 版. 北京：科学出版社，2007.
[6] 姜文来，等. 水资源管理学导论[M]. 北京：化学工业出版社，2005.
[7] 朱连奇，等. 自然资源开发利用的理论与实践[M]. 北京：科学出版社，2004.
[8] 陈静生，等. 人类—环境系统及其可持续性[M]. 北京：商务印书馆，2001.
[9] W. 列昂惕夫. 投入产出经济学(中译本)[M]. 北京：商务印书馆，1980.
[10] 吴忠标. 环境监测[M]. 北京：化学工业出版社，2003.
[11] 南开大学环境科学与工程学院，黄河水资源保护科学研究所，黄河流域水环境监管中心. 黄河兰州段典型污染物迁移转化特性及承纳水平研究[M]. 北京：化学工业出版社，2006.
[12] Samant S S, Dhar U. Diversity, Endemism and Economic Potential of Wild Edible Plants of Indian Himalaya[M]. International Journal of Sustainable Development & World Ecology, 1997.
[13] 邱定蕃. 资源循环[J]. 中国工程科学，2002(10).
[14] 张文彦，续军，等. 自然科学大事典[M]. 北京：科学出版社，1992.
[15] 刘成武，杨志荣，等. 自然资源概论[M]. 北京：科学出版社，2002 .
[16] 江美球. 人类生态学与资源研究[C]//李孝芳. 自然资源研究的理论与方法. 北京：科学出版社，1985.
[17] 李文华，沈长江. 自然资源科学的基本特点及其发展的回顾与展望[C]//李孝芳. 自然资源研究的理论与方法. 北京：科学出版社，1985.
[18] 沈镭. 资源的循环特征与循环经济政策[J]. 资源科学，2005(1).
[19] 马强. 依托资源循环特征推进循环经济内涵式发展[J]. 探讨与研究，2006(6).
[20] 任海，彭少麟. 恢复生态学导论[M]. 北京：科学出版社，2002.
[21] 袁兴中，叶林奇. 生态系统健康评价的群落学指标[J]. 环境导报，2001(1)：45-47.
[22] 任海，邬建国，等. 生态系统健康的评估[J]. 热带地理，2000(4)：310-316.
[23] Leopold J C. Getting a Handle on Ecosystem Health[J]. Science, 1997：276-287.
[24] 孔红梅，赵景柱，等. 生态系统健康评价方法初探[J]. 应用生态学报，2002(4)：486-490.
[25] 左伟. 基于 RS、GIS 和 Models 的区域生态环境系统安全综合评价研究[D]. 南京：南京师范大学，2002.
[26] 肖笃宁，陈文波，等. 论生态安全的基本概念和研究内容[J]. 应用生态学报，2002(3)：354-358.

[27] 丁立仲,卢剑波.浙西山区上梧溪小流域生态恢复工程效益评价研究[J].中国生态农业学报,2006(3):202-205.
[28] 丁建丽,塔西甫拉提·特依拜.基于 NDVI 的绿洲植被生态景观格局变化研究[J].地理学与国土研究,2002(1):23-26.
[29] 邓聚龙.灰色系统[M].北京:国防工业出版社,1985.
[30] 党安荣,王晓栋,等. ERDAS IMAGINE 遥感图像处理方法[M].北京:清华大学出版社,2003.
[31] 杨泰运,陈广庭.农牧交错地带土地生产力退化的初步研究[J].干旱区资源与环境,1991(3):75-82.
[32] 吴延熊.区域森林资源预警系统的研究[D].北京:北京林业大学,1998.
[33] Coad P, Yourdo E. Object-oriented Analysis[M]. New York: Yourdon Press, 1990.
[34] 刘天齐,林肇信,等.环境保护概论[M].北京:高等教育出版社,1982.
[35] 田贵金.大气环境质量评价的判别方法[J].环境科学研究,1996(3):45-48.
[36] 郑成德.大气环境质量的人工神经网络决策模型[J].环境科学进展,1992(1):84.
[37] 曹建华,郭小鹏.意愿调查法在评价森林资源环境价值上的运用[J].江西农业大学学报,2002(5):645-648.
[38] 王晓俊.森林风景美的心理物理学评价方法[J].世界林业研究,1995(6):8-15.
[39] J M Goncalves, L S Pereira, S X Fang, et al. Modelling and Multicriteria Analysis of Water Saving Scenarios for an Irrigation District in the Upper Yellow River Basin[J]. Agricultural Water Management, 2007(94):1-3.
[40] Ximing Cai. Implementation of Holistic Water Resources - economic Optimization Models for River Basin Management -Reflective Experiences[J]. Environmental Modelling & Software, 2008, 23(1).
[41] Kossa R M, Rajabu. Use and Impacts of the River Basin Game in Implementing Integrated Water Resources Management in Mkoji Sub - catchment in Tanzania[J]. Agricultural Water Management, 2007(94):1-3.
[42] Ndalahwa F. Madulu. Environment, poverty and health linkages in the Wami River Basin: A Search for Sustainable Water Resource Management[J]. Physics and Chemistry of the Earth, Parts A/B/C, 2005(30):11-16.
[43] 任宪友.生态恢复研究进展与展望[J].世界科技研究与发展,2005(10).
[44] 杨一鹏,蒋卫国,等.基于 PSR 模型的松嫩平原西部湿地生态环境评价[J].生态环境,2004(4):597-600.
[45] 慕金波,杨红红.灰色理论在大气环境质量评价中的应用[J].环境科学技术,1992(1):20-25.
[46] 姜文来,等.水资源管理学导论[M].北方:化学工业出版社,2005.

# 第5章　流域自然资源开发利用的生态补偿

流域资源不仅具有经济价值、社会价值,还具有巨大的生态价值。在经济发展与资源环境矛盾日益凸显的今天,流域资源生态管理显得尤为重要。在流域资源生态管理中,不仅要了解流域生态系统和生态过程,而且还要对流域生态价值进行有效评估,以达到流域生态保护的目的。此外,还需要积极发展流域生态补偿政策,促进相关利益者保护生态流域环境。实施流域生态补偿是现阶段生态环境保护的必要措施。本章在对生态补偿基本理论分析的基础上,着重阐述流域生态补偿机制以及我国生态补偿的相关政策。

## 5.1　流域生态系统和生态过程

流域生态系统是指在流域范围内生物成分和非生物成分通过能量流动与物质循环相互作用、相互依存而形成的一个生态学功能单位。由于在流域资源消耗过程中伴随着"熵"的转化,所以必须用"熵"理论来指导流域资源的开发利用。

### 5.1.1　生态系统组分、结构和功能

#### 5.1.1.1　生态系统组分

非生物成分(Abiotic Component)。非生物成分包括:气候因子,如光、温度、湿度、风、雨雪等;无机物质,如C、H、O、N、$CO_2$及各种无机盐等;有机物质,如蛋白质、碳水化合物、脂类和腐殖质等。

生产者(Producer)。生产者在生物学分类上主要是各种绿色植物,也包括化能合成细菌与光合细菌,它们都是自养生物,植物与光合细菌利用太阳能进行光合作用合成有机物,化能合成细菌利用某些物质氧化还原反应释放的能量合成有机物,比如,硝化细菌通过将氨氧化为硝酸盐的方式利用化学能合成有机物。生产者在生物群落中起基础性作用,它们将无机环境中的能量同化,同化量就是输入生态系统的总能量,维系着整个生态系统的稳定,其中,各种绿色植物还能为各种生物提供栖息、繁殖的场所。

分解者(Decomposer)。分解者又称"还原者",它们是一类异养生物,以各种细菌和真菌为主。分解者可以将生态系统中的各种无生命的复杂有机质(尸体、粪便等)分解成水、二氧化碳、铵盐等可以被生产者重新利用的物质,从而完成物质的循环。因此,分解者、生产者与无机环境可以构成一个简单的生态系统。

消费者(Consumer)。消费者指依靠摄取其他生物为生的异养生物,消费者的范围非常广,包括了几乎所有动物和部分微生物,它们通过捕食和寄生关系在生态系统中传递能量。其中,以生产者为食的消费者被称为初级消费者,以初级消费者为食的被称为次级消费者,其后还有三级消费者与四级消费者。同一种消费者在一个复杂的生态系统中可能充当多个级别,杂食性动物尤其如此,它们可能既吃植物(充当初级消费者)又吃各种食草动物(充当

次级消费者)，有的生物所充当的消费者级别还会随季节而变化。

#### 5.1.1.2 生态系统营养结构

生态系统营养结构是指生态系统中的无机环境与生物群落之间和生产者、消费者与分解者之间，通过营养或食物传递形成的一种组织形式，它是生态系统最本质的结构特征。生态系统各种组成成分之间的营养联系是通过食物链和食物网来实现的。

(1)食物链(Food Chain)。生态系统中贮存于有机物中的化学能在生态系统中层层传导，通俗地讲，是各种生物通过一系列吃与被吃的关系，把这种生物与那种生物紧密地联系起来，这种生物之间以食物营养关系彼此联系起来的序列，在生态学上被称为食物链。按照生物与生物之间的关系可将食物链分为捕食食物链、腐食食物链(碎食食物链)和寄生食物链。

①捕食食物链。它是以植物为基础，后者捕食前者。如青草—野兔—狐狸—狼。

②腐食食物链(碎食食物链)。它指以碎食物为基础形成的食物链。如树叶碎片及小藻类—虾(蟹)—鱼—食鱼的鸟类。

③寄生食物链。它是以大动物为基础，小动物寄生到大动物上形成的食物链。如哺乳类—跳蚤—原生动物—细菌—过滤性病毒。

(2)食物网(Food Web)。一个生态系统中常存在着许多条食物链，由这些食物链彼此相互交错连接成的复杂营养关系为食物网。食物网能直观地描述生态系统的营养结构，是进一步研究生态系统功能的基础。例如，为杀灭害虫而使用 DDT 等农药，对生态系统中可能波及的生物及 DDT 在系统中的转移，可通过食物网结构进行预估。

一个复杂的食物网是使生态系统保持稳定的重要条件。一般认为，食物网越复杂，生态系统抵抗外力干扰的能力就越强；食物网越简单，生态系统就越容易发生波动和毁灭。在一个具有复杂食物网的生态系统中，一般不会由于一种生物的消失而引起整个生态系统的失调，但是，任何一种生物的绝灭都会在不同程度上使生态系统的稳定性有所下降。当一个生态系统的食物网变得非常简单的时候，任何外力(环境的改变)都可能使这个生态系统发生剧烈的波动。

(3)营养级(Tropic Level)。食物链上的各个环节叫营养级。在生态系统中，生产者为第一营养级，初级消费者为第二营养级，次级消费者为第三营养级……依次类推。但食物链的加长并不是无限的，通常一个食物链由 4 ~ 5 个营养级组成，最多不超过 7 级。各营养级上的生物一般不只一种，凡在同一层次上的生物都属于同一营养级。

#### 5.1.1.3 生态系统功能

生态系统的功能主要表现为生物生产、能量流动和物质循环，它们是通过生态系统的核心部分——生物群落来实现的。

1)生态系统的生物生产

生态系统的生物生产是指生物有机体在能量和物质代谢过程中，将能量、物质重新组合，形成新的产物(碳水化合物、脂肪、蛋白质等)的过程。绿色植物通过光合作用吸收和固定太阳能，将无机物转化成有机物的生产过程称为植物性生产或初级生产；消费者利用初级生产的产品进行新陈代谢，经过同化作用形成异养生物自身物质的生产过程称为动物性生产或次级生产。

2)生态系统的能量流动

生态系统的能量流动符合热力学定律。生态系统的能量流动遵循热力学第一定律和热力学第二定律。热力学第一定律指出，能量可以由一种形式转化为另一种形式；在转化过程中是按严格的当量比例进行的。能量既不能消灭，也不能凭空产生。依据这个定律，一个系统的能量发生变化，环境的能量也必定发生相应的变化，如果体系的能量增加，环境的能量就要减少；反之亦然。对生态系统来说也是如此。热力学第二定律指出，在封闭系统中，一切过程都伴随着能量的改变。在能量传递和转化过程中，除一部分可以继续传递和做功的能量（自由能）外，总有一部分以热能的形式消散。对生态系统来说，当能量以食物的形式在生物之间传递时，食物中相当一部分能量转化为热能而消散，其余则用于合成新的组织而作为潜能贮存下来。

生态系统的能量流动是单向的。能量以光的状态进入生态系统后，就不能再以光的形式存在，而是以化学能或热能的形式存在。生物代谢过程产生的热能也不能再转化为生物的化学能。从总的能量流动途径而言，能量只是单程流经生态系统，是不可逆的。

能量在生态系统内流动是不断递减的。生态系统中各营养级不能百分之百地利用前一营养级的生物量和能量，总要耗散掉一部分。耗散掉的能量包括热能、不能被生物采食或摄入的能量。一般来说，能量在相邻两个营养级之间的传递效率大约是10%，这就是著名的“林德曼效率”（Lindemans Efficiency）。

生态系统中能量流动速率与生态系统类型和不同生物有密切关系。

3）生态系统的物质循环

生态系统的发展和变化除需要一定的能量输入外，实质上包含着作为能量载体的各种物质运动。例如，当绿色植物通过光合作用，将太阳能以化学能的形式贮存在合成的有机物质之中时，能量和物质的运动就同时并存。自然界的各种元素和化合物在生态系统中的运动为一种循环式的流动，称为生物地球化学循环。

参与有机体生命过程的化学元素一般有30～40种，根据它们在生命过程中的作用可以分为三类：能量元素，包括碳、氢、氧、氮，它们是构成蛋白质的基本元素和生命过程必需的元素；大量元素，包括钙、镁、磷、钾、硫、钠等，它们是生命过程大量需要的元素；微量元素，包括铜、锌、硼、锰、钼、钴、铁、铝、铬、氟、碘、溴、硒、硅、锶、钛、钒、锡、镓等，它们尽管含量甚微，但却是生命过程中不可缺少的元素。

在自然环境中，每一种化学元素都存在于一个或多个贮存库中，元素在环境贮存库中的数量通常大大超过其结合在生命体贮存库中的数量。例如，大气圈和生物圈分别是氮元素的贮存库，且在大气圈中氮的数量远远大于在生物圈中的数量。元素在“库”与“库”之间的移动，便形成物质的流动。

根据属性的不同，生物地球化学循环可分为三种主要类型：水循环、气体型循环和沉积型循环。气体型循环主要包括碳和氮的循环，这两个元素的贮存库主要是大气和海洋，其循环具有全球性。

（1）碳循环。碳是构成有机体的基本元素，占生活物质总量的25%左右。在无机环境中，碳主要以 $CO_2$ 或者碳酸盐的形式存在。生态系统中的碳循环基本上是伴随着光合作用和能量流动过程进行的。在有阳光的条件下，植物把大气中的 $CO_2$ 转化为碳水化合物，用以构成自身。同时，植物通过呼吸过程产生的 $CO_2$ 被释放到大气中，供植物再度利用，这是碳循环的最简单形式。$CO_2$ 在大气中的存留时间或周转时间一般为50～200年。

植物被动物采食后，碳水化合物转入动物体内，经消化、合成，由动物的呼吸排出 $CO_2$。

此外，动物排泄物和动植物遗体中的碳，经微生物分解返回大气中，供植物重新利用，这是碳循环的第二种形式。

全球储藏的矿物燃料中含有大约 $10\times10^{12}$ t 的碳，人类通过燃烧煤、石油和天然气等释放出大量的 $CO_2$，它们也可以被植物利用，加入生态系统的碳循环中。此外，在大气、土壤和海洋之间时刻都在进行着碳的交换，最终碳被沉积在深海中，进入更长时间尺度的循环。这些过程构成了碳循环的第三种形式。

上述三种碳循环的形式是对全球碳循环过程的一种简化，这些形式的碳循环过程是同时进行、彼此联系的。

（2）氮循环。氮是生态系统中的重要元素之一，因为氨基酸、蛋白质和核酸等生命物质主要由氮所组成。大气中氮气的体积含量为78%，占所有大气成分的首位，但由于氮属于不活泼元素，气态氮并不能直接被一般的绿色植物所利用。氮只有被转变成氨离子、亚硝酸离子和硝酸离子的形式，才能被植物吸收，这种转变称为硝化作用。能够完成这一转变的是一些特殊的微生物类群如固氮菌、蓝绿藻和根瘤菌等，即生物固氮；闪电、宇宙线辐射和火山活动，也能把气态氮转变成氨，即高能固氮。此外，随着石油工业的发展，工业固氮也成为开发自然界氮素的一种重要途径。

自然界中的氮处于不断循环的过程中。首先，进入生态系统的氮以氨或氨盐的形式被固定，经过硝化作用形成亚硝酸盐或硝酸盐，被绿色植物吸收并转化成为氨基酸，合成蛋白质；其次，食草动物利用植物蛋白质合成动物蛋白质；最后，动物的排泄物和动植物残体经细菌的分解作用形成氨、$CO_2$ 和水，排放到土壤中的氨又经细菌的硝化作用形成硝酸盐，被植物再次吸收、利用，合成蛋白质。这是氮在生物群落和土壤之间的循环。由硝化作用形成的硝酸盐还可以被反硝化细菌还原，经反硝化作用生成游离的氮，直接返回到大气中，这是氮在生物群落和大气之间的循环。此外，硝酸盐还可能从土壤腐殖质中被淋溶，经过河流、湖泊，进入海洋生态系统。水体中的蓝绿藻也能将氮转化成氨基酸，参与氮的循环，并为水域生态系统所利用。至于火山岩的风化和火山活动等过程产生的氨，同样进入氮循环，只是其数量较小。

### 5.1.2 生态学对流域资源的解释

流域资源是人类能够从自然界获取的、满足人类需求和欲望的天然生成物及作用其上的任何人类劳动形成的结果。流域资源是一个非常广泛的概念，它包含着许多形态和性质很不相同的物质，有土地资源、水资源、气候资源、生物资源、矿产资源等。流域资源分为不可更新资源和可更新资源两大类，后者又包括恒定性资源和临界性资源。不可更新资源是地壳中储量固定的资源，即矿产资源。由于它们不能在人类历史尺度上由自然过程再生（如铜矿），或由于它们自然再生的速度远远慢于被开采利用的速度（如石油和煤），它们是可能耗竭的。可更新资源是在正常情况下可通过自然过程再生的资源，例如，生物、土壤、地表水等都属于可更新资源。恒定性资源是按人类的时间尺度衡量无穷无尽、不会因人类利用而耗竭的资源，例如，气温、降水、潮汐、风、波浪、地热、太阳能等，而地下水（尤其是深层地下水）在很大程度上属于不可更新资源。临界性资源是可能被掠夺到耗竭程度的可更新资源，如果对此类资源的使用速率超过自然更新速率，那么，它就会像矿产资源一样实际上是在“被开采”。

### 5.1.3 流域资源过程的熵转化

“熵”原为一物理学概念,指“可用能量的消耗”,或某一系统中存在的一定单位的“无效能量的总和”与“不能再被转化做功的能量的总和的测定单位”。熵是物质系统的热力学状态函数,其值和系统间以做功的方式传递的能量有关。能量固定的一个系统,当其熵等于零时可以转化为功的能量等于它的全部能量;熵达最大值时可以转化为功的能量等于零。因此,可以把熵看做“有效能”的测度,即熵越大,有效能越小;熵越小,有效能越大。

自然界是一个封闭的系统,在其内部的物质运动和转换都要受到热力学定律的制约。人类在开发利用资源的同时,通过各种生产和生活活动将贮存高能质的自然资源转变成贮存低能质的废弃物,使自然界的熵增加速,熵增又意味着混乱度和无序度的增加。

流域资源的开发利用过程,从熵角度看,基本分为两个阶段:第一是开发阶段,通过负熵的输入,系统熵值降低,由自然分布状态变为可利用状态,因而可称为有序化阶段;第二是利用阶段,由于人为的和自然的原因,资源的可利用度逐步降低,熵由低值向高值增长,直至不可利用,故又可称为无序化阶段。

人类对资源的利用过程就是自然资源通过人类劳动进入经济系统的过程。原始的自然资源加入人类劳动和其他能量,变成能为人类带来经济利益的自然资本,因此资源一旦被人类使用就转化为自然资本。随着经济系统的超高速发展,自然界中越来越多的“中性材料”变成了对人类有价值的资源,对于经济系统而言,这种“中性材料”被称做资源;而对于环境系统而言,这种“中性材料”被称做潜在的熵,因此用资源熵定义这种“中性材料”可以清楚地反映经济系统和环境系统能量和物流的相互转化。资源熵经过人类劳动被转化成了负熵资本,同时熵进入生态系统,这种转变速率的加快,导致自然界产生过多的熵,引起了环境危机和生态危机。

从熵的角度理解人类消耗资源的过程:当人类消耗资源时,自然界的资源进入经济系统,发挥其扩散能力,同时在消耗资源过程中,排出的熵进入自然界,因此一方面是资源进入经济系统,另一方面是熵进入自然界。任何一种资源利用都与熵有关联,故此,利用资源的过程是利用资源扩散能力的过程,这个过程实现资源所蕴涵着的潜在熵差能力,由“潜能”到“现实”,是典型的熵增过程。因此,可以把资源熵理解为资源对经济系统具有潜在的、有用的扩散能力,对自然界具有潜在的熵增能力,而且熵增能力是随着扩散能力而进行的,熵增能力就是指当资源扩散到经济系统时,对自然界造成混乱无序状态的度量。

因此,人类社会(经济系统)之所以不断向复杂有序的方向演化,其原因就是它不断从环境系统中摄取能量和秩序——负熵,以抵消它在进化过程中产生的无序度。从资源经济学角度看,这个过程就是人类开发利用自然资源的过程。人类消耗资源的经济学意义,就是使资源的扩散能力逐渐丧失来维持人类社会的演化。

## 5.2 流域生态价值和服务功能

流域生态系统服务功能,是指以流域为单元,由生态系统与生态过程所形成及所维持的人类赖以生存的自然环境条件与效用。生态价值是由生态系统的服务功能产生的。流域生态价值的评估方法主要有条件价值法、费用支出法和市场价值法等。

### 5.2.1 生态价值的表现形式

生态价值(Ecològical Value)是指生态系统及其各组分在维持生态系统的结构和功能的完整以及其作为生命维持系统与人类生存系统所具有的价值。它表示人与自然关系中环境质量和自然资源对人类生存和发展的意义。良好的生态环境提供人类良好的生存条件、社会物质生产条件、良好的美学条件和良好的生态结构与功能,作为自然净化的条件,它蕴藏着巨大的经济价值。

对于生态价值中由社会必要劳动时间确定的部分,自然资源的价值量与体现在该资源产业中的劳动的量成正比,与这一劳动的生产率成反比。生态价值可以表现为一般等价物——货币的形式,即价值的市场表现——价格,且在一般情况下,一种自然资源的价值应看做是在这个部门的平均条件下生产的、构成该部门的产品很大数量的那种自然资源商品的个别价值。但由于近200年来工业革命的不断发展,社会生产力的不断发展,使经济社会系统对自然资源的供给之间出现了日益增大的供求矛盾。人类已优先开采了优等条件和中等条件的自然资源区域,随着优等条件下自然资源储量的大大减少,迫使当代人和后人正向着中等条件以下的自然资源区域去开发,使中等条件以下开采的自然资源商品量越来越占据总商品量的主导地位。这就致使很多自然资源商品的价值逐步由该部门中等条件下生产该种资源商品的个别价值来决定,转变为由劣等条件下生产该种资源商品的个别价值来决定的趋势。这种价格在表现形式上直观,计算方法上易于度量。

但对于部分生态价值,在时间、效用上不会立即体现,其表现可能是间接的。这种间接形式主要表现为是以被交换者即消费者获得级差收入的方式来作为其体现物的。如在长江上游地区植树造林,除对当地的水土保持、环境质量改善有直接作用外,其抽象劳动所创造的生态价值则是在整个流域中获得种种级差收入而间接体现的。在这种无形的让渡过程中,生态价值间接地获得了一种等价物形式——级差收入。正因为级差收入是作为生态环境价值的等价物,所以一方面消费者不能在享受生态环境使用价值时对生产者直接进行劳动补偿,另一方面因为不发生生态环境价值所有权的转移,生产者也无权要求消费者直接拿出其生态环境价值的等价物。这就要求国家通过合理的税收政策,把消费者因消费较好的生态环境使用价值而获得的级差收入纳入征税的范围,并在征税后由中央或地方政府向生态环境使用价值的生产者给予劳动补偿。

### 5.2.2 生态系统的服务功能

生态价值是由生态系统的服务功能产生的。生态系统的服务功能是指生态系统与生态过程所形成及所维持的人类赖以生存的自然环境条件与效用。它不仅为人类提供了食品、医药及其他生产生活原料,更重要的是,维持了人类赖以生存的生命支持系统,维持生命物质的生物地化循环与水循环,维持生物物种与遗传多样性,净化环境,维持大气化学的平衡与稳定。人们逐步认识到,生态系统的服务功能是人类生存与现代文明的基础。

生态系统的服务功能可分为以下几方面。

#### 5.2.2.1 **生物生产**

生物生产是生态系统服务的最基本的典型,如植物利用太阳能,将 $CO_2$ 等物质转化为有机物(生物量),用做人类的食品、燃料、原料及建筑材料等,而生物资源只有依赖于一定的生态系统才能生存和发展。

#### 5.2.2.2 调节物质循环

自然生态系统在全球、区域、小流域和小生境等不同的空间尺度上调节着物质循环。细菌、藻类和植物通过光合作用产生氧气,致使氧气在大气中富集。氧气的浓度决定着氧化过程的发生和强度,而氧化强度决定着许多物质的全球性生物地化循环。氧气浓度的微小变化可以导致全球性生物地化循环的显著变化。自然过程使植物生长必需的营养元素得以再生(如固氮)。

#### 5.2.2.3 土壤的形成与保持

土壤是植被建立的基础。土壤是一种几近不可再生的资源,因为自然界每生成1 cm厚的土壤层大约需百年以上的时间。生态系统对土壤的保护主要是由植物承担的。高大植物的冠盖拦截雨水,削弱雨水对土壤的直接溅蚀力;地被植物阻截径流和蓄积水分,使水分下渗而减少径流冲刷;植物根系具有机械固土作用;根系分泌的有机物胶结土壤,使其坚固而耐受冲刷等。

#### 5.2.2.4 调节气象、气候及气体组成

自生命出现以后,生态系统演化使大气成分发生了巨大变化。绿色植物通过光合作用吸收$CO_2$、放出$O_2$,是地球大气平衡的重要机制。森林是地球生物圈的支柱,其生物量占地球全部植物生物量的90%左右,它也是世界上主要的有效碳贮存库之一。森林能够防风,植物蒸腾可保持空气的湿度,从而改善局部地区的小气候。森林对有林地区的气温有良好的调节作用,使其昼夜温度不致骤升骤降,夏季减轻干热,秋冬减轻霜冻。绿色植物特别是高大林木所具有的防风增湿、调温等改善气候的功能,对农业生产也是有利的。在流域范围内,植被影响云量、水蒸气量和降雨,而云量的变化将影响到辐射和大气热量交换,从而起到调节流域气候的作用。

#### 5.2.2.5 净化环境

人类生产、生活活动产生垃圾和废物,正是生态系统的分解功能使人类的各种有机废物得到分解,从整体上保持了清洁、舒适的生活环境。而微生物的分解作用在废物处理中是不可缺少的。此外,绿色植物对保持空气清洁和净化大气污染具有独特作用,它包括抑尘滞尘、吸收有毒气体、杀菌、减少噪声、释放有益健康的空气负离子等。

#### 5.2.2.6 生物多样性的维持

生物多样性形成了一种“超结构”,不仅使生态系统服务的提供成为可能,而且也是人类开发新的食品、药品和品种的基因库。生物多样性还提供了一种缓冲和保险,可使生态系统受灾后的损失减少或限制在一定范围内。

#### 5.2.2.7 防灾减灾

生态系统的防灾减灾功能包括对自然生态系统具有强大的蓄水保水功能。在各类生态系统中,森林的这种功能最强。生态系统对降水的蓄存作用在较大的区域内则表现为缓解旱涝等极端水情,减轻旱涝灾害。

#### 5.2.2.8 社会文化源泉

生态系统多样性所造成的美丽景观和提供的美学欣赏、娱乐、旅游、野趣条件,以及生物多样性对人类智慧的启迪、提供科学研究对象等,对于现代人类社会来说,具有重要价值,而且随着社会的发展,这种功能的价值与日俱增。

### 5.2.3 流域生态价值的定量评估

生态价值体现着人类对生态系统服务客观需要的主体意识，是一定科学技术条件下人类社会和自然生态系统之间的关系在经济学领域的反映。根据生态经济学、环境经济学和资源经济学的研究成果，生态价值的评估方法可分为两类：一类是模拟市场技术，又称假设市场技术，它以支付意愿和净支付意愿来表达生态服务功能的经济价值，其评价方法有条件价值法等；另一类是替代市场技术，它以"影子价格"❶和消费者剩余来表达生态服务功能的经济价值，其评价方法多种多样，其中有条件价值法、费用支出法、市场价值法、机会成本法、旅行费用法和享乐价格法等。

#### 5.2.3.1 条件价值法

条件价值法又称调查法或假设评价法，它是生态系统服务功能价值评估中应用最广泛的评估方法之一。条件价值法适用于缺乏实际市场和替代市场交换商品的价值评估，是"公共商品"价值评估的一种特有的重要方法。它能评价各种生态系统服务功能的经济价值，包括直接利用价值、间接利用价值、存在价值和选择价值。

西方经济学认为：价值反映了人们对事物的态度、观念、信仰和偏好，是人的主观思想对客观事物认识的结果；支付意愿是"人们一切行为价值表达的自动指示器"，可以表示一切商品价值，也是商品价值的唯一合理表达方法。因此，商品的价值可表示为

商品的价值 = 人们对该商品的支付意愿

支付意愿又是由实际支出和消费者剩余两个部分组成的。对于一般商品而言，由于商品有市场交换和市场价格，其支付意愿的两个部分都可以求出。实际支出的本质是商品的价格，消费者剩余可以根据商品的价格资料用公式求出。因此，商品的价值可以根据其市场价格资料来计算。理论和实践都证明，对于有类似替代品的商品，其消费者剩余很小，可以直接以其价格表示商品的价值。

对于公共商品而言，因其没有市场交换和市场价格，因此支付意愿的两个部分（实际支出和消费者剩余）都不能求出，公共商品的价值也因此无法通过市场交换和市场价格估计。目前，西方经济学发展了假设市场方法，即直接询问人们对某种公共商品的支付意愿，以获得公共商品的价值，这就是条件价值法。

条件价值法属于模拟市场技术方法，它的核心是直接调查咨询人们对生态服务功能的支付意愿，并以支付意愿和净支付意愿来表达生态服务功能的经济价值。在实际研究中，从消费者的角度出发，在一系列假设问题下，通过调查、问卷、投标等方式来获得消费者的支付意愿和净支付意愿，综合所有消费者的支付意愿和净支付意愿来估计生态系统服务功能的经济价值。

#### 5.2.3.2 费用支出法

费用支出法是一种古老又简单的方法，它以人们对某种生态服务功能的支出费用来表示其经济价值，是从消费者的角度来评价生态服务功能的价值。例如，对于自然景观的游憩

---

❶ 影子价格又称"计算价格"或"预测价格"，是荷兰经济学家詹恩·丁伯根在20世纪30年代末首次提出来的，它是运用线性规划的数学方式计算的，反映社会资源获得最佳配置的一种价格。影子价格是在国民经济评价中，区别于现行的市场价格而采用的能够反映其实际价值的一种价格。

效益,可以用游憩者支出的费用总和(包括往返交通费、餐饮费用、住宿费、门票费、入场券、设施使用费、摄影费用、购买纪念品和土特产的费用、购买或租借设备费以及停车费和电话费等所有支出的费用)作为景观憩息的经济价值。

#### 5.2.3.3 市场价值法

市场价值法与费用支出法类似,但它适合于没有费用支出的但有市场价格的生态服务功能的价值评估。例如,没有市场交换而在当地直接消耗的生态系统产品,这些自然产品虽没有市场交换,但它们有市场价格,因而可按市场价格来确定它们的经济价值。市场价值法先定量地评价某种生态服务功能的效果,再根据这些效果的市场价格来评估其经济价值。在实际评价中,通常有两类评价过程:一类是理论效果评价法,它可分为3个步骤:首先计算某种生态系统服务功能的定量值,如涵养水源的量、$CO_2$ 固定量、农作物增产量;其次研究生态服务功能的“影子价格”,如涵养水源的定价可根据水库工程的蓄水成本,固定 $CO_2$ 的定价可以根据 $CO_2$ 的市场价格;最后计算其总经济价值。另一类是环境损失评价法,这是与环境效果评价法类似的一种生态经济评价方法。例如,评价保护土壤的经济价值时,用生态系统破坏所造成的土壤侵蚀量及土地退化、生产力下降的损失来估计。从理论上说,市场价值法是一种合理方法,也是目前应用最广泛的生态系统服务功能价值的评价方法。但由于生态系统服务功能种类繁多,而且往往很难定量,故实际评价时仍有许多困难。

## 5.3 流域生态补偿理论研究进展

### 5.3.1 流域生态补偿概念和特征

流域生态补偿是以实现社会公正为目的,在流域内上下游各个地区之间实施的以直接支付生态补偿金为内容的行为,同时,还指包括国家对流域生态保护区内致力于生态保护而丧失发展机会的居民在资金、技术和实物上的补偿及政策上的优惠等。流域生态补偿具有如下特征。

#### 5.3.1.1 补偿范围的确定性

流域生态补偿的范围是相当广的,除对恢复已破坏的生态环境的投入进行补偿外,还包括对未破坏的生态环境进行污染预防和保护所支出的一部分费用,以及对因环境保护而丧失发展机会的区域内的居民进行的资金、技术、实物上的补偿以及政策上的优惠和为增进环境保护意识、提高环境保护水平而进行的科研、教育费用的支出。它不仅有单一的末端治理和补偿,也有全过程的综合性补偿;既有对物的补偿,也有对人的补偿。从时间上看,其既有对过去生态保护投入的补偿,也包括将来为维持良好的生态环境而需要继续投入的分担。

#### 5.3.1.2 补偿手段的多样性

流域生态保护补偿不仅包括由国家通过直接财政补贴、财政援助、税收减免、税收返还等形式进行的货币及实物补偿,而且还包括国家和地方(包括共享区)在建设项目、技术交流、人员培训等方面的扶持与援助。

#### 5.3.1.3 补偿机制的规范性

生态补偿要依法有序,市场补偿制度达到成熟尚需时日,保证生态补偿的延续性,防止“人存政兴,人亡政息”,用法律手段保障政府有关生态补偿的方针和政策得以贯彻执行,用法律去规范、约束人们对环境资源的各种开发和利用行为。

## 5.3.2 现行生态补偿政策分析

### 5.3.2.1 相关政策

1)生态环境补偿费政策

20世纪90年代曾在一些地区试行的生态环境补偿费政策,比较接近生态补偿政策概念,其主要目的是利用经济激励手段,促使生态环境的使用者、开发者和消费者去保护和恢复生态环境,保证流域资源的永续利用,有效制止和约束流域资源开发利用中损害生态环境的经济行为。

生态环境补偿费征收对象主要是那些对生态环境造成直接影响的组织和个人。征收范围包括矿产开发、土地开发、旅游开发、自然资源开发、药用植物开发和水电开发等。征收主体是环境保护行政主管部门,所增收的补偿费纳入生态环境整治基金,用于生态环境的保护、治理与恢复。生态环境补偿费的征收方式也呈多元化,如按投资总额、产品销售总额付费,还有按单位产品收费、使用者付费和抵押金收费等方式征收生态环境补偿费的。

生态环境补偿费由于其概念和使用途径等不够明确,在国家清理整顿乱收费时被取消。

2)退耕还林(草)政策

长期以来,以粮为纲的农业发展战略造成了严重的生态破坏和经济损失。为此,国家对流域上游的生态环境进行了恢复和整治,出台了退耕还林(草)政策。1999年,国家首先在四川、陕西和甘肃开展了退耕还林的试点工作,并在3年后制定了退耕还林10年规划。2002年12月,国务院颁布了《退耕还林条例》,在全国实施退耕还林(草)政策。

退耕还林(草)政策的落实必须坚持生态优先,"谁退耕、谁造林,谁经营、谁受益",因地制宜和逐步改善退耕还林者的生活条件等基本原则。它涉及的重点是水土流失严重的耕地,沙化、盐碱化、荒漠化严重的耕地,生态地位重要、粮食产量低而不稳的耕地,江河源头及其两侧、湖库周围的陡坡耕地,以及水土流失和风沙危害严重等生态地位重要区域的耕地,在退耕还林规划中应得到优先安排。

按照政策,对退耕的农户和地方政府分别提供补偿,补偿期限一般为5~8年。在黄河上流地区,对退耕农户的补偿标准为每公顷土地补偿粮食1 500 kg或2 100元,并补助种苗费750元和管护费300元;长江上游地区的补偿标准为每公顷土地补偿粮食2 250 kg或3 150元,并补助种苗费750元和管护费300元。对地方政府因退耕还林(草)减少的财政收入,国家通过财政转移支付予以补偿。

退耕还林(草)政策实施以来,对长江和黄河上游地区生态环境的改善发挥了积极作用,但是也暴露出了不少问题,从而严重影响了政策的实施效果。退耕还林(草)政策执行中面临的突出问题包括:①政策缺乏延续性,实施期满后怎么办;②补偿标准过低,无法弥补农民损失;③补偿标准的制定缺乏市场基础;④一刀切的政策造成农民收入减少。因此,如何协调流域生态安全、环境利益与农户经济利益之间的矛盾,将是退耕还林(草)政策未来改革必须重点解决的问题。

3)生态公益林补偿金政策

为切实解决好生态公益林管护、抚育资金缺乏问题,并在一定程度上解决管护人员的经济收益问题,2001年建立了森林生态效益补偿基金,对生态公益林进行补偿。

生态公益林补偿金政策的实施取得了积极的成效，但在实施过程中也存在一些问题，主要表现为：生态公益林认定上存在问题；补偿标准不合理，难以弥补保护者的支出；在补偿对象上存在问题；地方配套资金不足等。

4）天然林保护工程

天然林保护工程从1998年开始试点，主要为天然林管护、造林和向林场职工提供有关资金补偿。政策涉及的对象是天然林，目的是要解决以天然林砍伐为主要生产方式和谋生手段的林场职工的问题，政策范围主要是长江上游、黄河中上游和东北及内蒙古等地的天然林。

政策的补偿对象和内容包括：①森林资源管护，按每人管护380 $hm^2$、每年补助1万元标准实施；②生态公益林建设，飞播造林每公顷补助750元，封山育林每公顷每年210元，连续补助5年；人工造林，长江流域每公顷补助3 000元，黄河流域每公顷补助4 500元；③森工企业职工养老保险社会统筹补偿；④森工企业社会性支出补偿；⑤森工企业下岗职工基本生活保障费补助；⑥森工企业下岗职工一次性安置补偿；⑦因木材产量调减造成的地方财政减收，中央通过财政转移支付方式予以适当补助。尽管天然林保护政策取得了积极的成效，但在实施过程中也暴露出不少问题，其突出表现为：补偿对象上有不足，在天然林的认定上存在一定误区，补偿金的使用存在问题，政策缺乏延续性等。

5）退牧还草政策

退牧还草是针对我国天然草场的主要分布地区，通过采取经济补偿的手段实现对退化草场的修复和保护的一项具有生态补偿意义的政策。其主要目的是保护和恢复西北部、青藏高原和内蒙古的草地资源，以及治理京津风沙源。补偿方式是为退牧还草的牧民提供粮食补偿。

总体上，退牧还草政策的实施比较顺畅，对改善草场质量和修复草原生态环境发挥了积极的作用，取得了良好的环境效益。但是，在执行中仍存在一些问题，如补偿标准过低，政策缺乏延续性等。

6）矿产资源税及补偿费

矿产资源税主要是为了调节资源开发中的级差收入，促进资源合理开发利用而对资源产品开征的税种。矿产资源税在1994年税制改革后被划为地方税种，纳入地方的财政收入，在使用方向上难以保障有关法律文件所要求的方向，在实际中很难起到调节级差收入和修复生态环境的作用，特别是在地方财政收入紧张的情况下，就更难以保证这部分财政收入用于生态保护与修复。

矿产资源补偿费由地质矿产主管部门会同财政部门征收，征收对象为在中华人民共和国领域和其他管辖海域开采矿产资源的采矿权人。矿产资源补偿费纳入国家预算，实行专项管理，主要用于矿产资源勘查。其征收按规定比例由中央和省、直辖市、自治区进行分成：中央与省、直辖市的矿产资源补偿费的分成比例为5∶5，中央与自治区矿产资源补偿费的分成比例为4∶6。

7）水资源费政策

2002年修订的《中华人民共和国水法》第四十八条明确规定：对城市中直接从地下取水的单位，征收水资源费；其他直接从地下或者江河、湖泊取水的可以由省、自治区、直辖市人民政府决定征收水资源费。取用水资源的单位和个人，应当申请并领取取水许可证，缴纳水资源费。水资源费征收标准由省、自治区、直辖市人民政府价格主管部门会同同级财政部门、水行政主管部门制定,报本级人民政府批准,并报国务院价格主管部门、财政部门和水行政主管部门备案。

8)生态移民政策

我国的生态移民政策脱胎于扶贫政策,也是解决生态脆弱地区和重要生态功能区生态恢复和保护,实现群众脱贫的一项重要手段。生态移民政策的内容是为了保护一个地区特殊的生态,或者让一个地区的生态得到修复而进行的移民,包括生态脆弱区移民和重要生态区移民两种形式。我国实施真正意义的生态移民是从2000年开始的,计划将西部地区700万农民通过移民来促其脱贫。

对符合移民条件的迁移户,国家给予专项补偿,但不同省份因情况不同,补偿标准也有所不同。此外,在土地、户籍等政策上,对生态移民也有相应的优惠和扶持政策。

9)矿产资源开发的有关补偿政策

1997年开始实施的《中华人民共和国矿产资源法》明确规定:耕地、草地、林地因采矿受到破坏的,矿山企业应当因地制宜地采取复垦利用、植树种草或其他利用措施。开采矿产资源给他人生产、生活造成损失的,应当负责赔偿,并采取必要的补救措施。同时,《中华人民共和国矿产资源法实施细则》对矿山开发中的水土保持、土地复垦和环境保护的具体要求做了具体规定,对不能履行水土保持、土地复垦和环境保护责任的采矿人,应向有关部门缴纳履行上述责任所需的费用,即矿山开发的押金制度。

10)耕地占用的有关补偿政策

由于城市化和工业化进程的不断加快,我国耕地占用问题十分严重。为保障基本耕地的动态平衡,国家制定了耕地占用的补偿政策。《基本农田保护条例》规定,经批准占用基本农田的单位,应按照"占多少、垦多少"的原则进行补充,不能实现者应缴纳耕地开垦费,用于开垦新的耕地。

11)流域治理与水土保持政策

为减少水土流失,促进农村小水电建设和小流域治理,1998年水利部和财政部联合制定了《小型农田水利和水土保持补助费管理规定》,并将"小型农田水利和水土保持补助费"的专项资金纳入国家预算,用于补贴扶持农村发展小型农田水利、防止水土流失、建设小水电和抗旱等方面的投入。

#### 5.3.2.2 总体评价

1)缺少专门的生态补偿政策

从现行的生态补偿政策体系看,虽然涉及生态补偿内容的相关政策有十余项,但没有一项政策是真正以生态补偿为目的而设计的。相关政策主要是指从某一种生态要素或为实现某一种生态目标而设计的政策。因此,在这些补偿政策中,虽然涉及了保护和恢复生态环境等相关内容,但整个政策的主体是为其他目标服务的。这样,在政策的具体执行过程中,往往就出现了生态保护与修复的内容被忽视的现象,从而导致生态补偿的目的基本无法实现。

2)政策带有较强烈的部门色彩

现有的生态补偿相关政策普遍带有较强烈的部门色彩。流域资源开发与保护以及生态环境的维护,涉及多个行政管理部门,不同行政主管部门在生态保护与维护资源可持续利用方面具有各自的职责。因此,在实际工作中就产生这样的现象,即以部门的生态保护责任为目的进行相应的政策设计,并以国家有关法律法规的形式将这些部门性的政策固化。其中,比较具有代表性的是林业的相关补偿政策。在林业方面,我国已经实施的有关生态补偿的政策就有退耕还林、生态公益林补偿金、天然林保护工程等政策,不可否认这些政策对减少森林资源的破坏、修复生态环境和维护森林生态系统功能发挥了重要的作用,但政策的实施效果并不尽如人意,还存在许多问题,特别是部门利益化和利益部门化的问题。其他的政策也不同程度地存在部门化的问题。因此,从提高政策实效的角度出发,需要对流域生态补偿相关政策进行客观的评价,并在此基础上进行相应的修改和完善,避免和减少政策部门利益化的问题,以达到更好的实效。

3)长期有效的生态补偿政策弱化

在现有的生态补偿相关政策中,退耕还林、退牧还草、生态公益林补偿金等政策是最具有流域生态补偿含义的政策,这些政策的核心和出发点都是希望通过对为生态保护作出牺牲和贡献的农民、牧民等直接的利益相关者进行经济补偿而实现保护和改善流域生态环境的目的。从这个角度讲,这些政策更符合流域生态补偿政策的理念。但是,无论是退耕还林、退牧还草,还是天然林保护等这些最具生态补偿含义的政策,大多是以项目、工程或计划的方式组织实施的,因而也都有明确的时限,从而导致政策的延续性不强,给政策实施的效果带来较大的变数和风险。具体而言,在政策的实施期限内,由于农牧民为保护和改善生态环境所牺牲的经济利益能够得到一定的补偿,他们会因此而限制自己的生产和开发活动,从而达到保护生态环境的目的。反之,当他们为保护和改善生态环境所牺牲的经济利益得不到经济补偿的时候,为了满足基本的生活和发展需求,他们就不会从保护生态环境的角度去限制自己的生产和开发活动,并持续对当地的生态环境形成压力,这不仅不能改善和保护当地的生态环境,甚至还将造成严重的生态破坏或生态灾难。

4)生态补偿的利益相关方参与不足

生态补偿政策的根本目的是调整生态保护相关利益者的经济关系,因此生态补偿政策涉及众多利益相关者。但是,生态补偿政策的制定缺乏利益相关者的广泛参与机制和实现途径。由于没有广泛听取利益相关者的意见,现有政策更多地还是体现政府意志,不能广泛代表生态保护利益相关者的利益。生态、补偿政策缺乏利益相关者充分参与的主要表现有:一是由于各地自然条件和人文资源的不同,在补偿对象的认定上不能因地制宜地、充分地考虑地区之间的差异;二是在补偿标准的制定上,更多地体现出中央政府的意愿,而没有充分考虑农民、牧民、企业团体和各级地方政府的意愿和行为。

5)补偿标准过低是普遍存在的问题

生态补偿政策的核心是通过对保护生态的利益相关者进行相应的经济补偿,来达到保护和改善生态环境的目的。但是,由于在标准制定过程中缺乏生态补偿利益相关者的广泛参与及基于市场的分析和评价,现行生态补偿相关政策的补偿标准严重背离现实,存在补偿标准过低的问题。当生态环境保护者不能得到足够的经济补偿时就会出现两种情况:一是保护者出于保护生态环境的目的,自觉约束自己的行为和生产、开发活动,虽然有利于生态保护,但却会造成保护者经济利益的损失,甚至导致保护生态环境者陷入贫困,产生“生态贫困”群体;二是因保护生态环境而损失了经济利益的人群,为了维护家庭的正常生活、生产和发展的需求,很可能再次进行破坏生态环境的生产和开发活动。因此,合理的补偿标准是保证生态补偿政策实施效果的重要前提。

6)资金使用上没有体现生态补偿的含义

虽然生态补偿要义明确，联系广泛，但在资金使用渠道上并没有真正体现生态补偿的含义，特别是矿产资源补偿费、矿产资源税和水资源费等。在所筹集资金的使用中，生态保护的内容仅居于特别次要的地位，甚至可有可无，这与矿山开发和水资源开发中严重的生态破坏和水源保护等实际需求严重背离。因此，必须强调生态保护和生态补偿的含义，通过调整资金使用方向，突出生态补偿的目的。

#### 5.3.2.3 启示和建议

1)整合现有的生态补偿政策内涵

生态补偿的目的是通过调整生态保护相关利益者的经济关系，维护生态服务功能。从现有的生态补偿相关政策看，政策设计中存在内容不全、目标不明确、手段单一和部门利益化等问题。因此，需要从维护流域生态系统服务功能的角度，整合现有的生态补偿政策内涵，制定生态补偿的专项政策，建立生态补偿机制。在整合现有政策和建立专项生态补偿政策时，要针对流域生态补偿、矿产资源开发生态补偿、特殊生态功能区生态补偿等问题，明确补偿责任主体、被补偿对象、补偿资金渠道、补偿方式等问题，以有利于建立和运行生态补偿机制。

2)创新生态补偿的政策机制

生态补偿相关政策实施效果差的一个重要原因是，政策设计的基本理念和目的存在偏差，生态补偿的政策机制缺失。生态补偿机制不仅是一项环境经济政策，更是一项环境管理的具体措施和约束行动。不仅需要理论创新、思维创新，更需要方法创新、手段创新，从而建构起高效的生态补偿政策设计体系，并融入机制中，实现有序运行。

### 5.3.3 流域生态补偿机制构建

#### 5.3.3.1 流域生态补偿机制内涵

流域生态补偿机制是实施流域生态补偿的组织安排和制度架构，构建流域生态补偿机制，实质上就是通过横向财政转移支付的方式，将上游生态保护成本在相关行政区之间进行合理的再分配。为确保流域生态补偿机制的全面落实，依据中国现行的行政区划，应建立国内跨省流域、省内跨市流域和市内跨县流域3个层次的流域生态补偿机制。

#### 5.3.3.2 流域生态补偿主客体界定

明确补偿主体与客体，即解决“谁补偿谁”的问题。通常情况下，流域生态补偿主体是指因生态环境改善而受益的那些地区、行业和群体；流域生态补偿客体是指对流域生态环境改善作出贡献的地区、行业和群体。

1)流域生态补偿的主体

根据目标水质情况，流域的上、下游都负有保护生态环境和执行环境保护法规的责任，下游在上游达到规定的水质、水量目标的情况下给予补偿；在上游没有达到规定的水质、水量目标，或者造成水污染事故的情况下，上游反过来要对下游给予补偿或赔偿。从行为性质上分，流域生态补偿的主体主要包括流域生态改善的受益者和流域生态环境的贡献者。但是，生态建设的贡献者和受益者最终都是单个的经济主体、部门或个人，作为一定区域公众利益的代表并对辖区内生态环境建设和经济发展负有不可推卸责任的地方政府理应成为补偿主体，这里的地方政府包括省级政府和省级以下的政府。流域生态效益的获益者可向政府缴纳补偿费用，共同委托其所在地区的政府购买生态效益（形式上表现为支付流域生态补偿金），接受补偿地区的政府负责将补偿金分配给实际为流域生态保护作出贡献的单位或个人。

2）流域生态补偿的客体

流域生态补偿的客体主要包括两大类，即流域生态保护者和减少流域生态环境破坏行为者。流域上游地区对生态保护作出贡献的贡献者和减少生态破坏的破坏者，具体包括当地政府、水源保护区从事生态建设和维护的农民以及由于产业结构调整而受到损失的企业和农民等，此外，水资源污染的受害者也应得到补偿。

#### 5.3.3.3　流域生态补偿功能载体甄选

流域生态补偿的功能载体是指流域生态补偿的具体实现形式，流域生态补偿的功能载体可分为如下7种：

（1）政策补偿。上级政府对下级政府利用制度资源和政策资源进行补偿，受补偿者在授权的权限内制定一系列创新性政策，以促进流域生态补偿机制的建立。

（2）实物补偿。补偿者运用物质、劳动力和土地等进行补偿，给予受补偿者部分的生产要素和生活要素，改善受补偿者的生活状况，以增强生产能力。

（3）资金补偿。这是最常见也是最迫切需要的补偿方式，具体可以分为补偿金、赠款、减免税收、退税、信用担保的贷款、补贴、财政转移支付、贴息、加速折旧等。

（4）智力补偿。补偿者开展智力服务，提供无偿技术咨询和指导，培养受补偿地区或群体的技术人才和管理人才，提高受补偿者的生产技能、技术含量和管理组织水平。

（5）异地开发。上游地区因实施保护行为会错失大量工业项目，下游地区应为其腾出一块“工业飞地”，以突破其发展的地理空间瓶颈。

（6）水权交易。水权交易就是转让满足要求的流域生态服务（如洁净水资源）的使用权，基于不同的水量分配方式，我国的水权交易可分为跨流域交易、跨行业交易和流域上下游交易等不同形式。

（7）项目补偿。这通常又被称为“造血型”补偿或“开源型”补偿，它是指补偿主体将补偿资金转化为技术项目安排到补偿方，帮助生态保护区群众建立替代产业，形成造血机能和自我发展机制，使外部补偿转化为自我积累能力和自我发展能力。

#### 5.3.3.4　补偿标准确定

合适的补偿标准是确保顺利实施流域生态补偿机制、稳步改善流域生态环境的关键环节，如果补偿数量过大，则增加补偿主体负担，影响其发展后劲；但是，如果补偿数量太小，则无法满足补偿客体发展需要，进而影响流域生态保护的预期效果。比较常用的计算方法有以下几种：

（1）以下游获得的环境效益作为补偿标准。上游生态治理和保护所带来的环境效用价值主要包括水质改善、水量增加或在时间上的均匀分布、水土流失面积的减少等。上游进行生态治理和保护，对下游具有明显的环境正效益；下游地区应当以上游生态治理和保护所带来的环境效用价值作为补偿依据，并采取重置成本法和损失补偿法等进行测算。

（2）以生态建设成本与生态效益差额作为流域生态补偿的标准。流域内各行政区生态建设成本，包括上游地区为了保护流域环境而付出的成本以及下游地区恢复生态或净化水质获得流域生态服务或清洁水资源的成本。上游地区为了保护流域环境而付出的成本，主要包括两部分内容:一是为维持、保护流域生态所承担的费用,二是放弃发展经济的众多机会成本。如果上游地区生态建设成本大于获得的生态效益,下游地区就要以上游地区生态建设成本与生态效益差额作为补偿标准向上游支付生态补偿资金。

(3)以生态重建成本作为补偿标准。生态重建成本是将受到损害的流域生态环境质量恢复到受损以前的环境质量所需要的成本,此成本以上、下游的生态受益程度和生态支付意愿为依据,在相关行政区之间进行分摊,从而实现流域生态补偿。支付意愿是下游地区愿意为流域生态服务的改善可能支付的经济补偿的数值,它与下游利益相关者的利益性质、利益密切程度、对流域保护的认识水平、对流域环境服务改善的预期程度以及当地的经济发展水平、个人收入水平密切相关。

(4)总成本修正模型。定性描述的补偿标准在认识上有一定的突破,但单数量模型更容易实施。总成本修正模型首先对流域上游地区生态建设的各项投入进行汇总,然后通过引入水量分摊系数、水质修正系数和效益修正系数,建立流域生态建设与保护补偿测算模型,对上游生态建设外部性的补偿量进行测算。

(5)水资源市场价格模型。如果下游流域生态服务(如洁净水资源)价值可直接货币化,可基于市场价格实施流域补偿。

### 5.3.4 生态补偿理论研究进展

流域生态补偿作为实现生态环境成本内部化的环境管理机制和社会利益关系平衡机制,逐步得到世界各国的普遍关注,各国积极开展理论研究和实践探索。全面回顾和总结国内外生态补偿研究发展状况,展望生态补偿研究的重点领域和主要方向,对丰富和发展我国流域生态补偿理论研究、政策制定和实践探索具有积极的意义。

#### 5.3.4.1 国外生态补偿理论与实践

1)生态补偿理论回顾

生态补偿理论研究可以追溯到经济学领域关于外部性理论的探讨。外部性理论发展及其在环境与资源保护领域的应用,推动了外部性损害补偿思想与生态补偿思想的形成和发展。

20世纪70年代,美国经济学家塞尼卡和陶希格提出了从环境与发展关系方面考虑补偿问题的补偿发展论。他们认为,当生态环境成为"稀缺物品"时,在使用环境和资源时就必须付出越来越高的代价,作为对环境破坏和资源浪费的补偿,并且提出应该立法收取污染税解决环境问题。20世纪80年代,"可持续发展"思想被提出来,基于可持续发展思想的生态补偿理论和思想得到长足发展。20世纪90年代以后,西方发达国家在生态补偿方面对补偿主体的行为与选择的问题,对补偿的经济原因、市场化的补偿途径、补偿的具体机制等做了细致的研究。进入21世纪,生态补偿的理论研究从思辨层面和经济学领域逐步扩展到社会各个领域,成为"可持续发展"思想背景下实现经济社会发展和环境资源保护相统一协调的重要机制和措施。

2)生态补偿实践探索

国外生态补偿实践就补偿模式层面看可以分为:①政府作为唯一补偿主体模式。对由于自然和人为原因所引起的缺失补偿主体的生态类型,政府作为唯一补偿主体给予补偿。②政府主导模式。指政府作为增益性和损益性生态补偿主要支付者的一种补偿模式,主要包括政府实施直接补偿、建立生态补偿基金制度、征收生态补偿税、区域转移支付制度、流域（区域）合作等形式。③市场化运作模式。引入市场机制，通过生态补偿产品创新，实现对产权关系相对明确的生态补偿类型补偿，包括绿色偿付、配额交易、生态标签、排放许可证交易、国际碳汇交易等。

#### 5.3.4.2 国内生态补偿研究与发展

国内学者对生态补偿的理论研究主要集中在生态补偿概念、机制、标准、实施途径等方面。毛显强等从经济利益关系角度出发，认为生态补偿是指通过收费调整环境损害主体和环境增益主体之间的利益关系。毛峰和曾香认为生态补偿是通过经济手段和法规、行政措施对生态系统进行物质与能量的反哺和调节机能的修复的环境管理手段。王金南等提出建立包括西部生态补偿机制、重点生态功能区补偿机制、流域生态补偿机制和要素补偿机制构成的多层次补偿系统。梁丽娟等认为生态补偿需要解决谁补偿谁、补偿多少、如何补偿三个基本问题。吴晓青应用生态经济学、环境经济学的理论，用受益总量和经济损失两者差值得出受益者应提供的补偿数量。在生态补偿实践层面，李克国等建议建立和完善生态税、资源税，推行绿色税收政策。

我国生态补偿的实践经历了从初步认识到高度重视，从萌芽起步到快速发展，从典型实践到法律政策逐步健全完善的过程，可以按时间划分为四个发展阶段：

（1）萌芽起步阶段（20 世纪 50 ~ 80 年代初）。我国从 20 世纪 50 年代就开始关注生态环境的保护，80 年代国家提出建立国家林业基金制度，这是具有生态补偿的萌芽意识和实践初探性质的制度尝试。这一阶段是形成生态补偿萌芽意识和着手实践初探阶段，特点是生态环境问题得到关注，并从森林资源、矿产资源开发的生态保护入手，在政策和实践上开始初步探索，具有生态补偿的意识和朦胧概念，但是，还不是真正意义上的生态补偿。

（2）初步发展阶段（20 世纪 80 年代中期至 90 年代中后期）。进入 20 世纪 80 年代中期，生态补偿在国家层面得到进一步重视。我国这一时期先后颁布施行了多部资源环境法律，为生态补偿的实践提供了法律依据。1990 年，国务院发布的《关于进一步加强环境保护工作的规定》，提出“谁开发谁保护，谁破坏谁恢复，谁受益谁补偿”和“开发利用与保护增值并重”的环境保护方针，首次确立了生态补偿政策。这一阶段生态补偿在法律政策层面得到发展。

（3）快速发展阶段（20 世纪 90 年代末至“十一五”末）。我国政府在 20 世纪 90 年代末退耕还林、天然林保护、自然保护区生态环境保护与建设等一系列大型生态建设工程启动，以及从中央到地方一系列生态环境保护与补偿措施的出台和实施，将我国的生态补偿推向了快速发展的新阶段。这一阶段的特点是国家对生态补偿有了新的认识，重视程度进一步提高，生态补偿的范围迅速拓宽，政府投入力度明显加大，各地实践快速推开。

（4）全面推动阶段（2005 年以后）。进入 21 世纪，生态补偿得到高度重视，国家制定了一系列具有全局性指导意义的政策措施。2006 年国家“十一五”规划提出“按照‘谁开发谁保护、谁受益谁补偿’的原则，建立生态补偿机制”。2007 年发布的《国家环境保护总局关于开展生态补偿试点工作的指导意见》（环发[2007]130 号）提出，我国将在自然保护区、重要生态功能区、矿产资源开发、流域水环境保护等 4 个领域开展生态补偿试点，从而推动了生态补偿实践的发展。

#### 5.3.4.3 流域生态补偿研究方向

1)启示与借鉴

通过国外生态补偿理论发展的回顾和实践模式的分析,对我国建立流域生态补偿机制可以提供有益的启示。

对由于历史原因、自然因素和人为因素造成的流域生态环境破坏,其补偿主体难以确定的,政府作为唯一补偿主体通过财政直接补偿的形式治理生态环境、恢复生态功能。

权属结构的明晰是引入市场机制,生态补偿手段的创新是实现流域生态环境保护和建设的有效途径。因此,我国对流域权属结构较为明确,补偿主体和对象较容易确定的补偿类型,要积极采用市场手段来实现。

积极筹划建立流域多样性生态补偿创新产品的虚拟交易市场,为基于市场化手段而产生的各种流域生态补偿创新产品的交易提供方便。

借鉴国外的州际间横向转移支付制度的成功实践,结合我国不同流域的特点,重点研究我国流域、区域间横向转移支付的关键性技术问题,积极探索我国流域生态补偿模式。

2)选择与发展

我国学者对生态补偿理论作了积极的研究和探索,流域生态补偿实践得到了快速发展。但是,我国流域生态补偿研究尚处于起步阶段,理论研究和法律政策的制定和完善工作都滞后于实践发展需要。我国流域生态补偿研究与探索工作应从以下几方面得到加强:

(1)国内理论界和实际工作者应通力合作,尽快将流域生态补偿、补偿的主体和客体、水土保持各利益相关者的权利与义务关系等概念清晰界定,各流域统一口径,使生态补偿目的更明确,更具有可操作性。

(2)确定流域生态补偿的主体和对象,是明晰补偿流向、确定补偿标准、保证补偿公平到位的基本前提。因此,对流域生态补偿主体、对象的辨识与分类和利益博弈关系,以及补偿的途径与方式的研究显得至关重要,必须给予高度关注并深入研究。

(3)补偿标准的测算和确定是流域生态补偿从理论研究走向实践操作的关键点。因此,迫切需要深入研究流域生态补偿标准测算技术与方法,破解生态补偿实践发展缓慢的困局。

(4)积极探索构建流域生态补偿法律体系,规范和引导流域生态补偿实践,同时针对不同地区的不同补偿类型,结合其特点制定具有针对性的流域生态补偿政策,实现流域生态补偿法律刚性约束与政策柔性指导相结合,为流域生态补偿的发展创造良好的法律政策环境。

**阅读链接**

[1] 王金南,万军,等.关于我国生态补偿机制与政策的几点认识[J].环境保护,2006(19).

[2] 冯东方,任勇,等.我国生态补偿相关政策评述[J].环境保护,2006(10).

[3] 刘玉龙,许凤冉,等.流域生态补偿标准计算模型研究[J].中国水利,2006(9).

[4] Sun Xinzhang, Zhou Hailin. Establishing Eco - compensation System in China: Practice, Problems and Strategies China Population [J]. Resources and Environment, 2008, 18(5).

[5] 王金南.西部生态补偿机制的现状评估与政策建议[J].中国环境政策,2004(5).

[6] 崔广平. 我国流域生态补偿立法思考[J]. 环境保护, 2011(1).
[7] 徐永田. 生态补偿理论研究进展综述及发展趋势[J]. 中国水利,2011(4).
[8] 陈学斌. 加快建立健全生态补偿机制的政策建议[J]. 经济研究参考,2011(6).
[9] 樊皓,葛慧,雷少平,等. 层次分析法在生态补偿机制研究中的应用[J]. 人民长江, 2011(2).
[10] 孙步忠,曾咏梅. 基于合作博弈的跨省流域横向生态补偿机制构建[J]. 生态经济,2011(2).
[11] 李俊丽,盖凯程. 三江源区际流域生态补偿机制研究[J]. 生态经济,2011(2).
[12] 张落成,李青,武清华. 天目湖流域生态补偿标准核算探讨[J]. 自然资源学报, 2011(3).
[13] 刘世强. 我国流域生态补偿实践综述[J]. 求实,2011(3).
[14] 罗小娟,曲福田,冯淑怡,等. 太湖流域生态补偿机制的框架设计研究——基于流域生态补偿理论及国内外经验[J]. 南京农业大学学报:社会科学版, 2011(1).

**问题讨论**

1. 流域生态价值的定量评估是流域管理的前沿问题。流域生态价值的具体表现形式有哪些？如何进行湖泊生态系统服务价值核算？

2. 我国对生态环境问题高度重视,并将建立生态补偿机制作为应对生态环境问题的重要措施。为什么要建立生态补偿机制？如何加快建立生态补偿机制？

3. 资源环境价格形成机制,是在市场经济条件下加强生态环境保护的重要措施。如何探索市场化生态补偿机制？建立健全考虑资源稀缺程度、环境损害成本的资源环境价格形成机制？

## 参考文献

[1] 蔡运龙. 自然资源学原理[M]. 北京:科学出版社,2007.
[2] Judish Rees. Natural Resources Allocation Economics and Policy[M]. Beijing:The Commercial Press, 2002.
[3] 苗艳青,严立冬. 论熵增最小化经济与资源的可持续利用[J]. 中国人口·资源与环境,2006(6): 40-43.
[4] 严曾. 生态价值浅析[J]. 生态经济,2001(10).
[5] 孙刚,盛连喜,等. 生态系统服务的功能分类与价值分类[J]. 环境科学动态,2000(1):19-22.
[6] Dobson A. Biodiversity and Human health[J]. Trends in Ecology and Evolution,1995(10):390-391.
[7] 欧阳志云,王如松,等. 生态系统服务功能及其生态经济价值评价[J]. 应用生态学报,1999(5): 635-640.
[8] 刘玉龙,阮本清,等. 从生态补偿到流域生态共建共享——兼以新安江流域为例的机制探讨[J]. 中国水利,2006(10).
[9] 毛显强,钟瑜,等. 生态补偿的理论探讨[J]. 中国人口·资源与环境,2002(4):38.
[10] 毛峰,曾香. 生态补偿的机理与准则[J]. 生态学报,2006(11):3842.
[11] 王金南,万军. 中国生态补偿政策评估与框架初探[G]//生态补偿机制与政策设计国际研讨会论文集. 北京:中国环境科学出版社,2006:13-24.

[12] 梁丽娟,葛颜祥,等.流域生态补偿选择性激励机制——从博弈论视角的分析[J].农业科技管理,2006(4):49-52.
[13] 吴晓青,驼正阳,等.我国保护区生态补偿机制的探讨[J].国土资源科技管理,2002(2):18-21.
[14] 李克国.中国的生态补偿政策[G]//生态补偿机制与政策设计国际研讨会论文集.北京:中国环境科学出版社,2006:25-31.
[15] 刘春江,薛惠锋,等.生态补偿研究现状与进展[J].环境保护科学,2009(1):77-80.
[16] Karin Johst, Martin Drechsler, Frank Wätzold. An Ecological-economic Modelling Procedure to Design Compensation Payments for the Efficient Spatio-temporal Allocation of Species Protection Measures [J]. Ecological Economics, 2002, 41(1).
[17] 宋鹏臣,姚建.我国流域生态补偿研究进展[J].资源开发与市场,2007(11):1021-1024.
[18] 洪尚群,吴晓青,等.补偿途径和方式多样化是生态补偿基础和保障[J].城市环境,2002(1):9-11.
[19] 李忠魁,宋如华,等.流域治理效益的环境经济学分析方法[J].中国水土保持科学,2003(9):56-62.
[20] 徐中民.生态经济学理论方法与应用[M].郑州:黄河水利出版社,2003.
[21] 冯东方,任勇,等.我国生态补偿相关政策评述[J].环境保护,2006(10):38-43.
[22] 王金南,万军,等.关于我国生态补偿机制与政策的几点认识[J].环境保护,2006(19):24-28.
[23] 刘玉龙,许凤冉,等.流域生态补偿标准计算模型研究[J].中国水利,2006(9):35-38.
[24] Sun Xinzhang, Zhou Hailin. Establishing Eco – compensation System in China: Practice, Problems and Strategies China Population[J]. Resources and Environment, 2008, 18(5):139-143.

# 第6章　流域自然资源开发利用的经济学创新

流域自然资源经济管理是流域自然资源管理的重要内容，是指运用经济手段、方法来管理和保护流域自然资源，以取得流域自然资源利用的效率最优。本章主要从流域自然资源权属管理、市场管理、价格管理三个方面进行论述，并结合基本理论和应用方向来阐述流域自然资源开发利用中的经济学创新。

## 6.1　流域自然资源开发利用的权属管理

流域自然资源开发利用的权属管理，是国家为合理组织自然资源利用，调整自然资源关系而依法对流域自然资源产权进行的管理。它是流域自然资源开发利用的经济管理的重要内容之一。

### 6.1.1　流域自然资源产权制度

#### 6.1.1.1　产权

产权(Property Rights)的定义有多种。德姆塞茨是较早地给产权下定义的经济学家，他在《关于产权的理论》中对产权的定义是：所谓产权，意指使自己或他人受益或受损的权利。“产权是社会的工具，其意义来自于这样一个事实：在一个人与他人做交易时，产权有助于他形成引起他可以合理持有的预期。”之后，许多经济学家从不同角度对产权下了不同定义。菲吕博滕(Furubotn，Eirik G)和佩杰威齐(P. Pejovich)则是集大成者，他们在《产权与经济理论：近期文献概览》一文中，通过对产权理论文献的总结，把产权经济学家各种各样的产权定义归结为：“产权不是关于人与物之间的关系，而是指由于物的存在和使用而引起的人们之间一些被认可的行为性关系……它是一系列用来确定每个人相对于稀缺资源使用时的地位所表现的经济和社会关系。”这是一个较为科学的概括，既概括了现代西方产权经济学家从不同角度给产权下的定义，也保持与罗马法[1]、习惯法以及现代法律对产权的定义基本上一致。但一般被公认为经典的产权定义是阿尔钦(Alchian)的观点，他认为：“产权是一个社会强制实施的选择一种经济物品使用的权利。”定义中的“社会强制”，可以是由国家的法律来实施，也可以是由通行的伦理道德规范或习俗来实施。“经济物品”指的是能给人带来效用或满足的任何东西。

归结起来，我们可以从以下几个方面来理解产权。

产权不是单项的权利，而是一组权利。完备的产权一般包括所有权和由此派生的使用

---

[1] 罗马法，一般泛指罗马奴隶制国家法律的总称，它存在于罗马奴隶制国家的整个历史时期。它既包括自罗马国家产生至西罗马帝国灭亡时期的法律，以及皇帝的命令、元老院的告示、成文法和一些习惯法在内，也包括公元7世纪中叶以前东罗马帝国的法律。

权、收益权、处分权。

产权是人们在资源稀缺条件下使用资源的规则,这种规则是依靠社会法律、习俗和道德来维护的。

产权反映的是人与人之间的关系,而不是人与物之间的关系。产权所表现的是与物的存在以及关于它们的使用所引起的人们之间相互认可的行为关系,即人们使用资源时的权、责、利关系。

#### 6.1.1.2 产权制度

所谓产权制度,是指制度化的产权关系或对产权关系的制度化,是划分、界定、保护和行使产权的一系列规则。产权规则或制度可以分为两类:一类是正式规则,包括法律规则、社会契约、组织机构的构造和确定。所谓组织机构的构造和确定,是指建立一定的组织机构(如企业),使这些机构拥有一定的产权,这些产权因为这些机构相对稳定存在和得到社会承认及法律认可而制度化。另一类是非正式规则,包括人们的文化传统、习惯(或约定俗成)、道德规范等。

一般来讲,产权制度包括三方面的内容:一是产权关系与产权结构安排,即财产权性质和分解程度;二是各产权主体权利、义务关系的界定;三是保证各种产权契约及协议实现的法规、制度。

#### 6.1.1.3 流域自然资源产权制度

流域自然资源产权制度是指以流域自然资源的产权为依托,对流域自然资源产权进行合理有效的组合、调节,以实现流域自然资源合理利用和有效配置的制度。它主要包括:流域自然资源产权关系及产权结构安排,流域自然资源产权主体的责、权、利关系界定,流域自然资源产权关系的保证体系。流域自然资源产权制度决定着流域自然资源配置效率与公平。合理的流域自然资源产权制度有利于提高自然资源的配置效率,不合理的流域自然资源产权制度则可能导致自然资源利用率低下、浪费严重、生态环境恶化等。

### 6.1.2 流域自然资源权属管理内容

流域自然资源权属管理的内容主要包括以下几个方面:

(1)依法确认流域自然资源权属。国家依法对每种流域自然资源的所有权、使用权和他项权利经过申报、调查、审核批准、登记发证等法律程序,进行权属的确认。

(2)依法管理流域自然资源权属变更。流域自然资源权属变更包括所有权变更、使用权变革及他项权利变更。以土地为例,其权属变更主要有:①土地所有权变更。主要是国家征用集体土地,除此还有国家与集体、集体与集体之间置换土地等。②土地使用权变更。主要形式有:土地划拨,土地使用权出让、转让,因赠与、继承、买卖、交换、分割地上附着物而涉及土地使用权变更,以及因机构调整、企业兼并等而引起土地使用权变化。③他项权利变更及主要用途变更等。

(3)依法调查、处理流域自然资源权属纠纷,保护流域自然资源所有者、使用者的合法权益,保障流域自然资源的合理利用。

流域自然资源权属管理的任务主要包括以下几个方面:

(1)明晰流域自然资源的产权关系。流域自然资源权属管理的首要任务就是要明晰各种流域自然资源的产权关系,即明确地规定产权主体可以做什么,只能在什么范围、以什么形式做什么，以及不能做什么。资源的相对稀缺性和地域性等特征决定了不同国家、不同地区的人们享有资源的不平等性，而资源又是人类赖以生存的物质基础，是经济发展的物质保证，为了追求自身利益最大化，各经济主体必然会尽可能多地占有和使用资源，如果没有一定的规则来规范经济主体的行为，必然导致纷争不断。因此，在法律上清晰界定资源利用者的权利范围、权利的行使方式十分必要。

（2）规范流域自然资源产权交易秩序。市场机制是人类社会迄今为止最好的资源配置机制，它有利于提高资源配置效益，使资源有效地配置于最适宜的使用方面和方向上，但要使市场机制能充分发挥作用，良好的市场交易秩序是必要条件。因此，规范流域自然资源产权交易的秩序，保障流域自然资源产权交易过程中交易主体权利与义务的有效实现，也是流域自然资源权属管理的一项重要任务。

（3）调解流域自然资源产权争端。有些流域自然资源产权难以界定或界定成本过高，从而存在“产权模糊”状态，引发有关经济主体之间对其产权关系发生争议。所以，为了维护流域自然资源产权主体的合法权益，实现社会和谐，调解流域自然资源产权争端也是流域自然资源权属管理的一项具体任务。

### 6.1.3 科斯定理对流域自然资源权属管理的启示

#### 6.1.3.1 科斯定理

科斯定理主要探讨的是产权安排与资源配置之间的关系，其基本内涵包含在科斯（Coase）于1960年发表的《社会成本问题》一文之中。但科斯定理这一术语并非科斯本人而是斯蒂格勒（Stigler）在其《价格理论》一书中首先使用的。

完整的科斯定理应该包括三个定理。

1）科斯第一定理

如果市场交易费用为零，无论权利初始配置如何，当事人都能通过市场交易实现资源最优配置。也就是说，在市场交易费用为零的情况下，产权制度安排对资源配置没有什么影响。

下面以“上游化工厂排污损害下游渔场利益”的案例来说明这一定理。假设在同一条流域上，上游有一家化工厂，其排放的废水给河流带来了污染，使下游的渔场产量下降。因此，化工厂给渔场带来了损失，产生了外部不经济性。显然，在这种情况下，资源无法实现最优配置。如图6-1所示，*MNPB* 为化工厂私人纯收益曲线，*MEC* 为边际外部成本曲线。从化工厂的角度看，其为了追求利润最大化，会把生产规模扩大到 $Q$ 点，而社会最优经济活动水平在 $Q^*$，显然，资源配置没有达到帕累托最优状态[1]。但是，在市场交易费用为零的情况下，两者的交易可以使资源配置达到帕累托最优状态，即化工厂的市场规模为 $Q^*$。下面我们分别从化工厂不具有排污权和具有排污权两种不同的产权界定情况来说明。

首先假定化工厂不具有排污权，也就是说，其无权向河流排放废水。此时，双方谈判的

---

[1] 帕累托最优状态（Pareto Optimality），也称为帕累托效率、帕累托改进，它是博弈论中的重要概念，并且在经济学、工程学和社会科学中有着广泛的应用。所谓帕累托最优状态，是指在不使其他人境况变糟的情况下，而不可能再使另一部分人的处境变好。如果一种变革能够使没有任何人处境变坏的情况下，至少有一个人的处境变得更好，我们就把这个变化称为帕累托改进。

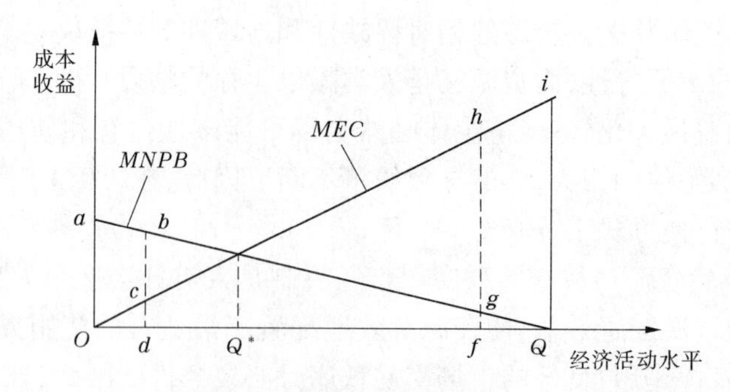


**图 6-1　由谈判达到的最优污染**

起点在原点，因为渔场拥有产权，并且希望完全没有污染。在原点，虽然河流没有被污染，渔场的利益得到保障，但是化工厂将会倒闭，因为其生产规模为零。显然，化工厂想改变这种处境，因此它可以和渔场进行谈判，假设将生产规模扩大到 $d$ 点，此时化工厂将得到 $Oabd$ 的效益，而渔场将付出 $Ocd$ 的成本。但是 $Oabd > Ocd$，因此只要化工厂付给渔场大于 $Ocd$、小于 $Oabd$ 的款项，双方都会受益。也就是说，从原点移到 $d$ 点是帕累托改进。同样的道理，继续右移一直到 $Q^*$ 也都是帕累托改进。但是到达 $Q^*$ 以后继续右移，情况将发生改变，因为那时化工厂的收益将减少，化工厂将不愿意继续交易。因此，当化工厂不拥有排污权时，双方的交易开始于原点，并有向 $Q^*$ 移动的自然趋势。

其次假定化工厂具有排污权，此时，双方交易的起点是在 $Q$ 点。在 $Q$ 点，化工厂实现收益最大化，但是渔场受到的损失也非常大。因此，渔场具有与化工厂进行交易的动机。假设双方谈判使得化工厂的生产规模减小到 $f$ 点，此时，渔场将减少 $fhiQ$ 的损失，化工厂将损失 $fgQ$ 的效益。因此，渔场只要给化工厂一个小于 $fhiQ$、大于 $fgQ$ 的补偿或贿赂，双方都会获益。也就是说，从 $Q$ 移到 $f$ 点是帕累托改进。同样的道理，继续左移一直到 $Q^*$ 也都是帕累托改进。但是到达 $Q^*$ 以后继续左移，情况将发生改变，因为那时渔场的收益将减少，渔场将不愿意继续交易。因此，当化工厂拥有排污权时，双方的交易开始于 $Q$，并有向 $Q^*$ 移动的自然趋势。

综上所述，无论谁拥有产权，都存在向社会最优点移动的自然趋势。只要能使化工厂和渔场自由谈判，市场将自然达到社会最优。但这需要一个前提，即交易费用为零，但现实中的交易必然存在着一定的成本。那么，在交易费用大于零的情况下，产权安排与资源配置之间存在什么关系？对此，科斯第二定理给出了答案。

2）科斯第二定理

在交易费用大于零的社会里，不同的权利界定会带来不同效率的资源配置。这一定理强调的是产权对资源配置具有重要的影响作用，因为在不同的产权制度下，交易成本不同，从而对资源配置的效率有不同的影响。因此，为了实现资源优化配置，法律制度对产权的初始安排和重新安排的选择是很重要的。

不同的产权制度对资源配置的效率有不同的影响，有的产权制度能有效地提高资源配置的效率，而有的产权制度却不利于资源合理配置。显然，社会应选择那些有利于提高资源配置效率的产权制度，但是，为什么现实中有的社会仍然存在不利于资源配置的产权制度？这是因为任何产权制度的生产本身是有成本的，需要耗费一定的资源，从不合理的产权制度转变为合理的产权制度需要一定的成本。因此，现实中有些社会的产权制度有利于提高资源配置效率,有些社会的产权制度不利于资源合理配置,从而也导致不同的经济效率。这正是科斯第三定理所要表示的意思。

3)科斯第三定理

由于制度本身的生产不是无代价的,因此关于生产什么制度、怎样生产制度的选择,将导致不同的经济效率。这一定理给人们的启示是:要从产权制度的成本收益比较的角度,选择合适的产权制度。

#### 6.1.3.2 科斯定理的启示

1)合理分配流域自然资源的初始产权

科斯定理对流域自然资源管理的第一个启示就是要合理分配流域自然资源的初始产权。虽然流域自然资源的产权在初始安排之后还可进行交易或者重新安排,但是这都会增加社会成本。因此,如果流域自然资源的初始产权制度比较合理,则能够大大减少社会成本。根据我国现行法律,我国流域自然资源绝大部分为国家或者集体所有。这似乎表明我国的资源产权非常明晰,但其实国家、集体都是抽象的概念,因此看似很明确的产权关系实际上是不清晰的。这也是现实中流域自然资源的不合理配置和低效利用的重要原因。因此,有必要对我国流域自然资源产权的初始分配进行优化。

2)尽量减少流域自然资源产权重新分配的成本

如果流域自然资源初始产权安排不太合理,导致流域自然资源的不合理配置和低效利用,则应对流域自然资源初始产权重新分配。而根据科斯定理,产权重新分配过程需要消耗成本。如果流域自然资源产权重新分配的成本过高,以至于大于重新分配所带来的收益,那么,这种产权重新分配是没有必要的。因此,在对流域自然资源产权重新分配时,必须关注其成本,从而尽量减少这种成本。

3)不断完善流域自然资源产权交易制度

科斯定理指出,资源配置效率与产权制度密切相关,而合理的产权制度是不断选择的结果。一般来讲,自然资源的初始产权制度往往是不完善的,从而导致不合理配置和低效利用。但通过产权交易,在重复多次的博弈过程中,经济主体获取做出正确决策所需的各种信息,从而不断对产权合约进行修正。因此,产权交易的过程也是产权制度不断优化的过程。合理的产权交易制度有助于减少产权初始分配不当带来的不利后果,在我国现行的流域自然资源产权初始分配尚不完善的情况下,完善产权交易制度显得尤为重要。

### 6.1.4 我国流域自然资源产权制度问题

#### 6.1.4.1 流域自然资源产权制度现状

产权界定是一种法律行为,流域自然资源产权制度的演进,直接表现为相关法律制度的演进。

新中国成立之后,有关流域自然资源产权的立法工作便得到高度重视,特别是在20世纪80年代后,立法工作取得长足进步。1982年《中华人民共和国宪法》明确确定了矿藏、水流属国家所有,土地、森林、山岭、草原、荒地、滩涂等除法律规定属于集体所有的外,也归国家所有。1986年的《中华人民共和国民法通则》对自然资源归属、利用和保护作出了更为详尽的规范。随后,一些重要的自然资源的单行法规也相继出台,如《中华人民共和国森林法》、《中华人民共和国草原法》、《中华人民共和国渔业法》、《中华人民共和国矿产资源法》、《中华人民共和国土地管理法》和《中华人民共和国水法》等。此外，一些行政性法规、地方性法规以及部门规章等也相继出台。

回顾历史，我国流域自然资源产权制度大体经历了完全的公有产权阶段、使用权的无偿取得与不可交易阶段、使用权的有偿取得与可交易阶段。就现状而言，概括起来主要有以下几个特点：

一是从总体上看，流域自然资源的产权制度依据自然资源种类不同，在所有权、使用权、转让权上的具体安排也不同。如土地资源，其产权类型可分为土地所有权、土地使用权和土地他项权利。土地所有权分为国有土地所有权、集体土地所有权。国有土地所有权不能买卖，集体土地所有权只有通过国家的土地征收（用）才能改变所有权性质。土地使用权分为国有土地使用权和集体土地使用权。土地他项权利包括地上权、地下权、耕作权、地役权、空中权、租赁权、抵押权等。而水资源的产权类型一般包括水资源所有权、使用权、处置权、经营权等权益。水资源所有权分为国家所有权和集体所有权。水资源处置权属于国家，它是政治权利的体现。水资源经营权是相对水资源开发投资而产生的权利，由水利工程供水单位的经营层所持有。可见，不同种类的资源，其在所有权、使用权、转让权上的具体安排是不同的。

二是从产权结构上看，所有权、使用权、处分权可以分离，由不同的主体拥有。所有权主体既可以享有完整的所有权，即拥有资源的占有权、使用权、收益权和处分权，也可以把占有权、使用权、收益权和处分权分离出去，由其他的产权主体拥有。而使用权主体可以拥有占有权、使用权、经营权、收益权，但不一定同时拥有处分权。

三是从产权性质上看，流域自然资源产权是介于完全的公有产权与私有产权之间的一种中间形态的产权安排。按照现行法律，我国流域自然资源的所有权均属于国家和集体，但其余的各项权利，如使用权、处分权则以有偿转让或协议的方式在不同的主体之间进行分配，建立起排他的私有产权，即国家、集体所有的资源可以为个人使用。因此，我国的流域自然资源产权安排是介于完全的公有产权与私有产权之间的一种中间形态的产权安排。

#### 6.1.4.2 流域自然资源产权制度问题

我国流域自然资源产权制度改革总体上是向着适应市场经济、有利于资源合理配置与可持续利用方向演进的。随着实践的不断深入，我国现行流域自然资源产权制度的制度绩效正逐步弱化，已暴露出一些同市场经济体制和资源可持续利用不相协调的新问题。

1）流域自然资源产权模糊

产权不清是我国流域自然资源存在的最大问题，也是流域自然资源问题的症结所在。我国流域自然资源产权模糊主要表现在：

第一，流域自然资源国家所有和集体所有之间界限不清。根据我国现行法律规定，所有的流域自然资源均归国家和集体所有，但并未具体明确哪些属于国家所有，哪些属于集体所有，结果导致国家所有权经常侵犯集体所有权。如以土地资源为例，按照现行法律规定，国家可以为了“公共利益”征用集体所有的土地，但对什么是“公共利益”并没有明确规定，致使现实中政府可以按照自己的意愿很轻易地将集体所有的土地转为国家所有的土地，这实际上就是土地国家所有权侵犯集体所有权。

第二，流域自然资源所有权缺乏人格化代表。由于国家和集体具有抽象性，它们并不能亲自行使流域自然资源所有权的占有、使用、收益和处分的权能，因此需要明确规定由谁代表国家和集体行使资源所有权。根据我国现行法律的规定,国家所有权由国务院行使,集体所有权由集体组织统一行使。但在实际操作中,国务院对流域自然资源国家所有权的行使是由本身和地方各级政府共同实现的,但由于所有权内容的笼统和概括,难以对不同级别政府行使权力的边界作出明确的界定,其结果往往是架空了资源的国家所有权。而对于集体所有权,其权力主体——“集体组织”本身就是一个不确定的概念,由谁代表行使权力法律并没有明确。如以农村土地资源为例,我国现行《中华人民共和国民法通则》、《中华人民共和国土地管理法》都规定了农村土地属于集体所有,但对农村集体所有权的主体究竟是谁,立法上却相互冲突。《中华人民共和国民法通则》第七十四条规定:“集体所有的土地依照法律属于农民集体所有,由村农业生产合作社等农业集体经济组织或村民委员会经营、管理。已经属于乡(镇)农民集体经济组织所有的,可以属于乡(镇)农民集体所有。”《中华人民共和国土地管理法》第十条又规定:“已经分属于村内两个以上农村集体经济组织所有的,由村内各该村农村集体经济组织或者村民小组经营、管理;已经属于乡(镇)农民集体所有的,由乡(镇)农村集体经济组织经营、管理。”很明显,上述法律规定了三种主体,即乡农民集体、村农民集体和村民小组农民集体,并同时使用了“农民集体所有”和“农民集体经济组织所有”两个概念。可见,法律造成的模糊是不言而喻的。

产权的模糊必然引起众多流域自然资源利用利益分配上的矛盾和冲突,从而使各种利益主体都争夺流域自然资源开发利用权益而不顾及流域自然资源的可持续利用。

2)流域自然资源产权配置不当

首先,流域自然资源所有权主体单一化。自然资源公有制理论是我国现行流域自然资源产权制度的基本理论。根据这一理论,我国自然资源法律作出了所有权主体单一化的安排,所有权主体必须是国家或集体。这一方面导致一些资源成为“公共物品”,从而导致了滥用、浪费,甚至破坏;另一方面也导致没有完整意义的个人所有权,从而剥夺了许多当地居民按习惯和生产实际所享有的所有权。其次,流域自然资源产权当事人的责、权、利不对称。有些利益主体只享有权利,而不承担责任;有些利益主体只承担责任,而没有权利;有些利益主体只享有收益,而不对成本负责。有权无责必然导致滥用权利,有责无权则无法完成工作,有权、责但无利则缺乏积极性,这些都会使资源利用效率低下。再次,政府对流域自然资源的行政管理权和所有权相混淆,且所有权成为行政管理权的附庸。政府,一方面作为流域自然资源国家所有权的主体,具有所有权;另一方面作为经济、社会管理者,对流域自然资源又具有行政管理权。长期以来,由于认识原因和体制问题,政府经常把作为流域自然资源管理者的行政权力与作为流域自然资源所有人的财产权混为一体,把行政权的行使作为流域自然资源国家所有权的实现方式,使流域自然资源所有权成为行政权的附庸,从而忽视了流域自然资源所有者最大权益的实现。因此,流域自然资源国家所有权并没有发挥出其应有的效能。

3)流域自然资源产权交易制度不完善

市场是资源配置的中心和基础。但长期以来,我国政府是资源配置的最重要主体,市场对资源配置的基础作用并没有得到充分发挥。因此,现实中大多数流域自然资源缺乏产权交易市场,而已建立的流域自然资源产权交易市场,由于法制的滞后及产权制度不健全,市场交易也极不规范。由此可见,我国流域自然资源产权交易制度不完善,导致了我国流域自然资源产权配置效益十分低下。

4)流域自然资源产权纠纷解决机制缺乏

在流域自然资源开发利用过程中,不同利益主体不可避免地会产生各种各样的纠纷。产生纠纷并不可怕,关键需要有便捷、公平、有效的纠纷解决机制。但是,我国目前流域自然资源产权纠纷的处理往往以行政调处为前置程序,这一方面会拖延纠纷的处理时间,有悖于便捷性的要求;另一方面也容易产生腐败现象,有悖于公平性的要求。

## 6.1.5 完善我国流域自然资源产权制度的措施

### 6.1.5.1 明晰流域自然资源产权关系

1)清晰界定国家所有权与集体所有权

应从法律上对国家、集体所有的各种流域自然资源作统一的规定,使有关流域自然资源所有权的法律规定更加系统化,以缩小国家、集体之间所有权界定不清晰的区域。同时,也应从法律上规定国家所有权与集体所有权具有同等的地位和权力,这是防止集体所有权为国家所有权所侵蚀的重要途径。

2)完善流域自然资源所有权制度

首先,设立流域自然资源国家所有权的人格化代表。设立直属于国务院、具有权威性的流域自然资源管理机构,作为流域自然资源国家所有权的人格化代表。其主要职能是:统一管理和协调各流域自然资源管理部门的工作;统筹规划流域自然资源开发、保护和利用的各项重大战略的中长期计划;统一制定有关流域自然资源综合管理的全面性政策和行政法规;负责考察和统一掌握流域自然资源的基本状况、定期发布信息;协调行政、经济、法律、科技部门对流域自然资源的管理;处理和解决关系全局的流域自然资源开发、保护和利用的重大问题。其次,区分政府的流域自然资源所有权与管理权。政府的所有者与管理者角色混同,容易使政府利用管理权侵犯其他产权主体的利益,违反市场公平原则。因此,应将政府对流域自然资源的行政管理权和流域自然资源的所有权进行分离,由不同机构分别行使。再次,明确流域自然资源集体所有权的主体。明确集体所有权中"集体"的内涵,集体所有权行使的程序等内容。如对于农村集体所有的土地,应明确规定这个集体是"村集体"、"村民小组集体"还是"乡农民集体",集体的代表是谁,如何行使集体所有权等问题。

### 6.1.5.2 建立多元流域自然资源产权制度

由于流域自然资源不同种类的性质、用途和外部性大小不同,其合适的产权制度也不同,因此流域自然资源的产权制度应该是多样化的,而不是单一化的。

一般来讲,流域自然资源可以分为可再生自然资源和不可再生自然资源两大类,其中的可再生自然资源又分为生物性可再生自然资源和非生物性可再生自然资源。这三类自然资源的产权制度具体安排如下:

(1)不可再生自然资源。这类资源主要包括铁、煤、石油等各种金属和非金属矿物在内的矿产资源,其具有鲜明的耗竭特性。对于这类资源,世界上绝大多数国家都通过立法确认其作为社会财富归国家所有。个人与社会组织可以取得矿产资源的探矿权和采矿权,国家依法保护矿业权人的合法权益。面对我国人均矿产资源日益贫乏、耗竭速度加快的严峻形势,对多数矿产资源应继续坚持国家所有,但对一些非紧缺而没有规模开发效应的小矿山,国家可通过拍卖方式把其所有权出售给企业或其他经济组织,以克服矿产资源因"无主"而形成小矿山开采遍地开花、乱采乱挖的状况,同时也有利于引入竞争和价格机制,改变目前矿产资源“低价”甚至粗放开发和浪费使用的现状。

(2)非生物性可再生自然资源。这类资源主要包括土地和水等,其基本特点是虽然没有生命,但具有可以恢复和循环使用的规律。由于这类自然资源对人类社会的生产、生活和生态系统的平衡有着特别重要的意义,故国家对其所有权的界定要从生态和社会整体利益出发去确定。对我国而言,土地和淡水资源都属于紧缺而容易垄断、公共性很强的资源,在一般情况下不须变更其国家所有和集体所有的性质,而不宜由其他主体享有所有权。当然,对于一些非紧缺性土地,国家可以在规定其目标用途(如造林)后,把其所有权拍卖,以激励企业和农户的长期投资,避免这些土地的生态状况继续恶化。

(3)生物性可再生自然资源。这类资源主要为由各种动物、植物、微生物及其周围环境组成的各种生态系统。从其特性看,这类资源具有循环再生能力。只要人类能够合理开发、利用,生物性可再生自然资源即可恢复、更新,为人类永续利用。从和人类生活的关系看,它们可以满足不同主体的不同需求,表现出较强的竞争性特点。在市场经济发达的国家中,这类资源所有权常具有鲜明的多元化特征,国家以法律形式确认草原、森林、鱼类、野生动植物等生物性可再生自然资源归属于不同的主体所有。我国对这部分自然资源的所有权安排,应仿照国外经验,根据生态效益的大小安排所有权,对生态林、生态草地、珍稀动植物继续保持国家所有,对一般的生产性草地、经济林地等所有权,国家可通过拍卖或授权的方式转让给其他所有者,构造出国家、集体、企业、个人、社会组织所有的多元所有权结构,以充分调动多方面的积极性,防止资源被滥用。

#### 6.1.5.3 建立完善的产权交易市场

流域自然资源产权合理配置,不仅需要明晰的产权为前提,而且还需要高效、有序的流域自然资源流转为保障。为此,在明晰流域自然资源产权关系的同时,更要强调充分发挥市场机制在流域自然资源优化配置中的基础性调节作用,建立起以流域自然资源产权市场为依托,以合理的流域自然资源价格为信号,以流域自然资源的供需均衡为目标的流域自然资源产权流转制度,从而实现流域自然资源产权交易的市场化。

首先,建立流域自然资源有形市场体系。主要包括:设置具有固定的交易场所、具备一定规模的产权交易机构,设置具备制订、修改、解释交易规则和监督职责的产权交易管理机构。此外,还应规范产权市场交易中介服务市场,严格审查中介机构资质,规范管理中介服务行为,防止中介机构运作不规范、信誉低下等问题的产生。

其次,完善相关市场交易制度,主要包括:市场准入制度,规定进入市场的条件,确定市场交易的方式和程序;明确市场交易应遵循的规则,即游戏规则。

再次,建立灵活多样的产权交易方式。针对流域不同类型的资源,建立包括买卖、承包、租赁、招标、拍卖、股份合作等在内的多种产权交易形式,为流域自然资源产权主体之间设定可供选择的行为模式。

最后,加大市场执法力度。依法处罚违法、违规交易的单位和个人,净化流域自然资源市场交易环境,保证流域自然资源市场交易的有序进行。同时,行政执法也应规范程序,接受公众监督。

#### 6.1.5.4 完善产权纠纷解决机制

流域自然资源社会与经济的双重属性,决定了流域自然资源需要受到公法和私法的双重调整。因此,争议解决机制首先应当考虑如何平衡、协调政府行政权与流域自然资源利用者私权之间的冲突。此外,流域自然资源的稀缺性和市场主体趋利性动机,决定了利用者私权的扩张欲望并引发利用者相互之间的权利冲突,这种冲突是典型的私权冲突,不宜采用行政调处的方式解决,而应当引入民事救助机制,从而科学、有效地处理流域自然资源利用主体之间的纠纷。

## 6.2 流域自然资源开发利用的市场管理

流域自然资源开发利用的市场管理主要是对流域自然资源市场供需的管理。在市场经济条件下,仅靠市场来自发配置流域自然资源,是无法实现合理利用流域自然资源的目标的,因此流域自然资源市场管理十分必要。

### 6.2.1 流域自然资源市场的概念

市场是商品经济的范畴。商品交换关系的存在和发展是市场赖以存在和发展的经济基础。“市场”一词,包括狭义和广义两种。狭义的市场是指商品交换的具体场所,广义的市场是指商品交换关系的总和。与此相应,流域自然资源市场也包括狭义和广义两种。从狭义上讲,流域自然资源市场是指以流域自然资源作为交易对象进行交易的场所;从广义上讲,流域自然资源市场是指流域自然资源这种特殊商品在流通过程中发生的经济关系的总和。

### 6.2.2 流域自然资源市场管理的必要性

首先,自然资源是人类进行各项生产、消费活动不可缺少的基本物质条件,而且许多流域自然资源的利用具有巨大的外部性,因此世界各国都对流域内自然资源和资源市场进行严格的管理、监督和调控。

其次,由于流域自然资源具有保值并不断增值的特性,流域自然资源市场与其他市场相比具有更大的投机性,为此,必须由国家运用各种法律手段、经济手段以及必要的行政手段来抑制市场投机行为,管理流域自然资源市场。

最后,现实中流域自然资源市场中存在的诸多问题,需要对流域自然资源市场进行管理。近年来,我国流域自然资源市场虽有长足发展,但仍存在着诸多问题,如流域自然资源开发和供给存在一定的盲目性,流域自然资源市场收益分配不合理等。这些问题的存在都需要对流域自然资源市场加强宏观管理和调控。

### 6.2.3 流域自然资源市场的供需调控

#### 6.2.3.1 流域自然资源市场供需调控的目的

流域自然资源市场供需调控的目的在于实现供需均衡。只有当市场实现了供需均衡,资源才能实现最优配置。但现实中,市场经常处于不均衡状态,处于均衡状态总是短暂的,这是因为影响流域自然资源市场供给、需求的因素很多,而且供给者与需求者之间总存在信息的不完全对称。因此,流域自然资源市场供需平衡是指流域自然资源供需运动的趋势——从非均衡趋向于均衡,是一种动态的平衡。正如马克思所说的:“就一个或长或短的时期整体来看,供求总是一致;不过这种一致只是作为过去的变动的平均,并且只是作为它们矛盾的不断运行的结果。”处于这种动态平衡的流域自然资源市场，虽然不具有理想的帕累托最优状态，但可认为已趋近帕累托最优状态，如果以此动态平衡为参照系调控实际的流域自然资源供需运动，便可以达到合理配置流域自然资源的目的。

#### 6.2.3.2 流域自然资源市场供需调控方向

流域自然资源市场供需调控的方向主要根据流域自然资源市场的运行状态和变化趋势。例如，当流域某种资源市场处于景气循环的谷底——萧条阶段，这时供需调控的方向是增加有效需求，刺激消费，从而启动市场，促使市场走出低谷。为此，应该采取刺激流域自然资源市场发展的措施，如减免税收、扩大贷款规模、降低贷款利率等。当市场处于景气循环的繁荣阶段，这时就要根据市场的发展状况(一般以市场价格为指示器)来判断流域自然资源市场是否过热，根据判断结果来决定是否需要降低其发展速度。如果市场过热，则需要采取抑制流域自然资源市场发展的措施，如控制贷款规模、提高税率及利率、限制资源供给量等。

### 6.2.4 完善流域自然资源市场管理的措施

#### 6.2.4.1 流域自然资源市场问题

自改革开放以来，我国流域自然资源市场从无到有、从小到大，取得了长足的发展，但仍存在着诸多问题。

(1)流域自然资源市场高度垄断。由于我国长期实行“大兵团”、“大会战”的流域自然资源产业体制，所以流域自然资源行业一直都是垄断性、高度集中的产业。市场高度垄断使得资源行业“进入壁垒”较高，从而使得流域自然资源型企业竞争压力较小，导致其缺乏市场化改革的动机，增加了流域自然资源市场化的难度。

(2)流域自然资源市场主体效率低下。只有形成若干适应市场竞争的流域自然资源市场主体，流域自然资源市场的建立才有坚实的微观基础，才能充分发挥市场配置资源的基础性作用。我国目前许多流域自然资源企业并没有转变为真正的市场主体，而表现为缺乏市场观念，仍保留计划经济体制下的行为模式。此外，由于体制的原因，缺乏资源的销售权和定价权，内部追求小而全、大而全等，从而直接影响企业的经营管理和经济效益，甚至出现全行业亏损的局面。

(3)流域自然资源市场差异性明显。就流域自然资源市场整体而言，既有资源部门之差又有地区之别。改革开放以来，我国先后进行了粮食市场、钢材市场、煤炭市场、石油市场乃至水、土资源市场等方面的改革，但是，各部门之间的资源市场化程度不一。油、粮、钢、煤等资源市场日趋成熟，但流域水、土等资源市场化仍在不断探索之中。在流域自然资源行业内部，其上、下游市场化进程也有差异，如石油工业，上游的油气勘探领域明显领先于下游的油气加工工业。另外，在地区空间格局上，我国东部地区资源市场化明显早于中、西部地区。

#### 6.2.4.2 完善流域自然资源市场管理的措施

针对我国流域自然资源市场化改革进程缓慢、不平衡的现状，应采取以下措施加快推进市场化改革步伐：

(1)健全流域自然资源市场管理体制。健全流域自然资源市场管理体制主要是，建立流域自然资源综合管理体制。为此，建议建立相对独立运作的资源综合管理机构，承担目前由各机构分散管理资源的职能。在此基础上，尽快完善资源行业相关法律法规体系，根据各种不同类型市场的具体特点，制定相应的市场管理规则，特别是尽快健全和完善适应社会主义市场经济要求的资源勘查与保育运行机制,加大培育和规范资源勘探权和开发权市场的力度,健全政府管理与市场运作相结合的资源优化配置新机制。

(2)明晰流域自然资源市场产权主体。首先,应强化产权约束机制,在企业内部建立起国有资产所有权的制衡机制。其次,应实现产权关系重组。国有资源型企业通过引资、合资或股份化,不仅可以解决资金短缺问题,而且还可以推动企业转换经营机制,通过"嫁接"实现企业产权关系的重组。再次,应落实流域自然资源资产经营责任制,在新的产权制度下,坚持责、权、利相结合的原则,明确划分产权层次,落实各层次的责、权、利关系,并依法签订合同。

(3)强化流域自然资源市场中介机构建设。首先,应建立一支严格的、高素质的流域自然资源调查设计队伍,强化对流域自然资源的管理,对要进入市场的资源必须实地调查,摸清底数,建立流域自然资源档案。其次,应发挥资源评估机构的作用。评估机构应按照独立性、客观性和科学性的原则,对流域自然资源资产的价值量进行科学评估,为市场交易提供准确的依据。再次,应尽快组建市场交易中心,成立拍卖组织。交易中心定期发布有关流域自然资源交易信息,为交易群体提供服务,组织流域自然资源的拍卖活动,协助办理金融、税收、产权过户等交易前后的系列化服务。

(4)强化政府的宏观调控职能。任何市场都需要政府进行宏观调控,流域自然资源市场也不例外。为此,政府要注重对市场主体行为进行规范和引导,使其趋于理性化;通过产权市场的监管,使市场运行趋于有序、合法和有效。相关部门各司其职、各负其责,保证进入市场手续的有效性与合法性;在法律规定的范围内,尽快出台有关流域自然资源市场管理方面的相关法规,规范市场主体的行为,限制各种不正当的市场秩序;加强对中介机构的资信认证、行业管理,确认流域自然资源市场交易的产权变动。

## 6.3 流域自然资源开发利用的价格管理

流域自然资源开发利用的价格管理是流域自然资源市场管理中的一部分内容,本章将其单列一节,主要是为了强调"资源有价"的观点,从而摒弃我国曾长期盛行的"资源无价"的观点。

### 6.3.1 自然资源的价格形成

价格是价值的货币表现,自然资源价格是自然资源价值的货币表现。因此,不同的自然资源价值理论对自然资源价格形成具有不同的观点。自然资源价值理论归结起来主要有两类,即劳动价值论、效用价值论。这两种理论对自然资源价格形成具有不同的观点。

#### 6.3.1.1 劳动价值论与自然资源价格形成

劳动价值论是马克思主义政治经济学的基石,其主要观点是:价值是凝结在商品中的一般人类劳动,并通过交换价值来表现,体现为价格。显然,按照劳动价值论的观点,一件东西只有是劳动的产物,才具有价值,否则就没有价值。正如马克思所说,"一个物可以是使用价值而不是价值。在这个物不是以劳动而对人有用的情况下就是这样。例如,空气、处女地、天然草地、野生林等"。

按照劳动价值论的观点,天然存在的自然资源是否具有价值呢?一般认为,天然存在的自然资源,不是人类劳动的成果,因此没有价值。其实这一观点是错误的。当自然资源取之不尽、用之不竭,不需要人们付出具体劳动就自然存在、自然生成时,这时的自然资源只有使用价值而没有体现出价值。但是,随着经济市场化、货币化程度的不断提高,自然资源再也不能仅仅依赖其自然作用就能够与经济社会发展保持协调,故为了实现可持续发展,必须投入大量劳动,使自然资源再生产与社会再生产结合起来。现代的自然资源再生产实际是自然再生产与社会再生产的统一,其中伴随着人类劳动的大量投入,已经没有一种自然资源完全是未经初步生产过程,即未经劳动介入人类即可自由使用的,人类经济活动已经由过去对自然的无限索取转变为对自然直接和间接的大量投入,如森林的维护、水土的保持、矿藏的测绘等生产活动都是劳动投入。这使得整个现存的、有用的、稀缺的自然资源表现为直接生产和再生产的劳动产品,它们参与交换与流通,具有价值,其价值量取决于再生产所需要的社会必要劳动时间。

可见,在劳动价值论看来,自然资源是否有价值是分情况而论的。价格是价值的货币表现,有价值的自然资源一定有价格,那么,没有价值的自然资源是否就一定没有价格,就不能采用商品的形式?答案是否定的。例如,土地不是劳动产品,没有任何价值,但土地仍然具有市场价格。土地价格不是土地本身价值的货币表现,而是资本化的地租,是土地所有权在经济上的实现。

长期以来,人们普遍认为自然资源没有价值,没有价格。国家在制定、执行自然资源价格政策时,往往体现出自然资源和中间原料低价、最终产品高价的倾向。这种价格政策刺激了对自然资源的过度需求,从而导致自然资源枯竭、环境污染。这显然是对劳动价值论的错误理解。劳动价值论关于自然资源是否具有价值、价格问题的正确理解应是:并不是所有自然资源都没有价值,自然资源是否有价值也不应成为其有无价格的判断依据。

#### 6.3.1.2 效用价值论与自然资源价格形成

效用价值论是以物品满足人的欲望的能力,或人对物品效用的主观心理评价解释价值及其形成过程的经济理论。它同劳动价值论相对立,在 19 世纪 60 年代前主要表现为一般效用论,自 19 世纪 70 年代后主要表现为边际效用论。

效用价值论认为,人的欲望是一切经济活动的出发点,效用是物品满足人的欲望的能力,价值则是人对物品满足欲望能力的一种主观评价。另外,只有与人的欲望相比稀缺的物品,才会引起人们的重视,才是有价值的,且物品的价值大小是由稀缺程度决定的,并表现为市场价格的高低。

根据效用价值论的观点,自然资源是否具有价值和价格,关键在于其是否具有稀缺性,因为所有的自然资源都具有能够满足欲望的能力。如果某种自然资源供给充裕,不存在限制性和选择性使用,即不具有稀缺性,那么这种资源就没有价值和价格(例如空气);但如果某种自然资源可以供给的数量有限,则该资源就是稀缺的,而稀缺资源就有价值和价格。

### 6.3.2 自然资源价格的构成

价格是价值的货币表现,自然资源价格构成实际上是其价值构成在价格中的反映。只有掌握自然资源价格构成的价值基础,才能正确分析其构成的基本要素,并通过发挥市场机制的作用,保持自然资源价格构成的完整性。关于自然资源价值构成有诸多观点。有的学者认为,自然资源的价值由商品价值及服务价值两方面构成。前者体现的是物质价值,后者体现的是精神价值，如生态价值、社会价值、伦理价值、文化价值等。也有的学者认为，自然资源价值主要包括经济价值、社会价值、生态价值。这里我们借鉴学者马承祖的观点，将自然资源价值构成分为自然资源的劳动价值、效用价值和生态价值。

#### 6.3.2.1 自然资源的劳动价值

自然资源的劳动价值是人类开发利用自然资源的劳动投入形成的价值，其价值量的大小由投入的社会必要劳动时间决定。以矿产资源为例，它埋藏在地下或贮存于地表，对其认识、勘查、开发等方面都包含了人类劳动。首先，矿产资源在进入社会被人类利用前，需要对它进行研究和全面认识，而人类认识矿产资源的有用性、探测方法以及创造利用它的条件等，均已付出了大量的劳动。其次，地质工作者通过地质调查、预查、普查、详查、勘探，形成矿产资源储量报告，说明矿产资源的具体空间位置、矿产数量和质量，为企业开采矿产资源提供依据，由此形成了地质勘查劳动的投入。最后，企业根据矿产资源蕴藏丰度、开采难易程度以及地理位置差异，投入相应的劳动和资金对其进行开发，也要花费相应的劳动。由此可见，人类通过长期的生产劳动和生活实践逐步认识到各种矿产资源的用途，并经过发现、开采、加工和利用，使矿产资源具有了劳动价值。这种劳动价值是人类认识、勘查、开发矿产资源劳动投入的“累积”。

自然资源的劳动价值在自然资源价格构成中表现为开发成本、税收与利润。开发成本是指自然资源开发利用的全部费用，主要包括人类认识自然资源的劳动耗费，如对自然资源进行研究、探测等方面的费用；勘查自然资源的劳动耗费，如调查、勘探等方面的费用；开采自然资源的劳动耗费，如各项材料、人工、管理、设备、设施维护等费用。税收是国家满足社会公共需求，通过法律规定赋予政府的一种无偿参与社会剩余产品分配以取得财政收入的权力。自然资源价格构成中的税收，宜实行价内税并配之以多税种、多税率，以对级差收益进行调节，通过再分配方式实施自然资源的合理开发和有效保护，促进可持续发展。利润是商品价格构的成要素之一，是商品价格中超过生产成本、流通费用和税收的部分，是企业或生产者个人的纯收入。自然资源价格构成中的利润，应以其能维持可再生资源的再生能力为标准，对不可再生资源应以能通过利润水平的调节，实现其节约利用和促进可替代资源的开发利用为标准。

#### 6.3.2.2 自然资源的效用价值

自然资源的最大特点是自然生成，譬如各种矿物及其富集而成的矿产资源，是遥远地质年代在地球物理、化学和地质等因素作用下，经历漫长时期逐渐形成的，但自然资源是人类从事经济社会活动的必要条件。如果没有自然界提供的物质资源，人类的生产活动和生存发展是难以想象的。自然资源作为重要的生产要素，对人类具有很大的效用，它参与商品价值的形成过程。

自然资源的效用价值是指它处于自然贮存状态时，以天然方式存在所表现出的“潜在社会价值”，它取决于自然资源的有用性。如果没有自然界提供的物质资源，人类的生产活动和生存发展是难以想象的。如土地资源，其不仅为人类提供基本的立足之地，而且更重要的是，其将人类推向文明与发达社会的基础产业——农业兴盛的主要条件；再如矿产资源，其引起基础工业和加工工业的产生与发展，使社会分工更加广泛，人类从自然界所索取的物质资料更加丰富，人类的生存能力、适应和改造自然的能力进一步提高。即便是以知识、信息等为主要生产要素的新兴产业，也没有改变人类对自然界依赖的状况。人类社会之所以生生不息、代代不绝，皆源于自然界的慷慨给予。无论是在人类进化的初始阶段，还是在科技飞速发展的今天，人类迈出的每一步都离不开自然界为其提供必需的能量。

有用性是自然资源具有价值的前提和条件，这种有用性使其成为自然资产，其所有权通常由国家所有，人们要取得自然资源的使用权、收益权和处置权，就必须支付相应的资源使用费，由此构成了自然资源价格中的使用成本，且应通过价格得到相应补偿。如《中华人民共和国水法》第三条明确规定，水资源属于国家所有，即国家对水资源拥有产权，开发、利用、经营水资源的单位、企业和个人均应向产权所有者——国家或其代理部门支付一定的费用，即水资源费，以获取水资源的使用权和经营权。由此可见，自然资源使用成本是其使用者为获得自然资源使用权而支付给所有者（包括国家或集体）的一定货币额，它体现了自然资源所有者与使用者之间的经济关系和经济学中“使用者付费”理念。

#### 6.3.2.3 自然资源的生态价值

自然生态平衡是人类生存和发展的前提条件，人类的产生、进化和发展都与自然生态系统息息相关。各种自然资源都是作为自然生态系统的要素而存在的，在生态系统中对生态平衡都具有不可替代的功能作用。每一种自然资源的开发利用，在取得一定经济效益的同时，也会或多或少地影响和破坏生态环境。因此，人类在开发利用自然资源的同时，要不断保护好自然资源，改善自然生态环境，提高自然生态系统对人类排放废弃物的接纳消化功能，实现经济效益、生态效益和社会效益的统一。

自然资源的生态价值是指人类为维护自然生态环境，提高生存环境质量，对自然资源加以保护而形成的价值。如人们为了改善城市的水质和空气质量而投入的人力、物力，为治理环境而发生的环境管理费、环境监测费、污染清理费、恢复支出费、降低污染和改善环境的研究与开发费，以及为治理污染而建造污染物处理设施和机构支出费等，这些均构成了生态价值。自然资源生态价值的存在，要求其开发利用者对其破坏生态环境行为进行补偿，即使自然资源开发利用的外部环境成本内部化，因而自然资源生态价值也是其价格的构成部分。以煤炭资源开发为例，其勘查、开采等活动不可避免地会对土地、水、大气、生态环境等造成一定的破坏和污染，比如土地生产力的下降、开采中“三废”排放及所产生的污染、地下采空及露天堆放诱发的各类地质灾害，会对周围社区居民的生产、生活乃至身体健康带来不良影响，从而产生外部环境成本。因此，当外部环境成本发生时，必须将其内部化，即由行为人承担外部不经济性所造成的后果，对外部环境成本进行补偿。由此表明，自然资源的生态价值会以环境成本形式成为其价格构成的组成部分。

综上所述，自然资源价值由其劳动价值、效用价值和生态价值构成，其中劳动价值代表着自然资源开发利用劳动投入产生的价值，效用价值把自然资源天然存在所涉及的使用费纳入其中，生态价值则包括对环境进行保护、处理及预防等所支付的费用。自然资源价格是其价值的货币表现，自然资源价值构成中的劳动价值、效用价值、生态价值，在其价格构成中表现为开发成本和税收与利润、使用成本、环境成本，即自然资源价格 = 开发成本 + 税收与利润 + 使用成本 + 环境成本。

### 6.3.3 我国流域自然资源价格存在的问题

改革开放以来，我国对流域自然资源价格进行了一系列改革，取得了一定的成效，但是由于受体制因素制约和传统观念的影响，流域自然资源价格形成机制不完善、价格构成残缺、价格体系不健全、价格水平不合理等问题仍然比较突出。

#### 6.3.3.1 流域自然资源价格形成机制不完善

在发达国家中，自然资源价格一般充分反映市场供求关系，且在政府监管下形成。例如，美国石油价格是以纽约商品交易所的西得克萨斯油价为参照价，加拿大油价取决于阿尔伯达省埃德蒙顿油价。同时，加拿大、美国政府也会对资源价格实施一定程度的监管。每次石油危机期间，加、美两国政府都监管石油价格，直到20世纪80年代初才完全取消。此外，加拿大还采取了征收资源开采收入税、降低探矿税率等措施，增加政府资源收益，用于补贴环境污染处理费用和新能源的科研开发费用。

在我国，流域自然资源价格主要是由政府来确定，而且政府在制定或调整流域自然资源价格时，既缺乏完整的定价依据，也没有规范的定价方法，其连贯性较差，随意性较大，缺乏科学性和合理性。这种价格既不反映价值，也不反映市场供求关系，难以发挥其对生产者、经营者、消费者的激励和约束作用。

#### 6.3.3.2 流域自然资源价格构成残缺

现代经济学认为，合理的自然资源价格应由开发成本、使用成本、环境成本、税收与利润构成。而我国目前流域自然资源价格构成残缺不全，从而使价格机制无法有效地按照市场规律来调节流域自然资源的开发利用行为。

(1)开发成本的非完整性。作为流域自然资源价格构成的开发成本应是流域自然资源开发利用过程中认识、勘查、开采投入全部成本的货币化，即完全成本。长期以来，我国对自然资源实行以生产成本为基础加上行业平均利润定价，这种生产成本并不是严格意义上的开发成本，通常只是开采成本，因而自然资源价格构成中的开发成本是未包括认识、勘查阶段成本的不完全成本。如我国石油价格构成中的开发成本仅包括材料费、燃料费、动力费、井下作业费和注水费等直接成本以及油田维护费、储量使用费和折旧费等间接成本。

(2)使用成本的非充分性。流域自然资源使用成本作为开发利用主体取得流域自然资源使用权的支出，应充分反映开发利用主体对流域自然资源的使用情况，并充分体现流域自然资源所有者的权益。我国流域自然资源使用成本是不充分的。以矿产资源为例，一是矿产资源使用费过低。我国矿产资源补偿费(相当于国外的权利金)平均费率为1.18%，而国外权利金费率一般为2%～8%，澳大利亚达10%，美国为12.5%。二是无偿占有矿业权问题普遍存在。虽然《中华人民共和国矿产资源法》第五条规定：矿产资源有偿开采，但全国15万个矿山企业中仅有2万个矿山企业是通过付费取得矿山开采权的，这表明，我国自然资源使用成本是不充分的。使用成本的非充分性，一方面导致企业不珍惜资源，形成对自然资源的掠夺式开采和使用效率低下问题；另一方面也使国家对流域自然资源的产权不能在经济利益上得到体现，造成国有资产的流失。

(3)环境成本的非补偿性。流域自然资源价格构成中的环境成本是用于补偿流域自然资源开发利用对生态环境产生负效应的费用。我国流域自然资源价格构成并没有包括环境成本。如对油田、煤矿在开采过程中给周围环境、土地、水、动植物资源造成的损害产生的各种治理费用，并没有在石油、煤炭资源价格中得到反映。流域自然资源价格没有包括开发利用过程中的环境成本，必然导致对流域自然资源的不合理开发与利用，从而使生态环境恶化问题难以得到有效治理。

(4)资源税收的非公平性。资源税是以各种应税自然资源，如矿藏、水源、森林、土地、草原、滩涂等为课税对象，为了调节自然资源级差收入并体现国有资源有偿使用而征收的一种税。资源税实质上是国家凭借其政治权力对开采者征收的一种税。我国的资源税征税范围较窄,仅选择了部分级差收入差异较大,资源较为普遍,易于征收管理的矿产品和盐卤列为征税范围。这样就造成众多的流域自然资源是非税资源,流域自然资源价格构成中有的包括资源税,有的则不包括。这种资源税的非公平性,不仅导致市场竞争的不平等,而且出现了乱采滥挖、采富弃贫、采大弃小、采易弃难等破坏和浪费资源的问题。

#### 6.3.3.3 流域自然资源价格体系不健全

绝对价格和相对价格(或称比价)是价格体系的两个最基本范畴,在市场经济中,资源配置的价格信号主要是指相对价格。我国价格管理一直忽视对自然资源与资源产品、可再生自然资源与不可再生自然资源以及土地资源、水资源、森林资源、矿产资源等价格关系的调整与管理,致使各种资源价格之比、资源与产品价格之比不合理,流域自然资源价格体系不健全问题仍然比较突出。流域自然资源价格体系不健全,一方面使价格机制无法按照市场规律来调节流域自然资源开发利用行为,企业和社会缺乏珍惜资源的动力,破坏式或"挑肥弃瘦"式开发普遍存在;另一方面导致产业链利益的扭曲,不利于优化流域自然资源配置,加剧了产业结构与资源供给结构之间的矛盾。

### 6.3.4 我国流域自然资源价格改革的措施

经济社会发展离不开自然资源,如何获取并高效利用自然资源是世界各国共同关注的热点,也是实现我国经济社会可持续发展必须解决的突出问题。我国流域自然资源价格中存在的问题,不仅扭曲了价格信号,使企业失去了技术创新的动力,也造成了生态环境的恶化,成为经济社会可持续发展的障碍之一,故流域自然资源价格改革势在必行。

#### 6.3.4.1 流域自然资源价格改革的原则

自然资源价格是国民经济的基础性价格,具有牵一发而动全身的特点,其涉及面广、利益关系复杂。为避免改革过程中产生"头痛医头、脚痛医脚"现象和顾此失彼的后果,必须明确流域自然资源价格改革应坚持以下三大原则:

一是市场取向、政府调节原则。在推进流域自然资源价格改革中,既要坚持市场化的改革方向,注重建立能够反映市场供求关系、反映资源稀缺程度、符合市场经济规律的价格形成机制,减少行政干预,充分发挥市场配置资源的基础性作用,又要加强和改善政府的宏观调控。在具有竞争潜质的领域,通过引入竞争机制,放松政府对价格的直接管制,让价格在市场竞争中形成,充分发挥价格信号引导市场供求、优化资源配置的作用,促进资源的节约与合理开发,提高资源利用效率;同时,对部分不能形成竞争的领域,加强和改进政府的价格监管调控,确保市场平稳运行和国家经济安全。

二是统筹兼顾、配套推进原则。价格是国民经济运行状况的综合反映,经济体制和运行机制对价格形成具有十分重要的作用。流域自然资源价格改革在一定程度上有赖于经济体制改革的深化和市场体系的完善,并且需要财税政策等方面的配合支持。因此,推进流域自然资源价格改革,必须统筹规划,合理安排,妥善处理各方面的利益关系,使之与流域自然资源市场、管理体制以及财政税收等改革相配套;同时,兼顾生产者、经营者、消费者、流域上下游产业的利益,以保障改革的顺利进行。

三是总体设计、分步实施原则。坚持市场化改革的取向,科学确定改革的总体目标,周密制订改革总体方案,反复权衡利弊得失和对有关方面的影响,积极稳妥地推进流域自然资源价格改革，力争把改革的负面影响和不确定因素降到最低程度；充分考虑各方面的承受能力，把改革的力度和社会的承受能力紧密结合起来，正确处理改革、发展、稳定的关系，把握改革时机，做好宣传解释工作，取得群众和社会各方面的理解和支持，并保持社会稳定。

#### 6.3.4.2 流域自然资源价格改革措施

(1)完善流域自然资源价格的形成机制。在市场经济条件下，必须将流域自然资源真正置于市场，以市场形成价格。据此，完善我国流域自然资源价格形成机制的思路是：

首先，转换定价主体。流域自然资源的定价主体大致可以分为市场和政府两类。以市场为定价主体，是要让流域自然资源价格在市场竞争中形成，价格随供求的变化自由浮动，由市场价格信号引导资源的配置，以提高资源配置效率；以政府为定价主体，即政府是流域自然资源价格的主要制定者，负责制定其价格并实施价格监管。在市场经济条件下，让市场供求自行决定流域自然资源的价格，可以促进资源利用效率的提高。但只有市场机制还远远不够，为了实现自然资源开采、使用的代际公平和合理补偿，必须使价格反映社会成本、兼顾公平，这需要政府加以干预。故合理的资源定价主体应当是市场与政府相结合，以市场形成价格为基础，辅之以必要的政府干预。

其次，构建流域自然资源交易市场。形成合理的流域自然资源定价主体，建立流域自然资源交易市场是基础。只有存在流域自然资源交易市场，才可能发挥市场在配置资源中的基础性作用。因此，加快流域自然资源交易市场建设，形成完整的流域自然资源交易市场体系，使价格的功能充分发挥出来，才能形成合理的、能够反映资源供求关系的市场价格。

最后，确定流域自然资源价格形成与调整规则。大部分流域自然资源的价格可以通过资源市场的交易加以确定。但是，市场上自发确定的流域自然资源价格只能反映资源的生产成本，而不能反映其补偿成本和外部成本，不能完全体现“代际公平、合理补偿”的资源价格形成原则。因此，政府资源监管部门必须在市场形成价格的基础上，适时、适度地对资源市场价格进行调整。但是，政府在制定或调整自然资源价格时，必须始终坚持公平、公正、公开原则，做到规范化、科学化和透明化，杜绝歧视性和随意性，防止监管无效局面的出现。为此，应由价格主管部门以“边际机会成本法”合理确定流域自然资源价格参考标准，企业根据实际情况以此为基准上下浮动。当市场价格低于政府指导价时，其差额部分通过征收“资源使用税”或“资源使用补偿费”的方式予以实现；当市场价格高于政府指导价时，其差额部分由政府向企业支付价格补贴。

(2)构建反映环境成本的资源价格。构建反映环境成本的流域自然资源价格，是实现经济可持续发展、建立资源节约和环境友好型社会的基本保障。为此，一是以从资源开发到回收利用的全生命周期的成本(开发、使用、环境成本)为依据，形成科学的流域自然资源定价机制，运用价格杠杆调节流域自然资源的开发利用行为，并利用税收或收费等经济杠杆调节流域自然资源的价格，收回环境成本；二是研究环境产权制度，将环境(主要指环境容量)确定为一种产权，并赋予属地政府环境产权的使用权，通过排污许可证制度、排污权交易和生态补偿等手段，把环境成本纳入流域自然资源价格。

(3)建立流域自然资源价格体系。按照可持续和协调发展的原则，构建合理的流域自然资源价格的比价关系，正确地处理自然资源与资源产品、可再生与不可再生资源以及土地资源、水资源、森林资源、草场资源、矿产资源等自然资源的价格关系。通过理顺流域自然资源之间的价格关系，完善流域自然资源价格体系，向市场提供准确的价格信号，促进流域自然资源的优化配置,提高资源的利用效率,推动我国经济发展方式转变和经济社会全面协调、可持续发展。

## 阅读链接

[1] 谢地. 论我国自然资源产权制度改革[J]. 河南社会科学,2006(5).

[2] 左正强. 我国自然资源产权制度变迁和改革绩效评价[J]. 生态经济,2008(11).

[3] 李俊然. 自然资源国家所有权有效实现的法律思考[J]. 经济论坛,2005(18).

[4] 杨文选,李杰. 我国自然资源价格改革的理论分析与对策研究[J]. 价格月刊, 2009(1).

[5] 冷淑莲,冷崇总. 我国自然资源价格现状与改革对策[J]. 价格与市场,2008(1).

[6] 代吉林. 我国的自然资源产权、政府行为与制度演进[J]. 当代财经,2007(7).

[7] 程志强. 资源诅咒假说:一个文献综述[J]. 财经问题研究, 2008(3).

[8] 赵奉军. 关于"资源诅咒"的文献综述[J]. 重庆工商大学学报(西部论坛), 2006(1).

[9] 连玉君,程建. 不同成长机会下资本结构与经营绩效之关系研究[J]. 当代经济科学, 2006(2).

[10] 刘瑞明,白永秀. 资源诅咒:一个新兴古典经济学框架[J]. 当代经济科学, 2008(1).

[11] 丁菊红,邓可斌. 政府干预、自然资源与经济增长:基于中国地区层面的研究[J]. 中国工业经济, 2007(7).

[12] 胡援成,肖德勇. 经济发展门槛与自然资源诅咒——基于我国省际层面的面板数据实证研究[J]. 管理世界, 2007(4).

[13] Jordan Rappaport, Jeffrey D. Sachs. The United States as a Coastal Nation[J]. Journal of Economic Growth, 2003,8(1).

[14] Francisco Rodriguez, Jeffrey D. Sachs. Why Do Resource-Abundant Economies Grow More Slowly? [J]. Journal of Economic Growth, 1999,4(3).

## 问题讨论

1. 产权制度安排是自然资源可持续管理的核心和基础。我国自然资源产权制度改革绩效如何?现行自然资源产权制度与自然资源可持续管理有何不协调?如何进一步完善?

2. 建立合理的自然资源收益分配机制对我国自然资源市场的建设有着十分重大的意义。我国现行自然资源收益分配机制存在什么弊端?收益全民共享机制如何建立?资源补偿机制如何建立?

3. 自然资源价格构成不完整是自然资源浪费和生态环境破坏的根源所在。完整的自然资源价格应包括哪些部分?这些部分如何评估?完整的自然资源价格构成对国民经济发展有何影响?

## 参考文献

[1] 马中. 环境与自然资源经济学概论[M]. 北京:高等教育出版社,2006.

[2] 干飞. 产权与自然资源的利用[J]. 中国国土资源经济,2005(1).

[3] 孙世光. 论科斯定理在自然资源保护中的应用[G]//中国环境科学学会学术年会优秀论文集, 2007.
[4] 谢地. 论我国自然资源产权制度改革[J]. 河南社会科学,2006(5).
[5] 代吉林. 我国的自然资源产权、政府行为与制度演进[J]. 当代财经,2004(7).
[6] 孟庆瑜. 我国自然资源产权制度的改革与创新——一种可持续发展的检视与反思[J]. 中国人口·资源与环境,2003(1).
[7] 方正. 新物权法与自然资源产权制度[J]. 法制与社会,2007(12).
[8] 吴健. 环境和自然资源的价值评估与价值实现[J]. 中国人口·资源与环境,2007(6).
[9] 熊德义. 论我国走出自然资源困境的制度选择[J]. 理论学刊,2007(6).
[10] 张向达,吕阳. 中国自然资源价格扭曲现象研究[J]. 财政研究,2006(9).
[11] 林存友. 自然资源价格改革的路径选择[J]. 商业时代,2008(15).
[12] 唐本佑. 自然资源价格构成因素研究[J]. 科技进步与对策,2004(6).
[13] Woerdman E. Implementing the Kyoto Protocol: Why JI and CDM Show More Promise Than International Emissions Trading[J]. Energy Policy, 2000, 28(1).
[14] Folmer H, Gabel H L, Opschoor H. Principals of Environmental and Resource Economics[M]. Cheltenham: Edward Elgar Publishing Ltd, 1995.
[15] Goulder L, Parry I, Williams R, et al. The Cost-effectiveness of Alternative Instruments for Environmental Protection in a Second-best Setting[J]. Journal of Public Economics, 1999, 72(3).
[16] Fullerton D, Metcalf G. Environmental Controls, Scarcity Rents, And Pre-existing Distortions[J]. Journal of Public Economics, 2001, 80(2).
[17] Fischer C, Parry I W H, Pizer W A. Instrument Choice for Environmental Protection When Technological Innovation is Endogenous[J]. Journal of Environmental Economics and Management, 2003, 45(3).
[18] Van Dyke B. Emissions Trading to Reduce Acid Deposition[J]. Yale Law Journal, 1991, 100.
[19] Catherine L. king, Jinhua Zhao. On the Long-run Efficiency of Auctioned VS. Free Permits[J]. Economics Letters, 2000, 69(2).
[20] Nash J E, Sutcliffe J V. River Flow Forecasting Through Conceptual Models Part I-A Discussion of Principles[J]. Journal of Hydrology, 1970, 10(3).
[21] Allan G, Nick Hanley. The Macro-economic Rebound Effect and the UK Economy[J]. Report For DEFRA, 2006, 5.
[22] 陈俊源. 论我国自然资源所有权制度的完善[J]. 法制与社会,2008(9).
[23] 廖卫东. 我国自然资源产权制度安排的缺陷与优化[J]. 理论月刊,2003(2).
[24] 陈彦翀,任大鹏. "和谐社会"理念对完善我国自然资源权利制度的启示[J]. 生态经济,2006(2).
[25] 沈镭,唐永虎. 论中国资源市场管理与对策[J]. 资源科学,2003(5).
[26] 王俊. 全面认识自然资源的价值决定[J]. 中国物价,2007(4).
[27] 马承祖. 关于自然资源价格构成问题的思考[J]. 价格月刊,2007(9).
[28] 谢地,邵波. 论我国自然资源价格形成机制的重构[J]. 学习与探索,2005(6).
[29] 冷淑莲,冷崇总. 深化自然资源价格改革的对策[J]. 粤港澳市场与价格,2007(11).
[30] 林存友. 自然资源价格扭曲的根源[J]. 开放导报,2008(3).

# 第7章　流域自然资源开发利用的政策学创新

流域管理政策的不完善，是我国自然资源开发利用中存在诸多问题的重要原因。流域自然资源管理政策的创新十分必要。本章主要从流域自然资源管理理念、管理内容及制度构建三个方面，结合科学发展观背景下的具体政策，阐述流域自然资源开发利用的政策学创新。

## 7.1　科学发展观与资源持续观的政策创新

人类开发利用自然资源的目的是发展。因此，有什么样的发展观和资源观，就会形成什么样的资源管理理念。实现流域自然资源管理制度的创新，首要是发展观与资源观的创新。

### 7.1.1　科学发展观创新

发展是人类社会孜孜以求的目标，人们在谋求发展的过程中，形成了不同的发展观。所谓发展观，是指关于发展问题的基本看法，它是指导人们观察、思考、解决重大发展问题并自觉进行发展实践的基本原则。发展观是在具体的发展实践活动中形成的，同时又对人们的发展实践活动起指导作用。有什么样的发展观，就会有什么样的发展理论和发展实践，从而形成相应的资源管理理念和制度。

人类社会的发展观经过多次创新，总体来说，经历了单纯经济发展观、综合社会发展观、可持续发展观及科学发展观四个阶段。

#### 7.1.1.1　单纯经济发展观

单纯经济发展观盛行于第二次世界大战后至20世纪60年代中后期，这种发展观将发展简单等同于经济增长，把财富、财富的增长以及财富的增长速度当做衡量发展的基本尺度。这种发展观以发展经济学家刘易斯（Lewis）为代表。刘易斯在1956年出版的《经济增长理论》一书中指出：发展中国家经济落后的原因在于工业化程度不够，经济馅饼不大；加快工业化步伐，提高工业化程度，把经济馅饼做大，就会导致经济增长和社会进步。可见，这种发展观强调追求单纯片面的经济增长，认为国民生产总值的提高就是发展，就可以摆脱贫困。

单纯经济发展观有两个基本的价值观念：一是认为发展是天然合理的，即只要是发展就比不发展好，发展得快总比发展得慢好。发展天然就是好的，对发展本身没有必要进行评价和规范。这种发展观所关注的只是如何发展得更快，而对于“为了什么而发展”、“应该怎样发展”却漠不关心。二是把人看成是一种绝对的主体，自然界仅具有满足人类需要的“工具性价值”，是一种供人占有、消费、使用的对象，而且是一个取之不尽、用之不竭的巨大的“公用仓库”。

单纯经济发展观虽然对促进经济增长、迅速积累财富起到了积极的作用，但是在这种混淆发展和增长的发展观指导下，许多发展中国家在经济增长的同时，并没有实现预期的发展目标,即只有明显的产出增长和生产的速度加快,而没有经济社会结构、社会状况、政治经济体制等的明显进步和质的提高;相反,却出现了严重的贫富悬殊、失业人数增加、社会腐败、政治动荡等问题。人们习惯将这种现象称为"有增长而无发展"或"无发展的增长"。

#### 7.1.1.2 综合社会发展观

到了20世纪60年代末,在单纯经济发展观的指导下,许多发展中国家并没有实现预期发展目标,人们开始对"发展就是经济增长"的发展观进行批判性反思。这种反思的结果是,人们认识到增长和发展是两个不同的范畴,增长仅仅是指量的增长,而发展则包括一系列社会目标,是质的飞跃。人们在反思中提出了综合社会发展观。综合社会发展观可以看做是对单纯注重经济增长观点的扬弃,同时在肯定增长是发展的基础上,更多地注意到发展中质的变化,注意到发展是建立在经济增长基础上的社会多维变化的过程。

综合社会发展观以发展经济学家佩鲁(F. Perroux)为代表。佩鲁在1983年出版的《新发展观》一书中指出:发展应该是"整体的"、"综合的"和"内在的",强调应以人的价值、人的需要和人的潜能的发挥作为发展的中心。所谓"整体的",是指发展须有整体观,既要考虑到作为"整体的"人的各个方面,又要考虑到他们相互依存关系中出现问题的多样性;所谓"综合的",是指各个部门、地区和阶段,要在发展过程中求得协调一致;所谓"内在的",是指充分正确地依靠和利用本国的力量和资源,包括文化价值体系来促进发展。《新发展观》一书中提出了"为一切人的发展和人的全面发展"这样深远的战略目标。

相对于单纯经济发展观而言,综合社会发展观强调经济增长只是发展的手段,社会公正、增加就业、改善收入分配状况和消除贫困才是发展的终极目标,并将经济与政治、人与自然的协调,人与人、人与环境、人与组织、组织与经济的合作作为新的发展主题,把发展看做是以民族、历史、文化、环境、资源等内在条件为基础,包括经济增长、政治民主、科技水平、文化观念、社会转型、自然协调、生态平衡等各种因素在内的综合发展过程。

综合发展观虽然看到了发展进程中社会内部诸要素的相互作用和影响,但它忽视了关注社会系统和自然系统之间的统一,其所关注的人,是代内人,未涉及代际人,其结果导致为了当代人的需要而对自然进行掠夺性的开发和利用,造成了严重的生态问题。

#### 7.1.1.3 可持续发展观

由于之前的发展观没有关注经济社会发展的环境影响,因此随着经济社会的发展,环境问题日趋严重,成为威胁人类生存的突出问题。在这种情况下,人们不得不全面反省传统发展观,寻求人类社会发展的新出路,谋求新的发展战略,选择新的发展模式。为此,可持续发展观应运而生。

1962年,美国科学家卡尔逊(K. Carson)发表的《寂静的春天》一书,引发了公众对环境问题的注意,将环境保护问题提到了各国政府面前。1972年6月,联合国在斯德哥尔摩召开了第一次人类环境会议,发表了《人类环境宣言》,连同会前发表的《生存的蓝图》(《A Blueprint for Survival》)、《只有一个地球》(《Only One Earth》)和《增长的极限》(《The Limits to Growth》),唤醒了人类从哲学和科学高度更加系统地认识人口、资源、环境与发展的关系问题。此后,1980年3月世界自然保护联盟(IUCN)发表了《世界保护战略:可持续发展的生命资源保护》。1983年11月世界环境与发展委员会(WCED)成立,并于1987年发表了《我们共同的未来》(《Our Common Future》)。《我们共同的未来》分为共同的问题、共同的挑战和共同的努力三大部分。报告在系统探讨人类面临的一系列重大经济、社会和环境问题之后，提出了可持续发展的概念。可持续发展是指既满足当代人的需要，又不对后代人满足其需要的能力构成危害的发展。1992 年，联合国环境与发展大会(UNCED)，通过了《21 世纪议程》，此后各国也先后制定了本国的《21 世纪议程》，中国于 1994 年 3 月通过《中国 21 世纪议程——中国 21 世纪人口、环境与发展白皮书》。从《人类环境宣言》到《21 世纪议程》，可持续发展的思想先后登上学术和政治舞台，可持续发展观逐渐成为人类发展观的“主旋律”。

可持续发展观主要包括以下内容：

一是肯定发展的必要性。只有发展才能使人们摆脱贫困，提高生活水平；只有发展才能为解决生态危机提供必要的物质基础，才能最终打破贫困加剧和环境破坏的恶性循环。因此，承认各国的发展权十分重要。

二是显示了发展与环境的辩证关系。环境保护需要经济发展提供资金和技术，环境保护的好坏也是衡量发展质量的指标之一。经济发展离不开环境和资源的支持，发展的可持续性取决于环境和资源的可持续性。

三是提出了代际公平的概念。人类历史是一个连续的过程，后代人拥有与当代人相同的生存权和发展权，当代人必须留给后代人生存和发展所需要的必要资本，其中包括环境资本。保护和维持地球生态系统的生产力是当代人应尽的责任。

四是在代际公平的基础上提出了代内公平的概念。这是在全球范围内实现向可持续发展转变的必要前提。发达国家在发展过程中已经消耗了地球上大量的资源和能源，对全球环境造成的影响最大。因此，发达国家应该承担更多的环境修复责任。

#### 7.1.1.4 科学发展观

科学发展观，是立足于社会主义初级阶段的基本国情，总结我国的发展实践，借鉴国外的发展经验，适应新的发展要求提出的重大战略思想。科学发展观反映了当代世界的发展理念，顺应了时代发展的潮流，是对人类社会发展经验的深刻总结和高度概括。从本质上说，科学发展观就是坚持以人为本，全面、协调、可持续的发展观，是促进经济社会和人的全面发展的发展观。其具体内涵包括：

第一，科学发展观坚持以人为本。坚持以人为本，就是要以实现人的全面发展为目标，从人民群众的根本利益出发谋发展、促发展，不断满足人民群众日益增长的物质文化需要，切实保障人民群众的经济、政治、文化权益，让发展成果惠及全体人民。

第二，科学发展观坚持全面发展。全面发展是指社会各个子系统的结构和功能等方面都要协调发展，就是要以经济建设为中心，全面推进经济建设、政治建设、文化建设和社会建设，实现经济发展和社会全面进步。

第三，科学发展观坚持协调发展。协调发展是指各个发展子系统的相互适应、平衡，就是要统筹城乡发展、统筹区域发展、统筹经济社会发展、统筹人与自然和谐发展、统筹国内发展和对外开放，推进生产力和生产关系、经济基础和上层建筑相协调，推进经济建设、政治建设、文化建设、社会建设的各个环节及各个方面相协调。

第四，科学发展观坚持可持续发展。坚持可持续发展，就是要促进人与自然的和谐，实现经济发展和人口、资源、环境相协调，坚持走生产发展、生活富裕、生态良好的文明发展道路，保证一代接一代地永续发展。

### 7.1.2 资源持续观创新

资源观是关于资源问题的基本看法,是解决资源问题的认识基础。合理开发、利用和管理流域自然资源需要树立科学的资源观。资源管理创新需要提高对资源的认识水平,树立与时俱进的资源观。20 世纪以来,人类资源观主要经历了三个阶段,即资源无限观、资源有限观及资源持续观。

#### 7.1.2.1 资源无限观

资源无限观主要在 20 世纪初期至 20 世纪 50 年代间流行。这一时期,由于科学技术发展相对缓慢且落后,人们对资源及资源问题的认识比较肤浅,经济发展的速度和水平尚未对资源的需求构成压力,资源供应相对充分。因此,在人们的理念中,资源无处不在,无时不有,“资源无限”成为这一时期资源观的主流意识。

在这一阶段,人类对自然资源的认识具有明显的人本位特征,即认为人类是自然的主人和占有者,自然界的一切必须服从于人类的利益和需求,人类对自然界拥有绝对的开发利用权。这种藐视大自然的宏大气魄、积极进取的能动精神,对人类的文明发展确实起到了一定的促进作用,使全球经济得到极大的发展。但是,正如恩格斯指出的:“我们不要过分陶醉于我们人类对自然界的胜利。对于每一次这样的胜利,自然界都对我们进行报复。”今天人类面临的一系列以人口、资源、环境与发展关系为核心的全球性问题在一定程度上就是由这种人本位的资源无限观引起的。但由于当时科技水平的限制,人们对资源的稀缺性、有限性、整体性和系统性,人类活动对资源、环境的影响以及最终对人类的危害,都还没有真正认识清楚。

#### 7.1.2.2 资源有限观

20 世纪 50 年代之后,随着战后世界经济的恢复和快速发展,工业化、城市化的进程大大加快,经济发展对资源的需求与日俱增,加之资源时空分布的不均,资源供需矛盾突出,局部性、全球性的资源危机时常出现,资源无限观受到质疑,资源有限观逐渐深入人心。

1972 年发表的由米多斯(D. L. Meadows)等撰写的《增长的极限》被认为是资源有限观的代表作。该报告主要讨论“人类困境”问题,主要涉及的领域包括人口、资本、粮食、自然资源和污染问题。研究者尝试用一个系统动力学模型来描述和预测世界的未来,认为:如果世界人口、工业化、污染、粮食生产和资源消耗方面按现在的趋势继续下去的话,地球上的增长极限有朝一日将在今后 100 年内发生。为了拯救人类,研究者提出了一个悲观主义的解决方案:“冻结”经济和人口的增长。报告发表后,在全世界引起了震动。再加上 1973 ~ 1974 年爆发了石油危机,许多国家和地区发生饥荒,引发了整个西方世界关于物质增长及其极限问题的讨论。但是,并不是所有人都赞成资源有限观,在《增长的极限》发表后不久,阿姆斯特丹就出现了《反对罗马俱乐部》的著作,1976 年美国赫德森(M. Hudson)研究所发表了《下一个 2000 年:关于美国和世界的远景描述》,逐条批驳了《增长的极限》;1981 年美国学者西蒙(Julian L. Simon)在《没有极限的增长》一书中也对罗马俱乐部的极限论提出了批评:从“无限的自然资源”到“永不枯竭的能源”,“我们可以得到的自然资源的数量,以及更为重要的这种资源可能向我们提供的效用,是永远不可知的……”,“实际上,技术创造新的资源……这就是人类不断繁衍增加,不断消费更多的资源,而资源贮备却不断增长的原因”。但是,反对派并未否认罗马俱乐部提出的“全球性问题”的重要性和深刻性,也未能改变人类对“资源有限性”的认同。事实上,《增长的极限》和《没有极限的增长》都已向人类昭示:在一定时期内,由于种种因素的制约,可供人类利用的资源总是有限的,人类必须合理利用和保护资源,以实现资源的可持续利用。

#### 7.1.2.3 资源持续观

20 世纪 70 年代之后,全球性的人口、资源、环境和发展等问题日益突出并受到社会各界的关注,解决这一危及人类生存的难题成为世界各国科学家和政要的重要事项。在此背景下,可持续发展理论应运而生。资源学中可持续发展理论的引入,为可持续利用资源观的产生和发展奠定了基础。

可持续利用资源观的核心是资源的可持续利用。一个完整的可持续利用资源观应包括资源价值观、资源伦理观、资源系统观、资源科技观和资源生态文明观。

资源价值观主要是指要摒弃资源无价的思想,而应该从资源的稀缺性、不均衡性和市场竞争性出发,根据资源的重要性、资源的稀缺程度和资源勘查过程中付出的社会劳动确定资源本身的价值。

资源伦理观则要求对资源进行伦理和道德上的管理与规范,树立资源的代际公平观和资源的区际合作观,解决好资源在时间上的代际分配和空间上的不均衡。

资源系统观则需要用系统分析的观点来配置资源,使不同类型的资源互补,具体来说,主要包括三方面的含义:一是从各种资源的联系、组合关系来评价资源;二是从整个资源系统的角度全面评价资源;三是资源系统是整个人地系统的一个子系统。

资源科技观认为,科学技术的不断进步可以加深人类对自然规律的理解,开拓新的可利用的自然资源领域,提高资源综合利用率和经济效益,提供保护自然资源和生态环境的有效手段。

资源生态文明观是可持续发展资源观的最高层次。它认为资源与生态环境是相互依存、相互影响的,因此应合理配置资源,对资源的开发投入的补偿资金(补偿强度和有效性必须使生态潜力的增长高于经济增长速度)要能够实现良性生态循环,建立节约型的国民经济运行体系和生态化的生产力构型,建立以合理利用资源为核心的环境保护体系。

## 7.2 流域自然资源管理内容的政策创新

### 7.2.1 综合管理创新

地球上各种自然资源形成一个整体,它们相互联系、相互作用,其中一种资源开发利用必然会影响到其他资源;每一种资源可能存在多种不同的用途,这些用途相互作用,但不可能相互竞争。因此,在开发利用资源时,必须实施综合管理,统筹规划和管理各种自然资源的用途,综合考虑各种资源开发利用之间的关系。

所谓自然资源综合管理,是指以整体的自然资源为管理对象,以不同门类自然资源的共性为基础,以不同门类自然资源之间的相互关系为协调的纽带,利用一种一体化的综合的运行机制,对不同门类的资源统一管理。资源的综合管理不仅仅是简单的机构合并,而是各资源管理机构之间的相互协调、相互牵制。机构合并后可以大幅度提高管理系统的整体运行效率。综合管理效果集中体现在制度效率的提高和交易成本的降低上。

美国是较早实行资源综合管理的国家之一，比如美国内政部不仅管理公共土地资源，还赋有管理公共土地上的矿产资源、能源、森林资源和水资源及野生动物资源等职能，这有力地促进了美国国土资源开发利用和国土规划工作的开展。

在国际上，自然资源综合管理已成为自然资源管理体制的发展趋势之一，许多国家都实行了自然资源综合管理制度。如俄罗斯近年来十分重视对自然资源的管理，加大了对自然资源管理体制的改革力度，自然资源部的职能不断扩大，除加强对矿产资源、水资源的管理外，又逐步把森林资源、野生动植物和环境、生态等管理职能合并到自然资源部，强化了相关的管理职能，以对自然资源进行更加有效的管理。

目前，自然资源综合管理主要有两种实现方式[1]：一种是通过机构合并将若干种资源管理职能统一到同一个资源管理部门，这种方式为世界上的大多数国家所采用。这种方式的实质是综合管理基础上的集中统一管理，即在大的综合管理部门下按照不同的资源属性设立不同的机构进行集中统一管理。如美国内政部分别设立了鱼类和野生动物管理局、国家公园局、地质调查所、露天开采复垦和执行办公室、印第安人事务局、矿产管理局和土地管理局等，分别对应不同的资源管理职能。另一种是在实行资源分散管理的国家，通过由政府或社会组建的协调机构来实现对资源的综合管理，这种制度的建立成本相对较低，对既得利益团体的影响相对较小，因而比较容易实施。尤其在信息化时代的今天，通过资源信息集成可以更加有效地促进资源的集中统一管理，如日本政府“政策评价系统”的运用，就大大加快了信息的传递，为政府各部门之间纵向、横向的沟通和协调提供了可靠保障。

我国还没有实现自然资源综合管理，各种不同的自然资源仍分属不同的主管部门。在这种体制下，由于缺乏全面认识资源的综合属性，从而必然导致行政管理缺乏统筹与协调。从单一部门看，每个门类的自然资源管理部门都在努力做到合理，但是综合来看，我国自然资源综合利用和综合管理还存在相当多的问题。也正是这些问题，影响了宏观经济社会的稳定与发展，并为未来经济社会的可持续发展埋下了隐患。因此，我国实行自然资源综合管理十分必要。

当然，自然资源综合管理并不意味着将所有的自然资源归一个部门进行管理，过分强调综合往往会取得适得其反的效果，这里有一个“度”的问题。一般来讲，资源管理在横向上的综合集中程度主要取决于三个因素：一是综合管理的资源种类和集中程度与经济发展水平有关，二是与资源综合调查的水平有关，三是与技术发展水平相关。其中，特别重要的是信息技术的发展。因此，自然资源综合管理必须根据资源之间的联系，循序渐进，以提高各部门资源管理的融合程度为核心，不求全求大。

### 7.2.2 资源资产化管理创新

在经济学解释中，能够带来收益的有形物品和无形物品就是资产。自然资源可以为社会带来财富，因此具有资产属性，应进行资源资产化管理。所谓资源资产化管理，就是遵循资源的自然规律，针对资源生产的实际，从资源的开发利用到资源的生产和再生产过程出发，按照经济规律将资源投入生产实施资产化管理。

---

[1] 张海然：当代国际自然资源管理趋势——资源管理在横向上逐步拓宽，走一条适度综合的道路，http://49tuan.btnews.com.cn/invite/list.asp? SelectID=949&ClassID=7。

自然资源资产化管理的目标，是建立一种高效、科学的资源运作与配置体制——现代自然资源经营制度和自然资源产权市场，使被消耗的自然资源得以再生和重建，存量的资源得以高效配置，并最大限度地整合其他要素的投入，实现自然资源开发利用的多要素和谐，从而建立起稳定生产和持续发展的自然资源产业体系。因此，只有明确自然资源是资产，明晰自然资源资产性产权关系，理顺自然资源价值补偿与价值实现过程中的经济关系，才能恢复和发展自然资源产业的内在"造血机能"，从而实现优化资源配置的目的。

由于机制原因，我国长期弱化"资源有价"的观念，对自然资源进行无偿开发利用，造成自然资源的掠夺式开发、粗放式利用。因此，必须摒弃"资源无价"的观念，将自然资源看做资产，实行资产化管理。

实行资源资产化管理的关键在于，构建合理的自然资源产权制度和科学的自然资源评估核算体系。因此，我国要实行自然资源资产化管理，首先，应构建合理清晰的自然资源产权制度。为此，需进一步明晰资源产权，明确资源产权权利主体；进一步细化资源产权，设置新的产权运行机制，并明确规定产权内涵，充分体现不同资源权能的价值。其次，应树立"资源有价"的观点，促使资源有偿使用和资源产业持续发展。只有承认"资源有价"这一客观存在，才能依据资源价值量大小进行资源核算，确立合理的资源价格，改变或改善资源利用中的非持续状况。再次，应建立科学的资源评估、核算体系，完善国民经济核算方法。此外，价格是资源资产化管理的核心，而资源的合理价格需要通过科学的资源评估方法来确定，因此应加强自然资源价格评估理论研究。

应该指出的是，并不是所有的自然资源都可以实行资产化管理，因为有些自然资源并不是资产，只有那些既稀缺又具有明确所有者的自然资源才可能转化为资产。因此，对自然资源进行资产化管理，并非适用于全部的自然资源，而是部分自然资源，并且具有时空的差异性。有些自然资源从整体上可以划分为自然资源资产，但从局部或者时间上来看，它也可以转化为非自然资源资产。如水资源，根据其时空分布的不同，在缺水地区可以进行资产化，但不能将洪水包括在内，因为洪水不仅不能给人类带来效益，相反往往给人类造成巨大损失，故正确处理自然资源和自然资源资产的关系是十分必要的。

### 7.2.3　生态管理创新

强调资源资产属性管理的同时，还应注重协调资源开发利用与生态环境保护之间的关系。自然资源开发利用活动是人类的基本经济活动，也是人类改造与利用环境的重大措施。人类在这一活动中与环境之间进行物质交换，必然对环境产生直接的影响。因此，在开发利用自然资源的过程中，在追求经济效益的同时，还要保护生态环境。对资源实施生态管理正是实现这一目标的重要手段。

生态管理（Eco－management）源于20世纪70年代，兴起于美国。生态管理前身是20世纪六七十年代以末端治理为特征的对环境污染和生态破坏的应急治理。70年代末到80年代兴起的清洁生产，促进了环境污染治理向工艺流程管理过渡，通过对污染物实施最小排放的环境管理，借以减轻环境的源头压力。90年代发展起来的产业生态学，促使了生态管理理念的产生。产业生态管理将不同部门和地区之间的资源开发、加工、流通、消费与废弃物再生过程进行系统组合，优化系统结构和资源利用的生态效率。迄今为止，生态管理的概念扩大为动员全社会的力量优化系统功能，使资源得以高效利用，实现人与自然高度和谐，从而促进经济社会持续发展。

自然资源生态管理实质上是在自然资源开发利用过程中遵循生态学原理，为此应做到以下几点：

(1)加强生态系统结构功能管理。生态系统的结构主要有时间结构、空间结构和营养结构。加强生态系统结构功能管理，就是在自然资源开发利用过程中，应遵循其特有的时空结构，根据生物链原理尽量增加资源的利用层次和环节，以满足特定的需求，并维持生态平衡。

(2)加强生态效率管理。生态效率是营养级间能量的转化效率。各营养级间能量的转化效率相差很大，有针对性地提高营养级间的能量转化效率可极大地提高生物生产力，减少浪费。加强生态效率管理，就是在自然资源开发利用过程中强调经济效率和环境效益的统一，将宏观尺度上的可持续发展目标有效地融入到微观和中观的发展规划和管理中。

(3)加强景观生态管理，利用"3S"技术，监测自然资源的动态变化，分析变化的动力机制，提出资源保护措施。

(4)构建生态补偿机制。生态补偿主要是指通过改善被破坏地区的生态系统状况或建立新的具有相当的生态系统功能或质量的栖息地，来补偿由于经济开发或经济建设而导致的现有的生态系统功能或质量下降或破坏，保持生态系统的稳定性。因此，在自然资源开发利用过程中构建生态补偿机制，可以把生态破坏的外部不经济性转化为企业内部的不经济性，促进其加强对生态环境的保护，协调生态环境效益和经济效益之间的矛盾。

## 7.3 流域自然资源制度构建的政策创新

实现流域自然资源管理创新，仅仅依靠流域自然资源管理理念创新还不够，关键在于管理制度创新。制度虽然是人制定的，但它对人的行为具有指导作用。只有将先进的理念制度化，才能规范资源利用行为，合理利用流域自然资源，提高流域自然资源管理水平。本节主要针对现实管理的实际，结合流域管理体制、流域排污权管理制度、流域生态补偿制度三个方向的创新作出阐述。

### 7.3.1 流域综合管理制度创新

#### 7.3.1.1 我国流域管理体制现状

《中华人民共和国水法》规定，我国现行流域管理体制是一种流域管理与行政区域管理相结合的管理体制。

流域管理由专门的流域机构来实施。从国家层面划分，我国现有七大流域机构，即长江、黄河、淮河、珠江、海河、松辽、太湖等流域机构。这七大流域管理机构被定位为"具有行政职能的事业单位"，其性质为国务院水利部的派出机构，代表水利部在各大流域行使水行政主管职责，所承担的水行政管理职能涉及防洪、水资源、水工程管理和水文、勘测、规划、设计、施工、科研及水利水电经营管理等诸多方面，并在强调对重要江河、湖泊进行管理的同时注重全流域的职能覆盖。随着流域治理开发步伐的加快，流域管理机构的水行政管理职能逐步得到加强。职能从代表国家管理水利投资计划、取水许可、水量分配、水资源保护、水土保持，到调处省际间水事纠纷等。流域管理机构水行政管理职能的范围和领域在不断拓宽，管理力度在不断加大,管理水平也在逐步提高[1]。区域管理则由各地方政府水行政主管部门负责,其主要职责是负责本行政区域内水资源的统一管理和监督工作。

流域管理与行政区域管理相结合的管理体制,从理论上讲,理应以流域统一管理为主,以区域行政管理为辅。但现实中,由于流域分属于不同行政辖区,流域的水管理权力基本被各地区分割。在流域管理上,流域管理机构主要负责水利开发、工程建设和防灾减灾,不具备水量与水质、地表水与地下水统一管理的权利。我国流域管理事实上逐步形成了国家与地方条块分割,以河流流经的各行政管理区为主,造成管理部门各自为政的现象十分普遍。

#### 7.3.1.2 我国流域管理体制存在的问题

我国现行流域管理体制,为我国的大江、大河、大湖的治理开发与保护发挥了重要的作用。但是,从流域管理的实际进程和效果看,这种流域管理体制存在着明显的弊端。

(1)流域管理机构缺乏应有的权威性。首先,流域管理机构只是"具有行政职能的事业单位",许多地区和部门仅仅将流域管理机构视为附属于水利部的技术服务性事业单位,这将不可避免地削弱流域管理机构的行政权威性。其次,当前七大流域管理机构只是国家水利部的派出机构,在权力级别和组织层级上低于省级行政区;且流域行政执法,无论是强制执行或司法救济都要依托于地方政府或司法机关,故其权威性受到来自地方保护主义的挑战。再次,流域管理机构的职权过窄。在现行管理体制下,流域管理机构的权力过少。如《中华人民共和国水法》第十七条实际上明确规定了流域管理机构无权参与国家确定的重要江河、湖泊的水资源宏观规划管理,这种权力的缺失导致其对流域具体事项的管理权力受到质疑与动摇。再如《中华人民共和国水法》第五十六条的规定同样说明了地方政府权力在河流的管理过程中居主导地位,涉及水资源的开发、利用、治理、配置、节约和保护,甚至水纠纷的处理,所有涉水事务都由政府行政管理来实现,造成流域管理机构职权过窄。以长江水利委员会为例,虽然职能有9项,但从内容来看,其职能主要限于防汛抗旱、水土保持和水利设施的建设与管理。最后,流域管理机构缺乏应有的调控手段。依据《中华人民共和国水法》的相关规定,流域管理机构在其职责范围内,可以通过行政措施、法律手段、经济手段对流域内的重要水事活动实施管理。其主要体现在:负责统一管理流域水资源(包括地表水和地下水);负责职权范围内的水行政执法和查处水事违法案件,负责调处省际水事纠纷;负责在授权范围内组织实施取水许可制度和有偿使用制度;负责授权范围内的河段、河道、堤防、岸线及重要水工程的管理、保护与河道管理范围内建设项目的审查许可;组织拟订流域内省际水量分配方案和年度计划以及旱情紧急情况下的水量调度预案,实施水量统一调度;组织流域内水功能区划,审定纳污能力,提出限制纳污总量的意见。实际上,由于流域管理机构缺乏有效的调控手段,无法切实落实这些管理职责,也无法对违反用水计划的行为进行有力的惩处,从而也就无法从制度上保证流域管理职能的实现。

(2)流域管理部门过多且职责不清。首先,流域管理部门过多。就中央一级而言,除作为水行政主管部门的水利部外,国家环保部、农业部、国家林业局、国家发展和改革委员会、国家电力公司、住房和城乡建设部、交通部和卫生部等部门都对水资源的开发利用和保护具有管理权。此外,流域管理还涉及各级地方政府。这种"多头管理"很容易变成有利益时政出多门,被管理者无所适从;无利益时相互推诿,事关百姓利益的事项无人负责。其次,各流

[1] 水利部发展研究中心,《长江法》立法必要性研究报告,2005年,第2~9页。

域管理部门的职能定位不清。流域管理部门不仅数量多,而且各个部门的职能定位不清,许多部门在管辖领域、管理职责、信息共享等方面存在不同程度的交叉和重叠。如水质管理方面,水利、环保部门之间的职能交叉最为严重;城市水务方面,建设、水利部门之间的职能交叉最为严重;水生生物保护方面,以林业、农业和环保部门之间的职能重叠最为明显。再次,各相关管理部门缺乏有效的协调机制与平台。实际上,职能明确的行政性分权并非都是不合理的,而缺少有权威的或是中立的协调机构、缺乏部门间的协调机制,是政府管理功能失效的重要原因。以水污染问题为例,水利部更多侧重水量管理,环保部负责水质的监管,住房和城乡建设部则主要关注城市给水排水。尽管 COD(化学需氧量)的减排已成为国家"十二五"期间必须实现的约束性目标,但减排指标的分解主要是根据行政区划,并未按流域进行分解。缺少部门间的和流域层面的协调与合作机制,必然增加实现目标的难度。

(3)流域管理与行政区域管理结合不够。首先,现行法律的规定对流域管理与行政区域管理结合规定过于原则性,缺少可操作性。现行《中华人民共和国水法》只是规定实行流域管理与行政区域管理相结合的管理体制,至于两者如何结合,流域管理机构与地方政府水行政主管部门的关系如何定位,各自的管理职能和责任是什么等内容并没有明确规定,致使层级管理和基层管理失序。其次,由于法律规定过于原则性,流域机构的管理和行政区域管理相结合的模式不能很好地实施,符合流域整体利益的水资源管理措施难以贯彻到基层。流域管理机构代表流域整体利益,流域管理不仅要发挥区域的积极作用,还要引导区域发展符合流域整体的发展目标。但是,地方政府水行政主管部门代表地方利益,因此流域管理机构与区域管理机构经常发生矛盾,而在流域机构不能确立绝对权威地位、难以建立完善的监督体制的情况下,流域管理体制是不可能有序运行的。

(4)流域管理体制缺乏激励机制。现行《中华人民共和国水法》是在政府对水资源进行全权管理的指导思想下制定的,水资源所有制度的设计都是以政府为主导的。整部法律依然体现了以行政手段管理水资源为主的思想,注重管理部门的设置,注重管理部门权力的赋予与权力的运行,真正体现市场机制和价值规律的内容很少,缺乏合理利用水资源的激励机制,其中包括经济激励机制。经济激励机制的缺乏必然导致水资源使用上的浪费,造成效率低下,管理错位而失序。流域上游因水量较为充足,地表径流量大,节约用水无利可图,国家又往往根据往年的用水量来确定当年的水量分配,为防止国家分配水量的减少,宁可多用水,也不愿意节约将水资源留给下游。另外,城市地区在企业排污时也不严格执法,任由企业超标排放、污染河流,使环境外部成本由农村地区承担,而农民在政治利益的博弈中处于弱势。因此,在水资源的利用方面,形成了城乡二元利用、上下游二元利用的格局。在缺乏经济激励机制的背景下,很难将节约用水落到实处。

(5)流域管理体制缺乏公众参与机制。公众参与机制是实现流域科学管理的重要条件。公众参与有利于加强流域管理决策的科学性,减少流域管理决策的盲目性,降低决策的风险,减少决策执行成本,增加决策执行的实效,减少水法执行的监督成本,提升公众的节水意识,提高水资源的利用效率。因此,除涉及国家机密外,社会公众均有权利参与流域管理事项的监督和管理。在发达国家中,公众参与流域管理是流域管理的一个重要途径。如美国田纳西河流域管理的"地区资源管理理事会"、澳大利亚的"社区咨询委员会"等都是积极有效的公众参与机制。

我国的流域管理是政府主导型的管理模式,缺乏或弱化公众参与机制,主要表现在:

一是公众流域管理参与权简单化。虽然我国宪法规定了公众参与国家事务、社会事务、经济事务与文化事务管理的权利，但从我国流域管理的相关法规来看，公众流域管理参与权实际上被简化为在被动征求意见时发表意见的权利，没有真正的参与管理的权利。公众只是被动地作为被选择的对象，主体地位不明确，无法主动和真实地参与流域自然资源管理，这必然导致公众权利和义务的虚化。

二是公众参与流域管理的保障制度建设严重滞后。即使有关法规明确规定公众具有流域管理参与权，但如果没有相应的保障制度，公众流域管理参与权仍然无法落到实处。原因在于，我国尚未建立流域管理信息公开制度。而公众只有了解相关信息，才能参与流域管理。但在现阶段，我国许多流域自然资源管理信息，基本上没有对公众完全公开，同时有些信息即使公开了，也由于过分的专业化，普通民众无法充分利用这些信息，信息缺乏必然制约公众参与。此外，我国缺乏对流域管理机构违反公众参与流域管理法律的追究制度。根据我国现有法规，政府部门对公众意见如何处理缺乏具体的规定，在公众意见未得到采纳时也没有相应的规则提出异议或者复议，若流域管理机构没有组织、征求公众的意见，也就没有相应的法律责任追究制度。

#### 7.3.1.3 我国流域综合管理体制创新

(1)改革流域机构模式，完善权力制衡机制。流域机构改革是流域管理体制改革的核心。创新流域管理机构模式应体现决策与执行、监督与分离、依存与制衡的要求。创新设置的具体方法如下所述：

首先，决策机构——流域管理委员会。建立一个民主、协调、权威、高效的决策机构是流域管理成功的组织保证。因此，流域管理委员会作为流域管理决策机构，应享有流域最高权力，负有全面责任。流域管理委员会作为法定的行政主体，应列入国家的行政序列，由国家法规明确其职责、权限和隶属关系。流域管理委员会成员由流域内各省(自治区、直辖市)的政府、中央水行政主管部门，与水的开发治理有关的各委、部、局，以及流域内各行业的用水大户等方面的负责人组成，全面负责流域水资源的开发、利用、治理、配置、节约、保护以及水土保持等活动的决策工作，对关系流域水、土和环境资源可持续利用的重大问题作出决定。重大流域管理委员会主席可由国务院领导担任，国家水行政主管部门的负责人担任副主席。决策机构为非常设机构，除例会外，采用“有事议事”制度。

其次，执行机构——流域管理局。执行机构的职能是执行流域管理委员会所制定的一切政策及所作出的所有决议和决定，其负责人由流域管理委员会负责人提名，在流域管理委员会全体会议或其常委会表决后任命。因此，流域管理局应直接对流域管理委员会负责，并严格按照流域管理委员会决议的要求与目的实施管理运作。流域管理局应当由具有高度专业技术技能与管理实践经验的专家组成，其主要职责是：流域范围内的供水、防洪、水质保护、水土保持与恢复、制定流域规划及水资源规划、航运、沿海污染防治以及流量管理；同时，还负责制定流域内的各种水费标准、颁发排污许可证、建设新的水利项目，并征收水资源费、防洪排水费以及排污费、废水入河罚款等。

再次，监督机构——流域监督委员会。流域监督委员会的主要职责是对流域管理的监督，包括政策的执行程度、执法的公正性、规划的科学性以及公益的实现程度等。当然，对流域管理进行监督除流域监督委员会外，政府有关部门及普通民众也可以进行监督。

(2)完善相关法规，理顺流域与区域责权利。首先，明确流域管理机构对省级水行政主管部门的监督调控权。法律应明确规定流域管理机构的法律地位高于省级水行政主管部门,并赋予流域管理机构采取强制措施监控省级水行政主管部门的权力。只有这样,才能防止出现地区分割管理的局面。其次,明确流域管理机构与地方政府水行政主管部门的职责权限分工。分工的原则是在确保流域整体利益与地方利益协调的前提下,充分调动流域管理机构与地方政府水行政主管部门的积极性。流域管理机构的具体职责主要包括:对与流域水资源保护有关的行为进行监督检查;负责国家确定的重要江河、湖泊和跨省、自治区、直辖市江河湖泊的主干流和湖泊水域的取水许可、采砂许可以及沿江、沿湖岸设置排污口许可;对跨行政区域和全流域影响的水工程等事项负有直接监督管理的责任;在地方政府水行政主管部门执法不当或执法不及时时进行直接执法。但应以地方执法为主,流域管理机构执法为辅。再次,建立纠纷解决机制。法律应规定,如果流域管理机构与区域政府部门发生矛盾冲突,流域管理机构的决定具有优先效力。当然应该规定行政区域政府部门对流域管理机构的决定有提起行政诉求、申请仲裁、依法诉讼等权限。

(3)运用经济手段,健全流域管理激励机制。发达国家在流域管理时非常重视运用经济手段,如法国流域管理中强调"以水养水",实行"谁用水、谁付费,谁污染、谁治理"的政策,收取的费用用于流域管理和进行相关水的研究,并可用于促进公众节水、保护水资源以及降低企业排污等。我国往往忽视或不重视经济手段,习惯于运用行政手段、法律手段。因此,我国流域管理改革的方向之一是充分运用经济手段,健全经济激励机制。如完善现有的取水收费和排污收费制度,提高排污费标准,规范排污费使用,加大对违规排污企业的处罚力度;实行排污权交易制度和流域生态补偿制度等。通过经济利益的激励,使流域自然资源利用更加合理和规范。

(4)加快制度创新,完善流域公众参与机制。首先,提高公众参与流域管理的意识。只有从根本上提高公众参与流域管理的意识,公众参与流域管理才能收到实效。因此,应通过各种途径进行宣传教育,使公众认识到流域管理的重要性,以及与自身利益的密切相关性。其次,落实公众参与流域管理的参与权。为使公众参与流域管理有法可依、有法必依,应加快完善相关法规,把公众参与流域管理的权利及程序法制化、具体化,对公众参与的流程、途径、方式、发表意见或建议的场所、顺序等内容加以明确。再次,健全公众参与流域管理的保障制度。一是完善流域管理信息公开制度。法规应明文规定流域管理信息公开的程序、方式、内容等,尤其要防止信息公开走形式、走过场,要强调公开的实际效果。二是建立责任追究制度。改变现行的公众只是被动接受征求意见的局面,明确规定流域管理部门没有采取有效措施保障公众参与流域管理时所应该承担的法律责任以及相应的补救措施,规定流域管理决策缺乏公众参与时决策事项不具备相应的执行效力,从法律制度层面上真正体现公众参与流域管理的权利。

### 7.3.2 流域排污权交易制度创新

#### 7.3.2.1 排污权交易制度概述

1)排污权交易制度内涵

排污权是对有限的环境容量资源拥有占有、使用、收益和转让的一种权利,但这一权利的享有必须在总量控制范围内合法取得。排污权交易制度是指在同一地理区域内,一家企业只要减少排放污染物就可以将政府许可其排放量的一部分经过市场或政府规定的程序有偿转让给其他需要排放污染物的企业。这是一种以市场为基础、以政府分配排污指标为前提的环境保护的经济刺激措施之一。从根本上说,排污权交易制度是通过建立合法的污染物排放权利并允许这种权利在市场上交易来进行污染的控制,其核心是利用市场配置资源。

排污权交易制度作为一种以市场为基础的经济政策,明显不同于以命令控制型为特征的政策手段。排污权交易不需要像命令控制型政策那样,事先确定排污标准和相应的最优排污费率,而只需要确定排污权数量并找到发放排污权的一套机制,然后由市场确定排污权价格。通过排污权价格的变动,排污权市场可以对经常变动的市场物价和厂商治理成本作出及时的调整。

在实践中,排污权交易制度是以可交易的许可证为形式的。具体方式是政府机构评估出使一定区域内满足环境要求的污染物的最大排放量,并将最大允许排放量以排污许可证的形式分割成若干污染权,政府可以用不同方式分配这些许可证,并通过建立排污许可证交易市场,使这种权利能进行合法有偿的交易。

2)排污权交易制度优点

排污权交易制度是当前受到各国关注的环境经济政策之一,相对于行政规制政策、排污收费政策而言,它具有以下优点:

第一,排污权交易制度调动了企业持续削减污染物的积极性。在运用行政规制手段的情况下,当污染者达到确定的排放要求后,缺乏进一步削减污染物的动力。排污权交易作为一种经济手段,则提供了一套鼓励污染者不断削减排污量的利益激励机制,因为排污者减少排污量越多,其出让排污权的收益也越多。这样,污染者在经济利益的驱使下,就会通过调整生产规模,或通过整合生产投入要素,或改变生产工艺,或采用污染控制新技术等途径减少污染物排放,达到提高经济效益的目的。

第二,排污权交易制度有利于政府对环境状况的宏观调控。在排污权交易制度下,政府可以通过排污权的买进和卖出,对环境状况出现的问题做出及时的反应;通过排污权的核定、发放、拍卖和市场调节,实现对污染物排放总量的控制,促使排污总量减少,使功能区域的环境状况达到相应的标准。

第三,排污权交易制度具有较好的灵活性与适应性。实行行政规制政策或排污收费政策,都要事先确定排污标准或排污费率。随着客观环境的变化,原有的排污标准或排污费率可能变得不太适合。但是,修改排污标准或排污费率都有一定的程序,且修改涉及各方面的利益,因而有关方面都会阻碍政府决策,从而使修改久拖不决。而排污权交易制度只需确定排污权数量并找到发放排污权的一套机制,然后由市场去确定排污权价格。当出现经济增长、环保技术进步以及通货膨胀等影响企业的生产函数变化时,可交易许可证的价格会按市场机制自动调节到有效水平,比固定的税率与费用有着更高的灵活性和适应性。

第四,排污权交易制度有利于公众参与环境保护。如果排污权市场是完全自由竞争的,则任何人都可以进入市场买卖。如果环境保护组织或个人希望改善环境状况,则可以进入市场购买排污权,然后将其控制在自己手中,不再卖出。这样污染水平就会减低,因为排污权总量是受到控制且不断降低的,所以通过这种囤积的方法可以改善环境质量。这一导向为全社会参与环境保护提供了足够的融合空间。

3)我国排污权交易现状

排污权交易是由美国经济学家戴尔斯(J. H. Dales)于20世纪70年代初提出的。1976

年，美国国家环保局开始将排污权交易理论用于大气污染及河流污染源管理。美国国家环保局1979年提出了《清洁生产法》修正案，其中包括“泡泡政策”和“排污交易”等制度。1990年美国修改《清洁空气法》时将排污权交易在法律上制度化，从而建立起一种利用经济手段解决环境问题的有效方法，其经验在全球具有代表性，尔后德国、澳大利亚、英国等也相继效仿，进行了排污权交易的实践。

自20世纪80年代中期以来，我国在多个城市进行过排污权交易的试验，涉及的污染物包括大气污染物、水污染物以及生产配额等。1990年，我国着手进行排放大气污染物许可证制度的试点，选择了16个城市作为试点单位。1991年4月，试点工作正式开始。1993年，国家环保局开始在包头、柳州、太原、平顶山、贵阳、开远6市试行$SO_2$和烟尘的排污权交易政策。1999年4月，国家环保总局与美国国家环保局签署了关于“在中国运用市场机制减少二氧化硫排放的可行性研究”的合作协议，确定江苏省南通市与辽宁省本溪市为该项目的试点城市。2001年9月开始，由美国RFF和中国环境科学研究院共同承担的亚洲开发银行贷款项目的赠款项目——二氧化硫排污交易机制在太原市试行。江苏省2002年推出了《江苏省二氧化硫排污权交易管理暂行办法》，在江苏省全面推行$SO_2$排污权交易。

此外，我国还积极探索了水污染物排污权交易制度的试点工作。上海、嘉兴、本溪、绍兴等在实施水污染物排放许可证制度的基础上，建立起了排污权初始有偿分配及排污权交易制度市场。江苏省环保局于2004年印发了《江苏省水污染物排污权有偿分配和交易试点研究》工作方案的通知。同年，江苏省南通市运用市场的力量，成功开展了水体排污权交易。2007年10月，浙江省嘉兴市率先在浙江省尝试排污权交易，通过建立排污权储备交易中心，为排污权供求双方牵线搭桥，促进水环境容量资源的合理配置。同年底，浙江省嘉兴市挂牌成立了国内首家排污权储备交易中心，对大气、水污染物排放权进行交易尝试。2008年8月14日，财政部、环保部和江苏省政府在无锡举行启动仪式，太湖流域在全国率先启动排污权有偿使用和交易试点，排污权交易政策第一次获取了法律地位，真正作为一项“合法政策”开展试点。与此同时，环境交易机构也如雨后春笋一般涌现出来，几乎同一时间，上海环境能源交易所和北京环境交易所挂牌，随后湖北武汉、黑龙江等12个省市都提出要建立环境产权交易所，排污权交易制度试点工作全面展开。

#### 7.3.2.2 构建流域排污权交易制度的必要性

（1）流域排污权交易制度是流域管理制度的必要补充。我国现行流域排污管理制度主要是排污收费制度。1997年颁布《中华人民共和国环境保护法》以后，从法律上确定了我国排污收费制度。排污收费政策为减少污染排放，促进污染治理起到了积极的作用。但是，这种政策在实施中也暴露了很多问题，主要有：收费是以超标为中心，未超标不收费，将治理污染的成本、污染的危害最终转嫁于社会，加重了社会的负担；不利于激励排污单位改进生产工艺、技术、设备，削减污染物；有的企业考虑到改进生产工艺的巨大成本，宁愿超排交费，也不愿改进生产工艺、技术和设备，出现了“有钱就排”的怪现象；排污标准不一，标准要求过低；行政色彩过浓，排污者和公众保护环境的意识不强，积极性不高；环境保护执法乏力等。而排污权交易制度能够有效解决这些问题。建立排污权交易制度，是流域排污管理制度的必要补充，拓展了流域自然资源管理的内涵。

（2）流域排污权交易制度是水功能区管理的重要手段。2002年颁布实施的新《中华人民共和国水法》规定了我国水资源管理实行统一管理与流域、区域相结合的管理体制。结合现状分析，我国水资源保护主要以水功能区为单元，按照水域功能确定水功能区管理目标，审核水域的纳污能力，向环境保护主管部门提出限制排污总量建议。通过排污权交易制度的实施，以各水功能区的限排总量为依据，进行排污权的初始分配，通过排污权交易市场机制的实施，可以提高企业投资污染设备的积极性，实现排污权宏观调控和优化资源配置，使企业的治污成本最小化，进而实现对水功能区水质目标的有效管理。

(3)流域排污权交易制度是保护流域水资源的有益尝试。根据《2008 年中国环境状况公报》，2008 年我国七大流域水质总体为中度污染，浙闽区河流水质为轻度污染，西北诸河水质为优，西南诸河水质良好，湖泊(水库)富营养化问题突出。抽取的 200 条河流 409 个断面中，Ⅰ～Ⅲ类、Ⅳ～Ⅴ类和劣Ⅴ类水质的断面比例分别为 55.0%、24.2% 和 20.8%。其中，珠江、长江水质总体良好，松花江为轻度污染，黄河、淮河、辽河为中度污染，海河为重度污染。从这些数据中可以看出，我国水污染较为严重，已成为七大流域可持续发展的突出制约因素。排污权交易制度是较为先进的流域治污方法，将排污权交易制度运用于我国流域水资源保护管理中，是流域水资源保护管理思路的有效拓展，是促进流域水污染有效控制的有益探索。

#### 7.3.2.3 流域排污权交易制度框架

流域排污权交易的政策思路是在满足水功能区水质要求和管理目标的基础上，由水行政主管部门或流域机构进行水功能区纳污能力核算，提出主要污染物限制排污总量的建议，据此建立合法的污染排放权即排污权，并允许这种权利像商品一样被买卖，以此进行污染物的排放控制，实现对流域水资源的有效管理。这一框架设计程序可分为五个阶段，即水功能区划、水功能区纳污能力和限排总量核定、排污权初始分配、排污权交易、交易监督。

(1)水功能区划。水是人类生存和发展不可缺少的基础性自然资源。水功能是水资源对人类生存和发展所具有的作用价值的体现。水功能区划是国民经济发展规划和水资源综合利用规划的组成部分。结合区域水资源开发利用现状和社会需求，科学合理地在相应水域划定具有特定功能、满足水资源开发利用和保护要求并能够发挥最佳效益的区域(即水功能区)，确定水域的主导功能及功能顺序，制定水域功能不遭破坏的水资源保护目标，通过各功能区水资源保护目标的实现，保障水资源的可持续利用是现实而严峻的选择。

(2)水功能区纳污能力和限排总量核定。根据每个水域的功能划分，在核定其纳污能力的基础上，提出水域的限排总量，即在一定的时间和空间内允许污染物排放的总量。排污权交易制度是以总量控制为出发点，因此确定限排总量是关键。限排总量的确定是很困难的，即使可以较准确的测定，但全年呈现出来的变化也是非线性的。同时，随着环境质量的提高，污染物排放总量指标应呈逐渐削减的趋势，总量控制目标从长远看是动态变化的。这就要根据流域的水文状况、季节分配和经济社会状况等关键环节，来制定出科学合理的环境容量。

(3)排污权初始分配。结合功能区排污现状和管理目标，在水行政主管部门的组织下，采用合理的分配方法对区域排污权总量进行无偿或有偿分配。即按照各污染源达标排放时在功能区所占的污染负荷比，分配各功能区核定的限排总量。各污染源利益主体在按此比例享有排污权的同时，也必须按此比例承担削减超过水域纳污能力的污染物量的义务。在水功能达标区和非达标区，排污权的分配应有所不同，在水功能区的非达标区，排污权的分配必须与污染物削减量的确定相结合。

(4)排污权交易。排污权交易是流域排污权交易最核心的环节,直接关系到排污权交易制度的效应。为此,首先,应明确排污权交易程序。需要交易的双方可以先向环保部门申请,经环保部门审核后交易双方即可按照申请表上的交易量及交易价格达成协议。其次,由环保部门审查,并核发新的排污许可证。再次,构建交易信息平台。为降低交易成本,克服排污权交易中信息不对称问题,提高排污权交易效率,政府应当建立健全与排污权交易相配套的信息市场,为交易各方提供供求信息,降低排污权交易信息收集的成本。这一过程需要明确谁拥有或需要排污权、排污水平、排污权供需关系等基础性信息,以及达成排污权交易与各厂商讨价还价的信息磋商机会成本。

(5)交易监督管理。由于排污权交易中存在现实的经济利益,必然存在单向的逐利行为,因此排污权交易会不可避免地产生违法违规行为,必须加强监督管理。为此,应制定排污权交易规则和纠纷裁决细则,明确规定排污权交易必须由环保部门批准,严厉打击违法违规行为;建立排污权交易的跟踪监督制度,促使排污权交易双方完成其承诺的污染治理责任,督促双方履行交易合同;建立违法行为有奖举报制度,加大对违法行为的监督惩治力度。

排污权交易是一项涉及法律法规、政策、社会、科研等多方面因素的综合性环境经济手段。实行流域排污权交易制度需要很多条件,而我国目前并不完全具备这些条件,实行流域排污权交易制度还存在许多障碍,如法律制度障碍、产权制度障碍、统一市场障碍等。因此,推行排污权交易制度应循序渐进,不能急于求成,应通过案例研究和实际操作,逐渐完善流域排污权交易制度的条件,从而逐步扩大应用范围,最终按流域实施排污权交易。

### 7.3.3 流域生态补偿制度创新

#### 7.3.3.1 流域生态补偿内涵

(1)流域生态补偿概念。随着环境问题日益得到关注,作为保护环境有效手段之一的生态补偿也越来越受到重视。国内外许多学者虽然从不同的角度作出了解释,但目前尚没有一个权威的定义。虽然定义视角不同,但都强调生态补偿的理论基础是破坏生态环境行为造成的外部性负效应的内部化,以及保护和建设生态环境产生的外部性正效应的内部化。

综合生态补偿研究与发展过程,流域生态补偿可定义为是对由人类经济社会活动给流域生态系统和资源造成的破坏以及对流域造成污染的补偿、恢复、综合治理等的一种措施,也包括对因保护流域生态环境或因流域水污染而丧失发展机会的流域内生存主体在资金、技术、实物上的补偿、政策上的优惠。这一定义,给出了流域生态补偿主要包括的两个层次的解释:一是对流域内因保护流域生态环境而遭受损失、投入保护成本以及丧失发展机会所给予的经济、政策等方面的补偿;二是对因流域水污染而造成损害的给予赔偿。

流域生态补偿是一种对流域生态环境保护的经济手段,是生态补偿机制在流域生态保护中的运用。究其本质,它就是一种激励和约束机制,激励对环境保护的投入,约束对环境的过度利用和破坏。

(2)流域生态补偿类型。从补偿对象角度分析,流域生态补偿可分为对流域生态保护者给予补偿和对减少流域生态环境破坏行为者给予补偿。

从条块角度分析,流域生态补偿可分为上、下游之间的补偿和部门与部门之间的补偿。上、下游之间的补偿是指流域上游的生态保护程度直接影响到下游地区的生态质量,下游地区对上游地区生态保护的机会成本给予相应的补偿。部门与部门之间的补偿是指某些部门在水生态保护中付出了努力，而另一些部门从中受益，生态保护受益部门向生态保护部门提供补偿。

从补偿效果角度分析，流域生态补偿可分为“输血式”补偿和“造血式”补偿。“输血式”补偿就是指政府或补偿者将筹集起来的补偿资金定期转移给被补偿方，让被补偿方有效利用筹集来的补偿资金。这种补偿方式的优点是被补偿方具有较大的灵活性，可以根据区域自身情况合理使用；其缺点是补偿资金可能转化为消费性支出或挪作他用，不能从机制上帮助被补偿方实现“生态致富”。“造血式”补偿是指政府或补偿者通过“项目支持”或“项目奖励”的形式，将补偿资金转化为技术项目安排到被补偿方（地区），其目标是增加被补偿方（地区）发展的能力，形成造血机能与自我发展机制，使外部补偿转化为自我积累能力和自我发展能力。这一补偿方式补偿存量大，但实施效果迟缓，与现行的分级财政难以匹配且不易发挥其效益。

（3）流域生态补偿原则。

①公平原则。公平原则是构建流域生态补偿制度的基本原则，其核心是要调整流域上、下游地区在流域生态保护和资源开发利用过程中的付出与收益的失衡，要求收益大于付出的地区作出补偿，付出大于收益的地区接受补偿，其追求的目标是各方都具有平等的发展权利和共享发展成果的权利。

②“谁保护、谁受益”原则。生态保护是一种具有较高外部性的活动。如果生态保护行为的成本由保护者自己承担，但生态保护行为的收益却由大家共享，那么生态保护者的积极性就会受到削弱，从而使生态保护工作难以为继。因此，流域生态补偿必须遵循“谁保护、谁受益”原则，对生态保护者给予一定的补偿，以调动保护人的积极性，解决流域生态保护“搭便车”的现象，实现流域生态环境保护外部正效应内部化。

③“谁污染、谁赔偿，谁受益、谁补偿”的原则。“谁污染、谁赔偿”，是指对流域内的污染行为征收费用，将其外部负效应内部化，使得污染行为的私人成本接近社会成本，从而刺激生产者减少污染。“谁受益、谁补偿”，是指生态环境的受益者从生态环境的改善中得到“福利”，促使利益各方有责任和义务提供适当的补偿。当受益主体无法确定时，政府作为公共产品的供给者应通过财政补贴或转移支付“购买”这部分额外收益。

④分类解决原则。流域生态补偿，不仅涉及流域不同生态功能区的定位，以及由此所决定的生态价值不同的购买体，而且还涉及不同区域生态环境的不同损害者。不同性质的生态补偿所涉及的补偿范围、补偿主体、补偿对象、补偿方式以及补偿标准都会有所不同。因此，针对不同性质的生态补偿，必须区别对待，分类解决。

（4）流域生态补偿框架体系。完整的流域生态补偿框架主要由补偿主体、补偿对象、补偿标准及补偿方式四个要素构成。

①补偿主体。补偿主体分为两大类：一是受益者，即所有从流域生态环境保护中的受益群体；二是污染者，即所有生活或生产过程中向外界排放污染物，影响流域水量和流域水质的个人、企业或单位。

②补偿对象。补偿对象包括两大类：一是保护者，即那些进行流域生态建设和保护，投入了大量精力和代价，甚至牺牲了自身发展的机会，为保护流域生态环境作出贡献的地区、单位或个人；二是受害者，指流域生态环境受破坏地区的受害者。污染物排放引起流域环境的破坏，给受害地区的受害者造成人身损害和财产损失，生存空间和发展机会均受到了限

制,对此应给予补偿。

③补偿标准。合理的补偿标准是实施生态补偿的关键,直接关系到公平原则的落实。确定补偿标准有两个依据:一是提供生态服务的成本;二是生态服务的价值。提供流域生态服务的成本不仅要包括生态建设与保护的额外成本(如植树造林费用、污水处理厂和垃圾处理厂的建设与运营管理费用等),还应包括机会成本。机会成本就是一些地区、单位或个人为了保护流域生态而放弃自身发展机会所造成的损失。流域生态服务价值反映了生态服务对于某一社会所具有的全部潜在的经济价值,但在现有的经济技术条件下,这种价值的计量在理论和方法上还存在诸多困难。

④补偿方式。流域生态补偿方式主要有资金补偿、政策补偿、实物补偿及智力补偿等方式。资金补偿是见效最快、需求最大的补偿方式,它指以直接或间接的方式向受补偿区提供资金支持。常见的资金补偿方式有补偿金、赠款、减免税收、退税、信用担保贷款、补贴、财政转移支付、贴息等。政策补偿是指利用政府政策调节功能,对受补偿地区在项目投资、财政政策、税收优惠等方面实行倾斜。实物补偿是指补偿者运用物质、劳力和土地等进行补偿,以满足受补偿者部分生产要素和生活要素的需求,改善受补偿者的生活状况,增强生产能力。智力补偿是指生态补偿主体开展智力服务,向受补偿者提供无偿技术咨询和指导,培养受补偿地区或群体的技术人才和管理人才,提高受补偿者的技能、技术含量和组织管理水平。

#### 7.3.3.2 流域生态补偿作用

(1)利于流域生态环境建设。随着城市化、工业化进程的加快,环境污染和生态破坏日益严重,我国流域出现了不同程度的生态危机。主要原因在于流域生态环境效益具有显著的外部性,而现行政策制度没有将这种外部性内部化,致使流域生态环境的保护者支付了较大成本却没有获得全部收益,流域生态环境的受益者没有支付成本就享有收益,流域生态环境的破坏者没有受到应有的惩罚。流域生态补偿机制有利于外部性问题内部化。流域生态补偿机制按照"谁保护、谁受益","谁污染、谁赔偿","谁受益、谁补偿"的原则,形成一套激励与制约机制,增加破坏流域生态环境行为的成本,增加保护流域生态环境行为的收益,从而促进流域生态环境建设。

(2)利于缩小流域区际间差异。在我国,流域上游地区一般都是经济比较落后的地区,而下游地区一般为经济较为发达的地区。长期以来,我国一直沿用行政手段解决生态问题,即通过行政命令以及环境立法的形式强制上游地区进行生态保护。流域上游为生态保护进行了大量投入,同时为保护环境限制了一些产业的发展,影响了收入,损失了发展权,而这种行为带有无偿性,客观上形成了"生态讹诈",最终必然造成流域范围内区际间差异的扩大。流域生态补偿机制则是建立在公平、公正原则的基础上,不是仅仅将保护流域生态的责任简单地落实到上游地区,主张下游地区应对上游地区进行补偿,这显然有利于理顺流域上、下游间的生态关系和利益关系,保障流域范围内的社会公平,缩小流域范围内区际间的差异。

(3)利于减少流域区际间矛盾。随着流域自然资源的竞争性开发利用,跨流域区际污染问题日益突出,水污染、水土流失和水资源短缺等问题所引发的水环境等资源利用纠纷逐渐增多。尤其是在我国流域水资源产权制度不完善、水资源有偿使用和转让机制尚未形成的情况下,谁先占用,谁就拥有使用权。地方政府为追求经济增长,未经协商、批准或搞利益的"擦边球"建设水资源工程,引发了各种争水利让水害的流域区际矛盾;有的地方政府对排污企业未采取有效管制措施，放任排污，导致下游地区居民生活用水受到严重污染，经济损失重大，成为制约区域经济社会可持续发展的“瓶颈”问题。流域生态补偿制度的建立，有利于理顺流域范围内区际间生态关系和利益关系，从而减少区际间矛盾。

(4)利于流域可持续发展。流域生态补偿制度从源头上促进流域经济与流域环境保护协调发展，通过刚性约束使流域经济发展将生态环境损耗计入生产成本，减少对流域生态环境的损害，有利于流域生态环境对当代人和后代人的支持能力不会因当前经济社会发展受到削弱和破坏，从而促进流域经济社会可持续发展。

#### 7.3.3.3 我国流域生态补偿制度构建

1)我国流域生态补偿的实践

从补偿涉及范围看，我国已经实施的流域生态补偿实践大致可以分成三类：跨省流域生态补偿、省域内跨市流域生态补偿、市域内跨县流域生态补偿。跨省流域生态补偿涉及两个省以上，如退耕还林(草)、天然林保护、水源自然保护区建设等。跨省流域生态补偿比较复杂，协调较难，主要由国家层面实施。省域内跨市流域生态补偿实践成功案例较多，如福建省在省政府的协调下，在闽江流域、九龙江流域、晋江流域，由地处流域下游、遭受上游环境污染危害较重的城市出重资设立环境污染专项资金，用于上游城市水源保护、改善水质的生态环境建设。市域内跨县流域生态补偿实践比较成功的案例，如金华江上下游的东阳—义乌水权交易模式，开创了我国水资源市场化交易的先河，为小流域生态补偿提供了经验。此外，金华市实施的“异地开发”模式，即流域源头地区在下游异地开发建设，产生的税利返还给上游用于生态环境建设，等等。由于流域小，利益主体关系比较清晰，辖区政府较容易协调其利益关系，进而使实施生态补偿成为可能和现实。

从补偿方式看，我国已经实施的流域生态补偿实践大致可以分成六类：水权交易模式、流域环境协议模式、流域共建共享模式、异地开发与环境保护协作模式、生态补偿收费模式及 NGO(Non - Government Organization)参与模式。

2)我国流域生态补偿制度问题

第一，流域生态补偿制度缺乏法律保障。生态补偿机制的建立、生态补偿行为的实施等都需要通过国家或地方立法等刚性约束来实现。我国有关水资源、流域管理、环境保护的法律法规正逐步完善，在许多法规和政策文件中也规定了对生态保护和建设的扶持和补偿，但法律法规体系仍较薄弱，不利于流域生态补偿机制的建立和有效运转。原因一是不系统，过于分散。由于流域生态系统组成要素的多样性和立法技术的限制，流域生态补偿的法律规定散见于相关环境保护类法律中，系统性不强。二是过于原则，操作性不强，缺乏对具体操作措施的规定，造成流域生态补偿落实难。三是立法落后于生态保护和建设的发展，对新的生态问题和生态补偿方式缺乏有效的法律支持。

第二，流域生态功能尚未定位，区域间功能雷同。建立流域生态补偿机制，前提条件是流域生态功能定位合理。在我国，虽然根据流域生态系统在不同时空条件下具备的功能差异，将流域划分为江河源头区、重要水源涵养区、水土保持重点预防保护区等重要生态功能区，但尚未对大江大河流域的生态功能定位进行划定。虽然 2000 年出台的《全国生态环境保护纲要》和 2003 年出台的《生态功能保护区评审管理办法》，对各类生态功能区划定、评审程序作了规定，且进行了功能区试点划分，但是由于多方面原因，迄今为止，国家仍未对大江大河流域生态功能进行正式划定。由于缺乏对各行政区进行清晰界定的生态功能定位，无法实施因区而宜、分类管理的区域政策,流域内各行政区域生态保护目标不明确,措施不统一,故无法达到保护流域生态环境的目的。

第三,流域生态补偿标准确定困难。补偿标准的确定是流域生态补偿机制中的一大难点。确定生态补偿标准需要对保护成本、发展机会、环境质量等进行量化,同时要考虑生态系统直接价值、间接价值、存在价值等诸多因素。我国资源与生态环境效益量化的技术不成熟,生态补偿依据缺乏,区域之间难以达成共识,从而使得生态补偿机制的标准因素难以量化。

第四,流域生态补偿方式单一。我国流域生态补偿方式多以政府转移支付、财政补贴、管制等"命令与控制"措施为主,其他措施落实不到位。这种完全由财政补偿的方式,没有体现"受益者付费"原则,而且还导致补偿资金严重不足。只有拓宽多种补偿方式,引入市场机制,让流域水生态服务的受益方积极参与,才能完善生态补偿机制。

第五,公众参与机制缺乏。流域生态环境保护应当是人人参与,人人受益。公众参与能克服政府间博弈而难为的矛盾,拓宽资金筹集渠道,给予经济援助以外的技术支持,发展生产,脱贫致富;公众参与还能帮助利益相关者表达利益各方的利益诉求,在政府与利益各方之间架设沟通的桥梁。在我国流域生态环境保护及生态补偿机制构建的实践中,公众参与是非常微弱的,尤其是在经济欠(次)发达地区,几乎没有公众参与其中。

3)我国流域生态补偿制度构建方向

第一,完善法律依据。尽快制定切实可行的流域生态补偿法律,就流域生态补偿原则、补偿依据和标准、补偿主体、补偿程序及法律责任等方面作出法律规定,为生态补偿机制的规范化运作提供法律依据。

第二,界定流域功能区划。流域主体功能区划的实施,可以有效协调流域环境与发展之间的关系,为实现流域生态补偿机制提供制度保障,即通过实施流域主体功能区划,使流域内行政区域主体功能定位明晰,主体功能区之间环境保护与经济发展分工明确、各有侧重,实行分类管理、各司其责的区域政策。因此,从流域的全局性出发,依据各地区资源环境和经济发展潜力,对流域上下游行政单元做出相应的主体功能定位是现实选择。在主体功能区划时,要依托现有的行政区划,照顾到现有的行政区与边界条件。

第三,合理流域补偿标准。科学地计算和确定补偿标准与价格,是进行流域生态补偿的重点和难点。世界上还没有非常成熟的环境价值评估方法,在实践中不可能也不需要得出绝对精确的核算结果,但是建立科学的环境价值评估体系,制定出较为合理的补偿标准是迫在眉睫的事。确定补偿标准既要充分考虑流域保护区内政府、企业和个人为保护流域生态环境而付出的经济成本,即实际的经济投入,又要兼顾区域发展的机会成本的丧失,即无形的经济投入。此外,确定的标准还要综合考虑各方面的因素,如相应的物价波动,以及下游支付主体的支付能力和支付意愿等。

第四,多元化流域补偿方式。在发挥政府财政资金在流域生态补偿中的激励和引导作用的同时,生态补偿可以选择更为灵活的其他方式,如技术补偿、智力补偿等方式来实施。如在南水北调工程中,可实现对水源涵养区生态补偿的产业扶持政策,提高欠发达地区发展能力;调整源区、上游地区的产业结构,支持农村新能源建设,在安置生态移民时,将产业项目支持列为建立生态环境补偿机制的重要环节加以落实。

第五,公众参与流域生态补偿。公众参与程度直接影响流域生态补偿机制的效果。因此,必须鼓励公众积极参与流域生态补偿。为此,应从教育和利益两方面来激发公众参与的热情,充分利用公众对流域自然资源利用、经营与维护方面的经验,使其参与流域自然资源环境建设与管护工作。除在积极吸引公众参与流域生态补偿外,也要充分发挥环境专家在完善流域生态补偿机制中的作用。生态补偿机制要遵循生态规律,尊重环境科学。环境专家拥有丰富的专业知识与技能,对环境问题有不可替代的发言权,在很大程度上可以保证流域生态补偿机制的科学性与合理性。因此,在构建流域生态补偿机制的技术性环节中,应依托各类型环境专家进行较为精确的环境政策分析与评估。

## 阅读链接


[1] 邓文莉. 我国排污权交易的法律保障[J]. 中国人口·资源与环境, 2003(2).

[2] 谷树忠,曹小奇,张亮,等. 中国自然资源政策演进历程与发展方向[J]. 中国人口·资源与环境, 2011(10).

[3] 向青. 社区自然资源管理的基本要素及政府的作用[J]. 林业经济,2006(3).

[4] 左停,苟天来. 社区为基础的自然资源管理(CBNRM)的国际进展研究综述[J]. 中国农业大学学报, 2005(6).

[5] 吴世彬. 环太湖流域水污染排污权交易:现状、障碍与对策[J]. 企业导报,2011(18).

[6] Schuol J, Abbaspour K C, Srinivasan R, et al. Estimation of Freshwater Availability in the West African Sub – Continent Using the SWAT Hyrologic Model[J]. Journal of Hyrology, 2008, 352.

[7] 张景华. 自然资源是"福音"还是"诅咒":基于制度的分析[J]. 上海经济研究, 2008(1).

[8] 徐康宁,王剑. 中国工业化进程:国际比较与复合型发展战略取向——关于我国是否能跨越重化工业化阶段的研究[J]. 江海学刊, 2005(3).

[9] 武芳梅. "资源的诅咒"与经济发展——基于山西省的典型分析[J]. 经济问题, 2007(10).

[10] 徐康宁,韩剑. 中国区域经济的"资源诅咒"效应:地区差距的另一种解释[J]. 经济学家, 2005(6).

[11] 杨文选,李杰. 我国自然资源价格改革的理论分析与对策研究[J]. 价格月刊, 2009(1).

[12] 冷淑莲,冷崇总. 我国自然资源价格现状与改革对策[J]. 价格与市场,2008(1).

[13] 代吉林. 我国的自然资源产权、政府行为与制度演进[J]. 当代财经,2007(7).


## 问题讨论

1. 社区自然资源管理作为一种将自然资源的可持续利用与社区居民的经济及福利水平提高相结合的管理方式得到了很多国家的重视。我国能否实行这种管理方式?实行这种管理方式的障碍有哪些?如何解决?

2. 排污权交易是目前世界比较先进的环境管理手段,我国排污权交易实施现状如何?实践中产生哪些障碍?如何解决?

3. 自然资源政策是国家政策体系的重要组成部分,我国自然资源政策如何演进?现行自然资源政策存在哪些缺陷?未来发展的方向是什么?

## 参考文献


[1] 韩晶.基于“大部制”的流域管理体制研究[J].生态经济,2008(10).

[2] 韩鹏,邹洁玉.海河流域水资源综合管理对策简析[J].海河水利,2008(5).

[3] L. S.安德森,杨国炜.中国流域综合管理可行框架的近期进展[J].人民长江,2009(8).

[4] 王毅,王学军,于秀波,等.推进流域综合管理的相关政策建议[J].环境保护,2008(19).

[5] 王世进,何凯.论运用综合生态系统模式完善我国流域管理制度[J].法制与经济,2009(1).

[6] 邓可祝.论我国流域管理法律制度的完善[J].科技与法律,2008(5).

[7] 马建国,翁方进.我国流域管理体制浅探[J].水利经济,2004(3).

[8] 胡中华.论流域水资源管理的公众参与[J].青海环境,2008(4).

[9] 王晓东,钟玉秀.流域管理委员会制度——我国流域管理体制改革的选择[J].水利发展研究,2006(5).

[10] 陈瑞莲,胡熠.我国流域区际生态补偿:依据、模式与机制[J].学术研究,2005(9).

[11] 李磊.我国流域生态补偿机制探讨[J].软科学,2007(3).

[12] 宋鹏臣,姚建,马训舟,等.我国流域生态补偿研究进展[J].资源开发与市场,2007(11).

[13] 阮本清,许凤冉,张春玲.流域生态补偿研究进展与实践[J].水利学报,2008(10).

[14] 常杪,邬亮.流域生态补偿机制研究[J].环境保护,2005(12B).

[15] 俞海,任勇.流域生态补偿机制的关键问题分析[J].资源科学,2007(2).

[16] 中国环境与发展国际合作委员会生态补偿机制课题组.流域生态补偿机制[J].环境保护,2007(7B).

[17] 杨玉画.自然资源的资产化管理初探[J].科技情报开发与经济,2005(17).

[18] 吕国平.论与可持续发展思想相适应的新资源观[J].资源科学,2001(3).

[19] 周映华.流域生态补偿及其模式初探[J].水利发展研究,2008(3).

[20] Shiklomanov I A. Appraisal and Assessment of World Water Re - sources[J]. Water International, 2000, 25(1).

[21] Postel S L, Daily G C, Ehlich P R. Human Appropriation of Renewable Fresh Water[J]. Science, 1996.

[22] Gerden D, Hoff H, Bondeau A, et al. Contemporary “Green” Water Flows: Simulations with a Dynamic Global Vegetation and Water Balance Model[J]. Physics and Chemistry of the Earth, 2005.

[23] Jewitt G P W, Garratt J A, Calder I R, et al. Water Resources Planning and Modelling Tools for the Assessment of Land Use Change in the Luvuvhu Catchment, South Africa[J]. Physics and Chemistry of the Earth, 2004.

[24] Gordon L, Dunlo P M, Foran B. Land Cover Change and Water Vapour Flows: Learning from Australia[J]. Philosophical Transactions Royal Society London B, 2003

[25] 庞元正,苏振兴,丁冬红.当代西方社会发展理论新词典[M].长春:吉林人民出版社,2000.

[26] 张仲宁,白鹏飞.佩鲁《新发展观》述评[J].广西青年干部学院学报,2007(7).

[27] 张建民,杨小军.当代发展观演变的哲学反思[J].湘潭师范学院学报,2003(4).

[28] 求是编辑部.发展观的历史沿革与发展[J].求是,2004(5).

[29] 中共中央宣传部理论局.科学发展观学习读本[M].北京:学习出版社,2006.

[30] 张二勋,秦耀辰.20世纪资源观述评[J].史学月刊,2002(12).

[31] 罗丽丽.20世纪资源观的历史回顾与展望[J].经济师,2006(3).

[32] 周红量,等.可持续发展的资源观浅析[J].热带地理,2000(11).

[33] 刘丽,张新安.当代国际自然资源管理大趋势[J].河南国土资源,2003(11).

[34] 蒋承崧."九龙治水"的体制应该改革——自然资源属性与行政管理[N].中国矿业报,2008-07-17(1).
[35] 倪东生.如何实现资源资产化管理[J].中国流通经济,2000(5).
[36] 姜文来.关于自然资源资产化管理的几个问题[J].资源科学,2000(1).
[37] 王如松.资源、环境与产业转型的复合生态管理[J].系统工程理论与实践,2003(2).
[38] 张雪萍,高梅香,王永杰.基于生态观的自然资源管理探讨[J].学术交流,2009(12).
[39] 卢祖国,陈雪梅.论我国流域管理碎片化治理之策[J].生态经济,2009(4).
[40] 黄霞,胡中华.我国流域管理体制的法律缺陷及其对策[J].中国国土资源经济,2009(3).
[41] 冯彦,杨志峰.我国水管理中的问题与对策[J].中国人口·资源与环境,2003(4).
[42] 王毅.改革流域管理体制促进流域综合管理[J].中国科学院刊,2008(2).
[43] 黄霞,胡中华.我国流域管理体制的法律缺陷及其对策[J].中国国土资源经济,2009(3).
[44] 俞树毅,柴晓宇.我国流域管理模式创新及法律制度供给[J].甘肃社会科学,2008(6).
[45] 袁明松.论新《水法》流域管理体制的缺陷及完善[J].广西政法管理干部学院学报,2004(1).
[46] 陈建峰,王颖,张进伟.关于建立流域排污权交易制度的探讨[J].治黄科技信息,2007(2).
[47] 王孟,叶闽,肖彩.汉江流域实施排污权交易初始分配的实践研究[J].人民长江,2008(23).
[48] 周映华.流域生态补偿及其模式初探[J].四川行政学院学报,2007(6).
[49] 李国英.流域生态补偿机制研究[J].中国水利,2008(12).
[50] 陈兆开.淮河流域水资源生态补偿制度问题研究[J].安徽农业科学,2007(24).
[51] 张郁,丁四保.基于主体功能区划的流域生态补偿机制[J].经济地理,2008(5).
[52] 张惠远,刘桂环.流域生态补偿与污染赔偿机制[J].世界环境,2009(2).
[53] 周映华.流域生态补偿的困境与出路[J].公共管理学报,2008(2).
[54] 张询书.流域生态补偿应由政府主导[J].环境经济,2008(5).
[55] 朱桂香.国外流域生态补偿的实践模式及对我国的启示[J].中州学刊,2008(5).
[56] 李立周,何艳梅.构建流域生态补偿机制的障碍及对策分析[J].能源与环境,2007(4).

# 第8章　流域土地资源开发利用管理

土地是人类赖以生存和发展的基础,是经济社会发展的重要生产要素。流域土地资源得到合理配置对流域经济社会发展具有重大影响。流域土地资源开发利用管理是流域自然资源开发利用管理的重要组成部分。

## 8.1　流域土地资源管理内涵

土地是自然资源,土地资源具有功能永久性的自然属性,这个属性是土地资源可持续利用的基础。流域土地资源利用是指使土地功能得到充分发挥。实现流域土地资源可持续利用,首先必须认识土地资源相关特征。本节主要介绍土地资源、流域土地资源、流域土地资源管理等基本内涵。

### 8.1.1　土地资源

#### 8.1.1.1　土地的含义

土地资源管理的直接对象是土地。对于土地的界定,学术界众说纷纭。归纳起来,大致有以下几种:

(1)土地即土壤,是指地球表面疏松的、有肥力的、可以生长植物的表层部分。这是对土地最狭义的理解。

(2)土地是指地球表面的陆地部分,是由泥土和砂石所堆成的固定场所。

(3)土地是指地球表面,陆地和海洋部分都包括在内。

(4)土地是指地球表层,分为地上层、地表层和地下层,包括土壤、地貌、植被的全部,以及直接影响它们的地表水、浅层地下水、表层岩石和作用于地表的气候,而与地表没有直接关系的高空气候、深层岩石和深层地下水等均不属于土地范畴,仅是其形成的环境条件。

(5)土地是位于地球表面一定范围之内的各种物质与相关空间,它是在自然因子、生态因子、经济因子综合作用下形成的,在一定产权制度影响下,随社会生产力发展而动态变化的自然历史综合体。

(6)土地即国土,是指一国领土范围内的全部土地,包括陆地、水域和领海的海域。

综上所述,可简述为:土地是由地球一定高度和深度的岩石、矿藏、土壤、水分、空气、植被、生物及人类活动结果所构成的自然经济综合体,其性质随时间不断变化。

#### 8.1.1.2　土地的功能

土地是自然资源和资产,是人类的生存条件和再生产条件。土地的主要功能可归纳为以下几方面:

(1)养育功能。万物土中生,土地具有肥力,具备农作物生长发育不可缺少的水分、养分、空气、热量和各种营养物质,从而使各种生物得以生存、繁殖、世代相传,使地球呈现出一片生机勃勃的景象。人类社会对农业用地的需求实质上是对养育功能的需求。

(2)承载功能。土地由于其物理特性,具有承载万物的功能。农业用地主要承载动物、植物等生物;非农建设用地则是人类修建的一切建筑物(住宅、厂房等)和构筑物(交通设施、工程管道等)的载体。总之,没有土地,万物将无容身之地。“皮之不存,毛将焉附”,在一定意义上比喻了土地对于人类的这种承载功能。

(3)仓储功能。土地的仓储功能,主要是指许多自然资源都蕴藏于土地之中,视土地为其仓库。各类工矿用地最能体现土地的仓储功能,它们不仅为矿产资源提供仓储场所,而且为矿产资源的开采、加工和运输以及矿产资源开采完毕以后的复垦利用建立特殊的土地利用方式。

(4)生态功能。土地与生态的关系密切。在次陆地生态系统中,能量的转换和物质的循环,都是以土地为基础或中介的。土地的生态功能突出表现在农用地上。农用地(包括耕地、菜园地、林地、专用牧草地)是重要的绿地资源,除具有为国民经济发展提供产品、积累资本等经济贡献外,还具有保护植被、涵养水源、净化水体、改良土壤、净化空气、美化环境和提供各种可再生的生物资源、保存物种基因等多种功效。随着经济的发展,土地的生态功能效用越来越高。

(5)景观功能。土地的景观功能是指土地自然形成千姿百态的各种景观,为人类提供了丰富的风景资源。风景旅游用地、自然保护区用地就是发挥土地景观功能的土地利用方式。

#### 8.1.1.3 土地的特性

(1)面积的有限性。由于受地球表面陆地部分的空间限制,土地的面积是有限的。虽然地壳运动,空气,水,风,生物的分解、侵蚀、搬运作用以及人类活动,可以使水面变成陆地,看起来好像增加一些陆地面积,但这种变化需要一个漫长的过程,其周期要以百万年计算。对于人类社会来说,这种变化几乎是一个恒值。而且海陆变化仅仅是地球表面形态的变化,土地的总面积始终未变。人类劳动可以影响土地利用,但人类却不能创造土地、消灭土地,或用其他生产资料来代替。土地面积的有限性,一方面要求人们要节约、集约利用每一寸土地;另一方面要有计划地控制人口增长,减小人口对土地的压力。

(2)位置的固定性。一般的生产资料可以根据生产的需要,不断变换位置,而土地则不行。每一块土地都有固定的空间位置,其绝对位置(经纬度)是固定的、不可改变的。土地的绝对位置是固定不动的,但土地的相对位置是可以变化的。土地距离市场的远近及交通条件,是随着经济社会发展、资源开发、交通条件改善、城镇布局调整及其辐射面的扩大而改变的。

(3)质量的差异性。每一块土地所处的环境及其物质构成基本上是固定的,不同土地单元由于所处的环境及其物质构成不同,因此其质量也不同。质量完全相同的土地单元几乎没有。土地质量的差异性决定了土地资源的利用与改良要因地制宜。在一定的时间和一定的技术条件下,不同质量的土地投入资本的生产率不同,这也是土地级差地租形成的重要条件。

(4)利用的持续性。土地资源具有可更新性。在土地农业利用过程中,土壤中养分、水分及其他化学物质,虽不断地被植物吸收、消耗,但通过施肥、灌溉、耕作、作物轮作等措施,可以不断地得到恢复和补充。土地在合理利用过程中,其肥力不仅不会减退,反而会有一定程度的提高,只要处理得当,土地就会不断改良。土地在非农业生产部门中,作为“地基”、

"活动场所"等使用,它不会随着时间的流逝而消失,也不会因水灾、旱灾等自然灾害而丧失,土地承载力的利用是永续的。因此,土地无论是在农业利用过程中,还是在非农业生产部门中,其利用都具有可持续性。土地利用的持续性并不意味着人类可以对土地进行掠夺性开发,人类一旦破坏了土地生态系统的平衡,就会出现水土流失、盐碱化、沙漠化等一系列的土地退化,而这种退化达到一定程度时,土地原有性质可能被彻底破坏而不可逆转且难以恢复。因此,在土地利用中,只有保持土地中各种生态因子之间的动态平衡,才能使土地生产力得以不断提高,土地利用才能不断更新。

### 8.1.2 流域土地资源

流域是指以分水岭和出口断面为界形成的自然集水区域,是自然资源管理中重要的地理单元,一个流域就是一个完整的生态系统或流域生态复合系统。流域不仅是生物物理性单元,同时也是自然资源规划和管理的经济社会及政治单元。流域土地资源就是指某一流域范围内所有的土地资源,即流域分水线和出口断面所包围范围内的所有土地资源,它具有以下几个特点。

#### 8.1.2.1 整体性

一个流域就是一个完整的生态系统或流域生态复合系统,具有整体性。这也决定了流域内的资源,包括土地资源具有整体性,即一个流域内上游、中游及下游各地带区域的土地资源是一个相互作用、相互影响的整体。流域土地资源的整体性要求其开发必须遵循整体性原则,从流域整体来考虑土地资源的配置。如上游土地资源开发不仅要考虑本区域的需要,还要考虑对中、下游地区的影响。这就需要对流域土地资源开发进行整体规划和综合管理。

#### 8.1.2.2 内部差异性

某一流域范围内的土地资源具有整体性,但这并不排斥上、中、下游各地带区域的土地资源具有内部差异性。上游地区往往山高、坡陡、流急,自然条件较差,交通不便,不利于人口聚居和资源开发;中、下游地区往往地势平坦,自然条件较好,交通极为便利,有利于人口聚居和经济开发。因此,上、中、下游各地带区域土地资源的开发方式应因地制宜。

#### 8.1.2.3 与水资源配置相互影响性

水资源与土地资源作为自然地理系统的重要组成因子,彼此之间相互联系、相互渗透、相互制约。水资源是土地资源发挥最大效用的基本条件,水资源利用得当与否,直接影响到土地资源的生产效率;土地资源利用程度也制约着水资源的利用,土地资源利用效率比较高,则为水资源的合理开发利用创造了条件。在特定流域内,水土资源更为相互依赖、制约,一方面,水资源的数量和质量直接影响土地利用方式、生产率;另一方面,土地利用通过影响土地覆被、土壤水文状况、地表径流等,进而影响流域的水资源状况。

### 8.1.3 流域土地资源管理

#### 8.1.3.1 流域土地资源管理内涵

流域土地资源管理是指为了改善流域生态环境,提高土地利用的经济、生态、社会效益,以流域为单元,综合运用行政、经济、法律、技术等手段,调整土地关系,监督土地利用而进行的计划、组织、控制等综合性活动。

### 8.1.3.2 流域土地资源管理的必要性

流域是土地资源管理的理想单元。流域既是人类文明的发源地,也是当今人口、经济与城市集中分布区,它与人类的生存息息相关。以流域为单元进行自然资源综合管理在欧美发达国家已广泛兴起。这些国家之所以将流域作为自然资源综合管理的单元,主要原因是:一方面,流域界线明显,区域相对封闭;另一方面,流域是以水为媒体,由人和自然共同构成包括经济、社会、资源、环境等诸要素在内的复合系统,系统内部各种活动的发生和变化存在着共生和因果关系。只有以流域系统为整体单元进行资源开发、环境整治和经济社会发展统一规划与综合管理,才能从整体上把握流域内部不同区域的物流、能流和信息流,从而充分尊重自然规律,实现人与自然的协调,确保资源与环境的可持续利用。既然流域是自然资源综合管理的理想单元,那么,作为自然资源之首的土地资源也应实行流域综合管理。

流域土地资源管理是控制非点源污染的需要。随着工业点源污染控制水平的提高,非点源污染已成为当今水环境污染的主要污染源。与点源污染相比,非点源污染具有污染物的种类、排放时间、排放数量和排放途经的不确定性,形成过程复杂、机理模糊,分布范围广,影响因素多,潜伏周期不定且危害大,污染负荷时空差异性显著等特点,这些特点使得非点源污染研究与防治比点源污染更加困难。人类对土地资源的利用是非点源污染的主要影响动因。不同的土地利用活动和管理模式会导致土壤侵蚀和营养物质随地表径流流失,从而形成对流域的非点源污染。因此,控制河、湖水体富营养化问题,就湖论湖、就水治水是偏颇的,从流域土地资源综合管理入手,切断氮、磷等营养元素流入河流才是根本途径。

### 8.1.3.3 流域土地资源管理内容

流域土地资源可持续利用是流域土地资源管理的最终目的。土地资源利用的可持续性主要表现为土地资源利用中的“数量”和“质量”的可持续性,它包括:存在形式的可持续性,即土地资源必须以一定的种类和面积存在于特定的区域;物质生产能力的可持续性,即土地资源的利用率、能量转化率和产出水平不仅能维持现有水平,而且能随着科学技术和物质投入的不断增加而增长;经济效益的可持续性,即土地资源利用的经济效益具有一定持续性;生态环境的可持续性,即土地资源的利用不至于导致土地资源环境的恶化。

流域土地资源管理的目的就是要实现流域土地资源可持续性利用,使有限的土地资源的综合效益最大化。结合流域土地资源目的分析,流域土地资源管理的内容主要包括:

一是开展流域土地资源调查与评价。流域土地资源调查与评价是流域土地资源管理的基础。只有摸清流域土地利用现状,才能对流域土地资源进行科学管理。因此,对流域内土地资源的类型、数量、利用程度、权属状况、空间分布、生产潜力、适宜性和限制性等状况进行调查,是流域土地资源管理的首要任务。

二是编制流域土地利用规划。规划是土地管理的龙头,编制流域土地利用规划是流域土地资源管理的一项重要内容。根据流域自然和经济社会条件以及国民经济发展的要求,编制科学的流域土地利用规划,是流域土地资源管理的重要内容。

三是组织流域土地资源开发利用。合理组织土地开发利用是土地管理的核心内容。按照自然规律和经济规律,遵循流域土地利用规划,在时空上对各类用地进行合理布局,并制定相应的配套政策,引导土地资源的开发、利用、整治和保护,以保证充分、合理、科学、有效地利用有限的土地资源,防止土地资源盲目开发是流域土地资源管理的核心。

四是规范监督流域土地资源利用行为。控制是管理的重要职能之一,规范监督流域土地资源利用行为,使这些行为符合国家法律法规的有关规定,是流域土地资源管理的方向性内容。

## 8.2 流域土地资源管理理论

流域土地资源管理需要综合多学科的研究成果支撑和指导,特别是资源配置理论、系统科学理论、科学发展观理论和生态经济理论等,这些理论从不同方面为流域土地资源管理提供指导。

### 8.2.1 资源配置理论

从古到今,人类社会始终都存在着资源有限性同人类需要无限性的矛盾,资源如何配置历来是经济学家关心并不断探讨的问题之一。

资源配置是指资源之间以及资源与其他经济要素之间的组合关系在时间结构、空间结构和产业结构等方面的具体体现及演变过程。资源配置以稀缺为基础,它使稀缺资源最大限度地保持一个合理的使用方向和数量比例,其最终目的是藉此提高稀缺资源的增量,以适应日益增长的需求。

虽然在任何社会都需要资源配置,但不同社会有着不同的资源配置方式。迄今为止,人类社会的资源配置方式可以简单概括为四种主要方式:

第一,资源配置一元论。该方式认为市场交换是实现资源合理配置的唯一方式,政府只是一个“守夜人”,而企业是市场活动的主体,并从属于市场,这一观点为古典经济学派所特有,并对西方国家的资源配置行为产生了百余年的影响。

第二,资源配置计划论。这是与资源配置一元论的另一对立的资源配置方式。该观点认为自由放任的市场导致经济危机的周期性产生,带来资源无节制的浪费使用,主张通过社会制度变革产生新的社会形式,以计划方式来配置各种资源,在资源配置过程中强调公平。这一观点为传统的马克思资源配置理论所特有,对以苏联为代表的社会主义国家的资源配置产生重大影响。

第三,资源配置二元论。该观点认为不仅市场机制可以配置资源,政府操作也可以配置资源,只是方式与适用范围不同。这一观点为凯恩斯(John Maynard Keynes)所提出,后经萨缪尔森(Paul A. Samuelson)发展而形成新古典综合派的思想,对西方国家第二次世界大战前后的资源配置产生重大作用。

第四,资源配置多元论。该观点将资源配置方式大致划分为市场协调制度、企业协调制度、政府协调制度以及家庭制度和社团制度,以制度运行的交易费用分析为主线,为资源配置的不同方式提供了一个统一的比较基础,从而逐步形成资源配置方式多元论的理论体系。

迄今为止,在社会化生产中资源配置方式的基本形式只有两种:市场配置方式和计划配置方式。

市场配置方式是通过市场价格来配置资源。在理想市场状态下,个体利益最大化能够导致资源的有效配置。但由于现实的市场状态往往无法达到理想市场状态,市场配置方式也会导致资源配置的扭曲,出现市场失灵现象,如市场配置具有盲目性和滞后性,不能自动导致社会总供给和总需求的长期平衡;私人目标与社会整体目标不一致,导致外部不经济、分配不公平等。

计划配置方式是通过指令性计划指标来配置资源，其虽然能够减少资源配置的盲目性和滞后性，但也可能由于决策判断失误、利益集团的影响、决策信息不全以及体制不健全等导致资源配置的扭曲，如资源短缺和资源浪费并存、产业结构失衡、经济活动缺乏活力、效益低下等问题。可见，市场配置和计划配置两种资源配置方式均有各自的局限性，要实现资源合理配置，必须将两种方式有效结合起来。

土地资源合理配置是流域土地资源管理的重要内容。根据资源配置理论，实现土地资源合理配置目标，管理机构应合理使用行政方法和经济方法。流域土地资源管理的行政方法是指管理者运用行政权力，通过强制性的行政命令，直接指挥管理对象，按照行政系统自上而下实施管理的方法。经济方法则是指管理者按照客观经济规律的要求，运用经济手段，调节和引导土地利用活动，以实现管理职能的方法。只有将这两种方法较好地结合起来，才能实现流域土地资源合理配置目标。

长期以来，我国各级土地管理习惯于用行政方法来进行管理，配置土地资源。因此，更应该强调经济方法、市场配置方式的重要性，使管理者多使用地租地价、财政、金融、税收等经济杠杆来引导土地利用活动。

### 8.2.2 系统科学理论

现代意义上的系统论是一门运用逻辑学和数学方法研究一般系统动力规律的理论，该理论从系统的角度揭示了客观事物和现象之间的相互联系、相互作用的共同本质和内在规律性。任何管理，包括流域土地资源管理，都是对一个系统的管理，同时管理本身也是一个系统，因此流域土地资源管理必须引入系统科学理论作为指导。

系统科学理论的主要创立者是美籍奥地利生物学家贝塔朗菲(L. V. Bertalanffy)，他于1945年在《关于一般系统论》的论文中对系统论的基本概念和一般原理进行了详细的论述，宣告了这门新学科的诞生。贝塔朗菲将系统定义为：处于一定的相互关系中的并与环境发生联系的各组成部分(要素)的总体(集合)。目前，人们一般认为系统是由相互作用和相互依赖的若干组成部分组合起来的具有某种特定功能的有机整体，而且它本身又是它所从属的一个更大系统的组成部分。系统科学理论具有以下特征：

(1)整体性。系统的整体性是指系统内部各要素之间相互联系、相互制约，共同构成一个有机体，某种要素的变化会引起其他要素变化乃至整个系统变化的性质。系统整体的功能一般并不等于组成该系统的各子系统功能的简单相加。各子系统的最佳运转状态、最优发展之和并不等于系统整体的最佳运转状态和最优发展。

(2)层次性。系统由要素组成，要素就是该系统的子系统，而要素本身又由更低一级的子系统构成，依次类推可以分出很多级子系统，产生了不同的层次。层次性观点要求在研究系统问题时，要注意整体与层次、层次与层次之间的相互制约关系。

(3)开放性。系统的开放性指系统与其环境发生物质、能量和信息交换的性能，系统从其周围环境中得到(输入)物质、能量和信息，同时，系统又向环境释放(输出)物质、能量和信息。系统只有不断与外部环境进行物质、能量和信息交换，才能抵御外界的不利影响，保持自身的生命活力，不断提高自身的有序程度。一个系统，一旦停止与外界的一切交换就成为封闭系统，此时系统内部的不可逆过程将导致系统有序程度不断降低，系统将失去活力。

(4)动态性。系统的动态性指系统自身及其环境处于不断运动、发展和变化之中,只不过有些系统变化明显一些,有些系统变化不太明显。动态性观点要求用发展变化的观点研究区域土地利用系统,善于在动态中平衡、调控系统的运动过程,以便充分发挥系统的效益。

系统科学理论的基本思想方法,就是把所研究和处理的对象,当做一个系统,分析系统的结构和功能,研究系统、要素、环境三者的相互关系和变动的规律性。系统科学理论要求在进行流域土地资源管理时,必须有一个整体观念、全局观念和系统观念,考虑到土地生态经济系统内部和外部的各种相关关系,不能单一考虑某种土地利用及其利益,而忽视该土地利用对系统内其他要素和周围环境的不利影响。各地区、各产业以及各个利益主体在利用土地资源时必须协调,注重区域整体功能的增强和效率的提高。

## 8.2.3 科学发展观理论再认识

科学发展观科学解释了我国面临的"为什么发展"、"为谁发展"、"靠谁发展"和"怎样发展"等一系列重大问题,集中体现了与时俱进的世界观和方法论。科学发展观作为马克思主义中国化理论创新的重要成果,具有完整的理论体系,其主要内容包括以下几方面。

### 8.2.3.1 发展目的论

科学发展观继承和发展了马克思主义关于人民群众是历史发展主体的思想。科学发展观坚持以人为本,将实现好、维护好、发展好最广大人民的根本利益作为一切工作的出发点和落脚点,强调发展为了人民、发展成果由人民共享。这一重要思想,把发展目的定位于造福全体人民,充分体现了社会主义发展的本质要求,充分体现了发展的根本宗旨,从根本上坚持了马克思主义的人民性立场,规定了社会发展向度。同时,科学发展观又着眼于人的本身,把代表人民利益、服务人民群众归结为对人的基本权利的尊重,体现了发展是为了具体的人、现实的人,即广大人民群众,代表了广大人民群众的根本利益。

### 8.2.3.2 发展主体论

马克思主义认为,人民群众是历史的创造者。"以人为本",既强调为最广大人民的利益谋发展,又强调依靠最广大人民的力量谋发展。科学发展观强调的"以人为本",就是要把人民群众作为经济社会发展的主体和原动力。坚持发展依靠人民,必须努力营造充分发挥人民群众聪明才智的社会环境,尊重人民群众的主体地位和首创精神,密切联系群众,始终相信群众,紧紧依靠群众,最充分地调动人民群众的积极性、主动性、创造性,最大限度地集中全社会全民族的智慧和力量,最广泛地动员和组织亿万群众投身中国特色社会主义的伟大事业。

### 8.2.3.3 发展要义论

科学发展观不是否定发展,而是鼓励发展;不是不要发展,而是强调又快又好地发展。科学发展观的提出,是对"发展是硬道理"和"发展是党执政兴国的第一要务"思想的继承与发展。在科学发展观的理念中,坚持发展是第一要义,坚持发展是硬道理,抓好发展兴国的第一要务,抓住经济建设这个中心,集中力量把经济搞上去,紧紧抓住重要战略机遇,保持经济平稳较快发展,大力提高经济增长的质量和效益,实现国民经济又好又快、更好更快地发展。坚持科学发展观的实质是要实现经济社会又好又快、更好更快地发展。无论是全面、协调,还是可持续,最后都要落到"发展"两个字上。

#### 8.2.3.4 发展方法论

在实现发展的方法问题上，科学发展观强调统筹兼顾，以实现发展的全面协调与可持续性。这一方法是在社会主义建设实践中形成的重要历史经验，是处理各方面矛盾和问题必须坚持的重大战略方针，也是我们党一贯坚持的科学有效的工作方法。统筹兼顾要求必须正确认识和妥善处理中国特色社会主义事业中的重大关系，统筹城乡发展、区域发展、经济社会发展、人与自然和谐发展、国内发展和对外开放；统筹中央和地方关系；统筹个人利益和集体利益、局部利益和整体利益、当前利益和长远利益，充分调动各方面积极性；统筹国内、国际两个大局，善于从国际形势发展变化中把握发展机遇、应对风险挑战，从而实现经济社会各构成要素的良性互动，在统筹兼顾中求发展，在发展中促进更好的统筹兼顾，推进经济发展和社会全面进步。

根据科学发展观理论，在流域土地资源管理过程中，必须注重土地资源的科学利用，实现土地利用的综合效益（经济、生态、社会效益）最大化。为此，首先，应为流域经济社会发展提供必要的土地保障。科学发展的第一要义是发展，而不是放弃发展，因此应确保各产业合理的土地需求。其次，应打破城乡土地"二元"管理体制，实行城乡土地同权、同价，同时土地供应应兼顾各产业、各地区利益。再次，应引导用地主体不仅关注土地的经济效益，还要关注土地的生态效益、社会效益，将土地利用行为对流域生态环境的破坏控制在流域环境承载力范围之内。

### 8.2.4 生态经济理论

生态经济学（Ecological Economics）是20世纪50年代产生的由生态学和经济学相互交叉而形成的一门边缘学科。它的产生是第二次世界大战后期经济发展的实践中，生态与经济的矛盾运动推动的结果，旨在促使经济社会在生态平衡的基础上实现持续稳定发展。生态经济学这一概念是20世纪60年代后期由美国经济学家鲍尔丁（Kenneth Boulding）在《一门科学——生态经济学》文章中正式提出的。1980年联合国环境规划署召开的"人口、资源、环境和发展"会议，把"环境经济"（即生态经济）作为1981年《环境状况报告》的第一项主题，表明生态经济学作为一门既有理论性又有应用性的新兴学科为世人所瞩目。

生态经济学是从经济学角度，研究生态经济复合系统的结构、功能及其演替规律的一门学科，它改变了传统经济学的研究思路，将生态和经济作为一个不可分割的有机整体。根据内容的差异，可将生态经济学的基本理论归纳为以下几个部分：

（1）生态经济系统理论。生态经济学认为生态系统与经济系统结合所形成的生态经济系统随处可见。生态经济系统具有双重性、结合性和矛盾统一性等三个基本属性，它的运行同时要受经济规律和自然规律的双重制约，体现了自然规律和经济规律作用的结合，其内部生态子系统运行要求的"最大的保护"和经济子系统运行要求的"最大的利用"既矛盾又统一。从历史发展来看，先后存在原始型、掠夺型和协调型三种不同的生态经济系统类型，它们分别代表着不同时代和不同的社会生产力，并反映了人们对自然界的不同认识水平，它们的发展是互相联系且由低到高的演变过程。

（2）生态适宜理论。生态经济系统有着明显的地域性。不同的地域，从自然资源的形成条件到各种资源的数量、质量、性质及其组合都有很大差别，在空间上构成不同类型资源在地域尺度上的组合。这就要求在资源开发利用前，必须通过全面系统的调查研究，查明资源地域分异的规律,并在进行适宜性评价的基础上分门别类、因地制宜地制定生态经济规划和实施这些规划的政策,使生态建设和经济建设同步实施,在良性循环中协调发展。

(3)临界理论。临界理论又称系统阈值理论。生态系统本身具有一种内部的自我调节能力,即负反馈效能,依靠这种效能,生态系统才能保持稳定和平衡。但这种自我调节能力不是无限度的。每一个生态系统由于结构不同,有某种数量限度,这个数量限度称为临界值或阈限值。当生态系统的自我调节功能不再起作用时,就会引起系统功能的退化和机构的破坏,最终导致生态系统的溃乱和经济系统的衰落。

(4)循环转化论。物质循环和能量转化是生物有机体内部的两种有规律的运动形式,前者指物质的循环运动规律,即生产者吸收无机物质通过光合作用组成有机物质,有机物质经过消费者利用,最终再经过还原分解成可被生产者吸收的无机物重返环境,进行物质再循环。后者指能量的转化运动规律,能量在生态系统中流动,是沿食物链营养级向金字塔顶部单方向流动转化的,每流向一个营养级,能量只有1/10左右转化为新有机体的能量,而大部分以热量的形式损耗,从而熵值增加。能量在生态系统各成分之间消耗、转移和分配,一切物质的合成与分解,所有生物的生长与繁殖,都伴随着能量的转化和物质循环。因此,按照循环转化理论,对生产中的废弃有机物质充分开发利用,多层次循环利用,可以获得经济增值。

(5)生态平衡理论。生态环境质量的优劣,是以生态是否平衡作为主要标准的。生态平衡就是一个地区的生物与环境在长期适应过程中,生物与生物、生物与环境成分之间建立了相对稳定的结构,整个系统处于能够发挥其最佳功能的状态。其主要表现在:生态系统的物质输入与输出维持平衡,生物与生物、生物与环境之间在结构上保持相对稳定的比例关系,生态系统食物链的能量转化、物质循环保持正常运行,即生态系统的物质收支平衡、结构平衡和功能平衡。

流域与土地都是生态经济复合系统。流域生态经济系统是由生态系统和经济系统相互交织而成的复合系统,它通过物质、能量、价值、信息的流动与转化,把系统中的各成分、因子紧紧联系成一个有机的整体。土地生态经济系统是由土地生态系统与土地经济系统在特定的地域空间耦合而成的生态经济复合系统。土地生态经济系统及其组成部分以及与周围生态环境共同组成一个有机整体,其中任何一种因素的变化都会引起其他因素的相应变化,从而影响系统的整体功能。因此,流域土地资源管理必须遵循生态经济理论,将流域土地看做是一个自然、社会、经济复合系统,按照自然规律、社会规律和经济规律来配置土地资源:土地开发利用,不能超过资源的可更新能力与生态系统阈值;有取有补,开发与保护并重,维持生态平衡;生态效益与经济效益并重,不能单纯追求经济的增长和利润,而忽视了生态效益。

## 8.3 流域土地资源优化配置

流域土地资源管理的核心是流域土地资源合理利用。随着流域人口不断增加,城市化、工业化快速发展,对土地资源的需求呈持续增长趋势,土地资源数量的约束与需求之间的矛盾不断加剧。如何实现流域土地资源合理配置,科学进行土地开发利用、节约保护、优化配置成为流域亟待解决的现实问题。

### 8.3.1 流域土地资源优化配置内涵

#### 8.3.1.1 土地资源配置

土地资源配置的问题,是针对土地资源经济供给的稀缺性以及土地利用过程的不合理性而提出来的。土地资源配置是指土地资源在时空上表现的部门间(用途间)数量的分布状态。时间、空间、用途、数量是构成土地资源配置的四个要素。土地资源合理配置必须实现两个相互关联的目标:一是合理地在各种竞争性用途之间分配土地资源;二是提高土地资源利用的综合效益。如何使有限的土地资源最有效地促进经济社会多目标的实现,是土地资源配置的重要任务。

土地资源配置就其过程而言,实质上是确定一整套土地布局的技巧或活动,用来实现既定目标的过程,或是对适合于特定土地利用目标的多种用地类型的合理选择。完整意义上的土地资源配置包括土地利用的区域宏观配置、地区(部门)配置和地点(宗地)配置,具体包括:

一是进行土地利用现状结构、动态演化系统分析,掌握土地利用类型转换及其动因机制与规律。

二是开展区域土地质量综合评价,鉴定土地适宜性等级结构。对比分析土地利用现状与土地质量结构的对应匹配关系,确定土地利用调整对象,提出土地利用优化配置的初步目标。

三是分析预测区域土地利用需求状况。尤其是区域主导产业部门及重大项目的用地需求,根据需求研究供给方案,包括新辟、整理和内涵挖潜等多种途径的可能性,在土地总量、土地质量以及地域空间上分析供需适应状况,初步提出平衡方案,划定土地利用控制区。

四是宏观与微观结合。从区域、局域到部门间,对用地平衡方案逐层落实,直到具体地块的定性、定量和定位,并进行必要的地段土地生态设计,提出土地合理利用和土地用途管制措施。

#### 8.3.1.2 流域土地资源优化配置

流域土地资源优化配置是指为了实现一定的生态经济目标,在全面认识流域土地资源现状构成、质量特点及存在问题的前提下,从分析流域经济社会发展目标入手,对流域有限土地资源的利用结构和方向,在空间尺度上多层次进行安排、设计、组合和布局,以提高土地利用效率和效益,维持土地生态系统的平衡,实现流域土地资源的可持续利用。

从流域土地资源优化配置的方法角度来定性,可以从宏观分区和结构类型两个角度来分析流域土地资源优化配置。宏观分区是根据流域内自然、经济社会条件的差异,确定流域内的土地资源利用方向;结构类型是根据对各类用地数量指标进行综合平衡,提高土地资源合理分配的效果。

“配置”是一种过程和手段,其目的在于把一定的土地利用方式与土地适宜性、经济社会性进行综合匹配,形成合理的土地利用结构,以最大限度地提高土地的综合效益。“优化”是一种相对于不合理的土地利用问题而存在的人类期望和目标。流域土地资源优化配置实质上是对影响土地利用发展演变的各种因素和不同利益集团不断进行协调,进而达到既定目标的过程,或被认为是对适合于特定土地利用目标的多种用地类型的合理选择。

总之,流域土地资源优化配置,其根本的任务就在于寻求土地利用系统的结构效应,增强土地系统功能,促使土地资源在流域内地区、产业、部门间的合理分配和集约利用,从而为流域经济可持续发展奠定物质基础。

## 8.3.2 流域土地资源优化配置目标

流域土地资源优化配置的目标有两种描述方向:一是使有限的流域土地资源产生最大的效益,强调土地资源的集约利用;二是为取得预定的效益尽可能少地占用流域土地资源,强调土地资源节约利用。这两种描述中的效益都包括经济效益、社会效益和生态效益。

经济效益是指对土地的投入与取得有效产品(或服务)之间的比较。土地开发利用是一种经济现象,在配置土地资源时必须考虑经济效益。流域土地资源优化配置的主要标准就是使有限土地尽可能生产出较多的产品和提供较多的服务。

社会效益是指土地利用后果对社会需求的满足程度。土地资源配置是其他社会性资源配置的基础和载体,合理配置土地资源必须考虑土地资源产出的产品和服务与社会需求更好地结合。优化配置土地资源,不仅要求最有效地进行生产,同时也要求社会最有效地分配生产和服务,实现最有效的消费。

生态效益是指对土地的利用过程与结果符合生态平衡规律。土地资源是自然环境的组成部分,也是生态系统的重要结构。任何一种土地利用方式都必然与人类生态环境相互交流,引起周围环境的变化。因此,流域土地资源配置既要考虑经济效益,又要考虑生态效益;既要有利于发挥土地生产潜力,又要有利于保护生态环境。

总之,流域土地资源优化配置的目标是追求包括土地利用的经济效益、社会效益和生态效益在内的综合效益最大化。这三种效益在一个具体项目上可能相互促进,也可能互相排斥。因此,对具体的流域土地资源的优化方案,必须全面衡量各种效益,按综合效益最大化原则实行土地资源的分配。但是,综合效益最大化原则,并不是几种目标间的均衡或同时获得几种目标的最大化,而是通过一种主导目标辅以其他目标的实现,要视具体地区、系统层次而作出选择。

## 8.3.3 流域土地资源优化配置原则

### 8.3.3.1 因地制宜原则

因地制宜原则是基础性原则,是指按照流域内每个地区的自然、经济、技术条件的具体情况来合理配置土地资源。土地具有不可移动性、地域性,流域范围各个地区可能形成不同的自然、经济社会条件,因此在进行土地资源优化配置时,必须根据不同地区现实条件的约束,扬长避短,发挥优势。

### 8.3.3.2 综合效益最大化原则

综合效益最大化原则是指按照综合效益(经济效益、社会效益与生态效益)最大来配置土地资源。土地,尤其是农地,不仅具有经济价值,也具有生态价值、社会价值。但是,在土地资源配置中,往往只考虑土地利用的经济效益,而忽视土地利用的生态效益和社会效益,从而产生社会问题和环境问题。

综合效益最大化原则要求在配置土地资源时,注重土地利用系统的整体功能发挥最佳,实现土地资源的经济效益、社会效益和生态效益即综合效益最大化。

#### 8.3.3.3 动态性原则

土地资源既是一个自然综合体,又是一个经济综合体。土地的自然要素与经济要素是不断变化和发展的,随着这些要素的变化,原有的土地资源配置方案可能随之发生变化,甚至变得不再“满意”。因此,流域土地资源配置方案的优化具有相对性,要根据流域经济社会发展变化的需要不断进行适时调整和修正,以保持优化的相对平衡状态。

### 8.3.4 流域土地资源优化配置方法

常见的土地资源优化配置方法可分为三种:土宜法、综合平衡法和数学方法。

#### 8.3.4.1 土宜法

土宜法是建立在土地质量评价的基础上,依据土地质量评价成果资料,结合国民经济各部门对土地的需求和流域土地适宜性特点,对适宜各种农作物、树种和草种以及适宜建筑用途的土地加以合理的归并,在土地需求量的土宜阈值范围加以匹配,最终确定较为满意的土地配置方案。

应用土宜法配置流域土地资源是以土地质量评价为条件的,否则应用此法必须从土地质量评价开始。土地适宜性评价成果反映流域宜农、宜林、宜牧和宜建筑地的上限面积与下限面积。因此,应综合考虑国民经济发展对土地的需求,对两者之间加以合理的协调匹配,以达到确定土地优化方案的目的。此法的优点在于各类型用地面积与布局符合土地质量条件和土地适宜性条件。

#### 8.3.4.2 综合平衡法

综合平衡法是土地资源利用规划常用的方法。其主要思路是根据未来经济社会发展计划,从区域实际情况出发,以土地资源利用的各项指标为控制,在进行单项用地计算的基础上,采取逐项逼近的分析逻辑,对其进行调整以达到用地综合平衡,即达到数量结构平衡和空间布局平衡。这种方法过程烦琐,且主要依靠经验判断手法来实现,受人为影响过大,较难体现土地资源利用的可靠性。

由于流域土地总面积在一定时期内是固定的,土地面积主要表现为其内部构成的各类用地之间的此消彼长。若分别用 $A$、$B$ 表示同一时期内各类用地面积增加量之和及减少量之和,则土地内部结构的平衡关系可以用 $A=B$ 表示;若 $B_0$、$B_t$ 分别代表某类用地期初和期末用地面积,$C$、$D$ 分别代表期内用地增加量和减少量,则该类用地面积变动情况可以用 $B_t=B_0+C-D$ 表示。各类型用地的平衡计算均适用上述公式,所不同的是各类型用地期内增加量和减少量的内涵有区别。

应用综合平衡法进行流域土地资源配置,一般依据土地利用现状统计资料(包括土地利用现状图和土地利用现状统计表)和土地需求预测数据,借助于土地利用现状图,在土地利用综合平衡表上进行统筹作业,从而逐步逼近流域土地面积在数量和空间位置上的平衡。具体操作步骤为:首先,将土地利用现状图上的图斑编号与土地利用现状调查表一一对应,以此确定期初流域土地利用现状。其次,依据土地需求预测结果,对照现状图,具体分析各个图斑中土地用途的变更计划,此项操作需反复进行,直至逼近土地供需平衡,编制出土地利用综合平衡表。最后,将各类型用地面积填入流域土地利用规划结构表中。

#### 8.3.4.3 数学方法

数学方法一般是在实地调查所提供资料的基础上,依据流域土地资源配置任务和目的,确定配置目标,设置决策变量,构建约束条件和目标函数,通过数学模型来反映流域土地利用活动与其他经济社会因素之间的相互关系,并通过计算机求解得到多个可供选择的土地利用结构方案。这种方法侧重于定量研究。

由于土地利用系统中许多因素的发展既受客观因素的制约,又受人为主观因素的影响,因而确定科学合理的土地利用结构就是确定土地利用系统中最优的主观控制变量,使总体目标达到最优。然而,此种方法的应用对相关专业知识和技能的要求较高,在现实土地管理中至今仍未能达到应有的普及程度,通常它作为教学、科研对土地利用结构的研究方法之一加以介绍和使用。

常用的数学方法有以下几种:

(1)线性规划法。近年来,线性规划法一直是土地资源优化配置中最常用的数学方法。线性规划法就是在线性等式或不等式的约束条件下,求解线性目标函数的最大值或最小值的方法。其中,目标函数是决策者要求达到目标的数学表达式,用一个极大值或极小值表示。约束条件是指实现目标的能力资源和内部条件的限制因素,用一组等式或不等式来表示。它具有求解很多方面问题的能力,除解决一些线性问题外,通过使用对数法等方法还可以解决一些非线性的问题。采用线性规划方法可以优化地块尺度和区域尺度上的土地资源。但是,这种方法存在一定的局限性。如它不可能考虑到所有的优化目标及其限制条件,也无法考虑一些难以量化的因子,因此计算出来的最优方案不一定完全符合实际情况。

(2)灰色线性规划法。若在一般的线性规划中至少有一个系数(价格系数或约束量)是灰色的或由灰色系统的理论和方法确定的,则为灰色线性规划问题。灰色线性规划是一种在技术系数为可变的灰数、约束值为发展的情况下进行的动态线性规划。灰色线性规划法不仅可以知道既定条件下的最优结构,还可以知道最优结构的发展变化情况。

(3)系统动力学方法。系统动力学方法以反馈控制理论为基础,以计算机仿真技术为手段,对于模拟大型非线性动态多重反馈系统能力很强,具有不同于线性规划的能力。目前,系统动力学方法已用于区域和国家尺度上的土地资源配置建模中。系统动力学方法采取定性和定量相结合的结构—功能模拟方法,强调系统结构分析,对数据的依赖性较小,具有操作灵活、可塑性强等特点。这一方法既可以对未来进行预测,也可以回顾系统历史行为,比较容易反映非线性和延期反应等用数学形式难以表达的过程。研究表明,应用系统动力学方法解决流域土地资源配置中的问题,是一种可行的方法。

(4)多目标规划法。线性规划只能解决在一组约束条件下,求某一个目标的最大值或最小值的问题。但在现实经济社会系统中,决策者面对的通常是一连串的目标,这些目标彼此之间又往往不是那么协调,甚至是相互矛盾的、对立的。多目标规划正是在线性规划的基础上为适应这种复杂的多目标最优决策而发展起来的。其最大的优势在于可以充分地反映决策者的愿望,给决策者提供期望的最佳目标。土地资源的利用受到自然因素、社会因素、经济因素等多方面的影响,是一个复杂的系统,要实现土地可持续利用,需要综合考虑土地利用社会效益、生态效益、经济效益。因此,多目标规划模型在流域土地资源利用规划中具有重要的应用方向。

近年来,很多学者提出了许多新思想、新方法来研究土地利用结构问题,以实现土地资源的优化配置目标。如 1997 年宋嗣迪等基于神经网络对武鸣县土地利用规划方案进行了优化;1998 年张刚元用遗传算法(GA 模型)研究了区域土地利用总体规划编制问题;1998

年张光宇等应用可拓性学的理论与方法为土地资源的优化配置和合理利用提供了一种新的科学方法,并提出了系统模糊结构模型,为实现土地资源优化配置提供了依据;2000 年刘斌等运用风险分析法研究了水库消落区的土地利用结构优化;2002 年刘艳芳等首次将生态绿当量的概念引入土地利用结构的生态优化;2003 年刘耀林等基于理想点法对土地利用结构进行了研究;2005 年张颖应用"用地—产业"分析法,研究基于产业的土地利用结构问题,对我国土地利用规划结构进行了预测。

以上理论分析方法和探索的诸多数学模型,都试图把复杂的土地利用系统结构问题进行抽象化和必要的简化,在土地利用总体规划编制中,把它作为一种分析工具,来揭示流域土地利用系统的复杂关系。但实践证明,在土地利用系统结构研究中,仅有定量的数学模型是远远不够的,它还要与定性分析相结合,原因在于:模型的构建要有定性理论作为依据,模型中的政策变量来源于实际的客观政策,模型的验证要以定性分析为基础,结果的选择更要求将定性分析和定量计算辩证地结合起来,适时地引入人的经验和判断,以防计算的结果脱离实际。

**阅读链接**


[1] 蔡玉梅,郑伟元. 土地利用分区与差别化的土地利用政策[J]. 农村工作通讯,2009(1).

[2] 胡存智. 差别化土地政策助推主体功能区建设[J]. 行政管理改革,2011(4).

[3] 吴郁玲,曲福田. 中国城市土地集约利用的影响机理:理论与实证研究[J]. 资源科学,2007(6).

[4] 谢高地,封志明,沈镭,等. 自然资源与环境安全研究进展[J]. 自然资源学报,2010(9).

[5] 翟苗苗. 山东省城市土地集约利用评价及区域差异研究[J]. 华南师范大学学报:自然科学版,2011(4).

[6] 申娜. 新时期提高土地利用节约集约水平的几点建议[J]. 中国国土资源经济,2011(11).

[7] W M Corden, J P Neary. Booming Sector and De – Industrialization in a Small Open Economy[J]. Economic Journal, 1982, 92: 825-848.

[8] Sachs J, A Warner. The curse of natural resources[J]. European Economic Review, 2001, 45: 827-838.

[9] Matsuyama, Kiminori. Agricultural Productivity, Comparative Advantage, and Economic Growth[J]. Journal of Economic Theory, 1992, 58 (2):317-334.

[10] Gelb A H, Windfall Gains. Blessing or Curse? [M]. NewYork: Oxford University Press, 1988.

[11] Auty R M. Resource – Based Industrialization: Sowing the Oil in Eight Developing Countries[M]. New York: Oxford University Press, 1990.

[12] Sachs J D, Warner A M. Fundamental Source of Long – run Growth[J]. American Economic Review, 1997(87): 184-188.

[13] 唐本佑. 自然资源价格构成因素研究[J]. 科技进步与对策,2004(6).

## 问题讨论

1. 实行土地利用分区与差别化的土地利用政策是我国土地资源开发利用的发展趋势。划分土地利用区的标准有哪些？差别化土地利用政策如何体现？政策实施会遇到哪些阻力？

2. 节约、集约用地是我国土地资源利用的根本出路。如何制定科学的土地集约利用的标准体系？如何构建节约、集约用地机制？

3. 流域范围内水土资源是一个复杂且相互联系的资源体。流域水土资源配置如何协调？流域水土资源演变规律与驱动机制有哪些？流域水土资源利用与区域可持续发展的基本关系与一般规律是什么？

## 参考文献


[1] 陈国良,刘笃慧. 黄土丘陵区农林牧合理生态经济结构模式的初步探讨[J]. 植物生态学与地植物学丛刊,1983(3).

[2] 陈其春,吕成文. 含山县土地利用结构优化研究[J]. 安徽师范大学学报:自然科学版,2005(2).

[3] 胡友成. 县域土地资源优化配置研究——以宜章县为例[D]. 长沙:湖南师范大学,2008.

[4] 康慕谊,姚华荣,刘硕. 陕西关中地区土地资源的优化配置[J]. 自然资源学报,1999(4).

[5] 孔伟. 区域土地利用结构预测及优化研究——以 Y 市为例[D]. 南京:南京农业大学,2007.

[6] 李璧成. 运用线性规划建立土地合理利用优化模型的探讨[J]. 水土保持通报,1983(6).

[7] 刘彦随. 土地利用优化配置中系列模型的应用——以乐清市为例[J]. 地理科学进展,1999(1).

[8] 马松梅. 新疆兵团农九师土地资源优化配置研究[D]. 石河子:石河子大学,2008.

[9] 秦晶晶. 郑州市城市土地资源优化配置机制研究[D]. 开封:河南大学,2008.

[10] 宋嗣迪,陈燕红. 基于神经网络的土地利用规划方案优化方法研究[J]. 广西农业大学学报,1997(4).

[11] 谭淑豪,曲福田,谭仲春. 经济发达地区土地可持续利用结构优化研究——以江苏省江阴市为例[J]. 南京农业大学学报,2001(3).

[12] 王博. 疏勒河流域农业综合开发区土地利用结构最优规划[J]. 西北水资源与水工程,2000(4).

[13] 杨晓勇,李永贵. 混合整数线性规划方法在小流域规划中的应用[J]. 海河水利,1994(5).

[14] 武慧. 城乡统筹发展的土地资源优化配置研究——以重庆市为例[D]. 南京:西南大学,2009.

[15] 张刚元. 遗传算法及其在土地利用总体规划中的应用[J]. 重庆师范学院学报,1998(4).

[16] 张光宇. 土地资源优化配置的物元模型[J]. 系统工程理论与实践,1998(1).

[17] 张颖. 经济增长中土地利用结构研究:[D]. 南京:南京农业大学,2005.

[18] 赵梗星,王人潮,尚建业. 黄河三角洲垦利县土地利用的系统动力学仿真模拟研究[J]. 浙江农业大学学报,1998(2).

[19] 赵晓敏,王人潮,吴次芳. 土地利用规划的系统动力学仿真——以杭州市土地利用总体规划为例[J]. 浙江农业大学学报,1996(2).

[20] Jurgen Bassdow, Toshiyuki Kono. Legal Aspects of Globalization: Conflict of Law. Internet, Capital Markets and Insolvency in a Global Economy[J]. Kluwer Law International, 2000.

[21] J Coppock, D R Hind. The History of GIS. Geographical Information Systems — Principles and Applications Edited by David Maguire[M]. New York: Michael Goodchild and David Rhind, 1995.

[22] Dunn S M, Mackay R. Spatial Variation in Evapotranspiration and the Influence of Land Use on Catchment Hyrology[J]. Journal of Hyrology, 1995(171).

[23] Krause P. Quantifying the Impact of Land Use Changes on the Water Balance of Large Catchments U-

sing the J2000 Model[J]. Physics and Chemistry of the Earth,2002(27).
[24] Moussa R, Voltz M, Andrieux P. Effects of the Spatial Organization of Agricultural Management on the Hyrological Behavior of a Farmed Catchment During Flood[J]. Hyrological Processes,2002(16).
[25] Naef F, Scherrer S, Weiler M. A process based assessment of the potential to reduce flood runoff by land use change[J]. Journal of Hyrology, 2002(267).
[26] 王万茂,韩桐魁.土地利用规划学[M].北京:中国农业出版社,2002.
[27] 赵学涛.城市边缘区农地流转与农地保护[J].国土资源情报,2003(1).
[28] 马克思,恩格斯.马克思恩格斯全集:第25卷[M].北京:人民出版社,1974:886.
[29] 王秋兵.土地资源学[M].北京:中国农业出版社,2003:210-211.
[30] 曲福田.资源经济学[M].北京:中国农业出版社,2001:122.
[31] 韩冰华.试析《佃农理论》与农地资源配置方式的多元化[J].湖北民族学院学报:自然科学版,2005(3).
[32] 张文焕,刘光霞,等.控制论·信息论·系统论与现代管理[M].北京:北京出版社,1990:142-264.
[33] 李边疆.土地利用与生态环境关系研究[D].南京:南京农业大学,2007.
[34] 夏东民,綦玉帅.论科学发展观的理论渊源、理论结构与现实价值[J].江苏社会科学,2011(1).
[35] 王万茂.市场经济条件下土地资源配置的目标、原则和评价标准[J].资源科学,1996(1).
[36] 倪绍祥,刘彦随.区域土地资源优化配置及其可持续利用[J].农村生态环境,1999(2).
[37] 刘彦随.区域土地利用优化配置[M].北京:学苑出版社,1999.
[38] 吕春艳,王静,何挺,等.土地资源优化配置模型研究现状及发展趋势[J].水土保持通报,2006(2).

# 第 9 章　流域水资源开发利用管理

水资源的自然属性和功能的多样性,决定了水资源是经济社会发展的资源基础、生态环境的重要控制因素,同时也是诸多水问题和生态问题的共同症结所在。以流域为单元对水资源实行统一管理,已被世界上大多数国家所接受,成为国际公认的科学原则。流域水资源管理不仅涉及流域水资源开发利用和保护,而且涉及流域水灾害等诸多方面。为此,必须充分认识流域水资源特点,深化对流域水资源开发利用的认识,着力流域水资源供需分析,全方位、多视角探讨流域水灾害防治对策。

## 9.1　流域水资源特点

现实的快速发展与和谐质态的挑战,使得包括水资源在内的各种环境问题日益严峻。在流域尺度下研究水资源特点,有利于流域水资源管理的深化和优化配置目标的实现。

### 9.1.1　流域产流

流域产流指由降雨或融雪而形成的径流,汇流后最终流出该流域的水量多少。流域内河流主要是通过降雨或融雪后产流、汇流而形成的,包括地表径流和地下径流。一般降落到地面的水分不能直接形成地表径流或到达地下水面形成地下径流,因为在地面和地下水面中间隔着一个包气带,即含有部分空气的土壤层。雨水在降落到土壤包气带后首先是下渗,不会立即形成径流。土壤包气带的最大蓄水量,即饱和时的蓄水量称为田间持水量。不同性质的土壤包气带的产流方式不同,通常有均质包气带产流和非均质包气带产流。

均质包气带产流方式分为两种:

一是蓄满产流。蓄满产流是指土壤缺水量满足以后,降雨量全部转为径流。这种产流方式在南方湿润地区比较普遍。其基本条件是地下水位很高,流域发生降雨时,地面包气带很容易饱和,下渗率比较小且比较稳定。

二是超渗产流。超渗产流是指降雨强度大于流域下渗量从而形成径流。一般情况下,不管是否产生径流,流域下渗都贯穿整个降雨过程。超渗产流只有在降雨强度大于下渗率时才会产生。超渗产流时,降雨量比径流深要大,即径流系数小于1。

非均质包气带除蓄满产流、超渗产流两种产流方式外,还可能形成壤中流。壤中流是指水分在土壤内的运动,包括水分在土壤内的垂直下渗和水平侧流。对任何一场降雨,至少有一部分甚至全部水分将沿着土壤内的孔隙入渗到土壤内部形成土壤水,土壤水在土壤内的流动形成壤中流。壤中流与地表径流、地下径流一起构成流域的径流过程。

降雨径流形成过程受到许多因素的影响和制约,是一个非常复杂的过程。在众多因素如植被覆盖、土壤类型、土壤坡度、土壤初始含水率、地下水位、降雨强度、流域面积、气候等的影响下,不同流域或同一流域的不同时期降雨径流形成过程及流域产流量都将发生变化。

在现行的降雨径流模型中,通常将森林植被和土壤包气带作为一个整体,一般都没有单独考虑森林植被的影响作用。如果流域的森林植被影响较大,那么它对降雨径流的作用就不可忽视。但由于研究尺度、气候背景以及地理因素等多方面的原因,目前的研究结论还存在较大差异,主要存在三种不同研究观点:第一种观点认为,森林覆盖度高可以增加年径流量;第二种观点认为,森林植被覆盖与径流量之间没有直接的关系;第三种观点认为,森林覆盖度高可以减少径流量。

大量的研究证明,土壤的均质程度及质地对产流有较大的影响。质地越粗,透水性越强,形成地表径流越少,尤其对缺乏土壤结构和成土作用的土壤来说更是如此。密实的土壤要比疏松的土壤渗透能力小得多,疏松的土壤被压实后,其入渗速率可以减小到压实前的2%。因此,密实的土壤更易形成地表径流。

坡地产流实质上是水分在不同下垫面中各种因素综合作用下的发展过程,也是下垫面对降雨的再分配过程。著名的土壤物理专家 Philip 近年对山坡入渗问题进行了研究,证明了坡面的非平面性对入渗和坡地土壤水分运动影响很小,只有坡面的曲率半径小于某一值时才需要考虑。

### 9.1.2 流域水资源量分析

水资源通常指逐年可以得到更新的那部分淡水,包括地表水、土壤水和地下水,它是一种动态资源,其补给来源主要是大气降水,可通过水循环逐年得到更新。

#### 9.1.2.1 流域水资源量分配原则

基于流域水资源特点、水资源管理的发展方向和经济发展状况,在制订流域河道水量分配方案时,应遵循三大原则:一是确保生活用水优先原则;二是保障生态环境用水原则;三是鼓励和提倡高效用水、节约用水原则。

制订水量分配方案最根本的出发点是维护健康河流、促进人水和谐。目前,流域河流水体大部分在健康线以上,因此在实施水量分配时必须在保证人类基本生活用水的基础上,尽量保障河流的生态用水,确保经济社会的用水不挤占河流生态用水;同时,要体现建设节约型社会的要求,提倡高效用水、节约用水。对一些高耗水、高耗能、单位产出低的行业用水应该加以限制,约束取水权,这是水资源管理、开发利用应遵循的“以供定需”原则的具体表现,也是流域水量分配方案制订的基本原则。

#### 9.1.2.2 水量分配的分类和层次

水量分配是根据流域水资源特点,结合经济社会发展状况、发展前景和功能要求,对流域水资源或河道水量进行初始分配,目的是使有限的水资源被合理调度、科学分配,在满足社会发展对水资源需求的同时,保证河流健康和水资源的可持续利用。

从水资源管理需求和可操作性来看,流域水量分配可以分为三个层次,即流域水资源可利用量分配、区域取水许可总量控制目标的水量分配、河道水量分配。

流域水资源可利用量分配是以区域水资源条件分析为基础,在对区域生态环境用水需求进行评价后,划定区域经济社会可取用水量的上限。由于经济社会发展对生态环境影响的不确定性和生态环境本身的不确定性,这个上限值可能随着人类的认识和环境的变迁,需要不断地进行评估和调整。

区域取水许可总量控制目标的水量分配,是基于水资源管理需求而确定的流域内各区域不同时期经济社会各行业的取水许可审批量。它以区域水资源可利用量为分配控制总量,结合经济社会发展需求和水资源管理政策,对在法律法规规定范围内应该取得取水权的工业、生活以及部分农业用水户的所有取水总量分阶段、分区域设定的一个限制目标。分配的重点是取得水权的用水户取水量总量的控制目标,且这个目标值必须在区域水资源可利用量的范围之内。

河道水量分配是在上述两个层次水量分配的基础上,以河道内径流量为水量分配对象,以河段为分配单元,针对某一河流的实际情况,在预留河道生态用水的前提下,根据河道不同来水情况,分配不同河段的河道内用水(航运、发电)、河道外用水(工业、农业、生活)。这个层次上的水量分配比较适合水资源紧缺和矛盾较多的河道,可操作性强。

### 9.1.3 流域水资源水质分析

水质的优劣程度反映的是水资源的质量及其变化,它直接影响到水量的分配和水资源的供求。近20年来,由于经济发展和人类活动对资源的集约利用,我国流域环境发生了巨大的变化,特别是水资源环境不断恶化,水资源污染造成的社会影响越来越大。《2009年中国环境状况公报》显示,全国地表水总体水质污染达到中度,主要河流仅珠江、长江水质良好,黄河、淮河属中度污染,辽河、海河则为重度污染;主要湖泊中,巢湖水质已属Ⅴ类,太湖和滇池更为劣Ⅴ类。2007年4月太湖“蓝藻事件”的爆发,就直接影响到江苏“两个率先”目标的实现,故科学发展、和谐发展再次警示人们,必须保护水环境。

### 9.1.4 流域“三水”转化规律

“三水”通常是指大气水、地表水以及地下水。大气水通过降水形式到达地表,部分以产流方式转化为地表水,部分入渗并转化成为地下水;地表水及埋藏较浅的地下水又可以在蒸发的作用下重新转化为大气水,完成一次完整的水循环过程。水资源正是在这种“三水”多次转化循环过程中,得到充分的开发利用。“三水”转化的次数越多,水资源的利用率就越高。为了提高水资源的利用率,近年来关于“三水”转化的研究备受国内外学者的关注。分析“三水”转化规律,有利于快速估算流域水资源量,从而为流域水资源的开发利用服务。

大气水通过降水的形式到达地面以后,首先满足地面填洼、植物截留,之后产生地表径流,多余部分降水渗入地下,通过下垫面补给地下水。降水产生的地面径流量进入河道,其出路大致有三个方面:进入河道后的地表水,在流经沿程时损失一部分径流,补给河道;此外,一部分地表水为沿河水利工程拦截、引用,成为被利用的水资源;最后未被利用的地表径流会奔流入海,成为入海水量。

## 9.2 流域水资源利用

完善流域水资源管理,重在流域水资源利用效率的提高,落实在从流域水资源管理现状出发,把流域管理作为水资源开发利用与保护的主要途径,才能实现水资源的可持续发展。

### 9.2.1 流域水工程体系

流域水工程体系是社会关注的广泛问题,因为流域水工程问题不仅关系到水工程效益的发挥,也关系到流域上下游、左右岸人民生命财产的安全,故是构造和谐社会的重要内容,为此重视流域水工程体系分析意义重大。

#### 9.2.1.1 流域水工程质量管理体系

流域水工程质量管理体系的主要由建设单位(又称项目法人)、监理单位、勘测设计单位、施工单位、质监部门五大体系构成,即"法人负责、监理控制、企业保证、政府监督",各部门具体职责如下:

(1)建设单位质量检查体系。作为水利工程建设的总负责方,在水工程建设过程中,尽管已委托监理单位控制质量,但建设单位在水工程建设各个环节既有检查责任,也有综合管理的主要责任,在建设过程中居主导地位,因此必须全面负责,总揽工程全局。

(2)监理单位质量控制体系。依据法令法规、技术标准、设计文件以及监理合同,监理单位在具体抓好工程进度、投资和质量的"三大控制"过程中,必须规范水工程建设行为,以良好的职业道德,不偏不倚的态度,公正、准确地控制并评价工程的质量以确保工程效益的发挥。

(3)勘察设计单位质量保证体系。勘察设计工作的优劣是质量标准的先决条件,因此应建立健全系统化、程序化、标准化、制度化的质量保证体系并配套相应制度,才能保证勘察设计质量成果优良目标的实现。

(4)施工单位质量实物保证体系。水工程建设的质量状况,落脚点在于施工形成的工程实体。贯彻执行国家规定的施工质量标准,准确无误地把工程蓝图变为工程实体,施工单位应在生产、制造、调度、检测诸多环节上,形成一个有机整体,采取安全可靠的施工措施,视工程质量为企业生存的生命,才有可能提供安全、高效、优质、低耗的水利工程实物体。

(5)政府监督的强制性体系。政府以法律、法规和强制性标准为依据,以参建各方的行为质量监督和工程建设实物质量监督为主要内容,以监督认可和质量核验为主要手段,将工程项目质量监督贯穿于建设过程,并以强制性推行来保证工程质量为主要目的。

#### 9.2.1.2 流域水工程生态体系

水利工程结合生态建设是水利发展的必然趋势之一,中国水利水电科学研究院董哲仁教授提出"生态水工学"的理论,他认为"生态水工学"是以工程力学和生态学两者为其理论基础。主要包括以下三方面内容:

首先,水利工程在满足人对水的开发利用需求的同时,还要兼顾水体本身存在于一个健全生态系统之中的需求。对未来工程规划或在已建工程运行中,要协调好供水、防洪、发电、航运效益与生态系统建设的关系。利用已建水利工程的调度、管理等手段,为江河湖库的水生态系统恢复提供支持。也就是说,维系良好生态环境将成为水利工程建设的重要目标。

其次,要权衡满足人的需求的经济效益与环境效益之间的关系。有必要建立起工程项目经济技术及生态环境效益评估指标体系。改变现行单一的技术经济评估指标体系。当前对都江堰上游建坝和金沙江等河流梯级开发的热烈争论,表明开展这方面工作的必要性。同时,对已建工程也应进行经济、社会和生态的综合效益评价。

最后,要加强相关范围的生态系统调查,重点是生物群落(动物、植物、微生物)的历史与现状调查,研究在特定的生态系统中特定的生物群落与水体的相互依存关系。这使水利工程规划、设计和建设成为一个多学科的工作,对水利工作者提出了更高的知识要求。

### 9.2.2 流域水功能区划

流域水功能区是指根据流域或区域的水资源状况，结合水资源开发利用现状和经济社会发展对水量与水质的需求，在相应水域划定的具有特定功能，有利于水资源的合理开发利用和保护，并能够发挥最佳效益的区域。水功能区划是按各类功能区的指标把某一水域划分为不同类型的水功能区单元的一项水资源开发利用与保护的基础性工作。

#### 9.2.2.1 水功能一级区

保护区：指对水资源保护、饮用水保护、自然生态系统及珍稀濒危物种的保护具有重要意义的水域。如重要河流的源头河段划出专门涵养保护水源的源头水保护区；国家级和省级自然保护区范围内的水域；跨流域、跨区域的大型调水工程水源地及其调水线路；省内重要的饮用水源地。功能区划分指标包括集水面积、保护级别、调(供)水量等。

缓冲区：指为协调省际间以及水污染矛盾突出的地区间用水关系，为满足功能区水质要求而划定的水域。功能区划分指标包括跨省界断面水域和矛盾突出的水域。

开发利用区：主要指具有满足工农业生产、城镇生活、渔业、娱乐、净化水体污染等多种需水要求的水域和水污染控制及治理的重点水域。功能区划分指标包括水质、产值、人口、用水量、排污状况等。

保留区：指目前不具备开发条件的水域，受人类活动影响较少，开发利用程度不高，为今后开发利用和保护水资源而预留的水域。该区内应维持现状不遭破坏。

#### 9.2.2.2 水功能二级区

饮用水源区：指满足城镇生活用水需要的水域。功能区划分指标包括人口、取水总量、取水口分布等。

工业用水区：指满足城镇工业用水需要的水域。功能区划分指标包括工业产值、取水总量、取水口分布等。

农业用水区：指满足农业灌溉用水需要的水域。功能区划分指标包括灌区面积、取水总量、取水口分布等。

渔业用水区：指具有鱼、虾、蟹、贝类产卵场、索饵场、越冬场及洄游通道功能的水域，养殖鱼、虾、蟹、贝、藻类等水生动植物的水域。功能区划分指标包括渔业生产条件及生产状况等。

景观娱乐用水区：指以满足景观、疗养、度假和娱乐需要为目的的江河湖库等水域。功能区划分指标包括景观娱乐类型及规模等。

过渡区：指为使水质要求有差异的相邻功能区顺利衔接而划定的区域。功能区划分指标包括水质与水量等。

排污控制区：指接纳生活、生产污废水比较集中，所接纳的污废水对水环境无重大不利影响的区域。功能区划分指标包括排污量、排污口分布等。

### 9.2.3 流域分水与水权形式

流域是一种生产布局，以自然水系为基础，以水资源综合开发为核心的区域概念。从人类文明发展史来看，流域文明史是国家层面上经济社会文明史的重要组成部分，例如中国的长江、黄河流域，美国的密西西比河流域，埃及的尼罗河流域，它们既是古老文明的发源地，也是各自国家中经济水平相对较高的地区。

河流作为自然生态系统的组成部分，在历史发展过程中受到人类活动的严重干扰，因此在发展流域经济的同时，必须重视环境保护和社会和谐。只有流域自然环境和人文环境共同得到改善，上下游、左右岸、城镇乡村、各类型产业得到协调发展，才是流域的和谐发展。

由于流域是以河流作为纽带的，因此河流本身具有的各种功能就成为流域发展的动力所在。河流为人类提供了航运、供水、发电等各种潜在的生产力载体，这就要求通过充分挖掘河流系统的这些功能，有效合理地进行流域生产力布局，协调开发流域资源。更进一步分析，流域的规划和治理是以水资源利用为核心的，任何资源管理机制都是以一定的产权分置为基础的。因此，要合理、高效开发利用流域资源，必须对流域水资源产权进行界定和分置。

#### 9.2.3.1 流域分水

流域分水，实质上是流域水资源配置。它的主要内容包括：完善流域水资源配置系统，拟定流域水资源分配标准，建立相关利益方协商机制，制订不同年份水资源分配方案等。流域分水的核心是确定流域水资源分配计划。

流域水资源分配计划主要是针对国家、地方不同层面对水资源的需求而制订的。流域水资源分配计划直接导向的目标，是将不同层面上用水者的利益冲突减少到最小的程度。水资源分配计划一般是根据水文边界条件，在与水相关部门进行民主协商的基础上进行的。

在干旱季节，尽管通过计划安排，以及通过水权转让和交易，但仍有可能存在供需稀缺。此时需要采取相应的紧急分置措施，中止所有用水者的用水权，并对外宣布进入干旱时期。这时的水资源通过紧急计划进行分配。

#### 9.2.3.2 水权形式

水权是一个具有多重结构、呈复杂联系的体系，是多种权能构成的集合体。这些权能各自相对独立，又彼此相互联系而成为一个产权整体。

(1)水资源所有权。水资源所有权是对水资源占有、使用、收益和处分的权力，表现为对水资源全面、直接的支配。水资源的所有权是水量使用权的基础，它决定了使用权的属性、类型和权能。为适应不同的使用目的，所有权创设了具有处分权的用水权、排污权以及没有处分权的其他水使用权，这使水市场条件下的水权走向了多元化。

我国的单一体制，决定了地方权力的内容来自于法律或中央人民政府的授权，同样，省级以下地方人民政府的有关权力也来自于上一级的授权。一旦授权，区域对一定份额的水资源行使直接支配权，区域公共利益的代表，通过合法程序便可对水资源实施占有、使用、收益和处分，包括事实处分(如加工)和法律处分。我国水资源为国家所有，所有权是一种公共权力而不是共有权力，不能由平等主体协商分割，而必须由能代表全民意志的机构来授予。由于权利主体的国家不能做到事必躬亲，因此法律规定，可通过使用权的社会化，使水资源的开发利用主体分散化，以适应社会发展的需要，推动经济社会发展。

水资源所有权是其他水权的起点，集中体现了权利、义务和责任的统一。它既具有占有、使用、收益和处分四项权能，也兼备保证社会公平、维护国家权益、保证用水安全、消除外部性影响的义务和责任。国家对水资源管理的主要职能包括：超脱区域和流域界限，从整体上规划和调配水资源，确定水资源配置秩序并按照相关原则配置水资源；按照生活、工业、农业、生态环境的需要确定可配置水资源量;订立水权运作规则和开发利用水资源的规则,并对规则的实施进行全面的监管;保证公益目的用水等。因此,与以上内容有关的任何变化,都必须由政府作出或批准作出。如水权的任何变更,不管这种变更是长期的还是短期的、是所有权层次的还是使用权层次的、是采用市场机制还是行政机制,都必须获得政府的批准,都应纳入政府的管理行为。

(2)水资源使用权。所谓水资源使用权,是指通过权利转让和特许方式从水资源所有者那里获得的用益物权。水资源使用权有多种,包括具有处分权的用水权、排污权和没有处分权的其他水资源使用权(如水面使用权等)。在特殊情况下,政府也无偿划拨给一些公益部门水资源使用权,这种水资源使用权不具备转让特点,即不具备水资源法律上的处分权利。作为水权经济运动中的一个中间环节,使用权拥有者对上对下也必然产生一系列债权关系,并受债权关系的约束。水资源具有明显的公共物品特征,水资源使用权拥有者对水资源的处分,必须在政府的管理框架内行使并满足约定要求;对下一环节的用水户,也要承担有关的民事义务和责任。

从水域和地下取水,并对水资源行使使用、收益和处分的权利称为水资源用水权。它的配置,是水所有权的代表根据水资源供给量、用水优先顺序、水资源的调控等多因素来确定的。用水权的拥有者有权要求得到稳定、安全、公平的用水权益,而所有权的拥有者、用水权的拥有者的义务是必须缴纳与其权利相对应的转让费并办理特许手续,接受政府的监管并遵守诸如不得改变用水目的、节约用水、达标排污以及在特殊情况下削减取水量等约定,一旦违反约定,要接受政府相应处罚,对于违反公共利益的用水行为,政府有权限制甚至剥夺其用水权。由于对用水权的支配明显涉及公共利益,因此政府对用水权的监管坚持全面而严格的原则。

排污权是一种用益物权,排污是用水的必然结果,其量是由水环境容量和排放的污水成分、单位性质等确定的。排污者首先要获得排污许可并缴纳一定费用,作为排污处理的成本补偿,超过额度的排污要缴纳一定费用作为超标排污造成的外部性的补偿。但是,水环境容量是受到总量限制的,因此排污者不能无限制使用排污权,而必须通过限污、购买排污权等措施,来平衡排污的需求与供给。排污权拥有者也可把多余排污权进行有偿转让,实施市场化的排污权交易。

其他水使用权是对水资源的单一功能进行利用并获得收益的权利,如水面使用权、水电站用水权、循环水用水权、冷却水用水权、航道占用权、水域使用权等。这些使用权的获得,也必须缴纳与其所享受的权益相对应的权益转让费,并办理特许手续。

(3)取水权。取水权是以取水行为为目标的权利,属准物权。通过办理特许手续后获得的取水权,具有从水域和地下取水的权利。取水权本身不必然造成对水资源的量和质的影响,因此取水权的获得,以缴纳对取水的管理费用为成本。取水权的行使受法律法规和有关对取水地点、取水量、取水方式等多因素的约束,并随这些约束条件的改变而影响取水权的实施。

(4)商品水权。商品水权是用水个体通过买卖合同而获得的使用、支配水的权利。债权债务关系的双方,主要通过合同来规范和约束双方的权利和义务。商品水具有一定的私人物品性质,因此商品水权的行使较少涉及公共利益。商品水的获得者尽管也涉及节约用水、消除用水的外部性影响等维护公共利益的要求,但其义务和责任可通过价格来体现和保证。因此，对商品水权的实施不需进行直接的行政管理，按照市场经济的效率原则，能通过水市场机制来体现权益和义务以及权利的转换，因此在这一层次上，政府主要不是通过直接的监控来实现公共管理，而是利用法律和政策来引导、规范，特别是利用水市场机制的引导来实现商品水权的部分公共管理职能。

## 9.2.4 流域水权管理模式

虽然我国在水权与水市场制度管理方面有了一定的发展，但我国在流域水权管理模式方面仍处在初创时期，尚需解决的流域水权交易问题十分突出。

### 9.2.4.1 基于实物期权的流域初始水权分配

水资源所有权由国务院代表国家行使。因此，在发展水权交易时，如何既保证国家拥有对水资源的所有权，又能实现与国家有着契约关系的法人行使水资源的使用权和转让权，是进行水权交易的关键问题。

结合我国具体情况，在水资源配置方面可采用基于实物期权的初始流域水权分配方法。流域水资源管理机构可代表国家以实物期权形式进行水权的初始分配，具体可采用定额分配、招标等多种方式，通过初始水权的分配形成一级水市场。由于水资源的稀缺性，分配时要优先考虑农业用水和居民供水等方面。在初始水权分配过程中，应体现公平、公开原则，对相关信息的发布应全面及时。为避免权力“寻租”现象的出现，应建立针对一级水市场的监察与举报制度。期权的时间不宜过长，应以中短期为主。在分配过程中，流域中各区域水资源分配总量应由流域管理机构核定，同时流域水资源管理机构必须对水资源使用者进行资格评审和定期监督。期权合约到期限后，水资源使用者必须将水权再转交给流域水资源管理机构，或与其续签水权合同。对于期权拥有者，可应用期权定价理论对项目进行评估，根据对水资源稀缺程度发展趋势的预测，作出是否使用期权的决策，由于实物期权将不确定因素考虑在内，因此比现金流贴现方法更能体现项目的实际收益。对于水资源投资者，可通过买卖水权交易期权合约形成二级水市场，由市场机制促进水资源的优化配置，二级水市场也可促进水资源使用者对水资源的节约利用。

### 9.2.4.2 基于流域特点的水权交易市场构建

我国水权管理的初期是福利供水、计划配水。由于水资源日益稀缺，我国开始对水资源管理实行改革，强化对流域分水计划和分水协议的保障机制建设。

我国水资源管理的运行机制的发展过程表明，完全通过政府计划配置水资源存在着诸多问题。借鉴国外水资源管理经验，目前有许多国家在水资源配置上实行的是市场机制，其模式是水资源的供需双方通过市场行为进行水资源的交易或买卖，从而达到水资源的分配的目的。如美国的科罗拉多州的水权系统的优势就是建立在私人财产和几乎自由的市场上的。但由于水资源在某种程度上具有公共物品性，水权具有外部效应，当存在外部负效应时，市场配置就缺乏效率。《中华人民共和国水法》明确规定水资源属于国家所有，这同时又决定了我国不可以建立完全市场化的水权交易市场，而只能是“准市场”运行。

我国流域水权管理模式应重点发展同一流域、同一区域内的水权交易市场。在同一流域、同一区域内的水权交易，其转让价格根据对工程、环境、水资源价值等方面的综合考虑应设立最低限价，通过招标等方法以实物期权的形式实现交易；对于同一流域内不同地区，其分配水量应由相应的流域管理机构规定,特别需要重视的是,这种跨地区的水权交易是不宜提倡的,如果这种交易发展较快,说明同一流域的不同区域的分配水量不合理。对不同流域之间的水权交易进行宏观调控,其分配的水量与转让价格应由国务院相关机构决定,同时其分配的水量应与季节变化相联系,并和强制性的经济约束相配合。

#### 9.2.4.3 基于流域统一管理的水权交易选择

水的最大特性是流动性,水的流动性决定了它的流域性。流域是一个天然的集水区域,是一个从源头到河口自成体系的水资源单元,是一个以降水为渊源、以水流为基础、以河流为主线、以分水岭为边界的特殊区域概念。水资源的这种流动性和流域性,决定了水资源按流域统一管理的必然性。依据水资源的流域特性,着眼于"流域水资源是一个完整的系统",按流域实施水资源统一管理,已为国内外流域管理的实践所证明。基于流域水资源统一管理构建水权交易平台,是避免水权交易管理职能交叉的重要方向。

水资源的存在形态可以划分为三类:第一类为重要江河、湖泊,第二类为跨省、自治区、直辖市的其他江河、湖泊,第三类为前两类规定以外的其他江河、湖泊。国务院水行政主管部门在国家确定的重要江河、湖泊设立流域管理机构,在所管辖的范围内行使法律、行政法规规定的和国务院水行政主管部门授予的水资源管理和监督职责。县级以上地方人民政府水行政主管部门按照规定的权限,负责本行政区域内水资源的统一管理和监督工作。这一管理体制的现实表明:第二、三类的水资源没有形成完善的统一管理,容易导致部门之间职能交叉和职能错位现象,从而对水权交易管理造成不利影响。

针对以上现实问题,应将流域管理与行政区域管理相结合的管理体制进一步细化,将流域机构的管理范围适当扩大,将第二类水资源的水权交易归属到各个流域机构进行管理。对于第二类水资源中无法归入流域机构的水资源和第三类水资源归属到省级区域进行水权交易统一管理。在流域统一分配水量方面,应当依据流域规划和水中长期供求规划,以流域为单元制订水量分配方案。这里的水量分配强调了地表水的统一配置和中长期规划,而2002年《中华人民共和国水法》第二条明确规定:"本法所称水资源包括地表水和地下水",所以进行水资源管理时只考虑地表水分配是不全面的,在水权交易中应对地表水与地下水进行统一管理。流域机构在管理地表水的水权交易的同时,应对流域内的地下水进行统一规划,确定流域中的不同区域内地下水的开采量与可交易量。

### 9.2.5 流域水权配置体系

流域水权进行初始配置时,考虑了水资源的不同用途对产权分置所造成的影响。构建流域水权配置体系的主要思路包括:

从用途上看,将水资源的使用划分为生态环境用水、生活用水和生产用水。流域的生态环境用水主要是指河流、湖泊水面蒸发所需的水资源。对于这类用水,流域管理机构在进行流域总体规划时,应保证河流、湖泊有一定的流量和面积,避免因河流流量减少和湖泊面积减小而破坏生态平衡。尽管这部分生态环境用水没有直接的经济效益,但是其社会效益和长远效益是巨大的。另外这种生态环境用水由于不能直接产生收益,所以也容易被用水者取作他用。因此,国家必须掌握该部分用水完整的产权束,包括所有权、使用权、分配权和收益权。流域管理机构作为国家水资源所有权现实的委托代理人,可以行使国家对该部分生态环境用水的使用权、分配权和收益权,用以保障流域经济和谐发展的生态环境。

生活用水主要包括人畜饮水和居民日常用水。这类用水一般都是要耗费河流水量的,这部分水资源所起的作用是保证生命体生存和基本生活需要,用水主体并不能从用水中获得经济收益。对于这类水资源的使用,流域管理机构掌握水量分配权和收益权,而用水单位应遵循取水许可办法规定,按需求量申请取水,并支付一定的水资源使用费给流域管理机构,以体现国家对水资源的所有权。生活用水事关人民群众的根本利益和社会安定,因此也是流域管理的重要调节对象。一方面,流域管理机构必须合理运用分配权,将城乡居民生活用水放在重要的位置加以保证;另一方面,流域管理机构应完善取水、用水监测体制和技术,与用水主体协商处理生活用水分配中的纠纷和矛盾。

在竞争性水权制度下,流域水资源的禀赋不同,水权分配的模式也不完全相同。不同的水权分配模式将产生不同的效益与成本,对流域经济影响的程度亦将有所差异。从水权初始分配、使用到再调整的过程来看,按政府介入的程度来划分,我国流域水权配置可选择的基本模式包括:政府的行政管制分配、用水户参与分配以及市场交易分配。

#### 9.2.5.1 行政管制分配体系

行政管制分配体系,即由政府负责和管理水资源的开发建设,提供水利建设经费,统筹向用水户分配水权,并可收回水权再重新分配,禁止水权移转与交易等环节的不规范行为,以维护政府行政调控的延续性。行政管制分配体系的优点在于:

一是有利于国家宏观目标和整体发展规划的实现。例如我国南水北调工程,它能够从供给上直接缓解北方水资源极度稀缺的现状。如此巨大的水权调配,只有在行政管制体系下才能以较低的交易成本实现。

二是有利于满足公共用水需求、维护公平原则。只有在行政管制模式下,才能较好地协调公共与个体、低收入者与高收入者用水需求之间的矛盾。

三是在制度安排上易于执行。我国自然资源长期实行计划配置,采用行政管制分配水权在制度以及行政机构上无需太多转型,因此这种制度变迁的成本最小,易于执行。

行政管制分配体系的缺点在于:

一是缺乏流转机制,难以满足新增用水户的水权需求。在流域水资源稀缺地区,行政管制分配将流域内可能的水资源分配完毕后,各行各业不断增加的新增需水户在谋求不到行政分配后,又无法通过市场交易获取所需水权,对后来者而言缺乏公平,同时也有碍经济社会的发展。

二是水资源商品价值难以体现,节水和改善用水效率的动力不足。

三是缺乏用水户参与,违背行政管制体现的社会公益目标,容易造成资源配置的扭曲。

#### 9.2.5.2 用水户参与分配体系

用水户参与分配是由流域范围内具有共同利益的用水户自行组成并参与决策的组织,如水利灌溉组织、流域用水组织以及用水者协会组织等,通过内部民主协商的形式管理和分配水权。这些协会与组织具有法人资格,实行自我管理,独立核算,经济自立,是一个非营利性经济组织。该体系的理论依据是一种由布坎南(James M. Buchanan)提出的所谓“俱乐部资源”,这种资源具有俱乐部成员之间使用的非对抗性和对非成员使用的排他性特征。

用水户参与分配体系模式的优点在于:

一是有利于提高水权分配的弹性,兼顾公平与效率。利益相关的用水户总是比行政主管机构掌握更多的用水信息,因此用水户直接参与制定的水权分配制度往往比行政管制分配更能体现公平、兼顾效率。

二是降低了监督成本,提高了管理效率,增强了制度的可接受度。用水户自身参与制定的用水制度更容易被用户所执行,相应的监督成本也比行政管制低,在管理上效率也有所提高。

用水户参与分配体系模式的缺点在于:

一是此模式虽可以在微观上建立许多不同的适用于各流域的分配与管理制度,但正是如此,在宏观上就难以形成一个透明化的制度,不利于监督管理。

二是该组织与协会是一个“用脚投票”的俱乐部,少数或一些弱势团体的利益容易被忽略。

三是该分配模式下协会之间、部门之间以及各行业之间的水权分配矛盾较难统一协调。

四是农业用水在我国始终占最大比例,但由于我国农民小而分散,相应的协会与组织基础非常薄弱,大范围采取这种分配模式制度推行成本较高。

#### 9.2.5.3 市场交易分配体系

市场交易分配体系可划分为两个层次:第一层次通过市场公开拍卖方式完成初始水权配置,第二层次是通过水权交易方式实现水权再分配和调整。

通过第一层次公开拍卖初始水权,其优点在于:

一是充分发掘流域水资源的经济价值,提高水资源的利用和配置效率。

二是拍卖所得可大幅提升和实现所有权收益,以保障水利工程的投入和维护的支出。

通过第一层次公开拍卖初始水权,其缺点在于:

一是竞争优胜者往往是水资源边际效益较高的行业或用户,而一些边际效益较低的传统农业用水、生活用水、公共用水等重要用水却得不到满足,效率虽有提升,却有失公平,影响经济发展和社会安全。

二是流域水资源市场是一种“准市场”,单一采取拍卖的方式配置初始水权,容易导致部分参与者垄断的现象,使水权分配走向无效率的反面。

水权交易方式是一种水权的再配置形式,它既可以与拍卖初始水权方式结合,也可以单独与其他水权配置体系相结合。不论水权初始分配采取何种方式,在第二层次水权再配置中,水权交易方式都可利用市场机制促使水权人以自愿性的交易方式,实现水资源重新优化配置。

第二层次利用水权市场交易再分配的优点在于:

一是赋予了水权人重新分配水权的决定权,使新增或潜在的用水户有机会获取所需水资源,还可增加原水权人投资改善用水设施的动力。

二是使水资源由低效益向高效益用途转移,提高水资源的配置效率。

三是通过市场交易机制,可促使水权人考虑水资源使用的机会成本,产生自主节水的诱因,降低节水管制的监督成本。

四是使水权成为一项有市场价值的资产,从而活络水资源的资产流动性。

第二层次利用水权市场交易再分配的缺点在于:

一是对水权的同质性要求较高,非同质性水权交易技术难度比较大。

二是对取水点监测、取水计量、输配水设施等配套设施的建设要求较高。

三是单一市场交易模式,较难控制对第三者的外部性以及对环境的影响。

## 9.3 流域水资源供需分析

流域水量调节需要根据具体流域水资源的供需情况来确定,需要在规划设计的基础上进行长期的观察和研究。流域水量调节如何从应急调度发展到常年调度,从单纯服务于生产生活到生态环境调水,在实践上和理论上都未形成成熟的方法与理论体系。本节主要结合流域水资源供需作一些针对性的分析,为流域水资源实行统一管理提供一些借鉴。

### 9.3.1 水量调节与水工程供水量计算

#### 9.3.1.1 流域水量调节现状及发展

流域水量统一调度,我国总体上起步较晚,20 世纪 90 年代以前除个别流域由于水资源供需矛盾尖锐,开展了以发电和供水为主的局部河段的水量调度外,水利建设主要以综合性工程配置为主,仅在局部地区建设一些具有单一功能的调水工程,并未形成现代意义上的水资源调度。如黄河流域,由于上游和中游分别修建了刘家峡水利枢纽和三门峡水利枢纽,在很大程度上改变了天然径流的时空分配,对于上游河段的供水和下游河段的防洪、防凌等产生一定的影响。其水量调度经历了三个阶段的演进:

第一阶段是 1969 年成立的黄河上中游水量调度委员会负责包括刘家峡、青铜峡等水库在内的黄河上游水量调度。黄河上游主要是以发电和灌溉供水为主的兴利调度,黄河防办负责三门峡水库调度,黄河下游主要是以除害为主的防洪、防凌调度,这期间黄河上、下游形成了相对独立的调度体系。

第二阶段是 1986 年龙羊峡水库投入运行后,国家有关部门重新调整了原有的黄河上中游水量调度委员,由黄河水利委员会任主任委员,这标志着黄河水利委员会开始介入了全流域的水量调度。

第三阶段是从 1989 年开始,为确保黄河防凌安全,由黄河防汛总指挥部在"保证防凌安全的前提下,兼顾发电调度刘家峡水库的下泄流量",至此在黄河凌汛期实现了全流域水量统一调度。

但从总体上看,我国流域水资源调度经历了两个阶段,大致可划分为:

第一阶段是从新中国成立初期到 20 世纪 90 年代,以水利工程的兴利调度和跨流域调水为主,较少从流域水资源综合利用考虑,北方河流的水资源调度不考虑河道内的生态环境用水,造成江河断流、尾闾湖泊干涸。

第二阶段是 1999 年以来,逐步重视河流自身的生态用水,统筹兼顾,综合协调。1999 年开始了黄河流域的水量调度;2000 年以后陆续开展了黑河、塔里木河流域水量统一调度及扎龙湿地补水,珠江流域压咸补淡,引江济太等跨流域、远距离的水量统一调度。我国水资源调度取得了长足进展。调度内涵不断丰富,调度理念不断发展,调度服务的领域不断拓宽,从应急调度发展到常年调度,从单纯的水量调度到水量与水质的统筹考虑,从单纯服务于生产生活到生态环境调水。

#### 9.3.1.2　流域水量调节

关于水量调节,需要根据具体流域的实际情况综合考虑各种因素加以确定。《中华人民共和国水法》第三十条规定:水资源开发、利用规划和调度水资源时应当注意维持河流的合理流量和湖泊、水库以及地下水的合理水位,维护水体的自然净化能力。这一规定体现了"在保护中开发,在开发中保护"的原则,将生态用水摆在重要的位置,要求在水量调度中,将保护水量和生态用水作为重要内容加以落实,对水资源调度主体、水量分配方案、调度计划等编制也进行了明确,并先行在黄河流域进行试点。黄河流域确定的水量调度的原则是:国家统一分配水量,流量断面控制,省(自治区、直辖市)负责用水配水,重要取水口和骨干水库统一调度。

经过近年来的实践总结,流域水资源调度的原则归纳起来有以下几个方面:

(1)统一分配、统一调度。由于流域水量调度涉及流域各省(自治区、直辖市)等行政区及各行业、各部门,河流上中下游和左右岸用水要求各异,需要以流域为单元统一调度,才能使水资源实现全流域的优化配置和除害兴利的目标。由流域管理机构协商有关省(自治区、直辖市)人民政府制订跨省(自治区、直辖市)的水量分配方案和旱情紧急情况下的水量调度预案;由县级以上地方人民政府水行政主管部门或者流域管理机构制订年度水量分配方案和调度计划,实施水量统一调度。水量分配方案和旱情紧急情况下的水量调度预案一经批准,具有法律效力,地方人民政府必须执行,对拒不执行水量分配方案和水量调度预案、拒不服从水量统一调度的,对负有责任的主管人员和其他直接责任人员依法给予行政处分。

(2)总量控制。总量控制是指对流域内各行政区域用水总量,按照水量调度方案进行某一时段内的用水总量控制,包括年、月、旬的总量控制。省(自治区、直辖市)、市(地)、县三级地方人民政府计划主管部门会同同级水行政主管部门,根据用水定额、经济技术条件以及水量分配方案确定的可供本行政区域使用的水量,制订年度用水计划,对区域内的年度用水实行总量控制。

(3)断面流量控制。断面流量控制指的是对流域内重要控制断面和省界断面一定时段的流量进行控制,便于水量调度方案和实时水量调度指令的执行。

(4)分级管理、分级负责。水量分配方案以流域为单元制订。流域管理机构和有关省(自治区、直辖市)人民政府是跨省(自治区、直辖市)水量分配方案和旱情紧急情况下的水量调度预案的制订主体;上一级人民政府水行政主管部门和有关地方人民政府是跨行政区域水量分配方案与旱情紧急情况下的水量调度预案的制订主体;县级以上水行政主管部门或者流域管理机构是年度水量分配方案和调度计划的制订主体与实施主体。

(5)统筹协调。从综合利用水资源出发,根据规划与设计,充分发挥除害兴利作用,并考虑各种水利工程和非工程措施的最优配合运用。当遭遇设计标准以上的特大或特枯水情时,本着局部利益服从整体利益的原则进行调度,并对兼有防洪、灌溉、供水、发电、排涝、航运、渔业、环保、旅游等多种用途的水体进行综合平衡。

#### 9.3.1.3　流域水量平衡与分析模型

1)两参数月水量平衡模型

(1)月实际蒸发量 $E$ 的计算。建议采用下式来计算流域的月实际蒸发量。

$$E_{(t)} = EP_{(t)} \times \tanh[P_{(t)}/EP_{(t)}] \tag{9-1}$$

式中,$E_{(t)}$ 为月实际蒸发值;$EP_{(t)}$ 为月蒸发皿观测值;$P_{(t)}$ 为月降水量。

式(9-1)右边项中的 $\tanh[P_{(t)}/EP_{(t)}]$ 也可被看做从蒸发皿观测值到实际蒸发值的转换系数,它是降水量 $P_{(t)}$ 与蒸发皿观测值 $EP_{(t)}$ 比值的双曲正切函数,其值上限为1.0。

实际操作中,常把式(9-1)乘以一个系数后用来计算月实际蒸发值,以反映降水和蒸发的年内变化规律,即

$$E_{(t)} = C \times EP_{(t)} \times \tanh[P_{(t)}/EP_{(t)}] \tag{9-2}$$

这里系数 $C$ 为本书模型中的第一个参数,综合反映蒸发和降水变化情况。

(2)月径流量 $Q$ 的计算。月径流量 $Q$ 与该月土壤中的净含水量 $S$(即扣除了蒸发之后的剩余水量)密切联系,$S$ 越大,水分流出土壤的可能性越大,则 $Q$ 越大。若把整个流域的调蓄作用当做一个"水库"(尽管"水库"中还有土壤和空气),$Q$ 便可简化为 $S$ 的线性或非线性函数,作者假定月径流量为土壤含水量的双曲正切函数关系,即

$$Q_{(t)} = S_{(t)} \times \tanh(S_{(t)}/SC) \tag{9-3}$$

式中,$Q_{(t)}$ 为月径流量;$S_{(t)}$ 为当月土壤净含水量;$SC$ 为本模型中所用的第二个参数,称为流域最大蓄水能力。

流域最大蓄水能力 $SC$ 代表当土壤几乎没有水分时整个流域的平均持水能力;而当土壤中的水分逐渐增多时,因土壤张力势的减小,流域蓄水能力逐渐减小,出流便逐渐增多。

(3)模型的数值计算方法。已知月降水量 $P_{(t)}$、月蒸发皿观测量 $EP_{(t)}$,则流域月实际蒸散发量 $E_{(t)}$ 可采用公式(9-2)计算。扣除蒸散发之后的土壤含水量为 $S_{(t-1)} + P_{(t)} - E_{(t)}$,其中 $S_{(t-1)}$ 为第 $t-1$ 个月月底、第 $t$ 个月月初的土壤含水量。然后根据式(9-3)来计算流域月出流量 $Q_{(t)}$

$$Q_{(t)} = (S_{(t-1)} + P_{(t)} - E_{(t)}) \times \tanh[(S_{(t-1)} + P_{(t)} - E_{(t)})/SC] \tag{9-4}$$

最后得到第 $t$ 个月月底、第 $t+1$ 个月月初的土壤含水量 $S_{(t)}$

$$S_{(t)} = S_{(t-1)} + P_{(t)} - E_{(t)} - Q_{(t)} \tag{9-5}$$

2)三参数月水量平衡模型

三参数月水量平衡模型输入因子有月降水量观测值、月蒸发皿观测值、月初地下水位观测值,模型输出因子有月末地下水位、地下水位变化与土壤含水量变化线性关系。三参数月水量平衡模型中前两个参数计算方法与两参数月水量平衡模型相同,增加了第三个参数反映地下水补给量的变化。

(1)月实际蒸发量 $E_{(t)}$ 的计算。

$$E_{(t)} = C \times EP_{(t)} \times \tanh[P_{(t)}/EP_{(t)}] \tag{9-6}$$

(2)月径流量 $Q_{(t)}$ 的计算。

$$Q_{(t)} = [S_{(t-1)} + P_{(t)} - E_{(t)}] \times \tanh\{[S_{(t-1)} + P_{(t)} - E_{(t)}]/SC\} \tag{9-7}$$

(3)月地下水位计算。

假定补给饱和含水层的水量是入渗到非饱和含水层水量中很少的一个量,月地下水位的变化量与非饱和含水层月土壤含水量的变化量为线性关系,即

$$\Delta G_{(t)} = GC\Delta S_{(t)} \tag{9-8}$$

式中,$G_{(t)}$ 为月地下水位的变化量;$GC$ 为地下水补给参数,$GC$ 为本模型中所用的第三个参数,主要由土壤孔隙率和非饱和含水层与饱和含水层之间运移水量决定。

地下水位变化与计算时间以前的土壤含水量变化为线性关系,与地下水位变化相关的土壤孔隙率、饱和土壤含水量未知。土壤含水量的变化量为

$$\Delta S_{(t)} = P_{(t)} - E_{(t)} - Q_{(t)} \tag{9-9}$$

将式(9-6)代入式(9-7),月末地下水位为

$$G_{(t)} = G_{(t-1)} + GC[P_{(t)} - E_{(t)} - Q_{(t)}] \tag{9-10}$$

式中,$G_{(t-1)}$为月初地下水位。

### 9.3.2　跨流域调水多目标决策

跨流域调水在水资源开发利用中产生的矛盾与冲突较为集中,成为需要多学科攻关的现实问题。跨流域调水的目标越多,解决问题的方法越复杂。调水地区的地形、地质和水文特征是调水的重要因素,规划单元的相对独立性,致使调水流域的损失和破坏极为复杂。由于调水工程需要充分规划和对设计投资作出评估,并需要对调水的所有问题进行详细研究,包括环境影响,致使世界上许多大型调水工程规划仍停留在对建设方案的预研和决策中,但政府在水资源开发规划、制定政策以及立法中的地位毋庸置疑。

从系统工程的观点分析,水资源系统规划是一个由不同层次组成的独立系统。它包含着若干分系统,每一个系统又由一些更小的部分组成,分系统及其更小的组成部分之间相互联系、相互制约。水资源系统规划方案优选问题,转化成为一个具有多层次结构的系统优化问题。系统方案的优劣由若干个评价指标的特征值来描述。为达到评价系统方案优劣的目的,需要建立决策评价模型。这类模型通常有两部分构成因素:一是水资源规划方案中指标权重评价;二是水资源规划方案决策评价计算。前者根据多目标规划中的层次法(AHP法)标度原则,把定性分析转化为定量的数值,从而确定各层指标的权重,为后者提供各指标相对权重;后者通过构造规范化决策矩阵,采用密切度法对各方案进行排序,作出方案优劣评价。这些内容已经在有关章节中作出解释和分析,此处不再赘述。

## 9.4　流域水灾害对策

流域水灾害具有整体性、区域性和外部性等特征,具有较强的公共属性。分析流域水灾害的基本形式和公共属性,提出流域上下游污水补偿机制,科学应对水灾害,化害为利,意义重大。

### 9.4.1　流域水灾害基本形式

流域水灾害基本形式主要有洪水、干旱、海啸、风暴、污染、冰雪共6大类20余种。流域水灾害具有范围广、随机等特点。无论在高山、平原、高原、海岛,还是在江、河、湖、海以及空中,都会随机发生水灾害。随着城市化进程的加快,水灾害呈现多元化、极端化、群发性。某些灾害往往在同一时段内发生在许多地区,如1998年长江、嫩江、松花江、珠江并发特大洪灾。2011年先是南北同旱,后是南北同涝,接下来是旱涝交替,灾害损失巨大。

联合国公布的1947~1980年全球因自然灾害造成人员死亡达121.3万人,其中61%是由水灾害造成的。2008年1~2月中国南方大部分地区发生半个世纪以来最严重的冰雪灾害。湖南、贵州等地电力系统接连发生故障,严重波及铁路,导致铁路运输系统瘫痪;因低温冻害作物受灾1 186万$hm^2$,其中绝收169万$hm^2$。截至2008年2月26日,全国因灾死亡129人,失踪4人,紧急转移安置166万人,倒塌房屋48.5万间,损害房屋168.6万间,因灾

造成的直接经济损失已经达到了1 516.5亿元。1998年特大洪灾造成的直接经济损失竟达2 000亿元,2011年旱涝灾害直接经济损失初步估算达1 000亿元以上。

### 9.4.2 流域水灾害公共属性

纯公共物品的特性是具有效用的不可分性,表现为消费的非竞争性(Non - rivalrousness)和受益的非排他性(Non - excludability)两个特性。这两个特性意味着公共物品如果由市场提供,则每个消费者都不会自愿掏钱去购买,而是等着他人去购买而自己顺便享用它所带来的利益,这就是"搭便车"问题。如果所有社会成员都试图"免费搭车",那么,最终结果就是没人能够享受到公共物品,因为"搭便车"问题会导致公共物品的供给不足。

但是,公共物品并不等同于公共所有的资源。共有资源(Common Resources)是有竞争性但无排他性的物品,它们在消费上具有竞争性,但是却无法有效地排他,如公共渔场、牧场等,因而容易产生"公地悲剧"问题(Tragedy of the Commons),即如果一种资源无法有效地排他,那么,就会导致这种资源的过度使用,最终导致全体成员的利益受损。因此,基于此产生的流域"公水悲剧"(The Tragedy of the Public Water)也就很必然。

由于流域水灾害具有整体性、区域性和外部性等特征,因而很难改变其公共属性,需要从公共服务的角度出发,对其进行有效的管理,重要的是强调主体责任、公平的管理原则和公共支出的支持。在生态环境保护方面,基于公平性的原则,区域之间、人与人之间应该享有平等的公共服务,享有平等的生态环境福利,这是制定流域生态补偿政策必须考虑的问题。

### 9.4.3 流域上下游污染补偿机制

#### 9.4.3.1 流域上游与下游的责任

构建流域上下游污染补偿机制,关键是流域上下游责任关系界定问题。一般情况下,不能简单地要求由上游给予下游污染补偿。上、下游都负有保护生态环境、执行环境保护法规的责任,因此上、下游要建立"环境责任协议"制度,采用流域水质、水量协议的模式。即下游在上游达到规定的水质、水量目标的情况下给予其补偿;在上游没有达到规定的水质水量目标,或者造成水污染事故的情况下,上游应对下游给予补偿和赔偿。

#### 9.4.3.2 污染补偿方式

(1)资金补偿。资金补偿是最常见、最迫切、最急需的补偿方式。资金补偿过程包含多项费用补偿,如水资源费、效益补偿费以及损失补偿费等。

(2)实物补偿。补偿者运用物质、劳力和土地等资源进行补偿,给受补偿者提供部分的生产要素和生活要素,改善受补偿者的生活状况,增强其生产能力。实物补偿有利于提高物质使用效率,如退耕还林(草)政策中运用大量粮食进行补偿的方式。

(3)政策补偿。指中央政府对省级政府、省级政府对市级政府的权力和机会的补偿。如果受补偿者在授权的权限内,则可以利用制定政策的优先权和优惠待遇,制定一系列创新性政策,促进其发展并筹集资金。利用制度资源和政策资源进行补偿是十分重要的,尤其是对于资金贫乏、经济落后的流域上游地区更为重要。

(4)智力补偿。补偿者开展智力服务,提供无偿技术咨询和指导,培训受补偿地区或群体的技术人员和管理人才,输送各类专业人才,提高受补偿地区的生产技能、技术含量和组织管理水平。

#### 9.4.3.3 污染补偿机制

(1)征收流域污染补偿税。税收是政府按照一定的标准强制无偿地取得财政收入的一种形式,具有强制性、固定性等特征。其以对生态环境产生或者可以产生不良影响的生产、经营、开发者为征收对象,以生态环境整治及恢复为主要内容,向受益单位部门征收一定的税费,并将其纳入国家预算,由财政部门统一管理,通过国家预算再将一部分资金返还给参与生态环境建设的农户,从而构建起以税聚财、以财补投的污染补偿机制。

(2)建立流域污染补偿基金。是指由政府、非政府机构或个人拿出资金支持生态保护行为。流域污染补偿基金主要来源于流域地区的利税、国家财政转移支付资金、扶贫资金、国际环境保护非政府机构的捐款等。流域生态补偿基金主要用于培育江河上游地区的生态恢复和增值功能,如防护林工程建设、水库涵养保护、流域环境综合治理整治、资源保护和灾害防治及生态农业、生态工业小区和生态村镇建设等方面。

(3)实行信贷优惠。主要是通过制定有利于生态建设的信贷政策,以低息或无息贷款的形式向有利于生态环境的行为和活动提供小额贷款,作为生态环境建设的启动资金,鼓励利益群体从事生态保护工作,鼓励金融机构在确保信贷安全的前提下,由政府政策性担保提供发展生产的贷款。这一方式既可以刺激借贷人有效地使用贷款,又可提高生态保护行为的效率。

(4)引进国外资金和项目。我国流域生态环境建设以其很强的全球性、整体性和典型性,受到世界的关注,国家借助诸如世界银行等国外机构提供的资金,TNC、WWF 等国外非政府组织提供的项目来保护流域的生态环境。引进的国外资金和项目受国家的财政体系影响较小,因此引进国外资金操作起来比较容易,但是,这种形式的资金是有限的,更适宜于特别贫困地区。

流域污染补偿途径和机制有其自身的特点和局限性,没有任何一种策略对所有地区都有效,真正起作用的补偿机制应该是因地制宜地发挥多种补偿机制的综合优势。

### 9.4.4 科学应对流域水灾害

近几年采取的主要应对措施与对策如下所述。

#### 9.4.4.1 健全防灾减灾体系

健全和完善防洪减灾体系,加强防洪保障能力,是在继续加强大江、大河、大湖治理的同时,加快推进防洪重点薄弱环节的建设。在继续推进主要江河河道整治和堤防建设的基础上,加大中小河流治理力度,巩固大中型病险水库除险加固成果,加快小型病险水库除险加固步伐,全面提高城市防洪排涝能力,从整体上提高抗御洪涝灾害能力和水平。山洪地质灾害防治,坚持工程措施和非工程措施相结合,完善监测预警体系,加快实施防灾避让和重点治理。在创新完善防灾减灾的组织机制、预案机制、预警机制、指挥机制、保障机制的同时,坚持统筹兼顾,注重兴利除害结合、防灾减灾并重、治标治本兼顾,统筹安排水资源合理开发、优化配置、全面节约、有效保护、科学管理。

#### 9.4.4.2 提升科学治水能力

目前,对重大水灾害的科学监测、预警、预报能力距离经济社会发展的需求仍有差距。而且,由于技术水平的制约,预警信息传递仍然是广大农村、山区、海岛防灾减灾的薄弱环节，因此强化水文气象和水利科技支撑，提高水利科技创新能力，力争在水利重点领域、关键环节、核心技术上实现新突破，加快水利科技成果推广转化；加强水文气象基础设施建设，扩大覆盖范围，优化站网布局，着力增强重点地区、重要城市、地下水超采区水文测报能力，加快应急机动监测能力建设，实现资料共享，全面提高服务水平；同时，推进水利信息化建设，全面实施“金水工程”，加快建设国家防汛抗旱指挥系统和水资源管理信息系统，提高水资源调控、水利管理和工程运行的信息化水平，以水利信息化带动水利现代化。

#### 9.4.4.3 保持稳定投资规模

水灾害的强度、频次并不会因人的意志而改变，但灾害造成的损失大小与经济、科技发展水平、综合国力以及社会制度相关的防灾减灾体系有着密切的联系。因此，推进经济发展，必须依靠不断增长的经济实力，加大对水利建设的投入。2010 年中央一号文件强调：要突出抓好水利基础设施建设，发挥政府在水利建设中的主导作用，将水利作为公共财政投入的重点领域，固定资产投资把水利放在重要位置。在政策实施过程中，切实加强水利投资项目和资金监督管理，提高水利利用外资的规模和质量，积极稳妥地推进经营性水利项目进行市场融资。

#### 9.4.4.4 加强防灾应急管理

洪涝灾害、干旱缺水、水体污染等水问题关系国计民生，涉及方方面面，具有广泛的社会性。在防御水涝灾害中，为了最大限度地减轻灾害的损失和影响，必须尽快健全防汛抗旱统一指挥、分级负责、部门协作、反应迅速、协调有序、运转高效的应急管理机制，落实各项应急预案。目前，迫切需要针对水灾害的特点，加强监测预警能力建设，加大投入，整合资源，提高雨情、汛情、旱情预报水平；应对极端水灾害事件，依赖科技与管理的先进性，建立专业化与社会化相结合的应急抢险救援队伍，着力推进县、乡两级防汛抗旱服务组织建设，健全应急抢险物资储备体系，完善应急预案；建设一批规模合理、标准适度的抗旱应急水源工程，建立应对特大干旱和突发水安全事件的水源储备制度；建立具有快速反应功能的专业抢险救援队伍的同时，强化群防群治的组织体系，进行必要的防灾训练，使公众掌握自保互救的本领。在水法规执行、水规划实施、突发性水事件处理等涉水工作中，水行政主管部门也必须从狭隘的部门业务工作中走出来，扩大宣传，发动群众，努力提高社会公众的参与度和支持度。同时，要加强决策后评估，这是加强应急管理的必要环节。

### 阅读链接


[1] 雷玉桃. 论我国流域水资源管理的现状与发展趋势[J]. 生态经济，2006(6).

[2] N W T Quinn, L D Brekke, N L Miller, et al. Model Integration for Assessing Future Hydroclimate Impacts on Water Resources, Agricultural Production and Environmental Quality in the San Joaquin Basin, California[J]. Environmental Modelling & Software, 2004, 19(3).

[3] J S Pachpute. A Package of Water Management Practices for Sustainable Growth and Improved Production of Vegetable Crop in labour and Water Scarce Sub – Saharan Africa[J]. Agricultural Water Management, 2010, 97(9).

[4] 柳长顺，陈献，乔建华. 流域水资源管理研究进展[J]. 水利发展研究，2004(11).

[5] H W Chen, Ni – Bin Chang. Water Pollution Control in the River Basin by Fuzzy Ge-

netic Algorithm - Based Multiobjective Programming Modeling[J]. Water Science and Technology, 1998, 37(8).

[6] Ing - Marie Gren, Henk Folmer. Cooperation with Respect to Cleaning of an International Water Body with Stochastic Environmental Damage: The Case of the Baltic Sea[J]. Ecological Economics, 2003, 47(1).

[7] 陈晓雅,黄斌,贾敬禹. 白于山区能源开发对当地农村发展的影响研究[J]. 安徽农业科学, 2009(25).

[8] 安灵,白艺昕,何雪峰. 企业政治关联及其经济后果研究综述[J]. 商业研究, 2010(9).

[9] 孙景宇,孟涣晨. 转型新阶段俄罗斯、东欧和中国经济增长与发展的比较分析[J]. 长春市委党校学报, 2011(1).

[10] 贾会娟,赵春霞. "资源诅咒":青海经济实现可持续发展必须避开的陷阱[J]. 柴达木开发研究, 2010(2).

[11] 张衔,吴海贤,李少武. 汶川地震后四川产业重建与可持续发展的若干问题[J]. 财经科学, 2009(8).

[12] 周泽将,杜颖洁. "参政议政"能否改进民营上市公司的真实业绩[J]. 财经论丛, 2011(3).

[13] 任歌,李治. "资源诅咒"与富资源地区产业结构转型问题[J]. 财经论丛, 2009(3).

[14] 龚秀国. 中国式"荷兰病"影响中国财政收支格局的实证分析[J]. 财经科学, 2010(8).

[15] 贺红艳. 矿产资源开发"强区与富民"悖论研究——以新疆煤炭资源开发为例[J]. 财经科学, 2010(7).

## 问题讨论

1. 流域水资源开发利用的基本手段依赖于工程措施。工程建设投入的筹集机制如何构建？与现行的公共财政体制如何适应及匹配？流域生态工程建设的投资方向如何与区域投资相协调？

2. 水权管理是水资源开发利用的制度建设方向。流域如何在初始水权分配的基础上构建二级水权市场？二级水权市场的交易机制如何建立？"三水"自然转化的水权表现如何界定？

3. 流域水灾害是自然过程与社会过程的统一。水灾害的表现形式有哪些？水灾害转移规律与社会过程存在什么样的辩证关系？我国治理流域水灾害的基本经验和主要实践有哪些？

## 参考文献

[1] 何平,等. 土体冻结过程中的热质迁移研究进展[J]. 冰川冻土,2001(1).

[2] 董哲仁. 探索生态水利工程学[J]. 中国工程科学,2007(1)

[3] 南方雨雪冰冻灾害造成直接经济损失 1516.5 亿元[EB/OL]. (2008 - 02 - 26) http://news.xin-

huanet. com/politics/2008 – 02/26/content_7673106. html.
[4] 柳长顺,陈献,乔建华. 流域水资源管理研究进展[J]. 水利发展研究,2004(11).
[5] 雷玉桃,谢建春,王雅鹏. 我国水资源流域管理创新对策[J]. 水利经济,2003(6).
[6] Shi Zulin, Bi Liangliang. Trans – jurisdictional River Basin Water Pollution Management and Cooperation in China: Case Study of Jiangsu/Zhejiang Province in Comparative Global Context[J]. China Population, Resources and Environment, 2007, 17(3).
[7] Laijun Zhao. Model of Collective Cooperation and Reallocation of Benefits Related to Conflicts Over Water Pollution Across Regional Boundaries in a Chinese River Basin[J]. Environmental Modelling & Software, 2009, 24(5).
[8] Nani Djuangsih. Understanding the State of River Basin Management from an Environmental Toxicology Perspective: An Example from Water Pollution at Citarum River Basin, West Java, Indonesia[J]. Science of the Total Environment, 1993, 134(1).
[9] H W Chen, Ni – Bin Chang. Water Pollution Control in the River Basin by Fuzzy Genetic Algorithm – Based Multiobjective Programming Modeling[J]. Water Science and Technology, 1998, 37(8).
[10] E C P Kinnon, S D Golding, C J Boreham, et al. Stable Isotope and Water Quality Analysis of Coal Bed Methane Production Waters and Gases from the Bowen Basin, Australia[J]. International Journal of Coal Geology, 2010, 82:3-4.
[11] N W T Quinn, L D Brekke, N L Miller, et al. Model Integration for Assessing Future Hyd roclimate Impacts on Water Resources, Agricultural Production and Environmental Quality in the San Joaquin Basin, California[J]. Environmental Modelling & Software, 2004, 19(3).
[12] J S Pachpute. A Package of Water Management Practices for Sustainable Growth and Improved Production of Vegetable Crop in labour and Water Scarce Sub – Saharan Africa[J]. Agricultural Water Management, 2010, 97(9).

# 第10章 流域生物资源开发利用管理

生物资源是生物群落与其周围环境组成的具有一定结构和功能的生态系统。生物资源是农业生产的主要经营对象,并为其他部门提供原材料和能源。随着生产的发展和科技的进步,生物资源的承载能力与人类需求间的矛盾日益突出。本章主要立足现实背景,阐述流域森林资源、湿地资源、气候资源和流域自然保护区管理等内容。

## 10.1 流域森林资源开发利用管理

森林资源是地球上最重要的资源之一,是生物多样化的基础,它不仅能够为生产和生活提供多种宝贵的木材和原材料,能够为人类经济生活提供多种物品,更重要的是,森林还具有调节气候,保持水土,涵养水源,防止和减轻旱涝、风沙、冰雹等自然灾害的功能。客观地认识流域森林演替规律,认知流域森林生态系统的功能和作用,能有效地对森林资源进行合理配置。

### 10.1.1 流域森林演替

森林演替(Forest Succession)是指在同一地段上,一种森林群落为另一种森林群落更替的现象。广义的森林演替是从裸地开始,由简单的先锋植物入侵、定居,逐渐改变环境条件,导致后继植物入侵、定居,形成新的群落,经过不同植物群落的更替、发展,最后形成复杂而稳定的森林群落的过程。在没有强烈外力干扰的条件下,随着时间的推移,同一地段上可依次发生不同的群落,出现不同的演替阶段,即群落发生的先锋阶段、发展强化阶段、相对稳定的亚顶极阶段和成熟稳定的顶极阶段。所有演替阶段的总和称为演替系列。在森林演替过程中,不同的演替阶段通常伴随着树种更替和组成变化,或不发生树种更替而出现不同的林型。

研究流域森林演替可以了解和掌握森林演替规律,根据森林功能和经营要求,如迹地更新、林分改造、丰产培育等,采取相应的措施,调整森林的组成结构,控制演替的方向和速度,有效发挥流域森林资源的经济效益、生态效益。

#### 10.1.1.1 森林演替分类

1)按演替动力分类

由于外部动力,如火山爆发、火灾、水灾、病虫害等自然灾害或采伐等人为活动改变了流域森林环境,现有的森林不能适应而为另一种群落所代替,称外因演替。由于群落发展的内在因素,如现有群落发展引起群落内在环境的变化,或由于群落中生物之间的竞争而引起的树种更替或森林演替,称为内因演替或自发演替。但两者并不能截然分开,外因往往通过内因起作用。流域内任何一种植物群落的产生,都是流域生境和生物体相结合的体现。

2)按演替趋向分类

由结构简单、不稳定的群落类型向结构复杂、稳定性较高的群落类型发展的过程,称为进展演替；反之，称为逆行演替。其具体区分见表10-1。

**表10-1　进展演替和逆行演替的区分❶**

| 特征 | 进展演替 | 逆行演替 |
| --- | --- | --- |
| 群落结构 | 复杂化 | 简单化 |
| 地面利用 | 充分 | 不充分 |
| 群落生产率 | 增加 | 减少 |
| 流域环境趋势 | 中生化 | 旱生化或湿生化 |
| 流域群落稳定性 | 增加 | 减低 |
| 流域树种耐阴性 | 较耐阴 | 较喜光 |

3）按演替起始分类

从天然或人工形成的裸地（如地壳变动、冰川移动、洪水冲积、风沙侵蚀及人类活动所造成的无植被的裸露地面），或从流域水体开始的演替过程，称原生演替。起始于裸露的岩石表面，经过地衣、苔藓、草本植物等阶段而发展为木本植物群落的原生演替过程称旱生演替系列。由流域湖泊、池沼水体经过沉水植物、漂浮植物、浅水植物、草甸植物阶段而发展为木本植物群落的过程称流域水生演替系列。而原有植物群落经火灾、风雪、病虫动物危害，或经流域内人类垦殖采伐等活动破坏后所发生的演替，称次生演替。

（1）原生演替。

原生演替是在从来没有植被的土地上（如岩石露头、悬岩、沙丘、火山熔岩或喷发物、流域河流中新露出的浅滩、冰川退却后新露出的冰碛物）开始发生植物，直到后期演替阶段的植物演替过程。这些新生的土地叫做原生裸地（Primary Barren），特点是开始时没有真正意义上的土壤，地表没有有机物，没有肥力，不能保持水分，在环境与植物的相互作用下逐渐形成土壤，并形成一定的肥力，随之，植物的种类发生相应的变化。

裸岩上发生的植物演替要经过漫长的时间，最初一般都是由地衣苔藓类植物开始，然后出现禾本科草类和阔叶草类，接着出现灌木，最后才会出现乔木。

原生演替是比较漫长的过程，并且随着时间的发展，流域生境条件会逐渐改善；植物种的出现和代替也是比较缓慢的，但是最后会发展到一定程度，并且相对地稳定下来。不过，在原生演替过程中或者已经达到比较稳定的阶段，如果遇到外在的比较大的自然干扰或者人为干扰，则会发生次生演替。

（2）次生演替。

次生演替是指已经形成植被和土壤，但是后来植被由遭受严重干扰破坏的土地上开始发生，一直达到后期演替群落的演替过程。这种演替初起的土地称为次生裸地（Secondary Barren），特点是土壤已经发育到相当程度，具有较高的肥力和保水能力。如流域森林中经过人为采伐形成的采伐迹地，经过火烧形成的火烧迹地，经过耕种以后被人放弃的废耕地

❶ 《森林演替》，http://baike.baidu.com/view/919866.htm。

等，都属于次生裸地。次生演替的过程表现为最初出现的是比较喜光的先锋树种，它们喜光性强，具有比较强的种子散播能力，并且幼苗容易发生，适应次生裸地的能力强，幼年生长也快。但是，在先锋树种生长到一定的大小以后，次生裸地得到一定改善，原来的树种可能在先锋树种的林冠下发芽成长，这些树种耐阴性强，前期生长慢，但后期则可以超过先锋树种并重新占据优势地位。先锋树种一般寿命较短，失去优势地位后，不久就死去。可见，流域次生演替过程可以分为先锋树种优势阶段和后期树种重新恢复阶段。

#### 10.1.1.2 演替顶极群落学说

在流域不同的气候条件下，植物群落的发展总是由简单、不成熟、不稳定的阶段，逐步发展到比较复杂、成熟、稳定的阶段。在没有外力干扰的条件下，植物群落经演替最终达到自我维持、自我繁殖并能保持长久相对稳定的状态，称为群落演替顶极。群落演替顶极的主要学说如下。

1）单元演替顶极说

该学说于1916年由美国生态学家F. E. 克莱门茨（F. E. Clements）提出。F. E. 克莱门茨认为在流域任何气候区内，群落的发展经过若干阶段，最后都要达到与该流域气候区气候完全相适应的最稳定的状态，即气候演替顶极；而在流域同一气候区内，所有植物群落如任其长期自然发展，最后将出现同一的顶极群落。这就是单元演替顶极学说。该学说认为在流域同一气候内，由于地形变化，土壤差异或其他外力干扰，也可能产生一些其他顶极（非气候演替顶极），如亚演替顶极，是指在外力长期影响下，群落停滞于该演替系列顶极前一演替阶段的状态；偏途演替顶极，是指在外力的长期作用下，群落不能达到正常的顶极，而出现一种非真正的顶极。偏途顶极区别于亚顶极之处在于：它并非处于该演替系列顶极的前一阶段，甚至可以在该演替系列之外，如中国南方流域地区的杉木林、油茶林等都是偏途顶极。亚顶极和偏途顶极都是不稳定的，当外力影响消失后，将向真正的顶极方向演替。此外，还有后演替顶极和前演替顶极。以流域森林－草原－荒漠植被类型顺序为例，在以草原为顶极的流域气候区中，若局部地方因出现较湿润的生境而生长落叶、阔叶林，就称为后演替顶极；若在流域局部更干旱的生境出现了荒漠植被，则称为前演替顶极。两者都以当地顶极为基础进行比较，虽有前后之分，但都比较稳定。

2）多元演替顶极说

该学说是以1939年英国生态学家A. G. 坦斯利（A. G. Tansley）为代表而提出的。A. G. 坦斯利认为：在流域气候区内可以出现几个顶极，即除气候演替顶极外，还有土壤演替顶极，地形演替顶极，火、风、动物等因素形成的顶极，人为活动形成的演替顶极等。这些演替顶极都是稳定的，它们并不趋于流域同一气候顶极。中国植物分类和植物地理学家刘慎谔提出的流域地带性演替顶极和非地带性演替顶极，也属于多元演替顶极的范畴。

3）顶极格式假说

20世纪中期，美国生态学家R. H. 惠特克（R. H. Whittaker）等通过对环境、种群及群落特征所作的梯度分析，于20世纪70年代提出了一种新的假说：认为演替的起因既涉及外因，也涉及内因以及两者的交互影响；变化着的环境、种群及群落特征的梯度都是相互紧密联系的，流域多元顶极群落间的关系，反映了流域环境梯度变化的格式。

### 10.1.2 流域森林系统水分循环

流域水循环是流域森林系统物质传输的主要过程，在森林植被与生态环境相互作用和相互影响中,流域水文过程是最为重要的方面之一,同时,森林植被又是影响生态系统中水分循环的重要因素,不同的植被类型、数量及空间格局对流域水分循环过程的影响也不同。

#### 10.1.2.1 森林对降水的影响

林冠截持降水和截持雨水的蒸发,在流域森林系统水文循环和水量平衡中占有重要地位。森林的林冠截留效应一般通过林冠截留率(截留量占同期降雨量的百分比值)来反映。我国学者对地跨我国南北不同气候带的流域及其相应的森林植被类型林冠截留率的分析研究表明:截留率变动范围为11.4% ~34.3%,变动系数为6.68% ~55.05%。林冠截流率受多种因素的影响,其中包括降雨频率、降雨强度、降雨历时、树种、林分密度、林冠构筑型等方面。统计表明,在相似森林覆盖度下,林冠截留率一般规律是:针叶林 > 阔叶林,落叶林 > 常绿林,复层异龄林 > 单层林。林冠截留损失在流域层面上具有时间和空间异质性。因此,如何建立流域林冠截留模型,并将其整合到流域水文模型中是林冠截留研究的主要目标。

森林能否增加降水量,是森林水文学领域长期争论的焦点问题之一。迄今为止,关于森林与降水量的关系存在着截然相反的观点和结果。一种观点认为森林对垂直降水无明显影响,而另一种观点认为森林可以增加降水量。森林植被对流域产水量的影响,也存在着同样的争论。这些争议的存在引起了对森林植被特征与水文关系机制研究的重视,国内外已有较多的冠层水文影响研究。流域森林地被物的水文作用正逐渐得到重视,除拦截降水和消除侵蚀动能外,还能增加糙率、阻延流速、减少径流与冲刷量。地被物对流域产流和汇流过程调控机制、森林植被水文功能形成机制是国内外研究的前沿问题。

#### 10.1.2.2 流域森林系统水分平衡

流域森林系统的水分来源最主要为降水,而降水可以分为垂直降水(雨、雪和冰雹等)和水平降水(露、雾凇和雨凇等)。在一般情况下,垂直降水的意义显然更大,但是在某些情况下,水平降水的意义也不能低估,例如在干旱地区,夜间地表形成的露对于某些旱生植物的生存至关重要;在高海拔地区、湿润的沿海地区和多雾地区,各种形态的水平降水形成的降水量可以达到几十甚至几百毫米。大气降水并不是森林生态系统水分的唯一来源。在地下水埋藏浅和土壤质地细的条件下,地下水的水分可以通过土壤毛细管上升,然后被林木吸收利用。在一个坡面上,处于坡下部的林分可以从地下水中获得一部分额外的水分来源。

大气降水降到森林上空以后,要经过三次重要的截留和保持并因而发生显著的变化。

第一次变化是经过林冠层所发生的。当降水落到林冠层以后,要被林冠层截留一部分,其余向下流动的降水因为通道不同而分成三部分:第一部分是不与林木枝叶接触,通过林冠中的枝叶空隙落到林地上,称为穿透水;第二部分是降落到枝叶上,达到一定程度后,在重力或者风力作用下,由枝叶滴落到地面上,称为滴落水;第三部分是落到枝叶上并顺着树干流下的水,称为茎流或干流。上述三者统称为林内雨。在连续降雨的一段时期内,将林外雨量(林外旷地或者林冠以上测得的雨量)减去林内雨量称为林冠截留量(Crown Interception)。这部分截留量最后以物理蒸发的形式回到大气中去。

第二次变化是通过灌木草本层时,滴落的降水又受到该层植被枝叶的截留,然后又蒸发到大气中去。

第三次变化是经过林冠层和灌木草本层的水分向土壤中的渗透。土壤表层具有多孔的特性,具有吸收和保持水分的能力。单位时间(h)的入渗水量(mm)称为渗入速率(Infiltration Rate)或渗入强度。在一次降水过程中,入渗速度随时间而发生变化:初期渗入速率高,但很快急剧下降并趋于稳定。森林群落与其他群落类型相比,突出特点是渗透能力强,主要原因有:①林地表层有一个枯枝落叶层,其持水能力强、疏松、粗糙,一方面使水分不容易侧向流,另一方面使水分容易下渗;②林地土壤有机质含量高,结构好,孔隙度高,并且大的孔隙占的比重大,后者对促进土壤水分以重力水的形态向下渗透特别有利。林木根系的盘根错节和土壤动物的积极活动,都可造成大孔隙。如果由于某种原因地表的枯枝落叶层受到破坏,或者土壤的物理性质变差,则林地土壤的渗透能力减弱。在土壤这个层次上,土壤中的储蓄水分时刻通过物理蒸发在消耗,同时林木和下层植物也通过根系从土壤中吸收大量水分,以完成它们的各种生理活动和维持它们的生命。如果降水的速度超出下渗的速度,则将产生侧向的地表径流;如果土壤的水分达到饱和,特别在坡地上,有一部分水分将在土壤层中向下流动,称为壤中流。还有一部分水分可能向下达到地下水储蓄层中。地表径流、壤中流和从地下水层流出的地下径流共同构成流域水分的补给来源。

在对森林系统水循环过程理解的基础上,如果只考虑在一个生态系统的水分输入输出,则可以得到如下的森林生态系统的水分平衡公式

$$P = E + R + \Delta W; \quad E = E_i + E_v + E_t; \quad R = R_s + R_i + R_g$$

式中,$P$ 为大气降水量;$E$ 为总蒸散收量;$E_i$ 为林冠截留收量;$E_v$ 为除林冠截留外的蒸发量;$E_t$ 为植物蒸腾量;$R$ 为径流量;$R_s$ 为地表径流量;$R_i$ 为壤中流;$R_g$ 为地下径流量;$\Delta W$ 为一定观察期限内土储蓄水量的变化,对多年平均而言,可将后者作为0来对待。

在降水的各项支出中,林冠截留一般占20%～30%,主要取决于林冠的郁闭度、林木年龄和树种特性等。林冠郁闭度大,林木年龄中等,枝叶量高,因而对降水的截留量高;与阳性树种相比,耐阴树种枝叶量高,因而截留量也高;树种的分枝特性可以影响径流和穿透雨的比例,进而影响到林冠截留,凡分枝较小和树皮光滑的树种,有利于产生径流,减小林冠截留和使更多的降水流入土壤,从而使更多的水分为林木所利用。

森林系统的蒸散发(Evaportransporation)包括由植物活的组织通过蒸腾作用和土壤表面通过蒸发作用消耗的水分。蒸腾是生理作用,包括植物的气孔蒸腾和角质层蒸腾(前者为主,后者只为前者的1/10左右)。从蒸腾主题来分析,蒸腾可以分为林木、下木和活地被物等不同部分的蒸腾,但以林木蒸腾为主。蒸发是物理作用,既包括土壤表面的蒸发,也包括植物表面的蒸发和林冠截留水分的蒸发。在森林生态系统的总蒸散发中,蒸腾占较大的比重,而由于林冠覆盖,林下光照强度较弱,风速小,并且有枯枝落叶层的覆盖,林内的土壤蒸发要比林外显著减少。

由于枯枝落叶层的持水能力强以及土壤透水性强,林内的地表径流基本不发生或者占比重很小,而多余的土壤水分大部分通过壤中流和地下径流流到水域,这就是流域森林水源涵养作用的实质。由于林内地表径流的特点,其生态效应是不容易产生流域土壤侵蚀的。

## 10.1.3 流域森林湿地保护

### 10.1.3.1 森林湿地资源现状

森林湿地是介于森林和湿地之间交叉型的独特生态系统,对流域可持续发展起着重要的作用。森林湿地的生态功能最为重要,它具有强大的蒸发、蒸腾作用,向近地大气层传输丰富的湿气,气温相应降低,这一现象称为“湿地冷湿效应”。当热湿空气经过时,易诱发降雨。林下土壤有藓被保护,免受直接冲刷。所以,从森林湿地溢出的水流,滴滴都经过了生

态过滤，故而清澈透明。

森林湿地是湿地的一部分，但是它也具有某些树木成分。从生物多样性角度来分析，森林湿地在森林生态系统中，由于所含水分丰富，在植物群落的结构和动态以及动物的种类和活动等方面具有很多特殊之处。森林湿地分为三种类型：活水沼泽、泥炭沼泽和海岸潮汐沼泽。活水沼泽一般分布于地形低洼之处，由于流水补偿不畅，土壤有机质发达，但不会达到泥炭土的程度，土壤养分含量较高，并有一定的通气性，林下植被多为苔草类、禾草类等。泥炭沼泽的特点是发育成泥炭土，其中有机质虽然丰富，但分解极度不良，养分含量低，根系分布层氧气含量也很低，对林木生长不利。全球的泥炭地面积估计有5 500 000 $hm^2$，广泛分布于北纬 50°~70°，涉及俄罗斯、芬兰、瑞典、加拿大和美国的北部地区。我国在大兴安岭、小兴安岭和长白山林区也分布有泥炭土沼泽。在寒温带针叶林地带和针阔混交林地带，可以生长在泥潭沼泽上的林木有落叶松、云杉和白桦，以落叶松代表性最强，林下植被以泥炭藓最典型，还有些其他的低矮、叶小、有茸毛的湿冷生灌木。在热带和亚热带的海滨地区有潮汐海滨沼泽分布，生长的典型植被是红树林。红树林生态系统的成分也很复杂，但它们在形态、生理和繁殖特性上有很多共同点，所以红树林沼泽并不仅限于红树科植物。

与高地森林相比，森林湿地最重要的特点是水分丰富，并且有着一定的干湿季节动态，在流域生境条件下甚至完全被水淹没。随着水分状况的变化，养分输入和输出发生变化。森林湿地是流域尺度下陆地生态系统和水体生态系统之间的交界面，陆地生态系统的水分和各种物质要通过森林沼泽输送到溪流和湖泊等水体，同时它也是巨大的蓄水库，在暴雨和洪水发生时，对水流起着重要的调控和涵养作用。

森林沼泽对于流域生物多样性保护有着独特的意义。对于某些兼性种，森林沼泽则是它们生存所必需的。例如，在全世界范围内认定的红树林植物共有 81 种，其中有 59 种是专门生长在红树林生态系统中的。在寒温带森林中也有专门生长在泥炭沼泽的植物，我国大兴安岭的沼泽森林，如杜香、越橘、丛桦等都是只分布在这种特殊生境中的。热带红树林研究结果表明：森林沼泽有利于特有鸟类种，如 Setornis criniger 和 Malacopteran albogularia 的生衍和繁殖；有些动物种与湿地植物种还建立了紧密的关系，例如翅上游细纹的蝶的幼虫专门以某种植物为生，如芬兰学者研究表明，有两种鸟类即 Lagopus lagopus 和 Philomachus pugnus 仅适于在芬兰南部的泥沼中生存，由于生境损失，已经处于濒危状态（Hunter，1999）。

对于森林湿地的经营目标有三种选择：一是以发展高产农业和培育用材林为目标；二是作为自然保护区，保持原始状态；三是既能生产一部分木材，也要求保持森林湿地的结构和功能，即既要能维持物种多样性，也要发挥森林湿地调节洪水和改善水质的水文功能。从我国流域生态保护的实际效果分析，显然，只有多目标的流域生态系统经营途径才是最持久可行的。

在流域许多有林的沼泽地上，森林在降低地下水位上也起着重大作用，正因为沼泽地的存在起了“抽水泵”的作用，地下水位才能降低到可以允许林木根系生存的程度。如果通过皆伐将这种“抽水泵”破坏掉，则通气不良的地下水位将迅速上升，以致林木根系层的通气状况更加变劣，甚至导致林木死亡。因此，在流域沼泽地上，应该避免采用皆伐，只能进行一定强度的择伐，并要保证林木能够及时得到天然更新。

#### 10.1.3.2 流域森林湿地保护对策

1)构建森林湿地可持续发展战略

可持续发展的思想是人类面对严峻环境的挑战而作出的最明智的选择,也是1992年联合国环境与发展大会所取得的最重要的成果之一。人们在环境和湿地问题上的失误是由于急功近利、杀鸡取卵式的掠夺行为造成的。在可持续发展的背景下,不仅要重新认识森林湿地保护的重要意义,而且要反省掠夺式发展模式对环境、湿地带来的不良影响,通过调整发展模式,逐步减轻发展对环境的压力,逐步增强环境对发展的支撑能力,为当代人和后代人留下更多的发展机会。可持续发展是森林湿地合理利用的重要指向。

2)将森林湿地纳入经济社会发展规划

流域森林湿地保护对经济社会持续、稳定发展具有重要意义。当前首要的问题是把森林湿地保护纳入经济社会发展的整体规划。例如,我国第一部关于湿地保护的地方性法规《黑龙江省湿地保护条例》已正式实施,这部法规的出台开创了我国湿地专项立法的先河。目前,应在进一步完善有关法律、法规的同时,着重加大执法力度,依法处理各类违法开发森林湿地案件,同时,要进一步强化对森林湿地的环境监督管理,以森林湿地为对象的各类开发活动和开发项目都必须进行环境影响评价,把开发利用的强度限制在森林湿地生态系统可承受的限度之内,并做好资源的养护增值,使其得以持续利用。

3)建立森林湿地保护机制

流域森林湿地保护工作量大而广,涉及领域广泛。因此,森林湿地保护需要有关部门共同参与,不仅要有政府环保、农业、林业、水利、建设、土地等有关部门的参加,而且要有科研、教育以及各类群众团体的广泛参与。流域管理及其环境保护部门要认真履行对流域环境实施统一监督和综合管理的职能,同时,也要将支持有关部门开展流域森林湿地保护工作落到实处,从而营造一个有利于调动各方面积极性的流域森林湿地保护机制。

4)加强湿地生态环境保护宣传教育

湿地生态环境保护是全人类的事业,只有调动公众的力量才能发展湿地生态保护事业。因此,必须加强宣传教育工作,充分利用报刊、广播、电视等舆论工具,利用展览馆、博物馆进行图片、标本、实物陈列展览,对公民进行宣传教育,努力使每一个公民都懂得森林湿地保护是造福人类,功在当代、利在千秋的事业,从而增强公众保护森林湿地的自觉性。

5)制定森林湿地保护原则

一是遵循综合治理原则。所谓综合治理,是指根据森林湿地破坏或污染的具体情况,对治理进行统筹安排,综合运用各种手段来保护和改善湿地资源。森林湿地资源是一个不仅包括水体植物、动物等生命体在内的,而且还包括多种微生物在内的复杂多元化的生命系统。森林湿地一旦被破坏或污染,其危害结果常常要经过相当长的复杂变化过程才能显露出来,而且很难治理和恢复,且治理所耗费的时间和投资亦相当多。据计算,预防费用与事后治理费用比例是1∶20。鉴于此,各国环境资源保护已经逐渐从消极的治理转移到积极预防上来,采取了以预防为主和综合治理的环境政策。

森林湿地资源保护采取综合治理原则,是由森林湿地资源保护的复杂性、系统性决定的。这就要求在森林湿地资源开发利用过程中,对于那些限于现有的科学技术水平,不能确定无破坏、无污染的开发利用行为应当事先制订预防措施。另外,由于森林湿地生态环境的复杂多样,破坏后其危害性一般都要通过广大的空间和很长的时间,经过多种因素的复合累积后才逐渐形成或扩大,因此在综合治理上,应同时着手预防和治理。在开发和利用森林湿地资源的同时,要充分考虑森林湿地的承载能力,使之不致恶化。由此可见,全面规划、合理利用森林湿地资源的原则导向,是以"预留空间"理论为基础的,以自然界对人类各种干扰环境行为忍受程度为上限,为流域自然资源的再生和人类未来的发展预留一定的空间。

二是坚持污染者负担原则。综合治理、预防为主的原则并未从根本上给那些造成森林湿地污染者和破坏者以震慑和惩罚。因此,1972 年由 24 国参加的经济合作与发展组织(OECD)环境委员会提出了"污染者负担原则",又称为"污染者赔偿原则"。由于该原则有利于实现社会公平及防治污染和破坏,很快成为各国环境、资源保护的基本原则。

三是引入绿色经济制度。绿色经济制度是随着全球绿色革命在经济再生产各领域的渗透而逐渐形成的可持续发展经济行为的制度框架,也是目前实施环境政策与经济政策决策一体化的创新结果。从总体上看,绿色经济制度必然在实现森林湿地资源可持续开发中发挥激励作用和遏制作用,鼓励那些率先实行湿地生态环境投资的经济行为,约束经济主体放弃传统的掠夺方式的经济行为。

### 10.1.4　流域水土保持林营建

水土保持林(Forest for Soil and Water Conservation)是防护林的一种,可以防止土壤流失,调节地表径流,涵养水源,保持水土,防风固沙,保护农田。水土保持林还可以改良土壤,调节气候,净化空气和水质,保护和改善自然环境。造林本身除具有上述自然防护效能外,还可获得木材及其他林副产品,发挥以林促农、以林促牧、以林促副的作用。

#### 10.1.4.1　水土保持林体系结构

水土保持林体系属山区的人工林生态系统。从系统工程角度分析,系统的结构决定系统的功能,结构是系统的要素及其联系,是决定系统功能的内因,也是系统功能的保证和渠道。所以,水土保持林体系的水土保持功能必须通过合理的结构来实现。从水土保持林体系配置的组成和内涵上分析,其结构可分为水平结构和垂直结构。

1)水土保持林体系水平结构

从技术上分析,水土保持林体系的水平结构,首先要解决林种组成及其占地比例和配置部位问题,这是能否形成合理水平结构的关键。在这方面,诸多的研究成果都体现了生态经济兼顾,以生态功能为基础,以防护林为主体,优化各林种所占比例及其布设的原则,充分体现了水土保持林体系水平结构的特点。

2)水土保持林体系垂直结构

水土保持林体系是多林种、多功能的,每一个林种在体系中都有特定的经营目的和配置部位,具有不同的功能和立体结构。结合流域森林水源涵养、保持水土的机制分析,以木本植物为主体的生物群体及其环境综合体涵养水源作用最大。因为,某些纯林或单层林的水土保持效益是有限的。因此,要充分发挥防护林涵养水源、保持水土效应,必须营造乔、灌、草相结合的多树种及多层次的异龄混交林结构。在人为活动频繁、水土流失严重的山区,要实行封山育林、育灌、育草,以改善林分,使其形成多层次结构,从而提高其蓄水保土功能。坡面防蚀林、水流调节林的最佳结构应是乔、灌、草、地被物组成的多层次立体结构。在相同土壤、地形、气候条件下,森林防护机能的大小是由林分结构特征决定的。树种组成、林分密度和层次是水源涵养林、水土保持林结构中起主导作用的因素。在任何结构的林分中,枯枝落叶层是必需的,它是林分发挥水文效应和防止土壤侵蚀效应的核心作用层,在机制上有其他任何结构要素不可取代的多种功能。所以,在水土保持林的经营活动中,必须使之形成丰厚的枯枝落叶层。这是因为森林冠层在林下无植被或枯落物层时,林冠对降雨的汇流作用反而会增加雨滴对地表的打击力,有可能造成更大的水土流失。

10.1.4.2 **水土保持林体系作用**

水土保持林在流域水土流失区,是以调节地表径流,防治土壤侵蚀,减少河流、水库泥沙淤积等为主要目的的,并相应地提供林副产品。水土保持林是防护林中的一个林种,它又可分为坡面防蚀林、沟道防护林、梯田地坎造林、池塘水库防护林等,这些林种在流域内形成水土保持林体系,是综合治理措施的重要组成部分。

水土保持林的作用主要有以下几个方面:

一是林冠防止雨滴直接打击地表,削弱雨滴对土壤的溅蚀作用,并可截留部分雨水,一般可截留一次降水量的15% ~30%;截留量的大小主要受郁闭度、降雨量和降雨强度影响。

二是林地的枯枝落叶层腐烂后形成疏松结构层,具有良好的吸水能力和透水性。据观测,在10°的坡地上,有枯枝落叶层覆盖的地表,其地表径流量为裸露地的1/3。而枯枝落叶层的厚度、分解状况决定其吸水能力的大小。枯枝落叶和林木的死亡细根增加了土壤的有机质,并经微生物分解形成腐殖质,与土壤结合成团粒结构,加之林木根系和土壤中动物的洞穴、孔道,使土壤孔隙增加,改善了土壤物理、化学性质,提高了土壤透水性和蓄水能力。据测定,林地土壤的透水性比荒地高35.6%,林地土壤含水量是荒地土壤含水量的2.9倍。因此,有森林覆盖的地面,雨水缓慢渗入土内变成地下水,减少了地表径流量及对土壤冲刷的作用。

三是林木根系网络固持土壤,减轻浅层滑坡,防止河流、水库边岸因波浪冲淘引起坍塌。日本学者根据力学计算,有根系网络的土壤每平方米的固持力大于0.135 t,我国学者实测41年生山杏的根系固持力在3.375 t以上。

四是改善小气候,主要是增加空气湿度,调节气温,减少土壤蒸发等作用。

五是水土保持林既有防护作用,又可以提供一定的木料、燃料、肥料、饲料和油料,从而增加经济收益。

10.1.4.3 **水土保持林体系配置**

水土保持的综合治理一般以小流域为基本单元。水土保持林的配置,根据不同地形和不同防护要求,以及配置形式和防护特点,可细分为分水岭地带防护林、护坡林、护牧林、梯田地坎防护林、沟道防蚀林、山地池塘水库周围防护林和山地河川护岸护滩林等。不同的水土保持林种可因地制宜、因害设防地采取(林)带、片、网等不同形式。在水土保持综合治理的小流域范围内,要注意各个水土保持林种间在防护作用和配置方面的互相配合、协调和补充,还要注意与水土保持工程设施相结合,从流域的整体上注意保护和培育现有的天然林,使之与人工营造的各个水土保持林种相结合,同时,又注意流域治理中水土保持林的合理、均匀的分布和林地覆被率。

由于大多数水土流失区的生物气候条件和造林地土壤条件较差,水土保持林体系配置要体现以下特点:

一是以适地适树为原则,根据不同的防护目的,选择生物学特性稳定的树种。

二是在树种搭配上力求乔、灌木混交,使之形成复层混交林,以提高防护效果。

三是根据不同水土保持林种、树种的特性和立地条件，确定造林密度，形成群体结构。

四是适时地进行造林整地，为幼林成活、生长创造条件。

### 10.1.5 流域水源涵养林营建

流域水源涵养林是调节、改善水源流量和水质的一种防护林，是以涵养水源，改善水文状况，调节流域水分循环，防止河流、湖泊、水库淤塞，保护饮用水源为主要目的的森林、林木和灌木林的总称。其主要分布于流域河川上游的水源区，对于调节径流、防止水旱灾害、合理开发利用水资源具有重要作用。流域水源涵养林通常也泛指河川、水库、湖泊的上游集水区内大面积的原有林，包括原始森林、次生林和人工林。这些森林具有良好的林分组成，在水源区占有一定的面积，也起到涵养水源、保持水土、调洪削峰、减少泥沙入库或淤积的作用。近几年来，随着我国流域水资源问题的日趋严重，加强水源涵养林建设已刻不容缓。

#### 10.1.5.1 水源涵养林功能

1）水土保持功能

通过林冠和枯枝落叶层的拦截和消能作用，可以减少地表径流量及径流速度，减弱雨水对地表的直接冲击和侵蚀，使林地表层土壤不会迅速流失。同时，森林土壤良好的水分渗透性能及林木根系强大的固土作用，可有效地控制土壤侵蚀的发生和发展。林木根系在土中交织，盘根错节，深入岩缝，可防止土坡滑落，起到固土防崩、阻挡块体运动的作用，此外，还能减少滑坡、泥石流和山洪的发生，从而起到水土保持的作用。研究结果表明：结构良好的森林植被可以减小90%以上的水土流失量。

2）滞、蓄洪功能

降水时，由于林冠层、枯枝落叶层和森林土壤的生物、物理作用，对雨水截留、吸持渗入、蒸发，减小了地表径流量和径流速度，增加了土壤拦蓄量，将地表径流转化为地下径流，从而起到了滞洪和减小洪峰流量的作用。

3）枯水期水源调节功能

森林能涵养水源主要表现在对水的截留、吸收和下渗，在时空上对降水进行再分配，减少无效水，增加有效水。水源涵养林的土壤像海绵体一样，吸收林内降水并很好地加以贮存，对河川水量补给起到积极的调节作用。多数研究结果表明：森林覆盖率的增加可减少地表径流，改变地表水与地下水的比例，增加地下径流。大量的降水从地表径流渗入土壤变成地下径流，使得河川在枯水期也不断有补给水源，增加了干旱季节河流的流量，使河水流量保持相对稳定。此外，森林凋落物的腐烂分解，还可以改善林地土壤的透水通气状况，使森林土壤具有较强的水分渗透力。研究结果还表明：有林地的地下径流一般比裸露地的径流大115倍，造就了林地区丰富的地下水资源。所以，从某种意义上说，一座森林覆被的青山就是一座绿色的天然水库。

4）改善净化水质功能

在水源保护区，造成水体污染的因素主要是非点源污染，即在降水径流的淋洗和冲刷下，泥沙和泥沙所挟带的有害物质随径流迁移到水库、湖泊或江河，导致水质浑浊恶化。水源涵养林能有效地防止水资源的物理、化学和生物的污染，减少进入水体的泥沙。降水通过林冠沿树干流下时，林冠下的枯枝落叶层就像过滤器，对水中的污染物进行过滤、净化，最后由河溪流出的水的化学成分发生显著的水质正向变化。

5)调节气候功能

水源涵养林一般设置在流域江河、湖库集水区的周围。森林通过光合作用可吸收$CO_2$，释放$O_2$，同时吸收有害气体及滞尘，起到清洁空气的作用。研究结果表明：森林植物释放的氧气量比其他植物高9～14倍，占总量的54%，同时通过光合作用贮存了大量的碳源，故森林在地球大气平衡中的地位相当重要。森林通过抗御大风可以减风消灾。森林对降水也有一定的影响，不少的研究成果表明了森林有增加降水的效果。森林增加降水是由造林后改变了下垫面状况，从而使近地面的小气候变化引起的。

6)保护野生动物功能

水源涵养林给生物种群创造了生活和繁衍的条件，使种类繁多的野生动物得以生存。水源涵养林本身也是动物良好的栖息地。例如，祁连山是世界少有的动物资源基因库，其水源涵养林中有陆栖脊椎动物229种、两栖爬行类动物13种，其中属国家一级保护的有12种，二级保护的有38种，其价值经评估高达154亿元。

#### 10.1.5.2 水源涵养林效益

1)水力发电效益

水源涵养林能起到蓄水、调节河川流量的作用，而均匀的水流量是水力发电的保证。利用水力发电可取得经济效益。通过保护、恢复和发展森林资源，河流涵蓄更多的水，实现“以林蓄水，以水发电，以电养林”的良性循环。

2)森林游憩效益

森林具有对大气滤清和增氧的作用，可以提高流域环境质量，为社会发展提供洁净的空间。由众多树种组成的大片森林随物候而发生季相变化，使水源涵养林变得绚丽多彩，为社会提供最稳定、最长期的保健疗养功能。随着公众生活水平的提高，回归大自然、在林区游憩是人们向往的休闲生活方式，而水源涵养林内空气新鲜、环境优美，是旅游、度假和疗养的优质资源。

3)促进社会发展

水源涵养林的屏障作用利于形成丰富的水资源，它在引起土地级差收入、节约社会劳动、增加社会就业机会、以森林文化发展旅游事业等方面产生了巨大的社会效益。在一定程度上，水源涵养林既可保障工农业经济效益的提高，也能够提供丰富的资源以扩大相关产业的生产规模，从而在一定程度上减轻社会的就业压力。

4)综合效益

水源涵养林的生态服务功能、社会效益及物质产品的价值，在一定的经济社会条件下，可以直接转化为经济效益。对生态服务功能来说，其经济效益在水源涵养林中称为直接效益，主要表现在固土保肥、调洪蓄水、净化空气和繁衍鸟兽等方面。社会效益经计量转化成的经济效益在水源涵养林中属于辅佐和间接效益，它包括净化水质、森林旅游、保健疗养转化而来的经济效益。物质产品中的木材、林副产品、间种或混作的农产品的净收益也属于辅佐和间接效益。

## 10.2 流域湿地资源开发利用管理

湿地广泛分布于世界各地，是地球上最富有生物多样性的生态景观和人类最重要的生存环境之一。湿地不但有丰富的资源,还有巨大的环境调节功能和生态效益。各类湿地在提供水资源、调节气候、涵养水源、均化洪水、促淤造陆、降解污染物、保护生物多样性和为人类提供生产及生活资源方面发挥了重要作用。

## 10.2.1 湿地与湿地生态系统

### 10.2.1.1 湿地的含义

一般认为,湿地经常位于深水系统和高地系统之间的边缘,受深水系统和陆地系统的共同影响,是地表长期或季节性积水的景观类型。1971 年,在国际自然和自然资源保护联盟(International Union for the Conservation of Nature and Natural Resources,IUCN )的主持下,在伊朗的拉姆萨(Ramsar)会议上通过了《关于特别是作为水禽栖息地的国际重要湿地公约》(Convention Wetlands of International Importance Especially as Waterfowl Habitat,简称《湿地公约》)。《湿地公约》中对湿地的定义是:不论其为天然或人工、长久或暂时性的沼泽地,泥炭地或水域地带,静止或流动的淡水、半咸水、咸水水体,包括低潮时水深不超过 6 m 的水域;同时,还包括邻接湿地的河湖沿岸、沿海区域以及位于湿地范围内的岛屿或低潮时水深不超过 6 m 的海水水体。

国际自然和自然资源保护联盟(IUCN)把湿地生态系统、森林生态系统和农田生态系统并称为全球陆地三大生态系统。复杂的地理条件形成了多种类型的湿地,虽然不同类型的湿地具有不同特征,但它们都具有一些共性特征,即所有湿地都有长期、季节性浅层积水或者土壤饱和;常常具有独特的土壤条件,长期处于厌氧环境或厌氧环境与好氧环境交替,积累有机物并且分解缓慢;具有多种多样的适应淹水或土壤饱和条件的动物和植物,缺乏不耐水淹的植物。

### 10.2.1.2 流域湿地生态系统特征

流域湿地生态系统是湿生、中生和水生植物、动物、微生物与流域环境要素之间密切联系、相互作用,通过物质交换、能量转化和信息传递所构成的占据一定空间、具有一定结构、执行一定功能的动态平衡体。流域湿地生态系统主要分布在陆地生态系统和深水水体生态系统相互过渡的地区。

1)湿地生态系统组成

流域湿地生态系统的组成要素包括生物要素和非生物要素两大部分。

(1)湿地生态系统生物要素。

①湿地植物。湿地植物包括沼生植物、湿生植物和水生植物。它们生长在地表经常过湿、常年淹水或季节性淹水的环境中。根据植物和水分的关系,可以将湿地植物分为五种类型:

耐湿植物,主要生长季节中大部分时间地表无积水,但经常生长在土壤饱和或过饱和的地方。

挺水植物,植物的基部没于水中,茎、叶大部分挺于水面之上,暴露在空气中。

浮水植物,植物体浮在水面之上,其中有一些植物根着生水底沉积物中。

沉水植物,植物体完全没于水中,有些仅在花期将花伸出水面。

漂浮植物,植物体漂浮于水面,形成浮岛。

此外,按营养状况还可以将湿地植物划分为贫营养植物、中营养植物和富营养植物。

湿地植物具有特殊的生态特征,如密丛型生长方式、以不定根方式进行繁殖、通气组织发达,某些植物具有食虫性,一些植物具有旱生结构等。

②湿地动物。根据动物在生命周期中对湿地的依赖程度,可以将湿地动物划分为六个类群,包括:完全居住在湿地中的动物;定期从深水生境迁移过来的动物;定期从陆地迁移进来的动物;定期从其他湿地中迁入的动物;偶尔进入湿地的动物;非直接依赖湿地的动物。

③湿地微生物。微生物是湿地生态系统的分解者,它对湿地生态物质转化、能量流动起着重要作用,制约着湿地的类型和演替。另外,微生物对湿地的有机污染物及有毒物质具有降解净化作用。湿地微生物主要是指水体和土壤中的细菌、真菌、霉菌和放线菌等。

(2)非生物要素。

①水资源。水资源是流域湿地生态系统的重要组成部分和显著特征之一。湿地的水文条件创造了独特的物理、化学环境,使湿地生态系统既不同于排水条件好的陆地系统,也不同于深水水生系统。一些水文条件好的陆地系统、地表径流、地下水、潮汐和泛滥河流为湿地输送或从湿地中带走能量和营养物质。水资源输入和输出形成的水深、水流模式和洪水泛滥的持续时间及频率都会影响土壤的生化条件,从而影响湿地生物区系。根据湿地水分补给来源,可以分为大气降水、河流、冰雪融水、潮汐和地下水。一般情况下,湿地由于位于负地貌部位表现为地表季节性积水或常年积水,水处于静止或缓慢流动状态。流域湿地中的水常常贮存于草根层或土壤中,形成不明显的"蓄水库"。

②地貌。地貌在某一特定的流域内,对流域湿地生态系统结构产生重要影响。地貌影响湿地生态系统形状、面积大小和分布位置,也影响流域中洪泛深度和水文周期,从而影响湿地生态系统的动植物结构。周围景观中的地貌强烈地影响湿地和毗邻的陆地及水生生态系统之间的地表水与地下水的联系。地貌还通过影响湿地在景观中的位置来影响湿地结构和功能,尤其对与河流相关的湿地生态系统位置产生了重要影响。湿地在景观中的位置通过控制流域中的湿地与地表水和地下水流量之间相互作用的类型对区域湿地生态系统结构产生影响。一般情况下,负地貌比正地貌更有利于湿地的发育。负地貌有利于水的聚集,成为湿地发育的最佳场所。

③土壤。湿地土壤与水有着密切的联系,泛指在长期积水及有生长季积水的环境条件下,生长有水生植物或湿生植物的土壤。湿地土壤既是湿地化学转换发生的中介,也是大多植物可获得的化学物质最初的贮存场所。湿地土壤一般可划分为两类:矿质土壤和有机土壤。湿地土壤一般比较黏重,通气渗水性差;土壤容重和体积质量一般比矿质土壤少;由于土壤孔隙度大,草根层厚而含水量大,持水能力较强;湿地土壤还具有矿物质和有机质含量高的特点。

④气候。气候对湿地生态系统结构的影响主要包括降水和温度。水热条件直接影响湿地植物生长、植物残体分解速率。降水对湿地水文具有重要的影响,尤其对湿地水文周期产生了重要作用,从而影响湿地生态系统类型和动物分布情况。降雨时空分布格局影响洪泛频率、持续时间、湿地植被类型等。

2)湿地生态系统特征

多水、独特的土壤和适水的生物活动是流域湿地的基本要素。湿地具有特殊性质——积水或淹水土壤、厌氧条件和相应的动植物。湿地具有不同于陆地系统和水体系统的性态特征,主要表现在:

(1)水、陆系统相互作用的形成因素。

流域湿地的分布具有广泛性和不均匀性。但其成因都是水体系统和陆地系统相互作用的结果。湿地的形成一般有两种主要途径:一种途径为陆化过程(Terrestrialization),由于水体系统水位、水体系统自身以及流域的营养状况、植物地理条件、水体系统的面积和形状、水体系统底部和四周的地形等条件的变化,水体系统不断淤积使淹水深度变浅,并伴随着水生植物的发育而形成湿地;另一种途径为沼泽化过程(Paludification),陆生系统由于河流泛滥、排水不良以及地下水水位接近地表或涌水等作用而形成湿地。

(2)丰富的水资源存在空间。

流域湿地在空间分布上处于陆地系统和水体系统之间的过渡地带,对水文状况非常敏感。水分控制着湿地生物和非生物特性。绝大多数湿地水流和水位是动态变化的,降水、地形、与湿地相连的湖泊、河流影响湿地的水文状况,包括湿地淹水频率、淹水持续时间、淹水周期等。

(3)独特的成土基质。

流域湿地的基质主要为淹水形成的土壤和成土物质,一般包括有机土壤、矿质土壤和未经过成土过程的沉淀物。其特征之一为许多湿地有机残体积累大于分解,形成有机物质积累,在一些湿地中会形成泥炭。持续淹水的湿地具有相对稳定的厌氧环境条件;季节性淹水的湿地,氧化还原过程交替变化。湿地的氧化还原条件对湿地生物地球化学循环有重要意义。淹水使细粒矿物质和有机物质沉积在湿地中,增加了湿地的营养。

(4)多样化的生物资源。

流域湿地类型的多样性和湿地分布区域景观的复杂性,为生物创造了多样的环境。湿地处于陆地系统和深水系统之间的过渡带,造就了湿地生物的多样性。一方面,湿地具有深水系统的某些性质,如藻类、底栖无脊椎动物、浮游生物、厌氧基质和水的运动;另一方面,湿地也具有维管束植物,其结构与陆地系统植物类似。湿地拥有丰富的野生动植物资源,是众多野生动植物,特别是珍稀水禽的繁殖和越冬地。

(5)兼具"源"、"汇"功能。

从养分循环的角度来看,流域湿地与陆地系统的主要区别是:前者有更多的养分贮存在有机沉淀物中,并随着泥炭沉积或有机物输出等形成特殊循环规律。

从大尺度来看,陆地系统在物质输移过程中,主要起着物质"源"的功能,在外营力的作用下向湿地系统和深水水体系统输送物质。深水水体系统一般起着物质"汇"的功能,是陆源物质的接收器。流域湿地既具有物质"源"的功能,也具有物质"汇"的功能。如果某种物质或某种物质的某一特定形式输入大于输出,湿地就被看成是"汇"。如果某一湿地向下游或相邻的生态系统输出更多的物质,湿地就被看成是"源"。

### 10.2.2 流域湿地水文功能

流域湿地水文功能是指湿地在蓄水、调节径流、均化洪水、减缓水流风浪的侵蚀、补给或排出地下水及沉积物截留等方面的作用。湿地水文是湿地环境中最重要的因子。湿地一般都位于地表水和地下水的承泄区,是流域上游水源的汇集地,具有分配和均化河川径流的作用,是流域水循环的重要环节。水分输入与输出的动态平衡还为湿地创造了有别于陆地和水体生态系统的独特物理、化学条件。湿地的水文影响着湿地生物地球化学循环,控制和维持湿地生态系统的结构和功能，影响着土壤盐分、土壤微生物活性、营养元素的有效性等，进而调节着湿地中动植物物种的组成、丰富度、初级生产量和有机质积累等。流域湿地位于陆地与水体之间，因而湿地对水量及其运动方式的改变特别敏感。如果自然和人类活动造成流域水分数量和质量的变化，这些变化就会反映在湿地生态系统的结构和功能上，进而引起流域径流调节功能、生态系统生产力发生退化，对流域环境产生不利影响。

#### 10.2.2.1 调蓄功能

流域湿地是地表水流的接收系统，地表水流也可起源于湿地而流入下游。流域上游的许多湿地可以形成地面出流，这些湿地通常是下游河流重要的水量调节器。有些湿地仅在它们的水位超过一定水平时才产生地表出流。因此，湿地被称做陆地上的“天然蓄水库”，它在调节径流、防止旱涝灾害等方面具有重要意义。凡是与河流、湖泊相通的流域湿地，一般都具有调蓄洪水的作用；包括蓄积洪水、减缓洪水流速、削减洪峰、延长水流时间等。

#### 10.2.2.2 净化水体功能

流域湿地的过滤作用是指湿地独特的吸附、降解和排除水中污染物、悬浮物、营养物，使潜在的污染物转化为资源的过程。这一过程主要包括复杂界面的过滤作用和生存于其间的多样性生物群落与其环境间的相互作用过程，既包括物理作用，也包括化学作用和生物作用。物理作用主要是湿地的过滤、沉积和吸附作用；化学作用主要是为吸附于湿地孔隙中的有机微生物提供酸性环境，对降水中主要的重金属进行转化和降解的作用。生物作用包括两类：一类是微生物作用，另一类是大型植物作用。前者是湿地土壤和根际土壤中的微生物，如细菌对污染物的降解作用；后者是大型植物，如藻类在生长过程中从污水中汲取营养物质作用。

#### 10.2.2.3 补给地下水功能

在雨水丰沛期，流域湿地接纳雨水并渗入地下含水层，调节地下水供应能力。特别是在沙化、盐碱化日趋严重的流域，限制对湿地的开垦和恢复湿地具有重要意义。

### 10.2.3 湿地对流域环境变化的缓冲

#### 10.2.3.1 对气候的缓冲

流域湿地是重要的水源，它通过热量和水汽交换，使其上空或周围附近地带的上空大气温度下降，湿度增加，降低地温。湿地的冷湿效应具有一定的空间影响范围，形成局部冷湿场。例如，博斯腾湖及周围湿地通过水平方向的热量和水分交换，使周围地方的气候比其他地方温和湿润。如邻近湿地的焉耆与和硕，比距湿地较远的库车气温低 1.3 ~ 4.3 ℃，相对湿度增加 5.23%，沙暴日数减少 25%；三江平原原始湿地比开垦后农田贴地气层日平均相对湿度高 6% ~ 16%，正午前后绝对湿度高 3 ~ 5 hPa。莫莫格湿地以芦苇沼泽和苔草－小叶章沼泽为主，区内有大小泡沼 30 余个，而龙沼盐沼泽湿地则以碱蓬－碱蒿盐沼为主，由于过度放牧影响，盐碱化不断扩大，光裸碱斑随处可见。上述沼泽湿地和盐沼湿地对周围环境影响不同。莫莫格沼泽湿地的年平均气温为 4.4 ℃，年平均降水量为 412 mm，均高于龙沼盐沼的年平均气温（4.3 ℃）和年平均降水量（411.2 mm）。又如，由于人类对三江平原的开垦，导致湿地面积大大缩小，研究结果表明：该区气温升高和湿地面积缩小具有明显的相关性。

#### 10.2.3.2 对洪涝干旱的缓冲

流域湿地是地表水的天然蓄水库和调节器,湿地的水文过程对干旱和洪水等极端事件具有显著的缓冲作用。在河水泛滥季节,湿地可均化洪水,并且可吸收、贮存洪水,减弱洪水的威胁;在干旱季节,湿地又可将水释放出来,确保旱季水的供给。这对于维持湿地的基本生态过程极其重要。湿地土壤具有特殊的水文物理性质,湿地土壤的草根层和泥炭层的蓄水和透水能力较强,能保持大于其土壤本身质量的3~9倍或更高的蓄水量。湿地植被也可以延迟地表径流以及下游洪峰的到来。两者共同作用的结果可减少洪水径流、削减洪峰和增加洪水径流的持续时间。

### 10.2.4 湿地干扰与流域湿地恢复

#### 10.2.4.1 湿地干扰

干扰是自然界中无时无处不在的一种现象,直接影响着生态系统的形成、发育和演变过程。干扰既是改变景观组分或生态系统结构、功能的重要生物因素,又是促进种群、群落、生态系统乃至整个景观动态变化的驱动力。干扰是自然生态系统演替过程中一个重要的组成部分,流域湿地中许多植物群体和物种与干扰具有密切的联系,尤其在自然更新方面具有不可替代的作用。

依据干扰的动力来源,干扰分为自然干扰和人为干扰。自然干扰指无人为活动介入,单纯在自然环境条件下发生的干扰,如火、风暴、火山爆发、地壳运动、洪水泛滥、病虫害等;人为干扰是在人类有目的行为的指导下,对自然进行的改造或生态建设,如烧荒种地、森林砍伐、放牧、农田施肥、修建大坝、道路、土地利用结构改变等。在人类对湿地开发以前,湿地的动态变化过程主要受自然干扰的影响,在人类对湿地的开发利用以后,则除受自然干扰的影响外,还要受人为干扰的影响。

干扰在物种多样性的形成和保护中起着重要作用,适度的干扰不仅对生态系统无害,反而可以促进流域生态系统的演化和更新,有利于流域生态系统的持续发展。在这种意义上,干扰可以看做是流域生态演变过程中不可缺少的自然现象。

#### 10.2.4.2 流域湿地恢复

流域湿地恢复是指受损湿地生态系统通过保护使之自然恢复的过程,也包括通过生态技术或生态工程,对退化或消失的湿地进行修复或重建,再现干扰前的结构和功能,以及通过相关的物理、化学和生物学过程,使湿地发挥应有的作用。

流域湿地恢复与重建首先是水分测定。任何湿地的自然水分状况都应在重建工作开始前进行测定,在有可能重建湿地水位时,应尽可能重现自然水分条件。

流域湿地恢复与重建主要包括以下内容。

1)湿地恢复与重建目标

围绕湿地恢复应具有的功能和价值,恢复湿地形状和大小受湿地恢复目标的制约。湿地恢复与重建包括两个步骤:

一是地点评价。对流域湿地恢复地点的评价可以帮助确定恢复计划的可行性,并可确定该地点能为计划提供足够的环境条件。最主要的信息包括土壤类型、流域特征(面积、坡度、水量和水质等)、现有植被覆盖类型、邻近的土地利用方式、区域边界以及鱼类、水禽类栖息地评估。

二是许可和协调。流域湿地恢复与重建工程往往涉及多部门利益主体,恢复湿地跨越多个行政管辖区域,特别是湿地生态系统水文情势的改变必然会对周围其他区域的水资源利用产生影响。因此,在确立流域湿地恢复与重建计划前,必然获得有关部门的许可并与其他相关部门和机构相互协调。

2)湿地恢复计划解释

流域湿地恢复计划可以在不同状况的湿润条件和生物地球化学特征下进行。除那些非常小的湿地恢复外,大部分流域湿地恢复与重建,在设计阶段都必须有一个详细的恢复与重建计划。堤坝或水面控制必须依据工程标准来设计和建设,工程设计与建设必须安全、可靠,代价合理。在设计湿地恢复与重建计划时必须收集相关的地形、土壤和水文资料,作出针对性的解释和预研。

3)湿地恢复计划实施

最基本的实施选择包括:堵塞现有的排水系统,筑坝,修筑堤防和防洪堤,水文控制结构,挖掘,下层密封,种植植被等。

4)监测与常规维护

湿地恢复与重建必须有湿地的监测。通过将监测所获得的数据与参照湿地数据进行对比分析,可以评价实施效果。湿地恢复与重建监测和评估至少要持续5年以上,其内容包括年内水位变化、湿地植被恢复情况、野生物种恢复状况、土壤剖面发育情况、植物演替形式等。

### 10.2.5 流域湿地管理策略构建

流域湿地管理策略,是以湿地可持续发展和利用为目的而进行湿地管理的行动方针和采取的活动方式。不同类型、不同区域的湿地,在不同的发展阶段,应根据流域湿地特殊性而制定相应的管理策略。

流域湿地可持续管理策略方向包括两个方面:

一是在那些已受到人类干预而严重改变的地区,可持续利用是湿地的主要考虑因素,在有条件的地区实施湿地恢复、重建计划。

二是对那些仍有大面积相对而言未受改变的湿地区域立足保护,优先保护是《湿地公约》首先提倡的目标。

围绕流域湿地可持续管理策略方向,构建的主要策略包括:

一是实施社区共管。所谓社区共管,是指让社区居民参与保护方案的决策、实施和评估,并与保护区共同管理自然资源的一种模式。与传统的管理模式相比,社区管理具有开放性、参与性、互利性等特征。一方面,它摒弃了过去的封闭式强制性管理方式,主动吸引社区居民参与自然保护区的资源保护和开发,全面兼顾保护区和社区的经济利益,明确规定保护区和社区的责、权、利,在一定程度上促成了利益的一致;另一方面,它使社区在经济发展中能持续利用自然资源,减少对保护区资源的破坏,同时也减小了因自然保护而给社区发展所带来的约束,最终实现自然保护区与社区经济的协调发展。

保护湿地也就是保护湿地的某些功能,如蓄洪功能、减轻环境污染功能。湿地功能与社区居民的经济利益是密切相关的。湿地保护可能意味着当地利益与外部利益的冲突,通常可以通过共同设计湿地活动,强调地方利益来减弱这种冲突,使当地居民真正认识到湿地的功能与价值及其与社区居民长远利益和当前利益的异质性，从而使社区居民加入到湿地保护与管理工作中。

二是加强湿地保护立法。完善的政策和法制体系是有效保护湿地生态系统和实现对湿地资源可持续利用的关键。建立行之有效的湿地管理的经济政策体系对保护流域湿地，促进流域湿地资源的合理利用具有极为重要的意义。通过建立对威胁湿地生态系统活动的限制性政策和有利于湿地资源保护活动的鼓励性政策，协调湿地保护与区域经济发展关系，通过建立和完善法制体系，依法对流域湿地及其资源进行保护和可持续利用，才能发挥湿地的综合效益。

湿地的保护与管理需要全社会的关注及各级政府的重视和支持。特别是一些重要湿地所涉及的业务主管部门要配备必要的管理人员，健全管理机构，制定规划，强化管理。但是，仅仅依靠法律、法规的强制手段来达到湿地保护与管理的目的是非常困难的。制定的法律、法规必须人们来依从它，惩罚和制裁都不是法律、法规的目的，这必然要求对民众进行法制宣传和教育。通过对民众进行湿地管理的法律、法规的宣传和教育，使他们自觉地加入到湿地保护与管理的行列，对于湿地保护与管理的目标实现具有事半功倍的效果。

三是加强湿地科学研究。湿地保护与管理首先必须了解湿地目前的保存状态与破坏状况，特别是湿地编目与监测数据的获取，弄清湿地受到哪些威胁及湿地的发展趋势，确定优先行动计划等，所有的这些活动都必须对湿地进行科学调查。

湿地保护与管理的目标是否可行、是否合理以及为了达到目标所采取的措施是否有效等，都取决于对湿地发展的自然规律认识。在“摸清家底”的基础上，进行湿地科学研究是确保湿地保护与管理目标实现的重要保证，特别是在湿地恢复与重建工作中，必须强调加强对湿地的科学研究。

四是开展国际合作交流。湿地保护已成为国际社会关注的热点。世界上有些国家很早就开始对湿地生态系统的保护与管理给予高度重视，在这方面有了丰富的理论成果和实践经验。通过双边、多边、政府、民间等合作形式，全方位引进先进技术和湿地管理经验，可以少走弯路，收到事半功倍的效果。同时，中国有些重要湿地对全球生物多样性保护、全球气候变化、跨国流域的水文系统等都具有重要影响，是世界共同的自然遗产，为了保护好这些湿地生态系统，必须吸纳国外管理机构的参与。此外，通过国际性机构争取国际援助以缓和湿地保护资金的短缺，能有效协调湿地保护与区域经济发展的冲突。

## 10.3 流域气候资源开发利用管理

气候资源是生命赖以存在和发展的基本条件，是人类生存和发展的基础资源。气候资源包括太阳辐射、热量、降水、风能和空气资源等基本要素。对气候要素进行具体分析是流域资源综合管理分析的基础，也是气候资源合理开发和综合利用的前提。

### 10.3.1 流域气候资源特性

气候资源是人类经济活动的气候条件，是自然资源的重要组成部分，是可供利用的气候环境中的物质和能量，在一定条件下能够产生价值，并有利于提高人类当前和未来的福祉。

#### 10.3.1.1 流域气候资源内涵

气候资源是指在一定的技术经济条件下,能为人类生活和生产提供可利用的光、热、水、风、空气成分等物质和能量的总称。气候资源是一种可再生资源,它既是人类赖以生存和发展的条件,又作为劳动对象进入生产过程,成为工农业生产所必需的环境、物质和能量。因此,气候资源是生产力,对经济社会发展具有重要意义。

从现代科学技术的观点看,气候是一种极其宝贵的自然资源。它是各种气候因子的综合,包括太阳辐射、日照、热量、降水、空气及其运动等。它是地球上生命现象赖以产生、存在和发展的基本条件和能量来源。在自然界中,每个气候因子都有自己的特性,发挥着特有的功能,彼此之间密切联系,对人类生存和经济发展具有特定的作用。

随着经济社会的发展,越来越多的气候要素和气候现象具有了资源价值,传统的气候资源价值也越来越显著。因此,气候资源的内容日益丰富。在对农业生产有影响力的所有自然因素中,气候因素是最活跃的,其重要性也往往更为突出;它在很大程度上决定着土壤的形成、土壤的水热状况、土壤中微生物活动和生长的植物。陆地上的水资源也是由气候衍生出来的,大气降水既能提供粮食生产所消耗的水分,又能补充地下水;一个地区年降水量的大小往往制约着该地区的农业生产水平。此外,气候不仅直接而且也通过其他环境因子间接地对农业产生重要影响。因此,曾有学者提出"气候肥力"和"气候生产力"的概念。所谓"气候肥力",可以理解为气候满足并调节植物生活所需要的光照、热量、水分、二氧化碳的能力。"气候生产力"是指作物最大限度地利用有利气候条件的生产效能和适应不利气候因素的能力。"气候生产力"是气候在农业生产中表现的生产效应。

随着人类对气候资源认识的不断深化,将气候资源和生产应用作为一个完整的系统来研究,除生产的直接需要外,还研究气候资源利用中农业、林业、畜牧业和许多其他行业的适当分配比例与相互结合的问题,以及气候资源利用对环境的影响和气候资源本身的保护问题,也就是生态平衡问题。所以,气候资源不是一种独立存在的自然现象,而是许多事物相互作用的结果,应该把气候与经济社会活动决策结合起来。

气候资源作为一种自然资源,概念及其价值的形成是与人类利用水平分不开的。只有在人类利用气候资源的水平达到一定的程度时,它才具有可利用性和一定的紧迫感,才可能形成资源概念、资源价值。同时,这种概念又将随着社会的发展而日益明确,其资源价值也不断升高。随着科技的进步,人类不但具有扩大对气候资源开发利用的技术条件,而且由于盲目地开发利用气候资源,正在人为地破坏这一资源。如何更有效地利用气候资源,已经成为紧迫的科学问题。提高对气候资源的认识,提高开发利用气候资源的自觉性,已经成为当代社会发展的一个重大问题而受到普遍重视。

#### 10.3.1.2 流域气候资源分类

气候资源分类是气候资源研究和有效管理的基础。从总体上看,气候资源可以从组成要素、开发应用和空间分布三个角度进行分类。

按照气候资源组成要素分类,可将气候资源分为光能资源、热量资源、降水资源、风能资源和大气成分资源等,这是气候资源的基本分类。

从气候资源开发利用角度分类,可以将其划分为:能源气候资源(包括太阳能、风能、雷电能等)、农业气候资源、旅游气候资源、大气水资源、人居气候资源、医疗气候资源、林业气候资源、盐业气候资源、城市(建筑)气候资源、交通气候资源以及其他行业气候资源等。

#### 10.3.1.3 流域气候资源属性

1）气候资源自然性

气候资源自然性表现在：一是气候资源分布于大气圈中，表现为自然物质和能量，是自然过程所产生的天然生成物，没有凝结抽象劳动，是非劳动产品。二是气候资源具有整体性。气候资源是整个生态体系中极为重要的一部分，它与其他自然资源赋存相连，共同构成庞大、复杂、流动、互相影响和联系的生态体系。在一定时间内，即使气候的微小变化也能引起生态系统成分的巨大变化，气候变化导致的气温和降水模式的改变是生态系统和人文系统脆弱的主要原因之一。

2）气候资源社会性

气候资源社会性通过开发利用活动表现出来，一般分为以下几个方面：

一是气候资源开发利用需要信息和技术支持。气候成为一种资源，其发展过程充分表明了气候资源与信息技术密切联系。以前，人们只懂得去适应气候条件，而随着工业革命的到来，人们懂得了开发利用气候资源。气候资源信息的获得帮助人们在农业、建筑、交通、旅游、能源等行业获取了经济效益，不断研发的先进技术设备促使气候资源的潜能得到巨大发挥。风能、太阳能开发利用就是最典型的例子。

二是气候资源需要人们综合开发利用。从其自身来看，光、热、水、风、空气等气候要素互相影响、互相制约，构成一定地域不同的气候资源类型；另外，气候资源与河流、土壤、植被、生物等构成一个统一体。

三是气候资源需要规模开发利用。气候资源分布很广，不论是农业气候资源、旅游气候资源还是气候能源，如风能、太阳能，其开发利用都必须有相当的规模，才会获得持久的收益。

四是气候资源开发利用活动需要进行公共决策。气候资源是人类的共有财富，关系到地球系统所有生命的生存和发展，不适当的开发利用可能导致生态灾难。2006 年我国正式将“合理开发利用气候资源”纳入了《国民经济和社会发展第十一个五年规划》，意味着气候资源的开发利用正式进入公共决策体系。

五是气候资源开发利用活动具有外部性特征。外部性是指某个微观经济单位的经济活动对其他微观经济单位所产生的非市场性的影响。其中，对受影响者有利的外部性影响被称为外部经济性；对受影响者不利的外部性影响被称为外部不经济性。外部不经济性是自然资源开发利用活动中难以克服和避免的问题，主要表现为给他人增加成本的资源破坏、环境污染等侵权行为。气候资源相对于传统化石能源而言是清洁能源，不会排放污染物，但是，其利用会破坏资源、环境与生态的外部不经济性问题同样不可避免。譬如大规模改变降水分布，有可能带来严重后果，因为“空中水资源是大气环流的组成部分，特别是流域水汽输送通道上游水汽含量的改变，不仅可能影响当地的气候条件，而且可能对下游地区产生巨大的影响；应用风能发电时会出现占用土地、产生噪声等现象。当然，在气候资源开发利用中也会带来外部经济性，譬如利用风能发电的风车往往成为当地一道靓丽的风景线。

六是气候资源开发利用活动影响人类社会的存在和发展。不同的气候资源造就了不同的国度，拥有并且合理开发利用优良气候资源的国度往往是富庶发达的。气候资源是人类生存和发展的自然基础，严重破坏气候资源将导致不可逆转的灾难。历史上许多文明古国的消失已经证明了这一点。

3)气候资源价值性

自然资源是价值实体。效用性、稀缺性是其价值的自然基础。气候资源同样具有效用性、稀缺性特点。

(1)效用性。气候资源具有效用性,所谓效用性,就是为人类所需要的属性。气候资源是地球上生命现象赖以产生、存在和发展的基本条件,也是人类生存和发展的自然物质和能源。气候资源为人类所需要的事实毋庸论证。

(2)稀缺性。气候资源具有稀缺性。稀缺性是自然资源的固有特性,即自然资源相对人类的需要在数量上的不足。气候资源通常被当做是恒定资源或非耗竭性资源,认为气候资源在自然中大量存在,无论如何使用,其总量也不会减少且无污染或少污染,取之不尽,用之不竭,相较于人类利用恒定性资源的技术经济水平有限,开发利用量也极为有限。对各种可更新资源,如太阳能、潮汐能、风能,学者曾用不同方法估算过它们的最大自然能量潜力,得出的数据是巨大的。但这种估计并无多少实际意义,现实中的可得性取决于人类把这些潜力转换为实际能源的能力;取决于人类是否愿意承担这一代价和成本,包括环境退化的代价。因此,与人类对气候资源开发利用无限大的需求相比,由于认识水平、科技能力和成本投入等条件的限制,气候资源实际可开发使用量其实是很有限的,是不能完全满足人类需要的,表现为多方面矛盾,如气候资源在地域和时间分布上的不均匀性、变异性、不可贮存性等自然特性与人类需求的矛盾;气候资源破坏与人们对优质气候资源需求增多的矛盾;气候资源开发利用市场主体之间争夺产权的矛盾等,都促使气候资源稀缺性表现得更为明显和现实。

#### 10.3.1.4 流域气候资源特性

气候资源是自然资源的组成部分,它具有一切自然资源的共同特点。自然资源是人类生产与生活的物质基础。生产,实质上就是对自然资源进行再加工创造财富的过程。原料、能源和一切生产所必需的物质条件都有可能成为自然资源,但是必须具备两个条件:一是具有一定的紧缺感;二是与一定的开发应用技术联系在一起,需要一定的成本和技术。由于气候资源能够为人类生活与生产活动提供原料、能源和必不可少的物质条件,所以气候资源具有与其他自然资源相同的特点。

1)气候资源基本特性

气候资源是地球表面普遍存在的一种重要的自然资源,这与气候作为一种环境因素而普遍存在这一特性是分不开的。气候资源在生态系统中参与了物质流和能量流的运转过程,具有以下几个基本特性:

(1)组成因素的制约性和不可代替性。气候资源由太阳辐射、热量、水分、风、空气等因子构成,各个因子不仅具有各自的特性和功能,而且互相联系、互相影响。通常,一种气候因子的变化可能引起另一因子的相应变化,产生连锁反应,导致各因子之间相互作用、相互制约。例如,降水量多的地区往往太阳辐射较弱,太阳辐射强的季节温度较高,降水量多的时期比降水量少的同期温度偏低等。诸多因子的综合作用,构成了流域范围内气候资源的本质属性和特点。

气候作为一种综合性的自然资源,必然具有其特定的内在结构,每个组成因素各有各的功能和作用,而且在人类生产和生活活动中,各因子具有同等的重要性和不可代替性。例如,对于农作物来说,太阳辐射是进行光合作用的能源,水和空气中的二氧化碳是原料，温度是生存因子，制约其生长、发育和光合速率；它们都是作物有机体生命活动的基础，对作物生长、发育、产量及品质的形成起决定性的作用，而且各因子既不能相互替代，又缺一不可。

（2）时间变化的周期性和随机波动性。在时间上，气候资源具有较大的变率，有的属于周期性变化，有的属于随机性波动。气候资源寓于生态环境之中，由于受天文、地理等因素的制约，地球上大部分地区在天体运动的作用下都表现为昼夜交替、寒来暑往、四季更迭的循环往复现象。从总体上看，气候资源是一种无穷无尽、循环供给的可再生资源，具有明显的周期性变化。

光、热、水等气候因子一般稳定地进行有规律的周期性循环变化，但这种周期性节律并不是一成不变的固定模式，除有小的气候波动和变化外，有时还会出现气候异常，表现为短时期内气候因子的起伏振荡，在很大程度上偏离平均状态，给人类生产和生活带来多方面的影响。例如，不同季节、不同年份各资源要素的绝对值不同，有的年份酷暑高温，降水稀少；有的年份持续低温，阴雨连绵；有的年份冬暖夏凉，春旱秋涝。这些异常气候的发生都会造成气候资源数量和质量的变化。

（3）空间分布的差异性和不均衡性。由于太阳和地球的位置及其运动特点，地球表面的海陆分布及地形、地势等下垫面的特性不同，造成光、热、水等的空间分布差异，形成资源数量及其配置的地区性和不均衡，并且造成季节分配的差异性，从而形成不同的气候类型。

气候资源以不同地带的地表形态为存在前提，没有陆地、海洋、生物及人类的社会生产活动，再多的气候资源也是没有意义的。气候、土壤、植物构成一个整体，气候资源与土地、生物资源相互依存，若没有肥沃的土壤与优良的作物品种，或者它们不与气候条件相配合，就不能发挥气候资源的优越性，产量也难以提高。因此，只有不断培养土地肥力，因地制宜、适时种植，将气候、土壤、作物三者相互协调，才能达到高产、稳产、优质的效果。

（4）开发利用的有限性和长远潜在性。气候资源之所以称为资源，是就气候要素的一定数值范围内而言的。对于某一天、某个月或者某一年来说，资源生态系统中的光、热、水等气候资源要素的数量是有限的，其量值的概率大小决定它的可利用程度，制约着生物的生存、生长、发育和分布。对于一个地区，每年的光、热、水资源也是有一定数量的，如每年有一定的积温、降水量和总辐射量。气候资源尽管年年都可以得到，但是在一定的科学技术条件下，人们对它的认识以及开发利用的能量是有限的，这些都是气候资源有限性特点的表现。

然而，气候资源又是一种无限循环的再生性资源，可以年复一年地被开发利用。只要开发利用和保护管理相结合，就永远不会枯竭。随着科学技术的发展和生产条件的改善，采用先进的农业技术措施，培育优良品种，就能不断提高光、热、水的利用率，达到增产的目的。就这一点而言，气候资源在流域生态系统和生产、生活中的利用潜力是巨大而长远的。

（5）气候资源的多宜性和两重性。气候资源能够满足人类生产、生活的多种需求。例如，在生态系统中，某一流域的气候资源既可以生长适应流域环境的植物，又可以繁衍生态类型相似的动物，具有多方面的适宜性，为农林牧渔业生产向深度和广度发展提供物质基础。

然而，气候资源又具有利弊两重性，对气候资源的开发利用也存在着风险，即气候灾害。由于生物的生态类型不同，对气候资源各要素的要求也不一样，一时一地的气候资源，对某些生物有利,对另一些生物则不利。例如,在我国的亚热带地区,夏季高温多雨,水热资源丰富,有利于喜温植物生长,但对喜凉植物不利;冬季低温少雨,水热资源欠丰富,喜凉植物尚能生长良好,喜温植物则常受干旱和低温危害。强劲的风力可用于发电,而当台风出现时,又往往造成巨大的经济损失。因此,在开发利用气候资源的同时,必须考虑防灾,趋利避害,减小风险,才能充分发挥气候资源的开发利用价值。

2)气候资源的特殊性

气候资源又是一种特殊的自然资源,具有许多不同于其他资源的特殊性。气候既是自然环境的组成部分,又是自然资源的组成部分。最初人类为了生存而适应气候条件,气候只被认为是一种环境因素。随着社会的发展,气候条件已经不能满足生产的需要,人类才认识到气候也是一种不可缺少的自然资源,而且在大多数情况下气候资源是一种综合性的资源,需要结合其他资源才能生产出产品,例如农业气候资源必须结合土地资源和生物资源才能进行农业生产。

气候资源的特殊性表现在以下几个方面:

一是气候是由光照、温度、湿度、降水、风等要素组成的有机整体。各个气候要素都有可能在气候资源的形成中产生一定的影响,每个气候要素又可以有多种性质不同的统计量,表示其各个方面的特性。气候资源数量的多少,不但取决于各要素值的大小及其相互配合情况,而且还取决于不同的服务对象,以及和其他自然条件的配合情况,并不像石油、煤炭、金属等矿产资源那样多多益善。例如,对农作物而言,温度在一定范围内是资源,过高可能形成热害,过低又可能造成冻害;大气降水也必须在一定范围内才是资源,过多可能导致洪涝灾害,过少又可能形成干旱灾害。干旱地区光、热资源虽然很丰富,但水资源短缺,限制了光、热资源的充分利用,从而使其价值大为降低。

二是气候有时间变化。这种变化,有的具有周期性,有的周期性不明显,而且变化规律难以掌握。例如,气温的昼夜变化、季节变化,大都是日日如此,年年如此;但是某一天或某一季节的天气,却并不是年年如此的。至于某段时间或多年的气候变化,虽然有一定的范围,但变化规律比较复杂,难以准确预测。因此,对气候资源的利用,必须因时制宜。

三是气候有地区差异。世界上任何一个地方都有其独特的气候特点,和其他地方的气候不可能完全相同。因此,气候资源的利用还必须因地制宜。

四是气候是人力可以影响的。这种影响有的是有意识的,而有的是无意识的。由于气候条件与其他自然条件密切相关,人类在生产、生活中改造自然,常常会自觉或不自觉地改变了气候条件。例如,种草植树、蓄水灌溉等可以使气候环境变好;毁林开荒、填河平湖则可能使气候条件变坏。人类有意识改善气候,大多局限在小范围内进行。例如,营造防护林,设置风障、建造排灌设施、玻璃温室、塑料大棚等。随着社会发展和科技进步,人类影响气候的能力将日益提高,所能改造的范围将日益扩大,能够改造的因素也将日益增多,甚至可以把某些气候灾害转变为气候资源。

五是气候资源是一种可再生资源。由光、热、水、风和大气成分等构成的气候资源,能够连续往复地供应给人类利用,不像石油、煤炭、金属矿产资源那样是有限的,开采一点就少一点。气候资源的形成,归根到底是来自太阳辐射和地球自身,只要人类遵循自然规律,合理开发利用,保护管理得当,就可以反复、长久地进行利用和开发,为人类创造价值。

## 10.3.2 流域气候资源要素

流域气候资源要素主要包括太阳辐射资源、热量资源、水分资源、风能资源和空气资源。太阳辐射是地球上生物代谢活动及近地层物理过程的能量源泉，它既是农作物光合作用的首要条件，又是气候变化的动力因素。热量资源是所有生物生长发育必不可少的基本条件，也是自然界中水分转化的动力。大气降水是地球上水分循环的核心环节，水分消耗大多由自然降水补给，是人类生活、生产必不可少的水分来源。风能是一种取之不尽、用之不竭的清洁能源，具有很大的开发利用潜力，空气中的各种成分都具有资源价值，是人类及一切生物生存不可缺少的基本条件。所以，光、热、水、气都是非常重要的气候资源要素。

### 10.3.2.1 太阳辐射资源

太阳辐射是一种数量巨大的天然能源。在太阳内部深处具有极高的温度和上层的巨大压力，使得氢变为氦的热核反应能够不断地进行，从而产生了巨大的太阳辐射能量。据估计，目前太阳上氢的贮存量足以维持太阳继续进行热核反应长达60亿年以上。从这个意义上来说，太阳辐射是取之不尽、用之不竭的能源。

太阳辐射是地球上一切物理过程的能源和动力，是维持地球上一切生命的基础，更是地球上大气环流、天气和气候形成的根源。太阳以电磁波的方式不断向地球输送着能量。据估算，地球每年从太阳获得的能量相当于人类现有各种能源在同期所能提供能量的一万倍左右。但是，由于太阳辐射能量密度小，可变性大，人类只利用了太阳能中十分微小的一部分。所以，在环境不断恶化、能源日益短缺的情况下，研究开发利用太阳能资源，具有非常重要的实际意义。

### 10.3.2.2 热量资源

热量资源是人类生产、生活所必需的资源。地球表面的热量主要来自太阳辐射，通过湍流运动、分子传导，引起空气温度和土壤温度的变化，包括地表面与其上层大气之间的热量交换、地表面与其下层土壤之间的热量交换。

热量资源的评价和利用是气候资源研究的一项重要任务。由于温度的剧烈变化对人类健康和各种生产活动都有很大影响，所以在气候资源分析中，热量资源通常以温度的各种统计指标来表示。热量资源与农林牧渔业生产密切相关，尤其是农业，它是对气候资源最敏感的一个生产部门。热量资源是作物生活所必需的环境条件之一，作物的生长发育需要在一定的温度条件下进行，而且温度需要积累到一定程度后才能完成其一定的生育期。对于不同的作物，高于其下限温度的季节长度和热量，才是可以利用的热量资源，而各种作物或同一作物的不同发育阶段，其下限温度和最适温度范围差异较大。因此，对热量资源及其潜力的估算更复杂，其重要性也更大。

### 10.3.2.3 水分资源

水是地球上大气圈和水圈的组成部分，是一切生物维持生命和生长发育的必要条件。在气候资源学中，各个资源要素并不是孤立的，水分资源和热量资源往往既相互联系，又相互影响，而且互为因果。一个地区的水分含量、水汽输送量和水的相变取决于该地区的热力条件，一个地区的水分分布和变化又会调节、改变当地的热量状况，从而影响其天气和气候。

水作为地球上一种重要的自然资源，具有其他资源无法替代的重要作用，即维持人类生命的作用、维持工农业生产和维持良好环境的作用。水是一种可再生、动态的自然资源。在自然界中，水分循环过程周而复始，长年不息。但是，在水分—大气—土壤—生物系统中，周转总量是有限的。在一定的地区和时间范围内，水资源并不是取之不尽、用之不竭的。

水分资源即水资源，是指被人类直接利用的地表水和地下水。对于一个地区来说，水分资源包括大气降水、土壤水、地表径流和地下水四个部分。其中大气降水直接补给土壤水和地表径流，也间接影响地下水。因此，大气降水是地面水分资源的主要收入项，在水分资源分析中占有重要地位。但是，大气降水不能表达水分收支情况，更不能反映大气—土壤—植物系统中的蒸散、地表径流等水分支出。科学评价流域层面上的水分资源，应该采用地表水分平衡方程，进行逐项分析；最终以水分收支差值或收支比值来反映该地区的水分状况。

#### 10.3.2.4 风能资源

风是指空气的水平运动。风是矢量，既有风向，又有风速。空气流动所产生的动能，比人类迄今为止所能控制的能量大得多。风和太阳能一样，也是一种取之不尽、用之不竭的清洁能源，开发利用潜力很大。凡是平均风速较大的地区，都可以常年或季节性地利用风能而不必考虑运输和环境污染等问题。风是一种自然现象，风向影响工厂布局、城镇规划，风速影响建筑物的设计、农作物生长等。

风是一种动力，能够促进近地层热量、水汽、二氧化碳以及大气中其他物质的再分配，利用这些特性可以为人类造福。风作为能源早在古代已为人类所利用；风作为自然资源，可以调节室内空气温度和湿度。在大气污染日益加剧的环境下，风是稀释污染物的一种重要的大气自洁机制。因此，在流域特定区域进行发展规划时，应充分考虑近地层风速在污染扩散中的作用，以便充分利用大气自洁能力，达到改善环境的目的。风对于农业生产也很重要，许多农作物的花粉、农田植被层中的二氧化碳等都依靠风力传播和输送。风还是一种有力的干燥条件。总之，风是气候资源的一个重要组成部分，利用风能可以取得一定的社会效益和经济效益，具有广阔的开发利用前景。

#### 10.3.2.5 空气资源

人类生活在低层大气圈内，每时每刻都在呼吸着空气，空气对于维持人的生命是至关重要的。尽管空气作为生命要素之一的重要性早已为世人所知，但是作为一种自然资源却往往被人们所忽视。

空气作为一种自然资源，它的概念及其价值的形成与人类利用气候资源的水平是分不开的。只有在人类利用它的水平达到一定的程度，它才具有可利用性和一定的紧迫感，这时才可能形成有关空气的资源概念与价值，这一概念还随着社会发展而日益明确，空气资源价值也将不断升高。例如，生活在低海拔平原地区或以农牧业为主的乡村居民，并没有意识到空气是一种自然资源，而生活在海拔较高的高山、高原地区或空气污染严重的重工业区的居民，就能够感受到新鲜空气的价值。所以，人类对气候资源的利用程度和利用范围将随着时代的发展而不断扩大。空气和光、热、水、风等气候资源一样，具有自然资源共有的一切属性。空气是一种具有时空变化、可再生、能恢复、可重复使用的资源。正是由于空气具有一切自然资源的共同特点，所以说空气也是一种资源，而且，空气与其他气候资源要素一样，既具有普遍存在性，又具有非线性特征。对于某些人类活动，它是有益的，就是一种资源，而对另外一些活动可能不利，它就是一种灾害。因此，只有在特定条件下，在一定的数值范围之内，空气才成为真正的资源。

大气中的氧气是动植物维持生命的基础，二氧化碳则是植物进行光合作用的重要原料，空气中的负离子素有“空气中的维生素”、“长寿素”之称，对人体具有保健、治病的功能，大气中的电学、声学和光学现象也都存在着开发利用的价值。所以，气候资源的内涵是极其丰富的。

### 10.3.3 流域气候资源开发利用决策

一个国家、一个流域经济可持续发展规划中的最基本问题就是各种资源的合理利用，其中气候资源开发利用的最优化问题尤为重要。通常一个流域具有多种类型的气候资源，每种气候资源又有多种开发利用方式，如何组合配置、合理利用这些气候资源，就是流域气候资源的最优决策问题。我国幅员辽阔，气候资源十分丰富，应用系统科学和现代决策理论进行流域气候资源的合理开发和综合利用，对于国民经济的可持续发展和人民生活水平的不断提高具有十分重要的现实意义。

流域气候资源综合分析，是以光、热、水、风、空气成分等气候资源要素的具体分析为基础，根据系统科学的思想，运用数学方法建立分析模型，对流域气候资源的分类、区划以及综合利用决策等进行研究，综合评价流域气候资源的数量、质量、变化特点、分布规律、开发利用价值以及对国民经济发展的影响等。

#### 10.3.3.1 模糊综合评判分析路径

流域气候资源的量化和分析，主要是利用数学方法，在流域多年平均气候资料的基础上，通过建立一些量化指标或数学模型来综合分析和评价一定流域范围的气候资源。实际工作中通常采用模糊综合评判、聚类分析、层次分析等方法对流域气候资源进行综合分析。近年来，GIS 等新技术的广泛应用，不仅能够详细描述流域气候资源在不同地形、地貌条件下的空间分布特征，而且可以为流域气候资源的综合分析、客观评价和合理开发利用提供科学的分析方法和决策手段。

模糊评价法是运用模糊集合理论，对某一对象进行综合评判的一种分析方法，在经济社会系统、工程技术领域中的应用非常普遍。日常生活中，人们经常遇到一些概念本身就比较模糊的问题。在流域气候资源综合分析中，有时要精确地描述某一评价目标往往非常困难。例如，旅游气候资源由多个气象要素决定，某流域气候资源是否适合于旅游，有无开发价值，不能仅以“是”与“否”来概括。气候条件适合于旅游是“适宜度”的问题，具有模糊的概念。作为气候要素，每个因子不可能用一个固定的标准来衡量“适宜”或“不适宜”。因此，某流域气候是否适宜旅游，这一评价目标的描述本身就不精确，具有模糊性。所以，对流域气候资源进行客观准确的评价，定量地描述这种模糊的概念，需要建立一个隶属函数来衡量这一具有模糊性的评价目标，而隶属函数可以用模糊集合理论来确定。

1965 年，美国控制论专家 L. A. Zaden 发表了题为《模糊集合》(《Fuzzy Sets》)的论文，标志着模糊数学的诞生。模糊数学不是数学的模糊化，而是用精确定义的概念描述模糊的对象，使其数学化的一门精确科学。

模糊综合评判是对受到多种因素综合影响的事物做出全面评价的一种行之有效的多因素评判方法。模糊综合评判的关键是确定因素集、评判集和模糊关系这三个步骤。评价过程包括：将评价目标看成是由多种因素组成的模糊集合，由综合评判的所有因素确定因素集 $U$，设定这些因素所能选取的评审等级和评分标准的模糊集合，由对评判对象的不同评语构成评语集 $V$；然后分别求出各单一因素对各个评判等级的隶属度，建立从 $U$ 到 $V$ 的各个因素

的模糊评判矩阵 $R$,根据各评价指标的相对重要程度,确定各个因素在评价目标中的权重分配 $W$,即 $U$ 上的模糊子集。最后通过模糊矩阵合成运算,求出评价的定量解 $C$。

#### 10.3.3.2 流域气候资源利用原则

根据流域气候资源的特点,合理开发利用、保护和管理气候资源,科学发掘气候资源的潜力,应遵循以下几个基本原则。

1)顺应自然,开发利用与保护管理结合

我国古代农书《齐民要术》中说:地势有良薄,山泽有异宜;顺天时,量地利,则用力少而成功多;任性反道,劳而无获。流域气候资源利用必须服从自然规律,因势利导,同时也要注重环境保护,否则,就会受到大自然的报复。气候在一定程度和范围内是可以人为影响的,但人工措施改善气候条件需要耗费一定的人力和物力,应考虑经济上的得失。此外,还要综合考虑经济利益、社会效益和生态效益,对流域气候资源进行长期、科学、有效的管理,切不可为了当前利益和局部利益,造成流域气候资源长远、整体、不可挽回的损失。

2)创造条件,综合利用气候资源

我国人口多、耕地少,流域气候资源超负荷利用现象比较普遍。例如,在两年三熟制流域推广一年两熟制,在一年两熟流域推广一年三熟制,不是热量条件不够,就是水分供应不足,往往使作物的旱灾、霜冻、冷害增多或加重,以致得不偿失。但是,局地气候条件是可以改善的,气候资源也不是一成不变的。人们不应盲目滥用,而应运用新技术、新方法,最大限度地综合利用流域气候资源,科学合理地发掘流域气候资源潜力。

3)防灾避害,优化开发利用价值

减灾就是增利,气候灾害会消耗和浪费气候资源,使气候资源的价值大为降低,甚至全部丧失。只顾开发利用流域气候资源而忽视防御流域气候灾害,这种资源利用是不可靠、不科学的。合理利用流域气候资源,应该包括尽可能有效地避免或减轻流域气候灾害。对于流域气候灾害,抗不如防,防不如避。

4)扬长避短,发挥气候资源优势

流域气候资源有地区差异和时间变化。因此,在流域气候资源的利用上,如果扬长避短,则能收到事半功倍的效果。

5)多种经营,善于利用气候资源

近年来,新鲜瓜果、时令蔬菜和反季节蔬菜长年不断,就是善于利用近郊平原和远郊山区以及南方和北方气候资源差异的最好例证,从而使得各地市场繁荣,农产品供应充足,人民生活得到改善。

#### 10.3.3.3 流域气候资源综合利用区划

气候资源可以提供物质和能量。流域气候资源开发利用水平在一定程度上制约着流域生产的类型和生产力的发展,气候资源要素在流域分布上的差异性,也造成了区域性工农业生产水平的不均衡。为了揭示流域气候资源特点,需要研究流域气候资源的空间变化特征、空间分布规律,对流域气候资源数量、质量以及各要素的强度组合情况等进行全面分析,并在此基础上进行区域划分。因此,流域气候资源综合利用区划也是气候资源综合分析中的一项重要内容。

流域气候资源综合利用区划,是指综合考虑光能资源、热量资源、水分资源和风能资源的地域分布差异,根据光、热、水、风资源结构的相似性和自然过程的统一性,将流域内部相似性最大、差异性最小而其外部性相似性最小、差异性最大的地区划分出来，形成一个有规律的综合区划单位等级系统，为流域合理布局和经济发展的分区规划等提供科学依据。

1）基本原理

流域气候资源在空间分布和时间变化上存在着不同尺度的差异，这种差异也导致流域气候资源利用上的差异。科学地反映这种差异并按一定原则和等级系统划分成若干相对一致的利用区域，就是流域气候资源利用区划，这是综合分析、评价气候资源及其开发利用的一种科学方法。

流域气候资源利用区划具有多样性。一般来说，流域气候资源利用区划可以分为两大类：一类是单项气候资源区划，例如太阳能利用区划、风能利用区划、干湿区划、热量区划等；另一类是气候资源的综合利用区划，例如气候能源利用区划、农业气候资源区划、气候生产潜力区划等。在农业气候区划中，也可以根据气候资源要素在农业生产中的不同作用按区划任务和区域、范围等划分类型。

流域气候资源利用区划的目的，在于阐明流域气候资源分布状况和变化规律，划分出具有不同开发利用水平的气候资源区域类型，根据不同流域的实际情况，提出流域合理开发规划和综合利用措施，为生产、生活提供综合服务。

流域气候资源利用区划以提供因地制宜的综合利用技术服务为根本目的。通过对流域气候资源条件的综合分析，进行客观的综合利用区划，针对现有产业结构、能源消耗、种植制度、技术措施等对流域气候资源的利用是否充分合理，进行科学论证，提出符合流域实际的气候资源利用措施、开发管理建议，为流域国民经济可持续发展规划和相关政策、法规的制定提供依据。

气候资源综合利用区划，遵循的原则主要包括发生学原则、实用原则、综合因子原则和主导因子原则等。

（1）发生学原则。着重从气候资源形成原因来阐述流域气候资源分布差异的规律，进行流域气候划分既要遵循相似原理，又要考虑地区差异性，按照指标系统逐级分区。

（2）实用原则。侧重于按照服务对象的要求进行区划，体现为生产、生活服务的观点，并与流域气候资源开发利用规划相结合，适应经济发展规划的需要。

（3）综合因子原则。在流域区划时，综合考虑影响气候资源利用的各种因子的作用，合理利用气候资源，既能充分发挥气候优势，又有利于生态平衡，以最佳经济效益和良好社会效益为目标。

（4）主导因子原则。在影响气候资源利用的因子中，各个因子的作用是不均等的，根据流域区划的目的和要求，突出最重要的因子进行区划。

确定流域区划指标是气候资源综合利用的关键问题，也是核心问题。所选择的各种区划指标，既要反映气候资源的主要特征，又要反映服务对象的基本要求。一般来说，对于大流域尺度的综合性利用区划，可以选择比较概括的具有普遍意义的指标，而小流域的单向利用区划，则应选择具体的意义比较明确的单指标或双指标。但是，无论是大流域或小流域，都应该选择与服务对象关系最密切的要素作为流域区划指标，并将主导指标与辅助指标相结合，综合考虑不同指标的权重、保证率、分界一致性等问题，以便使所划分的区域能够真实反映流域气候资源可利用程度的本质差异。

流域气候资源综合利用区划指标，作为区分不同气候资源利用区域的依据，应能够反映不同地区气候资源的数量、质量、强度组合、影响因子、区域优势等基本特征的明显差异。此外，选择区划指标还应综合考虑区划任务、区域特点、技术特点、技术方法、生产生活与气候条件的关系等方面的因素，形成不同等级的气候资源综合利用区划指标系统。一般情况下，应根据所采用的区划方法选择相关的区划指标组合形式。

流域气候资源综合利用区划，可以根据区划类型、区划任务、目标区域特点以及所具备的气候资料选择不同的分区方法，既可以自上而下地进行划分，又可以自下而上地合并。不同的统计分析方法具有不同的特点，高级区划单位按照其内部差异可以划分为低级区划单位；地域上邻近的低级区划单位，则可以根据其相似性合并成高级区划单位。划分或合并的区域单位在流域层面上应该是连续的，区划单位越高，其内容就越复杂。

流域气候资源综合利用区域的类型划分与流域区划存在显著差异。流域区划单位都可以根据其性质的相似性概括类型单位，并且可以组成不同等级的分类系统。类型单位在流域层面上是重复出现的，而且在分类系统中，等级越高其共同特性就越少。流域区划与类型划分也存在着一定的联系，在小流域进行类型划分时，可以先按流域某些特征分出区域类型，然后根据优势类型划分区域单位，并且自下而上地合并成高一级区划单位，形成区域单位等级系统。

2）流域气候资源区划方法

（1）基本步骤。流域气候资源利用区划的基本步骤可归纳为以下五步：

①收集资料。根据区划任务，收集当地气象台站的气候资料以及流域相关的自然地理、产业结构、经济水平等统计资料，必要时还应采取野外考察、调查访问等手段获取有关资料。

②综合分析。对所研究流域气候资料分布的历史、现状和变化趋势进行全面、细致的系统分析，了解其分布特征、变化规律及其与生产生活的关系，并对开发利用价值、综合利用水平等进行客观评价。

③确定指标。首先根据研究内容确定区划因子，包括主导因子和辅助因子。综合考虑流域气候资源的区域特征、服务对象的基本要求以及拟采用的技术方法等因素，正确选择区划指标，制定合适的分区标准，形成流域不同等级的区划指标系统。

④绘制图表。按照一定的区划原则和分区方法进行区划，结合流域地形特点、土壤类型和植被分布等情况，将分析结果绘制成区划图和分区表，并根据流域气候资源特点和地理位置对分区进行命名，同时给出区划等级、类型、表示符号以及对应的流域范围等内容的详细说明。

⑤结果评述。包括研究流域基本情况概述，研究目的、任务和现实意义，以及所采用的技术方案、区划方法、指标系统等详细说明。流域气候资源的综合分析和评价，重点阐述所得到的区划结果，分别讨论不同区域、不同类型的气候资源基本特征及其与生产生活的相互关系，最终提出适合流域条件的开发利用技术措施和流域保护、管理、规划的建议，并对预期的社会、经济效益作出客观的评估。

（2）区划指标确定方法。区划指标是区划因子的具体表现形式，是划分不同类型、不同等级流域气候资源利用区域的依据。选择区划指标必须因地制宜，根据流域生产生活与气候资源利用的关系和特点来确定，因为指标值是否正确，直接影响流域区划的科学性和实用价值。常用的区划指标确定方法有以下几种：

①主导因子法。主导因子是指对流域气候资源地域分布差异有决定性意义的因子。根

据流域气候资源的主要特征和服务对象的基本要求，选择主导因子进行分区。区划指标通常以流域气候资源分布的差异程度或生产生活利用的相对重要性依次分为一级、二级、三级等不同等级。例如，在流域太阳能、风能资源利用区划中，分别选择年总辐射量、年平均有效风能密度作为主导因子；对于流域农业气候资源综合利用区划，则选择光、热、水组合状况或气候生产潜力作为主导因子。

②辅助因子法。辅助因子是指对流域气候资源地域分布差异有影响但相对次要的因子。在采用主导因子难以确切反映流域气候资源实际利用价值时，可以选择其他指标作为补充。例如，在流域热量资源的农业利用区划中，常以一定界限温度的积温作为主导因子，而以最冷(热)月平均气温、年极端气温作为辅助因子。此外，流域之间或局地气候资源的分布差异通常与地形、土壤、水域等关系密切，植被分布特点也是流域气候资源条件差异的直接反映。因此，在小流域或范围较小的县或乡、镇级区划中，常以地形、土壤、指示性植物等作为辅助因子来确定流域气候资源利用的分区界限。

③主辅因子结合法。由于流域层面上的地理分区界线，通常是多个因子综合影响的结果，仅用一个主导因子往往很难反映区域之间或其内部的差异。实际工作中确定区划指标界限值时，一般采用主导因子与辅助因子相结合的方法来确定分区界限。通常以主导因子划分带或大区，以辅助因子划分亚带或副区，形成流域区划等级单位系统，从而使流域各级区划指标能够如实反映单项或综合利用气候资源的主次程度，以及各区域之间的从属关系。

④综合因子指标法。区划指标的界限值即分区标准，也可以采用综合分析方法确定。首先，找出与流域气候资源地域分布差异有密切关系的多个因子，经过综合分析后，确定出分区的综合指标，再进行区域划分。选择区划指标必须因地制宜，尤其是在地形影响显著的地区，应根据当地生产、生活与气候资源利用关系、特点确定。例如，我国的青藏高原所在的流域，地形复杂，气候条件特殊，流域气候资源既有垂直变化又有水平变化。如果遵循综合因子原则采用多指标，往往综而不合，任意性较大；如果按照主导因子原则，又势必过分强调太阳辐射而忽略水分因子的作用；若将两者结合，各取所需，则又有损于区划的科学性和严肃性。因此，必须因地制宜，遵循流域生物气候原则，根据气候生态环境相似原理，采用合适的指标划分出生态环境相似的区域，确定农牧业发展方向，为制定政策、调整布局提供科学依据。

(3)区划方法选择。虽然数学、统计学、运筹学等学科为流域气候资源综合利用区划提供了许多理论方法，但这些方法缺乏应用的针对性。流域气候资源综合利用区划必须根据目的任务、区域特点、资料条件等具体情况来选择方法。常用的方法主要有以下几种：

①逐步分区法。这是一种实际工作中经常采用的常规分区方法。根据流域气候资源的地域分异性，选择能反映其主要特征的影响因子，依次确定出不同等级的主导指标和辅助指标，按照区划指标的界限值逐级进行分区，将各级分区结果叠加在区域地形图上，用不同线条和符号表示各级分区的边界和名称，然后根据地形、植被、土壤等情况进行适当的调整和修正，从而确定分区边界，最后绘制出流域气候资源综合利用区划图，进而综合归纳形成区划表。

②集优分区法。该方法的特点是，各区划因子同等重要，无主次之分。首先，选择与生产生活、综合利用等密切相关的几种流域气候资源要素作为指标，分别将这些指标值的地域分布绘制在区域地形图上，然后根据流域的区域优势，即所占有这些指标的数量、质量和强

度组合情况，划分出不同等级的综合利用区域。当某区域同时具备几种指标且指标值等级最大时，则该区域属于气候资源丰富区，综合利用价值最大；反之，如果这几种指标都不具备，则属于资源贫乏区，综合利用价值最低；对有的指标具备而有的指标不具备的区域，再做进一步细分，得出开发利用潜力的亚区或副区。

③数理统计方法。应用于流域气候资源利用区划的数理统计方法主要有：

ⅰ.聚类分析法。这是一种多元的客观分类方法，借助于计算机可以对多站点、多指标的区域进行综合分析，减轻计算工作量，从而有效地提高区划工作效率。聚类分析法的区划效果，在很大程度上取决于所选择的统计指标是否正确、合理。因此，在实际工作中应选择具有明确利用意义的，能反映不同特征的因子作为区划指标，统计指标在时空分布上应具有明显的可分辨性，而且不同类型区中站点的选择应具有代表性。

ⅱ.最优分割法。这实际上也是一种逐级分区方法。一般步骤为：首先，找出影响该区域作物产量（代表光、热、水综合利用水平）差异的关键性气候因子（如年降水量等），并按照各站点关键因子的数值大小对站点进行排序；然后，对顺序站点的产量进行最优二分割，即将站点分为两组，分别计算产量的总变差（距平平方和），找出两组总变差之和的最小值作为分区界限，将站点分割为两个区域；如果在这两个区域内产量差异仍然很大，说明该地区内还存在其他关键因子引起产量差异，则应进行二次最优分割；重复上述步骤，直至分区内产量基本均一。

ⅲ.线性规划法。线性规划是运筹学的一个主要分支，是最优化理论的重要工具；用于在大量复杂的因果关系中确定最优决策，解决最优化产业结构的合理配置等问题。在对诸多因素综合分析的基础上，以利益最大化作为最终目标，建立线性目标函数；将流域各种有限资源作为约束条件，表示为多元线性方程组，且各变量不能取负值；求满足约束条件的目标函数的极值，以此作为依据进行分区，根据流域分布规律确定最优决策方案。

（4）模糊数学方法。在流域气候资源利用实际区划工作中，许多区域界限是有多个因子综合影响的结果，而且这些界限往往存在着一个具有模糊概念的模糊地带。因此，可以利用模糊数学方法将这一模糊地带的界限确定出来。常用的方法主要有模糊聚类分析、模糊综合评判、模糊层次分析、模糊相似选择等。

（5）灰色系统关联分析法。所谓灰色系统，是相对于白色系统和黑色系统而言的。黑色系统是指对系统内部结构、参数和特征等信息一无所知，只能从系统的外部表面现象来研究这类系统。反之，一个系统的内部特征全部确定，称为白色系统。介于黑色系统和白色系统之间的系统，或者说部分信息已知、部分信息未知的系统，即为灰色系统。例如，社会系统、经济系统、农业系统、生态系统、环境系统等复杂系统大多属于灰色系统，往往包含多种因素，且这些因素相互关联、相互制约。

灰色系统关联分析法，既可以应用于气候资源利用区划，又可以应用于气候资源利用决策。关联分析是灰色系统理论进行系统分析的主要工具，其基本思路是：首先，根据流域气候资源利用选择最优指标集作为参考数列，将各种影响因素（或备选方案）在各个评价指标下的价值评定值视为比较数列；然后，通过计算各因素与参考数列的关联系数和关联度来确定其相似程度（或重要程度）；最后，在对各种影响因素进行综合分析和评价的基础上，进行流域气候资源利用影响因素的逐步归类分区（或选择最优方案）。

3）流域气候资源综合利用区划

流域气候资源的数量、质量、强度及其组合，在一定程度上制约着流域经济社会发展。因此，根据流域气候资源地域分布和时间变化规律，研究其开发利用潜力并进行区域划分，对于流域产业结构调整和优化等具有重要的现实意义。

（1）气候能源综合利用区划。我国七大流域太阳能、风能的开发利用，往往受气候、季节、地理条件等因素的影响。尤其是我国属于季风气候区，一般上半年风大、干燥、太阳辐射强度小，下半年风小、湿润、太阳辐射强度大。两者变化趋势基本相反，可以相互补充、综合利用。

（2）水热资源综合利用区划。一般情况下，气候区划和农业气候区划实质上是流域水热资源综合利用区划。第一级区划通常以≥10 ℃积温或≥10 ℃持续日数作为主导指标来划分热量带，第二级区划通常以干燥度为主导指标划分干湿区，以揭示流域热量和水分资源的地域分布规律。

（3）气候生产潜力区划。气候生产潜力主要受光、温、水因子制约，对其进行区划可以揭示流域太阳光能向植物干物质转化的能力，以及热量和水分条件的制约关系，从而定量地反映流域光、温、水资源的组合情况及其流域分布差异的规律性。

流域气候生产潜力区划，主要根据流域光能生产潜力、光温生产潜力和气候生产潜力的数值大小，同时，参考流域自然地理、农业资源和气候资源区划，制定流域区划指标和区划单位等级系统。

#### 10.3.3.4 流域气候资源开发利用决策

流域气候资源是生产力，尤其是农业与气候的依赖关系最为密切，不同的作物对光照、温度和水分等气候资源要素的要求不同。因此，流域气候资源开发利用规划，既要考虑合理利用气候资源，达到趋利避害目的，又要能够适应流域经济社会发展的需求，通过调整、优化产业结构，达到各种流域资源合理配置、综合利用，并取得最佳经济效益和社会效益的目标。流域气候资源开发利用决策，是根据流域经济发展规律对社会需要进行预测，综合考虑流域整体效果，制订出符合流域实际的气候资源综合利用的最佳方案。

1）基本概念

流域气候资源开发利用决策，不仅涉及各种气候资源本身的规律，而且涉及经济学、生态学和有关技术工程科学等问题，因此是一项复杂的系统工程。流域气候资源开发利用决策，就是在若干个准备实施的行动方案中进行选择，以期达到预定目标的过程。这一过程包括两部分内容：一是决策准备，是指从确定目标到拟订各种备选方案的过程；二是决策行动，是指从各种备选方案中进行优选的过程。

（1）益损矩阵。流域气候资源综合利用价值研究，为了实现效益最大的决策目标，经常面临 $m$ 种不同的自然状态 $Q_j$（即流域客观条件或外部环境），有可能采取 $n$ 种不同的行动方案 $A_i$（即流域气候资源综合利用备选方案或策略）。这类问题的决策模型，一般可表示为

$$\alpha = F(A_i, Q_j) \quad (i = 1,2,\cdots,n; j = 1,2,\cdots,m)$$

式中，$\alpha$ 为价值，它是行动方案 $A_i$ 和自然状态 $Q_j$ 的函数；若将 $A_i$ 和 $Q_j$ 视为变量，则分别称为决策变量和状态变量。

在决策分析中，通常将流域不同自然状态下不同行动方案的价值所组成的矩阵，称为益损矩阵，如表 10-2 所示。

**表 10-2　益损矩阵**

| 行动方案 | 自然状态 | | | | | |
|---|---|---|---|---|---|---|
| | $Q_1$ | $Q_2$ | … | $Q_j$ | … | $Q_m$ |
| $A_1$ | $\alpha_{11}$ | $\alpha_{12}$ | … | $\alpha_{1j}$ | … | $\alpha_{1m}$ |
| $A_2$ | $\alpha_{21}$ | $\alpha_{22}$ | … | $\alpha_{2j}$ | … | $\alpha_{2m}$ |
| ⋮ | ⋮ | ⋮ | ⋮ | ⋮ | ⋮ | ⋮ |
| $A_i$ | $\alpha_{i1}$ | $\alpha_{i2}$ | … | $\alpha_{ij}$ | … | $\alpha_{im}$ |
| ⋮ | ⋮ | ⋮ | ⋮ | ⋮ | ⋮ | ⋮ |
| $A_n$ | $\alpha_{n1}$ | $\alpha_{n2}$ | … | $\alpha_{nj}$ | … | $\alpha_{nm}$ |

(2)决策类型。由于事物发展和变化的复杂性,需要分析和解决的问题有多种类型,因此决策也可以从不同角度进行分类。

按照所掌握的信息量和价值准则,可以分为理性决策、有限理性决策和非理性决策。理性决策也称为最优决策,是指决策者掌握了有关决策问题的全部信息,并且具有分析处理这些信息的能力,能够精确地表达决策者的价值准则;显然,一般情况下,这种决策是很难实现的。有限理性决策也称为满意决策,是指所掌握的信息是有限的,决策者的价值准则不能精确表达,只能清楚地描述,这就是实际工作中的"满意决策"。非理性决策,是指有关问题的信息、机理都含糊不清,无法事先估计的决策。

按照决策的环境和所处的自然状态,又可分为确定型决策、风险型决策和不确定型决策。确定型决策是指在自然状态完全确定、未来环境可以预测的情况下,按照既定目标和准则所进行的决策。若各个备选方案的益损值已知,则决策者可以直接采用优选法选择策略,使收益最大或损失最小。风险型决策是指在有两种以上自然状态且未来都有可能出现,在出现概率已知的情况下,按照既定目标和准则所进行的决策。自然状态不以决策者的意志为转移,决策者得不到充分可靠的有关未来环境的信息,但各种状态出现的可能性和后果出现的概率可以由决策者预先估计或计算出来。不确定型决策是指在未来环境中若干种自然状态都可能出现,并且出现的概率和相应的后果都不可知的情况下,决策者仅凭经验或主观判断所进行的决策。

(3)决策准则。决策准则就是衡量备选方案后果的指标。决策分析是一种规范化技术,是提供定量分析的优化模型,因此需要选择一种衡量后果的指标作为判断优化方案的准则。这种决策准则应该满足可传递性和独立性两项要求,以避免推断过程中出现矛盾的结论。

可传递性是指按照某项决策准则判定方案 A 优于方案 B,方案 B 优于方案 C,则方案 A 必优于方案 C。这似乎是不成问题的逻辑,但实际判断过程中有时却并不一定。例如,某流域计划开发利用气候资源,该流域太阳能资源很丰富,热量资源较丰富但开发投资费用较少,决策者认为开发太阳能优于热量资源利用,而该地区水分资源属于可利用区,且基本不需要投资。根据可传递性原则,在开发太阳能和水分资源利用中,决策者应该选择开发太阳能，但实际上决策者很可能因为水分利用不需要投资而选择后者。

独立性是指判断两个行动方案的优先次序时，不受其他行动方案的影响。在实际判断过程中，由于主客观因素的影响，也会有背离此原则的情况发生。

2）流域气候资源决策方法

流域气候资源开发利用存在着多种可能方案，最优决策问题是构造流域气候资源开发利用的重要方法。流域气候资源开发利用决策多数属于确定型决策，部分属于风险型决策或不确定型决策，如调整农业结构、改变种植制度、推广优良品种等。

在流域气候资源开发利用各种优化模式中，以线性规划模型最为简单有效。这不仅是因为线性规划理论和方法比较成熟，而且还因为许多非线性问题，通过叠加或层次化处理可以转变为线性问题。线性优化模型可以在定性分析的基础上，进行系统性的定量综合，用简洁的数学形式表达复杂的气候资源开发利用系统，并且能够利用计算机模拟系统的行为，从满足各个约束条件的众多规划方案中，求出使目标函数达到最佳的规划方案。

（1）确定型决策方法。对于确定型决策，通常可以采用单纯的优选法，根据所掌握的数据直接进行比较，选取最佳方案，或者根据实际问题的需要，建立与实际情况尽可能相符的决策目标和约束条件的数学模型，经过求解运算后确定出最佳方案。相对于风险型和不确定型决策而言，确定型决策是一种比较简单、直观的决策。

经典的线性规划是当代应用最广泛的运筹学方法之一，主要应用于研究确定型分配决策问题，它适用于解决将有限资源按某种方式分配给各项活动，使其效果最优等问题。目前，这一方法已经被广泛应用于生产计划、资源管理、区域经济规划等领域。利用线性规划理论研究流域气候资源开发利用问题，首先要根据流域具体问题建立线性规划数学模型，然后对模型求解，并对计算结果进行分析，最终作出科学的决策。

（2）风险型决策方法。风险型决策以概率或概率密度函数为基础，具有随机性，所以也称为随机型决策。通常采用的决策准则与方法有三种：

①最大可能性准则。根据概率论知识，事件的概率越大，在一次试验中发生的可能性越大。因此，选择概率最大的自然状态进行决策就成为最直观的一种决策方法。决策中选择概率最大的自然状态，忽略其他概率较小的自然状态，然后比较各备选方案在这种概率最大的自然状态下的益损值，确定出收益最大或损失最小的行动方案。

最大可能性准则，适用于在一组自然状态中某一自然状态的出现概率明显大于其他自然状态而益损值差别不大时的决策。如果自然状态较多，各自出现的概率相差不大而不同方案的益损值差别较大，采用这一准则的效果就不太理想，有时甚至会导致决策严重失误。

②期望值准则与方法。采用益损期望值来衡量行动方案的预期后果，就是将每个行动方案的期望值计算出来并加以比较。如果决策目标是效益最大，则采取期望值最大的行动方案；如果决策目标是损失值最小且益损矩阵中的元素是损失值，则选择期望值最小的行动方案。

③Bayes 准则。一般情况下，决策者既不愿意冒很大的风险去选择期望收益值最大的方案，又不愿意放弃获利最大的机会，总是希望通过收集更多的信息对先验概率进行修正，以弄清各种自然状态在未来可能发生的后验概率，从而使决策的平均风险尽可能减小，即期望风险最小。

Bayes 决策方法,即采用 Bayes 准则进行决策。Bayes 决策过程大致可分为两部分:一是根据历史资料或主观判断得出各种自然状态的先验概率,再通过实验或考察获取新的样本数据信息,利用 Bayes 公式对先验概率进行修正,得出后验概率;二是根据后验概率进行决策分析,计算各种行动方案预期的益损期望值并进行比较,最后选择与最大收益值或最小损失值相对应的方案作为决策行动。

风险决策方法应用于流域气候资源开发利用的案例还鲜见,在实践中多以经验型判断配合定性描述为基础做出决策选择的。

(3)不确定型决策方法。对于不确定型决策,关键在于确定备选方案的价值准则。不同的决策者有不同的兴趣特点,因而决策的准则不同,所选择的方案也不相同。常用的决策准则与方法有以下几种:

①最大最大值决策准则(乐观法)。所谓“乐观法”,是指选择方案的标准是最大的最大值标准。其特点是决策者对决策事件的未来前景估计很乐观,决策时不放过任何可以获得最好结果的机会,力争好中求好,愿意冒一定的风险去获得最大的收益。这种方法的决策步骤是:首先,求出每个方案的最大收益值,然后再从这些方案的最大收益值中挑选一个最大值,其对应的方案即为最佳方案。

②最大最小值决策准则(悲观法)。所谓“悲观法”,是指选择方案的标准是最大的最小值标准,这是一种保守型的决策。其特点是决策者总是抱悲观的态度,对未来能否成功信心不足,不愿意冒风险。其决策步骤为:先求出每个方案在最不利情况下的最小收益值,然后再从这些最小收益值中挑选一个最大值,其对应的方案作为最佳方案。

③折衷决策准则(折衷系数法)。这是乐观法和悲观法的普遍形式,它是介于悲观和乐观决策标准之间的一个决策标准。决策者对未来实际情况既不那么乐观,也不十分悲观,所以可由决策者确定一个系数 $0<\beta<1$,称为折衷系数。这种方法的决策步骤是:根据给定的折衷系数 $\beta$,先计算每个行动方案的最大、最小收益值和折衷收益值,然后在折衷收益值中取最大值,其对应的方案即为最佳方案。$\beta$ 的选择取决于决策人的主观愿望和要求,当 $\beta=0$ 时,即为悲观法;当 $\beta=1$ 时,即为乐观法。所以,乐观法和悲观法都只是折衷系数法的一种特例。

④等可能决策准则。这是决策者在决策时对客观情况持等同态度的一种决策准则。决策者认为各种自然状态在未来出现的可能性是相同的,如果有几种自然状态,则可以计算每种方案的平均收益值。该方法通过计算各种方案的平均收益值并进行比较,选择与最大收益值相对应的方案作为最佳方案。

⑤极小极大遗憾值准则。当一个自然状态出现时,决策者必然选择收益值最大的方案。如果决策者在事前没有选择这一方案而错误地选择了其他方案,就会感到遗憾或后悔,这样两个方案的收益值之差,就称为遗憾值或后悔值。遗憾值决策标准,就是在决策时为了避免将来的遗憾或后悔作为基本原则。这种方法的决策步骤为:首先将每种自然状态下的最大收益值确定为该状态的理想目标值,减去该状态下其他方案的收益值,得出遗憾值列表;其次从各种自然状态下每个方案的遗憾值中分别找出其极大遗憾值作为一列;最后从该列中找出一个极小值,其对应的方案作为最佳方案。

不确定型决策方法应用于流域气候资源开发利用的案例,通常是结合流域某一单项气候资源开发利用而有一些应用,但未形成系统的方法体系。

# 10.4 流域自然保护区管理

自然保护区(Natural Reserve)是为了保护珍贵和濒危动、植物、各种典型生态系统而划定的特殊区域的总称。我国已先后在各大流域,结合各种生境类型建立起了广泛的自然保护区体系,主要包括森林生态系统保护区、湿地生态系统保护区和野生动植物保护区三大类型。

## 10.4.1 自然保护途径

自然保护属于保护生物学研究范畴。综合近年来的研究实践,保护生物学研究方向已经从单一物种的保护逐步扩展到对物种栖息地与生态系统保护的研究。从单一物种保护分析,自然保护可以划分为就地保护和迁地保护两种方式。迁地保护是将某个将要灭绝的物种的一部分个体迁移到原产地以外的生境下保存和繁殖,然后待其种群数量达到一定程度后,再让保护对象回归自然。因为迁地方式存在诸如保存地环境与原产地差别甚大、种群数量太小、难以成活等许多现实存在的生境问题,常常难以达到预期目的而更多地采取就地保护的方式。另外,必须将保护对象从若干少数的珍稀物种中转移到整个生态系统中才具有现实意义。因为一个生态系统中的所有物种(不论是植物、动物和微生物)都是互相关联、互相依存的,同时依存于一定的生态环境。可见,保护生物学的生态系统途径是整体保存途径,是一种更有效的途径。生态系统自然保护途径的具体办法是建立自然保护区。

在生物多样性保护途径上,相应地产生了生物区保护对策的理论和实践,是保护生物学生态系统途径的最新发展。

所谓生物区,是一个大尺度的地理区域,具有相当完整性,既包括区中所有的生物群落、生存环境和生态系统,也包括支持这一系统的主要生态过程。生物区具有独特的文化特征。生物区保护对策的主要特征在于在更大的空间和时间尺度上对生物多样性进行保护,要求把区内各种类型的自然保护区结合起来,并且把生物多样性的保护与一定区域经济发展对策结合起来。

生物区自然保护途径应体现以下动态关系:

一是在生物区中包括各种各样的保护区类型(如科学保护区、国家公园等)以及各种林地、耕地、牧地和水域,具备把它们作为整体来分析的条件。

二是在流域尺度上建立的生物区,必须从流域上游分水岭到入海口进行统一规划,包括上游水源保护一直到河口渔场的合理利用。

三是对退化的土地进行恢复重建,必须立足大农业(包括农、林、牧、副、渔)生态系统,同时要重视水土保持规划。

四是海岸带、海洋生物区的保护,必须立足重点,如珊瑚礁、红树林、滩涂等要重点保护,同时兼顾沿海渔业生产力的维持,为海岸带经济发展提供机会。

五是将牧业发展控制在环境容纳量之内,使原有的动植物种类和草地质量不下降,同时兼顾牧民生活与生产需求。

六是在农业生产布局上,要合理种植当地和引入的作物品种,使农业区具有一定的树木和树篱以及野生动物走廊,使农地保持长期的生产力,并保持生物多样性。

七是建立以社区为基础的团体组织,服务生物多样性工作,包括社区种子库、农业推广服务设施等。

八是建立和开展关于生物多样性保护的教育和科学普及工作。

为了体现以上动态关系,首先是划分出生物区和生物亚区的范围和界线,确定各亚区需要重点保护的物种和生态对象,绘制生物区和生物亚区图;其次是制定全生物区和各个生物亚区保护生物多样性的对策和方法。近几年我国已经在长江流域上游地区开展实践了这方面的内容。

## 10.4.2 流域森林生态系统保护区

我国各个森林植被带均设立有代表性的国家级森林生态系统自然保护区。

### 10.4.2.1 寒温针叶林带保护区

我国寒温针叶林带位于黑龙江省和内蒙古自治区东部大兴安岭北部地区,隶属黑龙江流域。在大兴安岭北部的黑龙江省呼中区,设有呼中自然保护区,作为我国寒温针叶林的代表,典型的森林类型是兴安落叶松林。

### 10.4.2.2 温带针阔叶混交林保护区

我国温带针阔叶混交林地带主要分布于黑龙江省东部、吉林省东部以及辽宁省的一部分,隶属松花江流域。黑龙江省小兴安岭地区设有伊春市五营区丰林自然保护区和伊春市带岭区凉水自然保护区,它们都具有红松原始林的林相。黑龙江牡丹峰自然保护区属于牡丹江市老爷岭地区,是红松林的次生林相,目前多为阔叶林。吉林省长白山地区也属于温带针阔叶混交林地带,设立了颇负盛名的长白山自然保护区,这里原始林保存较好,由于地形差别大,具备从温带针阔叶混交林到寒温带针叶林(以云杉林为代表),一直到高山灌丛和高山冻原的各种植被垂直带。在辽宁省范围内的有宽甸满族自治县的白石砬子自然保护区和桓仁满族自治县老秃顶子自然保护区,地跨温带针阔叶混交林和暖温带落叶阔叶林之间的过渡地带,由于历史上人为的影响,该地带多为次生林林相。

### 10.4.2.3 暖温带落叶阔叶林、亚热带植被保护区

我国华北暖温带落叶阔叶林范围东及辽宁,向西达河北大部、北京、天津,经山西大部、陕西大部,南到甘肃南部、陕西南部、河南西部和山东,隶属黄河流域。辽宁省有两个国家级的自然保护区,作为暖温带两类森林类型的代表:一个是辽宁省庄河市仙人洞自然保护区,代表性的森林类型是赤松林-落叶阔叶林;另一个是辽宁省医巫闾山自然保护区,代表性的森林类型是油松-落叶阔叶林。河北雾灵山自然保护区按照地带性划分,也属于暖温带落叶阔叶林地带,并且海拔较高,也表现出不同植被类型的垂直分布。北京的松山自然保护区以油松林分布较多而驰名。山西的庞泉沟自然保护区和芦芽山自然保护区,对于温带落叶阔叶林地带有代表性,后者多以珍稀鸟类褐马鸡为保护对象。

秦岭位于我国暖温带落叶阔叶林地带的南缘,并具有亚热带的特点,同时在我国大陆中部地区海拔最高,这里建有太白山自然保护区和佛坪自然保护区,后者以熊猫为保护对象。

在秦岭以南,能够代表我国亚热带森林植被(常绿阔叶林)的有神农架自然保护区(湖北)、武夷山自然保护区(福建)、梵净山自然保护区(贵州)和鼎湖山自然保护区(广东)。我国有代表性的热带森林植被(热带雨林)自然保护区有西双版纳自然保护区(云南)和尖峰岭自然保护区(海南)。

#### 10.4.2.4 干旱植被带保护区

我国西北部属于干旱植被地带,隶属塔里木河流域。新疆的塔里木自然保护区是荒漠胡杨林集中分布的地区,代表特定的生态环境和植被类型;位于阿尔泰山西部的喀纳斯自然保护区代表新疆北部山区的自然植被,典型林相是西伯利亚落叶松林,同时这里还有著名的喀纳斯湖,它位于新疆南部,与甘肃、西藏、青海相连的阿尔金山自然保护区,代表向青藏高原过渡的类型。位于西北干旱地带的祁连山自然保护区(甘肃和青海)和兴隆山(甘肃)自然保护区,主要是山地云杉林;宁夏贺兰山自然保护区则是和河北、山西的山地森林比较类似的云杉林和油松栎类林。

#### 10.4.2.5 青藏高原森林保护区

我国西南的青藏高原及其周围地区,是我国独特的地理区域,隶属雅鲁藏布江流域。这里有最具代表性的寒温带针叶林(主要是云冷杉林)。珠穆朗玛峰自然保护区海拔最高,具有巨大的冰川和独特的高山冻原植被。墨脱自然保护区位于西藏的东部,这里有从热带森林直到寒温带森林的完整垂直带。位于四川省阿坝藏族自治州汶川县境内的卧龙自然保护区,是以西南针叶林和大熊猫为保护对象,地带性植被属于中亚热带常绿阔叶林;但在海拔 2 100 ~ 3 600 m处则为温带针阔叶混交林带和亚高山针叶林带,云杉、冷杉林下生长成片茂密的箭竹,是珍稀动物大熊猫最适宜的生存环境。云南白马雪山国家级自然保护区位于云南省德钦县境内,主要保护对象为高山针叶林、山地植被垂直带自然景观和滇金丝猴。四川九寨沟国家级自然保护区位于四川省南坪县境内,主要保护对象为大熊猫及森林生态系统;九寨沟自然景观非常奇特,境内百余处美丽的高山湖泊、众多而壮观的瀑布,茂密的原始林海、活跃的珍禽异兽和周围高耸的冰山高峰,共同构成了优美而神奇的自然风景,为闻名中外的旅游胜地。

除地带性森林植被类型外,在广东湛江沿海还建立了红树林自然保护区。红树林生长在近海浅滩的特殊沙地上,主要由红树科植物构成。

### 10.4.3 流域湿地生态系统保护区

流域湿地生态系统保护区是人类为了保护湿地资源而由政府或其他机构根据受保护对象的分布、活动范围而划定的专门保护区域。由于对湿地资源认识较晚,湿地保护区建立、保护的进程是随着人类认识的提高才逐步开展的。

湿地生态系统对许多鸟类和鱼类的生存至关重要,对于湿地的保护,近些年受到人们的高度关注。我国各大流域已经建立了有关湿地生态系统的自然保护区,如黑河流域设立的国家级的湿地自然保护区有扎龙自然保护区、三江口自然保护区、七星河自然保护区、三江自然保护区、兴凯湖自然保护区和洪河自然保护区;吉林有两个国家级湿地自然保护区,即莫格自然保护区、向海自然保护区;辽宁的湿地自然保护区有双台河口自然保护区与丹东鸭绿江口自然保护区。此外,在相应的流域还建有天津古海岸自然保护区、内蒙古达赉湖自然保护区、山东黄河三角洲自然保护区、河南豫北黄河故道湿地自然保护区、江西鄱阳湖自然保护区、湖南洞庭湖自然保护区、青海鸟岛自然保护区、四川若尔盖湿地自然保护区等。

湿地自然保护区的建立,有效地保护了湿地生态系统、湿地资源以及湿地区域的生物多样性,使湿地区域的水资源、土壤和保护区周边的环境状况有了明显的改善。保护区设立的各种机构,解决了许多就业方面的难题;保护区的基础设施也得到了不同的发展;保护方法、规划目标也都得到了落实。保护区与社区共管,使得社会的安定秩序得以加强;同时,也增强了人类对环境保护方面的认识,保护区和其周边区域经济状况也得到了显著改善。

### 10.4.4 流域野生动植物种自然保护区

除地带性森林生态系统和湿地生态系统外,我国还针对一些个别珍贵物种或类群建立了一些独特的自然保护区。针对树木和其他植物的这类保护区有核桃保护区、金花茶保护区和苏铁保护区等。这些树种一般在科研上和种质资源上有特殊的价值。核桃是我国北方地区重要的油料木本植物,我国从西汉张骞出使西域带回胡桃进行栽培后,广为种植,分布于新疆天山伊犁河谷地带独特的野生核桃,具有独特的基因资源价值。金花茶自然保护区位于广西壮族自治区防城港市境内。金花茶是国家八种一级保护植物之一,有很高的观赏、科研和开发利用价值,素有"植物界的大熊猫"和"茶族皇后"之称,在国际上负有盛名。金花茶保护区地处十万大山的兰山支脉,属热带季风气候,植被为热带季雨林。苏铁虽然是裸子植物,但是在形态上别具一格,树干一般不分枝而顶部具有大型的羽状复叶;我国西南金沙江大弯曲河谷地带的攀枝花苏铁,是中国也是东亚地区保存较好、面积最大的野生苏铁群落,我国已在分布最集中的攀枝花市西郊山区,建立了苏铁自然保护区。

针对典型陆生野生动物物种的自然保护区,著名的有如下几处:①关于猕猴的自然保护区有河南焦作太行山猕猴自然保护区、山西阳城莽河猕猴自然保护区。②海南坝王岭国家级自然保护区位于海南省昌江县与白沙县的交界处,主要保护对象为黑长臂猿及其栖息生态环境。黑长臂猿是一种典型热带原始森林动物,在我国只分布于云南南部和海南岛。③在陕西洋县,还建立有珍稀鸟类朱鹮自然保护区。④江苏大丰麋鹿自然保护区位于江苏省大丰市境内,主要保护对象为麋鹿及其生态环境,江苏大丰地处黄海之滨,境内拥有大面积的滩涂、沼泽、盐碱地,动植物资源丰富,具有典型的沿海滩涂湿地生态系统及其生物多样性;麋鹿本来是我国原产的鹿科动物,但野生种群早已灭绝,1986 年 8 月,从英国伦敦的七家动物园引种 39 头麋鹿到江苏大丰保护区,经过 10 年的努力,使麋鹿种群大发展,在麋鹿的回归引种、人工驯养繁殖和野化上取得进展。⑤辽宁省的蛇岛 - 老铁山自然保护区代表一种特殊的类型,它由蛇岛和老铁山两个部分组成。蛇岛地处渤海海湾,是黑眉蝮蛇良好的气息繁殖地,近 2 万条单一类型的毒蛇 - 黑眉蝮蛇独占全岛,并与鸟类组成特殊的生态系统。老铁山位于辽东半岛最南端,是东北亚大陆候鸟迁徙的主要通道之一,每年春秋两季,有 200 多种上百万只候鸟在此停歇,其中丹顶鹤、天鹅、鸳鸯等为国家重点保护野生动物。

此外,我国在不同的流域普遍建立了森林公园,并且发展势头迅速。张家界国家森林公园是我国最早成立的国家公园,最具代表性。森林公园以观赏价值为突出特点,以游览为目的的,因为不进行商业采伐,具有一定的保护生物多样性作用。

### 10.4.5 流域自然保护区管理展望

流域自然保护区管理应该重点解决以下几方面的突出问题:

一是贯彻国家制定的有关法律文件。我国已经制定的有关法律,如《中华人民共和国自然保护区条例》、《森林和野生动物类型自然保护区管理办法》、《中华人民共和国野生动物保护法》以及《风景名胜区管理暂行条例》等应当得到严格执行。同时,与此有密切关系的法律,如《中华人民共和国水法》、《中华人民共和国森林法》、《中华人民共和国草原法》和《中华人民共和国渔业法》也应得到遵守。

二是针对自然保护区,应当严格遵守核心区和旅游区之间的界限,不允许游人随意进入核心区。对于允许旅游的地区,应当按照生态影响的允许限度来控制游人数量。我国一些国家森林公园,在公园内大量兴建生活设施,已经造成严重的后果。应尽快制止这种不良倾向,并限期将这些设施搬离到距离公园一定范围以外。

三是对旅游区内的景点布局和旅游的路线、各种活动的场所,从生态影响方面作出合理规划,制定出切实可行的管理办法,必要时要限制某些线路和某些活动。

四是我国一些自然保护区,存在着科学研究不足的问题,应当通过制定政策,吸引相关高等院校和科研部门,到自然保护区开展实地教学和科研活动。

## 阅读链接


[1] 白军红,邓伟,等. 松嫩盐碱湿地对区域生态环境变化的缓冲作用及其响应[J]. 干旱区资源与环境,2007(10).

[2] 马瑞俊,蒋志刚. 青海湖流域环境退化对野生陆生脊椎动物的影响[J]. 生态学报,2006(9).

[3] 宴路明. 农业气候系统功能的模糊综合评判[J]. 系统工程理论与实践,2001(2).

[4] 张钛仁,柴秀梅,等. 气候资源管理与可持续发展[J]. 中国农业资源与区划,2007(69).

[5] 龚强,汪宏宇,张运福,等. 气候变化背景下辽宁省气候资源变化特征分析[J]. 资源科学,2010(4).

[6] Randauv Martin, Washington Richard. Seasonal Maize Forecasting for South Africa and Zimbabwe Derived from an Agroclimatological Model[J]. J A PPMeteor, 2000, 39(9).

[7] 赵青儒. 世界湿地的作用与保护利用[J]. 世界林业研究, 1990(2).

[8] 李同升. 西北地区资源开发中的环境问题与对策[J]. 西北大学学报:自然科学版, 1997(1).

[9] 谭海文. 北山铅锌矿产资源开发浅议[J]. 资源开发与市场, 1997(4).

[10] 吴树青. 资源开发和环境保护[J]. 工厂管理, 2001(1).

[11] 黄建国. 银企合作共谋有色资源开发大计[J]. 世界有色金属, 2006(1).

[12] 柳正. 我国磷矿资源的开发利用现状及发展战略(续)[J]. 中国非金属矿工业导刊, 2006(2).

[13] 贾原. 论民族地区的资源开发与环境保护问题[J]. 内蒙古科技与经济, 2007(21).

[14] 张磊, 才庆祥, 彭竹. 大型露天矿土地复垦和生态重建技术初探[J]. 露天采矿技术, 2008(3).

[15] 杨学峰, 王世才. 中国与俄罗斯资源开发合作的潜力与对策[J]. 学理论, 2008(2).


## 问题讨论

1. 流域森林资源保护是促进森林数量的增加、质量的改善或物种繁衍,以及其他有利于提高森林功能、效益的保护性措施。如何控制森林资源消耗量? 保护森林景观资源的具体措施有哪些?

2. 流域湿地具有丰富的资源、独特的生态结构和功能,由于自然干扰和人类活动的强烈干预等，许多湿地都面临着退化和消失的威胁。如何对退化的湿地进行恢复？湿地生态恢复的措施有哪些？

3. 流域自然保护区指对一定面积的陆地或水体的自然环境和自然资源进行特殊保护和管理的区域。如何加强流域自然保护区管理、促进生态建设？

## 参考文献

[1] Black P E. Research Issues in Forest H · rology[J]. Journal of America Water Resource, 1998, 34(4):98-115.

[2] Beldring S, et al. Kinematic Wave Approximations to Hill Slope Hydrological Processes in Tills[J]. Hydro Process, 2000, 14:727-745.

[3] 徐化成. 森林生态与生态系统经营[M]. 北京:化学工业出版社,2004.

[4] 王刚. 黑龙江省森林湿地资源现状及保护对策[J]. 中国林业企业,2004(5):24-24.

[5] 车克钧,潘爱华. 祁连山水源林可持续经营指标体系的研究[J]. 西北林学院学报,2001(12):71.

[6] 侯林,吴孝兵. 动物学[J]. 北京:科学出版社,2007.

[7] 孙全辉,张正旺. 气候变暖对我国鸟类分布的影响[J]. 动物学杂志,2000(14).

[8] 马瑞俊,蒋志刚. 全球气候变化对野生动物的影响[J]. 生态学报,2005(11).

[9] 季维智. 保护生物学[M]. 北京:中国林业出版社,2000.

[10] 宗浩,王成善,等. 纳木错流域自然生态特征与生物资源保护研究[J]. 成都理工大学学报:自然科学版,2004(5).

[11] 刘务林,尹秉. 西藏珍稀野生动物与保护[J]. 北京:中国林业出版社,1993.

[12] 吕宪国. 湿地生态系统保护与管理[J]. 北京:化学工业出版社,2004.

[13] 孙卫国. 气候资源学[M]. 北京:气象出版社,2008.

[14] 王又丰,张义丰,刘录祥. 淮河流域农业气候资源条件分析[J]. 安徽农业科学,2001(3):399-403.

[15] Glenn R, McGregor. A Multivariate Approach to the Evaluation of the Climatic Regions and Climatic Resources of China[J]. Geoforum, 1993, 24(4):357-380.

[16] A Araya, S D Keesstra, L Stroosnijder. A New Agro – climatic Classification for Cro PSuitability Zoning in Northern Semi – arid Ethiopia[J]. Agricultural and Forest Meteorology, 2010, 150(7).

[17] 艾夕辉,林海,范立张,等. 云南西庄河流域主要栽培作物的农业气候资源分析[J]. 山地学报,2003,2:210-215.

[18] 徐斌,辛晓平,唐华俊,等. 气候变化对我国农业地理分布的影响及对策[J]. 地理科学进展,1999(4):316-321.

[19] Peter Wilcoxen, Wanwick J, McKibbin. The Role of Economics in Climate Change Policy[J]. Journal of Economic Perspectives, 2002, 16(2):107-129.

[20] 邹希云,刘电英,等. 一个适用于地方农业种植制度的最优气候决策方法[J]. 中国农业气象,2006(1):23-26.

[21] 白军红,邓伟,等. 松嫩盐碱湿地对区域生态环境变化的缓冲作用及其响应[J]. 干旱区资源与环境,2007(10):48-51.

[22] 张钛仁,柴秀梅,等. 气候资源管理与可持续发展[J]. 中国农业资源与区划,2007(6):26-30.

[23] 宴路明. 农业气候系统功能的模糊综合评判[J]. 系统工程理论与实践,2001(2):133-137.

[24] 龚强,等. 气候变化背景下辽宁省气候资源变化特征分析[J]. 资源科学,2010(4).

# 第 11 章　三角洲地区自然资源开发利用管理

流域三角洲地区有广义与狭义之分,本章主要讨论狭义的流域三角洲地区,这一地区也称流域河口区域。流域三角洲地区是自然资源丰富的承载区域,随着流域三角洲地区经济快速增长,资源利用与环境保护的矛盾日益突出。本章主要立足我国三角洲地区独特的地理特性和丰富的资源类型,针对不同类型资源的开发利用,提出三角洲地区河口资源结构整合形式和优化配置的主要途径。

## 11.1　流域三角洲地理特性

对外陆河而言,流域三角洲地带为海陆交界、淡咸水交汇处,受海洋和陆地交互作用,由复杂的"动力机制"和"因素系统"构成了独特的资源系统和生态环境过程。三角洲地区资源丰富,资源开发利用模式直接制约着地区经济的持续发展和生态环境的稳定。

三角洲是一种常见的地表形貌,指在河流流入海洋或湖泊时,水流向外扩散,动能显著减弱,并将所带的泥沙堆积下来,逐渐发展形成的冲积地带。三角洲是在河流作用超过受水体作用的条件下,泥沙在河口大量堆积而形成的。冲积物在河口堆积,开始先出现一系列水下浅滩、心滩或沙嘴,水流发生分汊,同时形成向海洋倾斜的水下三角洲。随着各汊道的消长与心滩的归并扩大,水下三角洲的前缘不断向海洋推进,而其后缘因滩地淤高,并覆盖洪水泛滥的堆积物,便形成资源丰富的水上三角洲。三角洲根据形状可分为尖头状三角洲、扇状三角洲和鸟足状三角洲。

### 11.1.1　尖头状三角洲

尖头状三角洲如我国的长江三角洲,是由长江带下的大量泥沙堆积而成的。三角洲的顶点在镇江附近,底边向东逐渐扩大,一直伸展到海边。在距今约 2 000 万年前,长江口地区还是一个三角形的港湾,长江自镇江以下的河口像一只向东张口的大喇叭。长江水面辽阔,潮汐很强,每年带下的 4 亿 ~5 亿 t 泥沙向大海倾泻,由于长江入海口流速减小,物理、化学环境改变,大部分泥沙在河口地区逐渐沉积,最终形成一个尖头状的三角洲,如图 11-1(a)所示。

### 11.1.2　扇状三角洲

如果河流入海泥沙多,三角洲上河道变迁频繁,有时分几股入海。泥沙在河口迅速淤积,形成大的河口沙嘴,沙嘴延伸至一定程度,因比降减小,水流不畅而改道,在新的河口又迅速形成新的沙嘴。而老河口断流后,又受波浪与海流影响,沙嘴逐渐被蚀后退,从而形成扇状轮廓,称为扇状三角洲,如图 11-1(b)所示。直至其上再有新河道流经时,这段岸线又迅速向前推进。因此,随着河口的不断变迁,三角洲海岸是交替向前推进的,并在海滨分布许多沙嘴,使三角洲岸线略具齿状。如我国黄河三角洲就是在弱潮、多沙条件下形成的扇形三角洲，国外的有非洲的尼罗河三角洲。

### 11.1.3 鸟足状三角洲

在波浪作用较弱的河口区，河流分汊为几股同时入海，各汊流的泥沙堆积量均超过波浪的侵蚀量，泥沙沿各汊道堆积延伸，形成长条形大沙嘴伸入海中，使三角洲外形呈鸟足状，如图 11-1(c)所示。由于这种汊道比较稳定，两侧常发育天然堤，天然堤又起着约束水流的作用，使汊流能够继续向海伸长。天然堤一旦被洪水冲积，就会产生新的汊流。美国密西西比河三角洲就是一个典型的鸟足状三角洲。在注入湖泊的河口，也常见有鸟足状三角洲，如我国的鄱阳湖、滇池等湖泊沿岸发育有许多大小不一的鸟足状三角洲。

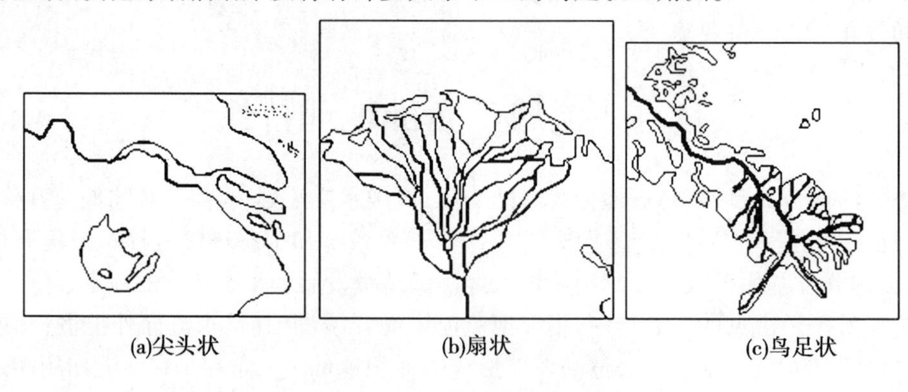


图 11-1 三角洲形态类型

## 11.2 流域三角洲资源类型

三角洲地区资源丰富。根据自然资源被利用的特点，可将其分为耗竭性自然资源和非耗竭性自然资源两种类型。耗竭性自然资源是人类开发利用后，其存量逐渐减少以致枯竭的那一类资源，包括可再生资源和不可再生资源两大类型。

### 11.2.1 可再生资源

可再生资源指在短时期内可以再生，或是可以循环使用的自然资源，又称可更新资源。三角洲地区可再生资源主要包括土地资源、水资源、泥沙资源、湿地资源等。

#### 11.2.1.1 土地资源

三角洲地区最大的优势是拥有丰富的土地资源，土地资源利用首先对提升三角洲地区整体经济实力起到关键作用。但随着工业化和城市化进程的加快，三角洲地区在追求经济快速增长的同时，普遍面临土地资源储量有限、后续利用空间不足等问题。另外，对现已开发的低效利用土地，很难找到合理的整治和修复途径，以土地资源为核心要素，推动工业化模式的转型已难以延续。因此，结合三角洲地区经济发展历程，求解三角洲地区土地资源利用存在的问题及原因，从动力学机制入手，提出土地资源可持续利用的调控策略，具有重要的理论和现实意义。

#### 11.2.1.2 水资源

三角洲是河流入海口的堆积体，有着优越的自然环境条件和水陆运输网，水作为资源和环境,统一存在于三角洲区域的水体中。在水资源的开发利用规划中,节水减污是典型融合了资源和环境双重属性的工作。随着经济的迅速发展,人类开发强度不断加大,由于对水资源的无序利用和管理模式的落后,三角洲地区的水环境不断恶化,并已经对经济社会的可持续发展产生了负面影响,加上三角洲地区水环境自然影响的复杂性,使得对其进行治理的难度加大。虽然近年来部分三角洲地区已经陆续开展了一些节水减污项目,但三角洲地区水环境问题仍不容乐观。此外,不合理的土地开发利用,还造成了三角洲地区水量及水动力条件变化等诸多问题。

#### 11.2.1.3　泥沙资源

泥沙资源是三角洲地区典型的自然资源之一。在我国众多三角洲中,黄河三角洲泥沙资源最为丰富。黄河三角洲地区在为工农业发展提供了宝贵水资源的同时,也引入了大量的泥沙资源。泥沙分散引入田间,土地质量得到改善,主要表现在土壤中各种养分含量的优化,使土地生产能力大幅度提高。另外,泥沙的分散处理还保证了农田水利工程体系的有序建设,使土地景观类型发生了正向变化,达到了重新划分和良性布置的积极效果。同时,一旦利用“过载”,则会引发土壤沙化、排水河道淤积、土地盐碱化等一系列生态环境问题,影响农业的可持续发展。可见,泥沙资源具有“资源”和“致害”的双重特性,如果超过水土资源的承载能力,可能带来灾害,利用适当则可塑造平原陆地,成为资源而被利用。

#### 11.2.1.4　湿地资源

湿地资源是农业资源的重要组成部分,人类生存、发展和生态环境都与湿地资源密不可分。三角洲地区气温适中、水热条件好,有利于各种牧草的生长。三角洲地区湿地植被是一种不稳定的过渡性植被,自然条件或经济条件稍有改变,又往往会发生逆向演替。如土壤盐分下降会导致盐生植被向普通草甸植被演替,土壤盐渍化则会引起湿地植被逆向演替,失去利用价值。针对湿地退化情况,一方面,要减轻湿地压力,以草定畜;另一方面,要对其进行改良,在“保护为主、建设为辅”的原则下,实行自然修复,同时加大人工治理的力度,完善湿地设施、水利建设以及相应的技术与政策体系。

重视三角洲地区湿地资源开发利用,对维护区域生态平衡、保护生物多样性以及促进经济社会发展等具有重要的意义。下面以黄河三角洲为例进行分析。

(1)黄河三角洲地理位置。黄河三角洲位于渤海湾南岸和莱州湾西岸,介于117°31′~119°18′E 和36°55′~38°16′N。其地理位置如图11-2所示。

(2)黄河三角洲湿地资源结构。黄河三角洲湿地资源丰富,湿地总面积为333 427 hm$^2$,占三角洲总面积的43%,各类湿地中以天然湿地为主,面积为229 329 hm$^2$,占总湿地面积的68%,人工湿地面积104 098 hm$^2$,占总湿地面积的32%。在天然湿地中,海陆交替系统(河口、滩涂)所占比重最大,为48%,陆地生态系统(湿草甸、灌丛、疏林、芦苇、盐碱化湿地)占45%,淡水生态系统(河流、湖泊)仅占7%;在人工湿地构成中,坑塘、水库所占面积最大,占人工湿地面积的58%。这些数据表明,从三角洲土地类型构成看,湿地在黄河三角洲形成和经济发展中都占据非常重要的地位。

(3)黄河三角洲湿地资源分布。黄河三角洲是环渤海地区最大的三角洲,由于独特的自然地理位置和气候特征,该区蕴藏丰富的湿地资源。平坦的地形、海陆交界的湿生环境、不稳定的气候和水文以及多风暴潮的海洋活动,促进了多种多样的湿地类型在低平洼地区广泛发育。

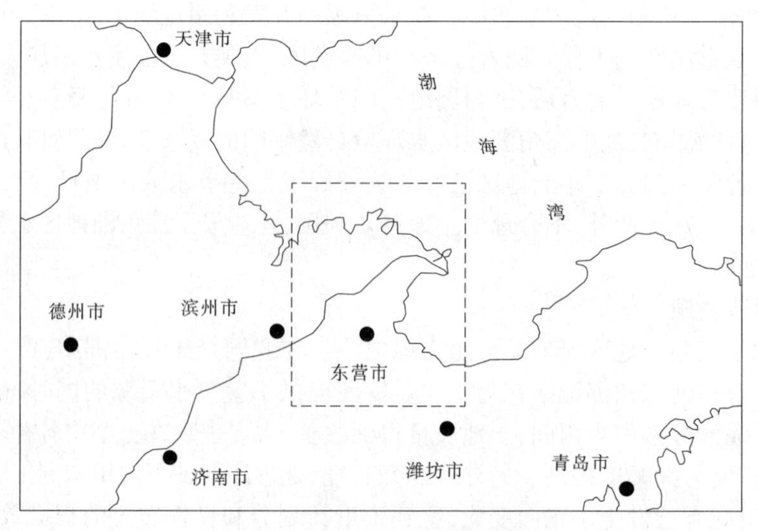


**图 11-2　黄河三角洲地理位置**

黄河三角洲湿地主要分布于临海区域,其中滩涂湿地所占面积较大,并呈扇形分布于三角洲的边缘地带;其他各类湿地所占面积较小,且主要分布于古河道、河漫滩、洼地和阶地上,并以水库、坑塘占优势。黄河三角洲区域河流、沟渠纵横交织,形成明显的网状结构,各类湿地景观呈斑块状分布于三角洲中。

(4)黄河三角洲湿地资源类型。黄河三角洲为海陆交界、淡咸水交汇地带,由于受海洋和陆地的交互作用,具有地势低平、河道变动频繁并易发洪涝的特点,形成了其独特的湿地生态环境。根据《湿地公约》的湿地分类标准,结合黄河三角洲的特点,综合考虑湿地的水文、生态及植物优势群落等要素,将黄河三角洲湿地进行逐级分类:第一级分为天然湿地和人工湿地两大类,在此基础上按湿地水文状况(积水状况)和景观类型进行二级分类,最后形成第三级综合分类,如图 11-3 所示。

## 11.2.2　不可再生资源

不可再生资源是指人类开发利用后,在相当长的时间内不可能再生的自然资源,主要指自然界的各种矿物、岩石和化石燃料。三角洲地区不可再生资源包括石油资源、盐卤资源、矿产资源等。

### 11.2.2.1　**石油资源**

三角洲地区不仅具有良好的水土资源,而且对石油资源形成也相当有利。世界上许多著名的油田都分布在三角洲地区,主要含油层系形成于三角洲形成高峰期,由于三角洲砂体厚度大、分布稳定、延伸远,成为油气运移的指向和储集场所。三角洲沉积体发育与存在并形成较大型的工业性油藏的条件:一是三角洲沉积体发育规模大,二是生、储、盖组合叠加发育和保存完整,三是三角洲走向与油气区域运移方向一致。石油资源是支撑三角洲地区经济社会发展必不可少的自然资源。

以陕北地区大型三角洲为例,其区域构造背景为一平缓的近南北向展布的西倾单斜构造,倾角仅 0.5°左右,平均坡降 8 ~ 10 m/km。三角洲沉积的物源来自东北,沉积地层厚一般为 110 ~ 125 m。主要含油层系形成于三角洲建设高峰期,形成的三角洲砂体厚度大、分

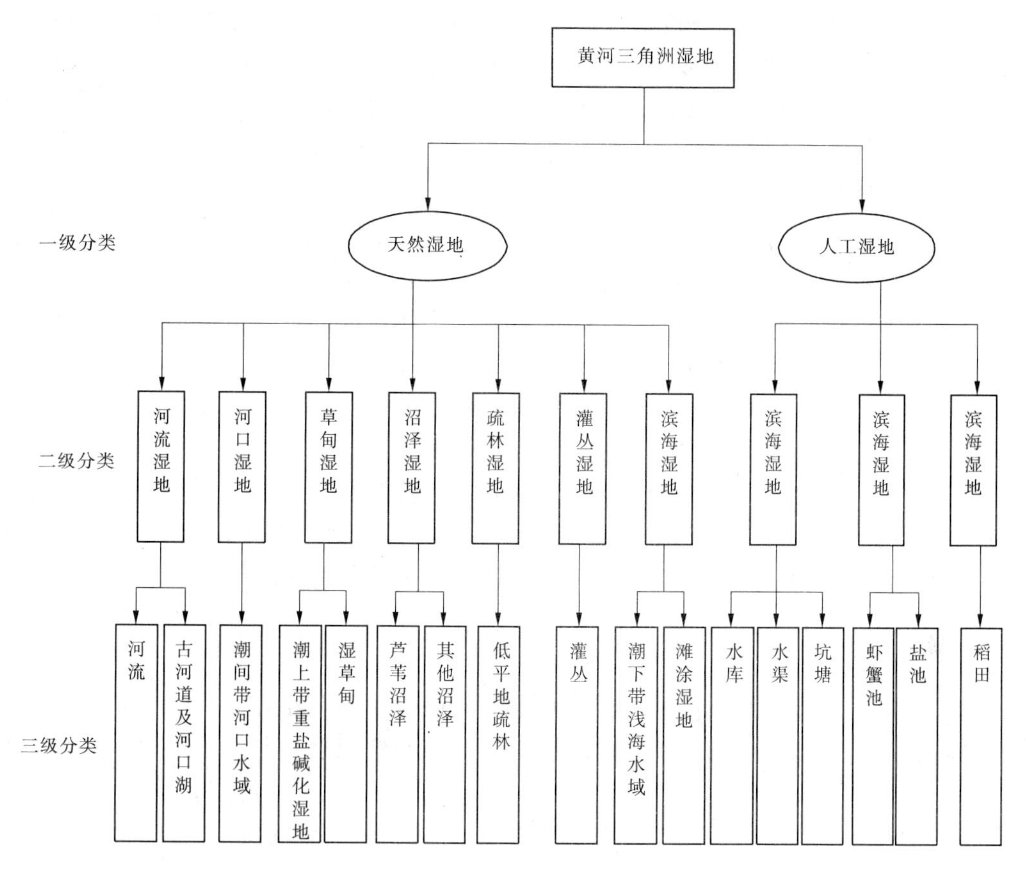


**图 11-3　黄河三角洲湿地分类**

布稳定、延伸远，为油气运移的指向和储集场所。该三角洲油藏富集规律呈现以下特征：

（1）湖相烃源岩大面积分布。盆地中生界延长组生烃环境为湖泊，有机质类型属腐殖－腐泥型，烃源岩展布呈北西—东南向倾斜的葫芦状。厚度大于 100 m，有效烃源岩基本面积约为 $5 \times 10^4$ km²；厚度大于 60 ~ 80 m 的有效烃源岩分布面积约为 $3.5 \times 10^4$ km²；厚度在 40 ~ 60 m 的有效烃源岩分布面积约为 $0.6 \times 10^4$ km²。盆地烃源岩有机碳为 2% ~ 5%，氯仿“A”为 0.3% ~ 0.5%。

（2）发育大型复合三角洲储集体。储集体主要为三角洲前缘水下分流河道、河口坝及三角洲平原分流河道砂体，岩性为中、细粒长石砂岩，具有低成分成熟度和高结构成熟度的特点。储层碎屑组分为 87% ~ 92%，其中长石为 44% ~ 52%，石英为 20% ~ 32%，岩屑仅为 8% 左右，杂基含量为 6.5% ~ 12%。储层填隙物主要为绿泥石和浊沸石。孔隙度一般为 10% ~ 13%，渗透率为 $0.5 \times 10^{-3}$ ~ $3 \times 10^{-3}$ μm²。孔隙类型主要以粒间孔（含量为 45% ~ 66%）、浊沸石溶孔（含量为 20% ~ 40%）及长石溶孔（含量为 7% ~ 10%）为主。砂岩中富含斜长石，孔隙水 pH 值高，有利于浊沸石的形成。浊沸石溶蚀与互层页岩中有机质热演化和黏土矿物的成岩转化有关，其成岩和孔隙演化模式主要有浊沸石胶结物强溶型、轻溶型、微溶型及石英长石加大压溶嵌合型四种。

（3）油藏富集规律。油藏的形成和分布基本受延长组生油凹陷的控制，该三角洲体系是形成生、储、盖成油配置的有利地质框架。该三角洲水下河道、河口坝砂体是油气富集的重要场所。储油砂体沿上倾侧变致密层,即岩性圈闭是成藏的主要圈闭类型,即油藏的形成基础受控于砂体的发育,并具有以下三个特点:一是生、储、盖组合叠加发育,二是储层发育物性相对较好,三是相带变化是形成圈闭的重要条件。因此,存在并形成大型的工业性油藏。

#### 11.2.2.2 盐卤资源

盐是化学工业的基本原料,又是人类生产和生活的必需品。同时,盐卤资源中含有的多种常量和微量元素,还可开展综合研究以制取更多的盐化工深加工产品。地下卤水是海水经多年蒸发浓缩过程而形成的,其形成过程可以概括为海水潮汐带滞留→蒸发浓缩→渗透聚集→掩覆埋藏。卤水长期存积,形成了地下卤水储层区。三角洲地区由于自然条件优越,气候干燥,蒸发量大,地下卤水中所含金属与非金属元素具有种类丰富、卤度高、埋藏浅、易开采等特点。因此,地下卤水资源具有极高的工业开发价值。

以黄河三角洲为例,黄河三角洲地下卤水的理化性质表现出与海水的相似性,其水味苦咸、沸点高、冰点低、密度大。从组成上看,两者所含主要元素的种类基本相同。不同之处在于,地下卤水的浓度和含盐量比海水高 2 ~6 倍,部分离子的含量分布也有差异,因此又可将这类卤水称做类海水系卤水。黄河三角洲的地下卤水资源储量十分可观,浓度高,含钾、钠、镁、溴、碘、氯等多种元素,是我国优质类型滩盐资源。

黄河三角洲地区苦卤的典型特征是高镁低钙,苦卤中含有大量的镁,应优先考虑开发利用镁盐,镁盐产品主要集中在氯化镁、氢氧化镁、轻质氧化镁以及近年来发展势头渐劲的碱式硫酸镁晶须等。

黄河三角洲北翼地区,浅层地下卤水矿体沿海岸呈条带状和块状分布,面积约 1 100 $km^2$;在区域水平方向上,各区卤水矿体浓度呈现中间高、四周低的分布规律,同时从沿海向内陆有明显分带性,即近岸低浓度带、中间高浓度带和远岸低浓度带。地下卤水矿带之间的是浓度为 7° ~10° Be′的中等浓度地下卤水矿带。在区域垂直方向上,各区地下卤水浓度变化也有明显的分布特征。黄河三角洲两翼地区,浅层地下卤水垂向上矿体呈层状或透镜体状,浓度变化也具有明显的分带性,形成咸水 - 卤水双层结构或咸水 - 卤水 - 咸水三层结构。一般在高浓度区多为双层结构,中等浓度和低浓度区一般多为三层结构。在 20 ~40 m 地下卤水浓度最高,向上、向下均降低,并逐渐过渡为咸水。莱州湾南岸区,地下卤水带垂向上呈透镜体状,高浓度区一般埋藏在 28.0 ~55.0 m 的深度,浓度一般为 10° ~16.5° Be′。在胶州湾地区由于埋深浅,含水层厚度薄,地下卤水浓度低,所以地下卤水矿体浓度变化垂向分布不明显。

#### 11.2.2.3 矿产资源

矿产资源是人类生存和经济社会发展的重要物质支撑,是工业化和现代农业的必要条件。三角洲地区生产力的进步伴随着矿产资源利用水平的飞跃,人们在大规模利用矿产资源的基础上,推动了三角洲地区经济社会的迅速发展。三角洲地区矿产资源总的特点是:资源总量大,人均拥有量小;资源种类齐全,结构难尽人意;后备资源不足,供需矛盾突出。资源产地与经济发达地区距离远,交通运输不便。由于人地关系发育空间的非均质性,以及我国目前尚处在矿产资源开发阶段,从而决定了矿产资源在三角洲地区经济社会可持续发展中的基础地位。

### 11.2.3 非耗竭性资源

非耗竭性资源是指在一定程度上循环利用且可以更新的资源。三角洲地区主要的非耗竭性资源包括潮汐资源、风能资源和景观资源等。

#### 11.2.3.1 潮汐资源

潮汐资源是三角洲地区的重要资源之一。所谓潮汐，是指海水时进时退、海面时涨时落的自然现象。潮汐资源作为可再生、无污染的洁净能源，其重要功能是用于发电。利用潮汐发电的优点，主要体现在以下几个方面：

一是能源可靠，可经久不息地利用，且不受气候条件的影响。

二是通常距离用电负荷中心较近，不必远距离送电。

三是无淹没损失、移民等问题。

四是水库内可发挥水产养殖、围垦和旅游等综合效益。

五是潮汐发电过程中不消耗燃料，也没有产生辐射污染的可能。因此，应积极发展潮汐资源，发挥多能互补的潜力供电，以促进三角洲地区经济社会的可持续发展。

#### 11.2.3.2 风能资源

三角洲地区风能资源丰富，具有清洁环保、分布广泛、开发利用周期短、开发潜力大等特点。随着风能资源开发的规模化发展，风电创新技术的提高和矿石能源因日益枯竭而价格增高，风力发电的成本已经低于常规火力发电的成本，并得到迅猛发展。风能除用于发电外，还广泛应用于提水、灌溉、船舶助航、风力制热等工程。风能是一种资源极为丰富的可持续再生的清洁自然资源，从经济原则和技术可靠程度考虑，都是矿石能源首选的替代资源。

#### 11.2.3.3 景观资源

景观资源是景观营造、风景名胜区保护、旅游区建设的主要元素。具备一定数量和类型的景观资源，经过合理开发，使之具有一定的市场潜力，才能确保旅游业的持续发展。三角洲地区是经济社会活动频繁的典型区域，具有完整的新生湿地、独特的河口地貌、良好的生物多样性、珍稀的鸟类物种和奇特的鸟类景观等自然资源，为其开展生态旅游提供了极高的利用价值。但是，景观资源往往是地形地貌、气候条件、干扰体系以及生物过程相互作用的结果，尤其是干扰体系对景观格局的演变起主要的驱动作用。所以，突出人类活动驱动力对三角洲地区多种景观资源的研究，分析人为因素在景观资源优化调控中的作用，是三角洲地区河口资源的重要研究方向。

## 11.3 流域三角洲资源整合方向

三角洲地区河口资源开发利用，应坚持“因地制宜、鼓励利用、多种途径、讲求实效、重点突破、逐步推广”的方针，遵循资源开发与可持续利用相结合，资源利用与污染防治相结合，经济效益与生态效益、社会效益相结合的原则。

### 11.3.1 资源开发与综合利用并重

在新一轮产业革命的浪潮中，必须将资源的科学利用引入自然资源开发利用的决策和具体行动中，立足生态，着眼经济，综合开发，全面保护；坚持经济建设与环境建设同步进行、协调发展,使资源开发与保护相结合,资源利用与修复相结合,使可再生资源利用与环境保护和谐统一。以泥沙资源为例,首先,应转变观念,用可持续发展的观点对待泥沙。对泥沙资源防治结合、治用并举,建立综合防治利用体系。其次,因地制宜地处理泥沙资源。如从黄河这样的多沙河流中引水,应树立合理利用、妥善处理的观点,并对引入的泥沙,从处理途径和处理的方式、方法上作出全面系统的规划,不能盲目追求短期利益或局部利益而破坏或影响泥沙资源的可持续利用。此外,在技术层面上,还要注重泥沙资源的有效性,要根据灌区地形地理条件,合理规划引、沉、输、淤工程位置,使入渠、入池、入地的水沙各得其所,并有效控制引沙过程对生态环境造成的不利影响。

### 11.3.2 资源优势与市场导向相结合

三角洲地区经济社会发展应尽可能突破单纯依靠扩大资源耗费来增加经济总量的传统模式,要注重以国内、国外两大市场为导向,充分发挥三角洲地区资源优势,努力使经营方式由粗放型向集约型转变,不断调整和优化产业结构,使资源优势转化为市场优势。以盐卤资源为例,盐卤资源开发与滩地利用存在一定的矛盾。一方面,开发盐卤资源,力求节约滩地资源,发挥土地资源最大功效;另一方面,主动融入市场,建立集约式盐卤资源开发基地,实现资源优势与市场优势的结合。即坚持以提高盐卤资源综合效益和增加市场优势为中心,按照产业化方向组织生产和经营,坚持把河口盐卤资源产业化开发与区域经济发展相结合,大力推进盐卤资源产业化,努力把盐卤资源优势转化为市场优势。坚持河口资源开发与市场导向相结合,是一项系统工程,需要统一规划,部门协作,逐步加以实施,从而形成三角洲特色经济,实现资源开发利用的生态、经济和社会三重效益的统一。

### 11.3.3 注重高科技的推广应用

面向21世纪的新一轮产业革命,是引领知识经济的制高点,以高科技产业为支撑,实现和谐、持续、高效地开发利用自然资源是其主要导向。但我国多数三角洲地区尚未跨入后工业时期,需要超越传统经济发展模式的科技体系,作为资源深度开发利用的支撑。因此,要依靠科技进步与创新,大力发展高科技,加快高科技产业的发展,努力培植新的经济增长点。如充分利用三角洲地区丰富的自然资源,依靠生态农业技术,降低单位土地的物质消耗,提高产出,增加经济收入。以盐卤资源为例,应根据三角洲地区盐卤资源的化学构成和元素相对丰富的特点,采取"补新、深灌、长周期"结晶池作业法,提高三角洲地区原盐的质量和产量,并优先考虑开发阻燃材料以及可作为新型复合材料添加剂的高附加值产品。盐卤资源开发整合的重点,应放在如何从苦卤中提取镁、钾、溴等最合理和先进的工艺上;重视引进国内外先进经验和实用技术,加强与国内外科研机构和科技发展先进地区的合作,以优惠政策吸引投资者将资金投向高新技术和实用技术领域,或以技术入股,改造传统技术,提高整体技术水平。

### 11.3.4 大力发展外向型经济

市场经济是开放经济。在市场经济条件下,欠发达地区的经济社会发展,必须坚持对外开放。发展外向型经济,不仅可以利用国外资金、技术,推进经济增长,而且能够通过对外经济交往引入有利于三角洲地区经济、社会和环境协调发展的思想、观念和管理模式。三角洲地区拥有的丰富的风能资源,有发展风能发电的巨大潜力,利用风能能够缓解传统能源短缺的压力,但需要跨国企业的积极参与。如瑞士的电力和自动化技术集团已经在我国上海投资成立分公司,为我国第一个海上风力发电项目提供先进的气体绝缘环网柜设备。可见,大力发展外向型经济,积极吸引国外先进技术与经验,对改善我国风能发电软、硬环境,促进三角洲地区风电行业的快速发展,缓解日益严峻的环境恶化和能源短缺造成的压力具有积极的现实意义。

## 11.4 流域三角洲资源开发对策

随着经济社会快速发展,三角洲地区河口资源的不合理开发利用已经成为制约经济社会协调发展的重要因素。从目前资源开发利用情况看,资源开发利用还存在着许多问题,这些问题包括:

一是三角洲地区资源开发资金投入不足,专业技术人员稀缺,基础建设投入弱化等。

二是三角洲地区资源开发不合理,规划粗放,致使资源开发体系不完善,抑制了河口资源的合理开发。

三是公民资源保护意识淡薄,对生态环境保护的重要性认识不足。

四是资源开发政策不完善,资源法规流于形式。

针对目前三角洲地区河口资源开发存在的问题,为实现三角洲地区河口资源的可持续发展,应着力做好以下几项工作。

### 11.4.1 在规划与实施中量化研究尺度

为了合理开发三角洲地区河口资源,在科学规划与实施中量化河口资源研究尺度,并遵循有计划的适度开发原则,这是实现三角洲河口资源可持续利用的前提。资源的保护与利用如果缺乏科学的统筹规划,必然造成三角洲自然保护区建设速度缓慢,而且往往会形成资源管理政策的矛盾纠葛。因此,三角洲地区应该科学制订河口资源开发利用规划,做到有计划、有步骤、重实效,科学规划河口资源,解决好资源开发利用与资源再生和保护之间的矛盾,做到当前利益与长远利益相结合,经济效益、社会效益和生态效益互相兼顾,实现河口资源开发利用的良性循环。目前,亟待解决的问题是尽快组织有关部门和不同行业的专家学者,对三角洲地区的生态环境和自然资源利用现状进行彻底调查,并据此对资源开发利用作出科学规划。同时,还应量化三角洲地区河口资源的研究尺度,从而确定合理的资源开发速度和规模。

生态环境承载力决定着河口地区资源开发的速度和规模。如果河口资源开发规模超出其生态环境所能承载的范围,将会导致生态环境的恶化和资源的枯竭。生态足迹是探讨人类持续依赖自然以及为保障地球的承受力,支持人类未来生存的一种可持续评价方法。如水资源生态足迹是从生态足迹的视角来评价水资源消耗的主要途径之一,它是将水资源相关消耗折算成水域面积,主要用来计算在一定的人口和经济规模条件下维持水资源消费和消纳水污染所必需的生物生产面积,然后对其进行均衡化,最终得到可用于研究区相互比较的均衡值。水资源生态足迹的计算模型可以用下式表示

$$EF_w = N \times ef_w = N \times \gamma_w \times (W/p_w)$$

式中，$EF_w$ 为水资源总生态足迹，$hm^2$；$N$ 为人口数；$ef_w$ 为人均水资源生态足迹，$hm^2$/人；$\gamma_w$ 为水资源的全球均衡因子；$W$ 为消耗的水资源量，$m^3$；$p_w$ 为水资源全球平均生产能力，$m^3/hm^2$。

资源生态足迹定量研究可使决策者和公众较为直观地获得三角洲地区资源生态占用现状，从而为三角洲地区资源可持续利用规划与管理提供定量分析依据。

### 11.4.2 在开发与保护中突出生态价值

生态价值包括人类主体在对生态环境客体满足其需要和发展过程中的经济判断、人类在处理与生态环境主客体关系上的伦理判断，以及自然生态系统作为独立于人类主体而存在的系统功能判断，生态系统服务价值评估是当前生态经济学和环境经济学的研究热点和焦点。三角洲地区自然资源丰富，但生态脆弱。资源对开发的外界干扰和承受能力有限，超过一定限度就会影响和破坏地区生态系统的稳定性。为实现河口水土资源开发与保护有机结合，构建生态价值模型，突出生态价值显得尤为重要。如土地利用生态系统服务价值的计算公式为

$$ESV = \sum A_k \times VC_k$$

$$ESV_f = \sum A_k \times VC_{kf}$$

式中，$ESV$ 为土地利用生态系统服务价值，元/a；$A_k$ 为研究区第 $k$ 种土地利用类型的分布面积，$hm^2$；$VC_k$ 为第 $k$ 种土地利用类型的单位面积生态系统服务价值，元/($hm^2$ · a)；$ESV_f$ 为生态系统单项服务功能价值，元；$VC_{kf}$ 为生态系统单项服务功能价值系数，元/($hm^2$ · a)；$k$ 为土地利用类型；$f$ 为生态系统单项服务功能类型。

由土地利用生态系统服务价值计算模型，通过定量评价土地利用变化及其引起的三角洲地区生态系统服务价值的变化情况，分析其利用变化及对生态环境的影响，以期协调好三角洲地区土地利用与生态建设的关系，可以为河口土地资源可持续利用和生态环境保护提供决策支持。

因此，三角洲地区资源开发利用应围绕“开发与保护相结合”这个主题，处理好开发与保护之间的关系，突出资源开发与保护中的生态价值。保护是为了更好地开发利用，在资源开发过程中，一切开发项目都应首先考虑其对生态系统的影响，以生态效益和河口资源的可持续发展为出发点。近年来，对河口资源的掠夺式开发利用，不仅使资源类型减少、质量下降，而且导致许多资源处于严重匮乏状态。部分三角洲地区的自然环境恶化和生态危机已经凸显，若不及时采取有效措施，河口资源的生态恶化将会难以逆转。

此外，还应加强河口资源保护的技术研究。运用现代技术手段对资源开发、利用和保护实行统一管理，加强对生态敏感区生态环境的动态监测等。

### 11.4.3 在政策调控与协调中体现刚化约束

我国先后颁布了各种资源保护法，资源保护工作得到加强。但由于自然资源之间联系密切，单个的资源保护法规无法保障资源的系统性和完整性。此外，片面追求经济效益，使得已有的资源法规流于形式，也是河口资源严重破坏和浪费的主要原因。为使河口资源得到合理有效的开发和保护，应该在政策调控与协调中体现刚化约束，建立强有力的政策法规

约束机制，其主要工作方向包括：

第一，采用多种方式和途径，广泛深入宣传有关法律、法规，提高河口资源开发主体的环境保护意识，形成资源保护工作的自觉行为。

第二，河口资源管理工作应严格依法办事，这是有效保护资源，实现资源可持续利用的关键。

第三，加大执法力度，对各类非法破坏河口资源案件从严、从重、从快惩处，以体现三角洲地区河口资源开发利用的刚性约束。

第四，完善河口滩涂资源管理条例，为刚化开发政策提供法律依据。

### 11.4.4 在产业布局与结构中突出资源地位

产业布局可以通俗地理解为产业规划，产业规划就是对产业发展布局、产业结构调整进行整体布置和规划。具体措施可以概括为统筹兼顾，协调各产业间的矛盾，进行合理安排，做到因地制宜、扬长避短、突出重点、兼顾一般、远近结合、综合发展。三角洲地区经济一体化的主要动力是要素流动和产业转移，并由此引起三角洲地区产业布局和结构的变动，从而推动三角洲地区经济一体化进程。正是这种产业布局和结构的发展使得三角洲地区河口资源的地位不断发生变化，因此在产业布局和结构中突出资源地位，并形成相对合理的产业空间结构和产业分工结构，对河口资源开发利用和节约保护具有关键性的推动作用。

**阅读链接**

[1] 李宗植，吕立志. 资源环境对长三角地区社会经济发展的约束[J]. 经济经纬，2004(4).

[2] 信志红. 黄河三角洲湿地资源及其生态特征分析[J]. 安徽农业科学，2009(1)：301-302.

[3] 聂莉莉，刘春晶，等. 黄河三角洲典型灌区泥沙资源优化配置的原则与方法[J]. 水利科技与经济，2009(1).

[4] Zhenyu Wang, Dongmei Gao, Fengmin Li, et al. Petroleum Hydrocarbon Degradation Potential of Soil Bacteria Native to the Yellow River Delta. Pedosphere, 2008, 18(6).

[5] Ming Nie, Naixing Xian, Xiaohua Fu, et al. The Interactive Effects of Petroleum - hydrocarbon Spillage and Plant Rhizosphere on Concentrations and Distribution of Heavy Metals in Sediments in the Yellow River Delta, China[J]. Journal of Hazardous Materials, 2010(147):1-3.

[6] 杨华，付金华，等. 陕北地区大型三角洲油藏富集规律及勘探技术应用[J]. 石油学报，2003(3).

[7] Jill S. Schneiderman, Zhongyuan Chen. Chapter 24 Interpretation of Quaternary Tectonic and Environmental Change Using Heavy Minerals of the Yangtze Delta Plain[J]. Developments in Sediment logy, 2007.

[8] 李来胜. 黄河三角洲农业自然资源的可持续利用研究[J]. 中国农业资源与区划，2004(5).

[9] 曹文. 黄河三角洲地区耕地资源的可持续利用研究[J]. 中国人口·资源与环境，

2001(S1).

[10] 郗金标，宋玉民，邢尚军，等. 黄河三角洲生物多样性现状与可持续利用[J]. 东北林业大学学报，2002(6).

[11] 白军红，余国营，叶宝莹，等. 黄河三角洲湿地资源及可持续利用对策[J]. 水土保持通报，2000(6).

[12] 童亿勤. 宁波市农业自然资源可持续利用探讨[J]. 农机化研究，2008(10).

[13] 刘芳清. 湖南农业自然资源可持续利用对策[J]. 资源开发与市场，1998(1).

[14] 黄振轩，刘玉新. 黄河三角洲资源开发专家系统设计[J]. 农业系统科学与综合研究，1997(4).

[15] 邢尚军，郗金标，张建锋，等. 黄河三角洲植被基本特征及其主要类型[J]. 东北林业大学学报，2003(6).

[16] 郭成秀，张士华，刘志国. 黄河三角洲沿海刺参池塘夏季管理技术[J]. 齐鲁渔业，2010(9).

**问题讨论**

1. 河口三角洲地区是流域资源的重要富集地，也是生态环境的脆弱地区。我国河口三角洲地区自然资源如何实现集约开发？方向是什么？资源开发与环境如何实现统一？主要经验教训有哪些？

2. 三角洲地区湿地资源是生态环境的重要载体，往往具有海陆相综合系统功能。我国主要江河三角洲地区海陆相特征是什么？如何作出定量评价？已有的研究成果主要有哪些？有哪些借鉴？

3. 国内外资源开发利用的实践表明：河流三角洲经济区出现了高速增长的态势。对此，应该如何作出评估与解释？对国内外典型三角洲经济区高速增长作比较分析，我们可以得到哪些启发和借鉴？

## 参考文献

[1] 刘红玉，吕宪国，等. 环渤海三角洲湿地资源研究[J]. 自然资源学报，2001(2)：101-106.

[2] 李丽，袁存光. 黄河三角洲盐卤资源综合利用研究[J]. 海湖盐与化工，2005(3).

[3] 童霆. 洞庭湖的净化作用与微量元素资源[J]. 中国地质，1998(25)：33-36.

[4] 谢学锦，程志中，成杭新. 应用地球化学在中国发展的前景[J]. 中国地质，2004(31).

[5] Guangxue Li, Helong Wei, Shuhong Yue, et al. Sedimentation in the Yellow River Delta, Part II: Suspended Sediment Dispersal and Deposition on the Subaqueous Delta[J]. Marine Geology, 1998(149): 1-4.

[6] Suiji Wang, Marwan A. Hassan, Xiaoping Xie. Relationship Between Suspended Sediment Load, Channel Geometry and Land Area Increment in the Yellow River Delta[J]. CATENA, 2006, 65(3).

[7] Yahya Zegouagh, Sylvie Derenne, Claude Largeau, et al. A Geochemical Investigation of Carboxylic Acids Released Via Sequential Treatments of Two Surgical Sediments from the Changjiang Delta and East China Sea[J]. Organic Geochemistry, 2000, 31(5).

[8] C Milzow, V Burg, W Kinzelbach. Estimating Future Ecoregion Distributions Within the Okavango Delta Wetlands Based on Hydrological Simulations and Future Climate and Development Scenarios[J]. Journal

of Hydrology, 2010(381):1-2.
[9] Baoshan Cui, Qichun Yang, Zhifeng Yang, et al. Evaluating the Ecological Performance of Wetland Restoration in the Yellow River Delta, China[J]. Ecological Engineering, 2009, 35(7).
[10] Sheng – nan Li, Gen – xu Wang, Wei Deng, et al. Influence of Hydrology Process on Wetland Landscape Pattern: A Case Study in the Yellow River Delta[J]. Ecological Engineering, 2009, 35(12).
[11] 信志红. 黄河三角洲湿地资源及其生态特征分析[J]. 安徽农业科学,2009(1):301-302.
[12] 杨华,付金华,等. 陕北地区大型三角洲油藏富集规律及勘探技术应用[J]. 石油学报,2003(3):6-10.

# 第 12 章　流域与区域自然资源管理政策比较

我国自然资源管理政策演变经历了从国家到地方再到流域的过程,这在一定程度上导向了自然资源管理从集中向分散、再向相对集中的方向演进。直面 21 世纪资源危机和环境恶化,本章主要从如何构建流域与区域相结合的管理政策、政策建设的重点和核心、政策比较的视角作一些探讨。

## 12.1　区域管理政策问题域

自然资源区域管理政策是指以区域[1]管理为基础,以部门管理为轴线,条块结合的自然资源管理体制。随着“放权让利”改革导向的深入,自然资源区域管理的特征不断得到强化。自然资源区域管理政策实施 60 余年来,初步摸清了我国自然资源状况,促进了自然资源的开发利用,但也暴露出许多问题,形成了限制发展的问题域。

### 12.1.1　自然资源区域管理问题域

自然资源区域管理政策实质是分级、分部门按区域实施管理。这一政策环境造成自然资源重开源轻节流、重经济效益轻环境保护,严重制约着自然资源的科学配置和综合效益的发挥。形成的限制发展的问题域主要表现如下。

#### 12.1.1.1　**重视局部利益,忽视全局利益**

自然资源区域管理政策实行部门和区域分割管理体制,使得基层自然资源管理部门在具体操作时往往从自身利益出发,很少考虑全局利益,由此导致森林滥伐、矿藏滥采、土地资源粗放利用、水资源过度开发、环境污染和生态系统失衡等现象,既引发了区域自然资源开发利用的纠纷与矛盾,也是自然灾害频繁发生的根源。特别是随着改革开放地方权利的扩大以及“分灶吃饭”财政体制的实行,地方政府在自然资源管理中为了追求经济效益而重复建设、过度竞争,使得自然资源统一管理体制受到严重扭曲,更加剧了资源破坏和环境污染的趋势。

#### 12.1.1.2　**部门独立性差,干扰性强**

自然资源区域管理部门一般是同级政府的一个行政部门或事业单位,在业务上虽然仍然受上一级部门的领导,但在人事、财务上却受到本级政府的很多制约,使得自然资源的管理权利难以独立行使。尤其是在以经济建设为中心的形势下,自然资源管理和保护更容易受到来自各个层面利益主体的干扰,自然资源合理利用和环境保护的约束机制不断弱化。

#### 12.1.1.3　**各自为政,缺乏协调**

在自然资源区域管理政策下,自然资源管理权利被人为细化,导致不同地区和部门之间

---

[1] 区域是一种客观的空间地理存在,从不同角度划分,一般有自然地理区域、文化区域、政治区域、经济区域、行政区域、流域之分。这里的区域特指行政区域。

争资金、争项目，甚至是重复治理、治理和破坏并存，导致资金使用上的分散，政策层面上的多源，运行机制上的无序，自然资源宏观管理与微观管理的结合流于形式，诸多方面的协调缺乏实质性内容，自然资源管理体制在各级政府间的利益“博弈”中难以实现统一，使本不高的行政效率积重难返。

#### 12.1.1.4 职能不清，效率低下

自然资源管理部门虽然集管理、开发、保护等众多职能于一身，但事实上，自然资源管理部门内部往往职能不清、人浮于事，导致管理效率低下。尤其是随着市场经济的迅速发展，资源开发主体开始多元化，自然资源管理部门的职能迫切需要调整和作出细化，以适应自然资源管理的制度改革，而现实是，“只收费、不管理”形式盛行且呈蔓延趋势。

### 12.1.2 自然资源区域管理政策危害

自然资源区域管理政策在相当长的时期内，还是比较适应我国人口众多、经济技术落后这个国情的，依靠区域发展能力，通过自然资源的竞争性开发，凝练发展方向，是具有特定时期的积极意义的。但立足当今和谐发展这个主题，则存在着很多弊端，产生许多危害，主要表现如下。

#### 12.1.2.1 掠夺式开发，导致资源危机

自然资源实施区域管理政策，市场主体在最大化利益的驱动下，忽视自然资源的内涵效率，盲目追求数量与规模的扩张，以致形成对自然资源的乱采滥挖、采富弃贫的掠夺式开采方式。地方政府为了追求地方经济利益最大化，默许甚至是鼓励市场主体单纯追求规模行为，从而使社会生产在自然资源利用上处于高投入低产出的状态，以巨大的自然资源消耗维持国民经济的高速增长，产生了“GDP 经济”模式，既破坏了自然资源，又造成了自然资源的严重浪费。随着这种粗放式社会生产的持续，自然资源危机开始出现。

自然资源危机是指自然资源供不应求产生的紧缺乃至稀缺的过程。这种情况一般出现在自然资源被破坏积累到一定程度后，主要的表现形式是资源匮乏、价格昂贵、供需矛盾尖锐等，严重后果是生态系统失衡，自然资源有效供给系统崩溃，甚至对人类社会系统产生崩溃的压力。自然资源危机包括矿产资源危机、土地资源危机、水资源危机和生物资源危机。尽管技术进步和市场的调节作用可以使资源的利用范围和效率不断扩大和提高，但是面对经济发展和人口不断增长的压力，自然资源危机将成为人类生存和发展的限制因素。

#### 12.1.2.2 疯狂式输出，引发环境污染

自然资源掠夺式开发利用，既造成了自然资源危机问题，还由于人类在生产和消费过程中向自然界肆无忌惮地输出废弃物质，也造成了环境污染问题。人类在利用各种自然资源作为原料，经过劳动加工把它们转化成为产品的生产过程中，并不是所有的原料物质都能够转变成产品，总有一部分物质被当做废物排放到自然界之中，这就是废弃物。人类在消费生产出来的产品过程中，产品会被消耗、损坏，最终被变成丢弃的“废物”，这就是垃圾。无论是生产活动中产生的废弃物，还是消费活动中产生的垃圾，没有经过处理就直接排放到自然界中，就是污染物，就可能引发环境污染问题。

环境污染是指人类在自然资源开发利用过程中，向水、空气、土壤等自然环境排放生产废弃物和生活垃圾等污染物，当数量和浓度达到一定程度，就可能危害人类健康、影响生物正常生长的现象。其实，自然界中的大气、水、土壤等物质的扩散作用、稀释作用、氧化还原

作用和生物降解作用对污染物质有自净能力,能够降低污染物质的浓度和毒性。但是,在自然资源区域管理政策下,地方政府和市场主体为了追求经济利益,不加处理地就将污染物质向自然界倾放,使得排放的污染物质超过了自然的自净能力,产生了环境污染。日积月累,环境污染愈加严重,直接危害人类和生物生存。

#### 12.1.2.3 无限式"索取",导致生态失衡

对自然资源掠夺式开发利用和疯狂式向自然界输出污染物质,不仅引起资源危机和引发环境污染,而且双重因素的共同作用,导致自然生态系统失去平衡。自然界中各种资源的价值都是多方面的,除具有供人们使用的工具价值性质的经济价值外,还具有保持生态平衡的价值。但是人们只重视经济利益,而对其他利益不加重视或重视不够。譬如,森林资源作为一种自然资源,具有保持水土、涵养水分、防风固沙、调节气候、清洁空气、降低噪声、为人们遮阴乘凉、为野生动物提供栖息地、为人们生产和生活提供木材资源等多方面的价值。可是,长期以来人们一直只看到森林作为木材的使用价值和经济价值,却看不到森林的生态价值,从而大量砍伐林木,造成水土流失、气候异常、生物多样性减少等生态问题的出现。

自然界对污染物质有一定的自净能力,若人类排向自然界的污染物质在自净能力(承载能力)之下,则自然生态系统仍会维持平衡;若人类排向自然界的污染物质在自净能力之上,则自然生态系统将会打破平衡,且因为环境污染会降低生物生产量,所以导致自然生态系统循环恶化,系统难以恢复平衡。为了追求经济利益,不断地扩大生产规模,向自然界疯狂地掠夺资源和排放废弃物,一方面使自然生态系统自我调节能力减弱,另一方面又加大污染生态环境的力度,使得自然生态系统受到双重挤压,加剧生态恶化。

#### 12.1.2.4 粗放式开发,造成竞争力低下

单一的自然资源区域管理政策的实施,人为地压低自然资源和原材料的价格,不仅造成了对资源掠夺式开采,引起资源危机和环境生态问题,而且直接导致市场主体和区域竞争力低下。自然资源和原材料的低价格造成自然资源开发企业长期低利、微利,甚至亏损,自身积累不足,难以提高生产技术水平,制约了自然资源开发企业的发展,又反过来影响了整个国民经济的进一步发展。使用自然资源作为原材料的加工企业,由于生产成本比较低,产品在市场上因价格较低而占有一定的市场份额,使得这些企业不思进取,囿于传统技术,最终产生竞争力低下问题。立足长远分析,随着资源危机和环境生态问题的加剧,自然资源越来越稀缺,价格也会越来越高,这些企业会因为生产成本的提高而逐渐被市场所淘汰,反过来使地方经济发展由此失去竞争力。2009 年席卷全球的华尔街金融危机对我国经济发达地区中小企业的影响,就有力地证明了我国自然资源区域管理政策背景下造成企业竞争力低下这个问题。

## 12.2 流域管理政策实践与探索

自然资源区域管理政策存在大量难以克服的问题,且带来了严重的资源危机、环境污染、生态平衡和经济竞争力低下等问题,已经远远不能适应和谐发展的主题要求。在此背景下,我国开始探索自然资源的流域管理政策。该政策弥补了区域管理政策中出现的部分问题,取得了一定的成功,但是也出现了一些新的问题。

### 12.2.1　流域管理政策的成功与实践

流域是自然区域中的一种典型区域，是区域的一种特殊类型，它是以河流为中心，由分水线包围的集水区域，是一个从源头到河口的完整、独立、自成系统的水文单元，在地域上有明确的边界范围。流域内各种自然要素相互关联，地区间相互影响显著，特别是上、下游间的相互关系密不可分。以流域管理政策统筹自然资源的开发利用，有以下显性优势。

#### 12.2.1.1　符合自然规律，利于人地关系协调

流域内不仅自然要素联系密切，而且还表现在上中下游、干支流、地区间的相互制约及相互影响。如果上游地区过度开垦土地、乱砍滥伐、破坏植被，造成水土流失，即使当地农林牧业和生态环境遭到破坏，又会招致洪水泛滥、河道淤积，威胁中下游地区安全和经济建设。同样，若在上中游筑坝修库，过量取水，就会危及下游的灌溉乃至工业、城镇用水，影响生产发展和生活需要。因此，流域内的任何局部开发，都必须综合考虑流域的整体利益，考虑给流域带来的影响和后果。

流域管理政策是以流域为单元进行的自然资源开发利用的管理，趋向于从自然属性对自然资源进行管理，注重整个流域的生态循环，目标是使流域内各种自然资源得到整体有效的利用。

流域是一个相对独立完整的空间，流域内自然资源的形成、运动和变化具有明显的流域规律性，尤其是水资源。因此，自然资源的开发利用必须根据自然资源的流域特性及其循环的自然规律，以流域整体思想为指导，对流域内自然资源的开发利用实施系统性的综合管理。只有这样，才能协调自然生态环境和经济系统关系，才能恢复和逐步改善流域生态环境系统的生机，才能从根本上缓解了人地关系的压力，保证自然资源的可持续开发利用。

#### 12.2.1.2　适应基本经济制度，利于区域共同发展

流域往往跨多个纬度带或经度带，流域内上中下游和干支流在自然条件、自然资源、经济技术基础和历史背景等方面均有较大差别。一般情况下，我国流域从上游到下游，资源拥有量越来越少，而经济社会发展水平则越来越高，形成了自然资源分布中心偏西，生产能力、经济要素分布偏东之间的“错位”现象，导致区域间发展差距巨大，影响经济社会发展和稳定。

现阶段，我国正在实行具有中国特色的社会主义经济制度，坚持以公有制为主体、多种所有制经济共同发展的基本经济制度。自然资源的开发利用是关系到国计民生的重要基础产业，是国家经济发展的命脉。提高自然资源开发利用的控制力从而体现其主导作用，是宏观经济调控与发展的主要趋向。自然资源开发利用的流域管理政策突出了流域管理的主体地位，通过中央集权，抓大放小，从流域经济社会发展的全局出发，兼顾区域间不同的经济、社会、文化状况，运用经济手段、法律手段和必要的行政手段，缩小区域间经济发展的差距，促使各区域共同发展，是必然的政策导向。

#### 12.2.1.3　合理配置自然资源，利于产业结构优化

自然资源开发利用产业，是关系到宏观经济发展战略和目标的重要基础产业，而且自然资源产业又具有很强的自然垄断性和非竞争性，往往难以通过市场机制的作用得到充分发展。在这种情况下，对自然资源开发利用实行流域管理政策，根据流域国民经济发展的内在联系和要求，通过集合自然资源的力量，以增加或减少资源供给，确定一定时期内的主导产

业，并带动其他产业的发展，以调整产业结构、产业组织结构和产业区域结构，使自然资源在各产业、行业、企业、地区之间得到合理流动与配置，既能保证流域内自然资源开发利用和生态环境建设的协调发展，又能使自然资源开发利用形成最优的产业格局。

#### 12.2.1.4 宏观调控国民经济，利于经济健康发展

随着经济全球化发展，为了能够在国际竞争中胜出，宏观经济调控的作用越来越重要，越来越必需。对于自然资源开发利用产业，因其在经济社会发展中居于重要的基础地位，宏观经济调控措施显得尤为重要。通过对自然资源开发利用实行流域管理，可以突出流域的宏观管理职能，充分发挥流域自然资源开发利用、生态环境建设方面的主导作用，行使流域管理机构的宏观决策、规划计划、宏观调节、宏观监督、宏观服务等职责，以协调流域内经济社会主体之间、经济社会运行各个环节之间的经济关系和经济联系，保持流域内自然资源可持续开发利用，实现预期的调控目标。

#### 12.2.1.5 发展外向型经济，利于融入全球经济一体化

流域是一种开放型的耗散结构系统，内部协同配合，同时与系统外部进行的大量人、财、物、信息交换，形成一个有生命的、越来越高级的耗散性结构经济系统。自然资源开发利用实行流域管理政策，就是以这种开放型的耗散结构系统的思想为指导，不仅使流域内有专业化分工和密切协作，而且对外加强国际分工与协作，充分发挥流域内港口或内陆口岸的对外窗口作用，不断吸引国外资本、技术、人才和先进的管理经验，发展外向型经济，推动流域经济的可持续发展。

### 12.2.2 流域管理政策的差距与不足

自然资源开发利用的流域管理政策，从流域角度出发，注重流域的生态循环和流域内各种自然资源的有效利用，理论上成熟，但在具体操作时还存在一些差距与不足。

#### 12.2.2.1 与区域管理关系不明晰

随着自然资源开发利用管理体制由区域管理向流域管理过渡，部门间的冲突逐渐消除，但是部门内的冲突却逐步增多，即流域管理和区域管理之间的冲突逐步增多。在我国，区域管理体制实行时间较长，已经较为完善，而流域管理体制实行时间较短，还处于探索阶段，在处理和区域管理的关系上存在许多交叉的内容，还需要在具体实施中逐步明晰。

流域管理和区域管理之间的关系之所以不明晰，关键原因在于区域间的利益分配问题。在流域自然资源开发利用项目中，流域内部各行政区域之间、上下游之间，甚至不同流域之间，都存在着利益分配问题。例如，流域水资源开发利用中的调水工程，符合效益原则，有利于国民经济总体经济发展。但是，供水区和水源区却因利益不同对该工程的热情程度存在着巨大的差别。收益在供水区，成本在水源区，所以供水区对调水工程认同度高，有利于工程建设，然而水源区却认同度较低，甚至在某些方面不予配合。正是区域间的利益分配产生矛盾，才使流域管理和区域管理之间的关系复杂，难以理顺并解决。

#### 12.2.2.2 流域管理机构职能不明确

流域管理机构具有规划、管制和监督的权利，同时还被授予了部分运行职能。虽然流域管理机构的这些地位和职能在《中华人民共和国水法》中得到原则确定，但是除《中华人民共和国防洪法》和《中华人民共和国水土保持法》中规定了流域管理机构的职能外，作为上位法的《中华人民共和国水法》中，并没有完善和明确流域管理机构的职能。另外，流域管

理机构的很多职能在行使中却没有得到授权，例如，在水资源开发利用方面，《中华人民共和国水法》中没有授权流域管理机构水资源工程性开发的职能，但是，在流域管理机构的职能中却有这样的规定；同样，《中华人民共和国水法》也没有授予流域管理机构监督管理国有资产的职能，但在流域管理机构的职能中却有相应的规定。这说明流域管理机构职能混乱，影响着流域自然资源的合理开发和综合利用。

#### 12.2.2.3 流域管理机构效率低

我国现行的流域管理机构是国家为了对主要江河实施大规模治理而设置的，在其设立之初就带有一种浓厚的基本建设色彩，重视工程规划、勘测、设计、施工及工程管理等专业方向，客观上形成了现有的流域机构重视技术、工程建设和管理等职能。虽然 2002 年新修订的《中华人民共和国水法》将流域管理机构升至流域水行政管理机构，但是仍然忽视流域及各种自然资源的行政管理职能，使其难以承担起流域资源行政主管部门的职责。而且流域管理机构内部机构臃肿，人员结构不合理，政事企职责不分，管理与执法能力不足；流域管理机构的权利和责任缺乏统一，办事效率低下。因此，流域管理机构应以流域管理机构内部政事企分离为重点，分类改革，稳步推进，逐步建立高效的流域管理机构。

## 12.3 流域与区域相结合管理展望

从自然学角度分析，流域是一个由分水岭所包围的限定区域，属于自然区域的范畴；从经济学角度分析，流域又是组织和管理国民经济，进行以水资源开发为中心的综合经济区域。事实上，流域地跨多个行政区域，涉及多个行政区域的局部利益。自然资源开发利用的流域管理政策，涉及范围广，关系复杂，利益冲突大。为了解决这些问题，我国应试行流域与区域相结合的自然资源管理政策，本着流域管理与区域管理相互协调的原则，坚持流域管理指导区域管理，尽可能地维护区域利益；区域管理服从流域管理，努力实现区域利益。

### 12.3.1 流域与区域相结合管理的必然性

我国自然资源开发利用的流域管理政策尽管取得了一些成绩，例如，成功地解决黄河、塔里木河、黑河断流问题，但是，资源危机和环境生态问题仍然没有得到根本解决，而且还有恶化的趋势。对自然资源开发利用仅仅实行流域管理政策是不够的，其虽然符合自然生态规律，但是事实上有很多区域利益矛盾无法协调，从而导致政策执行不力。因此，只有流域管理与区域管理相结合，才能使流域管理政策真正落实到位。

#### 12.3.1.1 流域与区域结合管理是可持续发展的要求

流域与区域相结合的自然资源管理政策，实质上是实行统一管理和分散管理相结合的管理方式。统一管理会涉及多个区域利益的多元管理，是一种需要多方配合共同决策的合作管理，而分散管理是以流域内行政区域为单元，从本区域的利益出发，对自然资源进行开发利用管理。为了避免区域间的无序竞争和资源浪费，利益协调是必然要求。自然资源的自然属性决定了只有将流域作为一个整体单元实行统一管理，从流域的角度宏观的规划管理自然资源，才能使流域的自然资源合理利用和环境生态安全得到保证，而我国的国情表明，流域管理离不开区域管理。只有实施流域与区域相结合的自然资源管理政策，才能保证资源的可持续利用，保证经济社会的可持续发展。

#### 12.3.1.2 流域与区域结合管理是自然资源管理的现实需要

自然资源开发利用管理工作既涉及自然属性,又涉及人类社会的经济规律,两者之间的关系是对立统一的。统一关系表现在自然资源的自然属性能够为人类社会提供物质和能量;对立关系表现为人类在向自然资源索取物质和能量时,破坏了自然的属性。也就是说,自然资源开发利用管理工作做得好,则能促进人与自然的统一,若做得不好,则会加重两者之间的对立。实施自然资源开发利用流域与区域相结合的管理政策,就是为了促进人与自然的统一,使自然环境能够不断地为经济社会发展提供物质和能量。

流域管理与行政区域管理,是自然资源流域与区域相结合管理政策的有机组成部分,两者相辅相成;流域管理必须以行政区域管理为基础和依托,因为流域管理机构开展流域管理需要流域内各级地方政府及有关部门的积极配合,提供良好的政策环境和行政支持,以及地方司法机关提供强有力的法制保障。但是,行政区域管理又必须服从流域管理,接受流域管理机构的指导和要求,只有这样,才能有效实施自然资源开发利用的综合管理。

#### 12.3.1.3 流域与区域结合管理政策是和谐社会的内在要求

自然资源开发利用战略是和谐社会建设的重要内容之一,流域与区域结合管理的自然资源政策是和谐战略的必然选择。为此,自然资源开发利用管理工作不仅要做好传统意义上的自然资源的日常管理、工程管理、执法监督等方面工作,更重要的是,要正确处理好人地关系、整体利益和局部利益关系、长远利益和近期利益关系,以提高人地关系的协调度和社会关系的认同度,从制度层面化解人地之间的矛盾和社会矛盾。实施自然资源开发利用的流域与区域相结合的管理政策,能够统筹解决流域资源危机、环境生态问题和区域利益冲突问题,利于推动流域管理工作的有效开展,利于维护自然资源开发利用的公平、公正,利于促进流域经济社会的全面发展,利于推进建设社会主义和谐社会的进程。

### 12.3.2 流域与区域相结合管理的阻力

我国自然资源开发利用的流域与区域相结合管理政策在逐步推进的实践中,不可避免地会产生一些问题和阻力。这些问题和阻力主要表现如下。

#### 12.3.2.1 理解不到位

《中华人民共和国水法》确立了流域管理机构的法律地位,确立了流域管理与行政区域管理相结合的管理体制。但是,社会各界对此有不同的理解,加上长期以来“分割管理,各自为政”所形成的惯性,使得流域机构的作用与地位不明,流域管理措施很难到位。

社会各界对自然资源开发利用的流域与区域相结合管理政策的认同并给予支持,需要一个思想统一的过程,这个过程并非一蹴而就。因此,要真正实现以流域为单元的统一管理任重而道远;流域管理机构在流域管理中的位置和角色不明确,实践中也会导致流域管理机构在流域控制性工程建设中前期工作难以落实,更难实施过程中的建设控制,会严重影响流域自然资源开发利用的统一管理。

#### 12.3.2.2 重视区域利益惯性

我国长期对自然资源开发利用实施“分割管理,各自为政”的管理政策,使得区域自然资源的管理者过分注重区域利益,忽视全流域的利益,导致从流域的宏观角度规划管理自然资源以及区域的局部利益服从流域整体利益的理念很难被完全接受。此外,我国虽然已经推行了自然资源开发利用的流域与区域相结合的管理政策,但因为实施该政策的时间短,流域机构与地方主管部门的管理权限没有明确划分，许多职能仍然是由流域管理机构和地方主管部门共同承担，这就使得分工不明确，流域管理机构和地方主管部门的地位和角色不明了，从而导致流域管理机构从流域利益角度所做的决定得不到尊重，而地方主管部门又往往从本区域利益出发，实施对自然资源开发利用的单向管理，会严重阻挡流域与区域相结合管理政策的贯彻执行。

#### 12.3.2.3 流域间自然资源差异大

以流域为主线实施自然资源开发利用管理，面临的问题复杂多样，一方面要解决流域自然资源的优化开发利用问题和生态环境保护问题，另一方面要解决流域间的自然资源调度以弥补不足问题，其中涉及流域内各区域之间、区域和流域之间以及各流域之间自然资源条件的差异和各自利益的取舍问题，这些问题相互联系密切，增加了解决问题的难度。自然资源开发利用包含工程项目开发、资源管理和监督、资源配置和调度、治理污染及保护生态环境等多项职责，任务繁重。流域间的地域和自然资源条件的差异大，国民经济和社会发展水平也存在显著的差异，致使不同流域自然资源开发利用程度、所面临的自然资源问题差异很大，例如，以水资源开发利用程度为例，海河流域的水资源利用率已经超过90%，黄河流域接近50%，而长江和珠江流域都不足15%；又如，我国北方的流域所面临的主要问题是水资源短缺以及所导致的生态环境问题，而我国南方流域则主要是水污染问题。正是由于这些问题的存在，流域与区域相结合管理政策的协调面临一定的阻力。

#### 12.3.2.4 缺乏配套的法律法规保障

自然资源开发利用在经济社会发展中具有重要的基础地位，尤其是在资源危机、环境污染严重、自然生态失衡的客观环境下又面临着国际竞争，使得自然资源开发利用成为各项工作中的重中之重。然而，流域与区域相结合的管理政策，在执行中由于缺乏相关的法律法规保障而出现偏差。流域管理机构与地方行政区域主管部门在自然资源开发利用等方面的权利和义务关系没有用法律、法规的形式加以明确，没有形成可操作的法规，甚至还执行一些与流域和区域相结合管理体制相矛盾的法规、规章，这些都阻挡了流域与区域相结合管理政策的推进难度。

### 12.3.3 流域与区域相结合的管理对策

流域与区域相结合的管理政策，既要考虑流域人口、资源、环境的可持续发展，又要兼顾各行政区域经济社会发展战略，以便使其成为指导各区域的行政纲领。各区域在制定中长期社会经济发展战略时，必须服从流域管理，形成一个以流域带区域、配套联动、协调发展的自然资源管理新体制。具体对策包括以下几个方面。

#### 12.3.3.1 坚持资源开发与节约并举

无论是自然资源区域管理政策、流域管理政策，还是流域与区域管理相结合的管理政策，都直接导向一个目标：自然资源可持续利用。然而，在长期追求GDP增长目标的前提下，必然形成粗放的发展方式，对自然资源掠夺式开发利用并大量地向自然界排放废弃物质，造成自然资源危机、环境污染和自然生态失衡等问题似成必然。克服这一“瓶颈”约束的关键措施，是坚持资源开发利用与节约并举。

经济社会发展必须有足够的资源供给，然而有限的资源在面对人类无穷的欲望时，表现为稀缺约束。所以，自然资源开发利用，必须依靠科技进步，大力推广节能降耗新技术，提高综合利用率,节约资源使用,并积极寻找新的替代资源。流域与区域管理相结合的管理政策,就是坚持资源开发与节约并举,建立资源节约型的国民经济体系,以克服资源紧缺和环境恶化的影响。

#### 12.3.3.2 树立流域管理机构的权威性

流域管理机构具有从宏观角度对流域自然资源进行全局统筹的优势,能够比较客观地协调区域间利益关系。但是,流域管理机构的法律地位在《中华人民共和国水法》等有关法律中没有得到明确,流域管理机构还名不副实,权威地位更难以确立。流域管理机构应当掌握流域自然资源开发利用、调度和保护的主导权,应当在资金、技术和控制等环节上体现权威性,这既需要法律法规授权,也需要管理体系的行政性创新。唯有建立权利和责任相互统一的流域管理机制,才有利于对按流域实施自然资源管理作出实质性的调控。

#### 12.3.3.3 坚持流域管理与区域管理的协作

流域管理趋向于从自然属性对自然资源实施管理,更注重流域自然生态系统的循环,目标是使流域内自然资源能够得到整体、有效利用,并维护环境清洁和生态系统平衡。区域管理趋向于结合社会属性,从局部利益出发对自然资源实施管理,目标是综合利用辖区内的自然资源,发展区域经济。为此,流域管理更多地坚持保护,而行政区域管理却受利益的驱动更多地强调发展。发展和保护是一对矛盾体,流域管理和区域管理也是一对矛盾体,它们之间存在直接利益冲突,又存在权力交叉和行政博弈,处理得当,两者会相得益彰,处理不当,则会相互制约,导致停滞不前甚至倒退。为了解决自然资源争夺性开发利用及其引起的资源短缺、环境污染和生态失衡等问题,必须正确处理流域管理集权与区域管理分权的关系,尽量减少在管理的执行和控制过程中产生权力交叉与分割,建立相互监督、相互制约、相互促进、共同发展的良性运行机制,使得流域管理和行政区域管理分工协作,科学划分事权,明确各自职责,共同实现自然资源开发利用的帕累托最优。

#### 12.3.3.4 建立流域与区域相结合的相关法律法规

为了保证流域与区域管理相结合的管理政策执行到位,为了确立流域管理机构的权威地位,为了保证流域管理和区域管理各司其职,必须制定相关的法律法规,把流域与区域相结合的自然资源开发利用涉及的各方面权利与义务、职能与职责等以法律、法规的形式加以明确,确保流域管理和行政区域管理分工协作,实现依法高效、依法保护、优法优化。同时,对各种自然资源开发利用制定出相关法律,并出台配套的法规,形成包括法律、法规、规章和制度在内的多层次管理体系,同时摒弃流域管理和区域管理相结合的体制弊端。

**阅读链接**


[1] 柴箐. 汶川地震灾后重建与区域经济发展探讨[J]. 经济研究导刊, 2009(18).

[2] 刘世庆. 中国改革开放三十年的区域政策转型与演进[J]. 经济体制改革, 2009(4).

[3] 王月. 自然资源管理[J]. 世界环境, 2009(2).

[4] 李晓燕. 汶川地震灾后村镇重建的空间布局研究[J]. 经济体制改革, 2009(4).

[5] 阎波,谭文勇,陈蔚. 汶川大地震灾后重建规划的思考[J]. 重庆大学学报:社会科学版, 2009(4).

[6] 谭聪,谭大璐,申立银. 基于可持续发展理念的灾后重建思考[J]. 科技进步与对

策, 2009(21).

[7] 徐明,杜黎明. 协同推进四川灾后重建与主体功能区建设的发展路径[J]. 财经科学, 2009(9).

[8] 张平. 灾后恢复重建存在六方面困难[J]. 中华建设, 2009(8).

[9] 苏迅,方敏. 我国自然资源管理体制特点和发展趋势探讨[J]. 中国矿业, 2004(12).

[10] 刘世庆. 中国经济发展新格局与西部大开发[J]. 中国经贸导刊, 2009(21).

[11] 钱丽苏. 自然资源管理体制比较研究[J]. 资源·产业, 2004(1).

[12] 周景博. 论社会主义市场经济下我国自然资源管理的方式[J]. 中国人口·资源与环境, 1999(3).

[13] 王凤春. 美国联邦政府自然资源管理与市场手段的应用[J]. 中国人口·资源与环境, 1999(2).

[14] 于素花,黄波. 社区水资源管理及自然资源管理模式探讨[J]. 水资源与水工程学报, 2004(2).

**问题讨论**

1. 自然资源区域管理政策实质是分级、分部门按区域实施管理。我国区域管理的突破方向在哪里? 与现行的行政管理体制如何协调?

2. 区域在制定中长期社会经济发展战略时,必须服从流域管理,形成一个以流域带区域、配套联动、协调发展的自然资源管理新体制。自然资源实现按流域进行管理的主要意义是什么? 国外有哪些可资借鉴的经验? 举例说明。

3. 我国长期对自然资源开发利用实施"分割管理,各自为政"的管理政策,使得区域自然资源的管理者过分注重区域利益,忽视全流域的利益,导致从流域的宏观角度规划管理自然资源以及区域的局部利益服从流域整体利益的理念很难被完全接受。试结合具体流域,论述我国自然资源管理的改革方向。

## 参考文献

[1] 周垂田,等. 强化流域管理建立"以流域带区域"的水利管理新体制[J]. 水利经济,1999(5):12-14.

[2] 陈湘满. 论流域开发管理中的区域利益协调[J]. 经济地理,2002(9):525-529.

[3] 刘振胜,等. 试论流域与区域相结合的水资源管理体制[J]. 人民长江,2005(8).

[4] 蔡运龙. 自然资源学原理[M]. 2版. 北京:科学出版社,2007.

[5] 汪恕诚. 资源水利的本质特征、理论基础和体制保障[J]. 中国水利,2002(11).

[6] 陈菁. 水管理体制基本概念的整理及分类[J]. 中国水利,2001(3).

[7] 何俊仕,尉成海,王教河,等. 流域管理与区域管理相结合水资源管理理论与实践[J]. 中国水利水电,2006(8).

[8] 甘泓,等. 水资源需求管理——水利现代化的重要内容[J]. 中国水利,2002(10).

[9] 张岳. 流域管理与行政区域管理相结合的新体制势在必行[J]. 中国水利,2002(8).

[10] 高而坤. 谈流域管理与行政区域管理相结合的水资源管理体制[J]. 水利发展研究,2004(4).

[11] 熊向阳. 建立流域管理与行政区域管理相结合的水资源管理体制的相关问题探讨[J]. 水利发展

研究,2006(6).

[12] 朱元生.水资源开发与管理的时代性[J].水利规划设计,2002(3).

[13] 世界自然基金会.河流管理创新理念与案例[M].北京:科学出版社,2007.

[14] Construction Industry Institute. In Search of Partnering Excellence[M]. The U. S.: Construction Industry Development Agency,1991.

[15] White T A. Landholder Cooperation for Sustainable Upland Watershed Management[J]. Working Paper of the Environmental and Natural Resources Policy and Training Projects, 1992(1).

[16] White T A. Peasant Cooperation for Watershed Management in Maissade, Haiti. Working Paper of the Environmental and Natural Resources Policy and Training Projects, 1992(4).